高等学校计算机应用规划教材

SQL Server 2014
数据库应用与开发教程
(第四版)

卫　琳　主　编
刘　炜　李英豪　王有为　副主编

清华大学出版社
北　京

内 容 简 介

本书全面讲解Microsoft SQL Server关系型数据库管理系统的基本原理和技术。全书共分为15章，深入介绍Microsoft SQL Server 2014系统的基本特点、安装和配置技术、Transact-SQL 语言、安全性管理、数据库和表的管理，以及索引、数据更新、备份和恢复、数据完整性、数据复制、性能监视和自动化技术等内容。

本书内容丰富、结构合理、思路清晰、语言简洁流畅、示例翔实，主要面向数据库初学者，适合作为各种数据库培训班的培训教材、大专院校的数据库教材，还可作为Microsoft SQL Server应用开发人员的参考书。

本书的电子课件、习题答案和实例源文件可以通过http://www.tupwk.com.cn/downpage网站下载，也可通过扫描前言中的二维码下载。

图书在版编目(CIP)数据

SQL Server 2014数据库应用与开发教程 / 卫琳 主编. —4版. —北京：清华大学出版社，2019
(高等学校计算机应用规划教材)
ISBN 978-7-302-52770-1

Ⅰ. ①S…　Ⅱ. ①卫…　Ⅲ. ①关系数据库系统－高等学校－教材　Ⅳ. ①TP311.132.3

中国版本图书馆CIP数据核字(2019)第071020号

责任编辑： 胡辰浩
装帧设计： 孔祥峰
责任校对： 牛艳敏
责任印制： 李红英

出版发行： 清华大学出版社
网　　址： http://www.tup.com.cn，http://www.wqbook.com
地　　址： 北京清华大学学研大厦A座　　**邮　　编：** 100084
社 总 机： 010-62770175　　**邮　　购：** 010-62786544
投稿与读者服务： 010-62776969，c-service@tup.tsinghua.edu.cn
质 量 反 馈： 010-62772015，zhiliang@tup.tsinghua.edu.cn
印 装 者： 清华大学印刷厂
经　　销： 全国新华书店
开　　本： 185mm×260mm　　**印　　张：** 22.25　　**字　　数：** 569千字
版　　次： 2007年9月第1版　　2019年7月第4版　　**印　　次：** 2019年7月第1次印刷
印　　数： 1～3000
定　　价： 68.00元

产品编号： 075465-01

前　言

信息技术的飞速发展大大推动了社会的进步，已经逐渐改变了人类的生活、工作、学习等方面。数据库技术和网络技术是信息技术中最重要的两大支柱。自从20世纪70年代以来，数据库技术的发展就使得信息技术的应用从传统的计算方式转变到了现代化的数据管理方式。在当前热门的信息系统开发领域，如管理信息系统(Management Information System，MIS)、企业资源计划(Enterprise Resource Planning，ERP)、供应链管理系统(Supply Chain Management System，SCMS)、客户关系管理系统(Customer Relationship Management System，CRMS)等，都可以看到数据库技术应用的影子。

作为一个关系型数据库管理系统产品，Microsoft SQL Server起步较晚。但由于Microsoft SQL Server产品不断地采纳新技术来满足用户不断增长和变化的需求，该产品的功能越来越强大、用户使用起来越来越方便、系统的可靠性也越来越高，从而使该产品的应用越来越广泛。在我国，Microsoft SQL Server的应用已经深入银行、邮电、电力、铁路、气象、民航、公安、军事、航天、财税、制造、教育等许多行业和领域。Microsoft SQL Server为用户提供了完整的数据库解决方案，可以帮助各种用户建立自己的商务体系，增强用户对外界变化的敏捷反应能力，以提高用户的竞争能力。

本书从Microsoft SQL Server 2014的基本概念出发，由浅入深地详细讲述SQL Server 2014体系结构、该系统的安装过程、服务器的配置技术、Transact-SQL语言、安全性技术、数据库管理、各种数据库对象管理，以及索引技术、数据更新技术、数据完整性技术、数据复制技术、数据库性能监视和调整技术、自动化SQL Server技术等内容。在讲述Microsoft SQL Server的各种技术时，运用了丰富的实例，注重培养读者解决实际问题的能力，让读者轻松快速地掌握Microsoft SQL Server的基本操作技巧。

本书内容丰富、结构合理、思路清晰、语言简洁流畅、示例翔实。每一章的引言部分概述了本章的作用和内容。在每一章的正文中，结合所讲述的关键技术和难点，穿插了大量极富实用价值的示例。每一章末尾都安排了有针对性的经典习题，有助于读者巩固所学的基本概念，培养读者的实际动手能力。

本书可作为高等院校数据库技术及其相关专业、信息系统与信息管理专业的教材，还可作为Microsoft SQL Server应用开发人员的参考资料。

本书由卫琳主编，副主编包括刘炜、李英豪、王有为，同时，参与本书编写的人员还有石育澄、王秉宏、张鑫倩、陶永才、贾圣杰、丁鑫、曹朝阳、张艳、姚瑶、王战红、杨朝阳、曹仰杰、赵国桦、巴阳、高宇飞、吴保东等人。由于作者水平有限，本书难免有不足之处，欢迎广大读者批评指正。我们的邮箱是huchenhao@263.net，电话是010-62796045。

本书对应的电子课件、习题答案和实例源文件可以通过 http://www.tupwk.com.cn/downpage 网站下载，也可通过扫描下面的二维码下载。

作　者

2019 年 1 月

目　录

第1章

初识SQL Server 2014

本章主要内容：

- SQL Server 2014 的重要新增功能
- 新增功能与各类数据库管理员的关系
- SQL Server 体系结构概述
- SQL Server 的版本以及它们对数据库管理员的影响

SQL Server 2014 在原有的基础上，集成了云技术和内存技术，以适应未来的发展需求。新增的大量功能使本地和云端的工作负载得到了性能提升，提高了可用性和可管理性。本章概要介绍了 SQL Server 2014 体系结构，为如何运行 SQL Server 提供了帮助。

1.1 SQL Server 2014 应用领域

本节将从整体上介绍 SQL Server 生态系统。SQL Server 2014 主要关注以下 3 个领域。

- **任务关键的性能：**新增了内存联机事务处理(Online Transaction Processing，OLTP)功能，使得在不修改应用程序的情况下能够提升性能，再加上可更新的列存储索引、使用固态硬盘(Solid-State Drive，SSD)的缓冲池扩展以及 AlwaysOn 功能的增强(包括支持多达 8 个副本)，让 SQL Server 2014 成为超强大的 SQL Server 版本。
- **更快地获得有用信息：**借助于新的基于 Office 的商业智能(Business Intelligence，BI)工具(如 Power Query 和 Power Map)，以及 Power View 和 PowerPivot 的改进，使用户在任何时候都可以方便地访问数据。另外，企业选项(如 Parallel Data Warehouse with Polybase)让组织能够利用 Microsoft BI 工具的强大功能，方便地探索其大数据，获得关于自己数据的前所未见的深入见解。
- **混合云的平台：**不管环境是纯本地的、虚拟化的还是完全在云中的，SQL Server 2014 都提供了对应的选项。新增功能(如 Microsoft SQL Server Backup to Windows Azure Tool)允许备份到 Windows Azure Blob 存储，并且可以加密和压缩本地或云中存储的 SQL Server 备份。在 AlwaysOn 可用性组配置中，现在也可以选择一个 Windows Azure 虚拟机作为副本。

1.2 SQL Server 2014 的重要新增功能

本节将简要介绍 SQL Server 2014 的一些新增功能，其中的许多功能使用起来都很便捷，可以快速上手。

1.2.1 生产 DBA

生产 DBA 是公司的“保险单”，可以保证生产数据库不会死机。如果数据库出现死机，生产 DBA 可以恢复数据库。生产 DBA 还确保了服务器以最优的方式运行，并促进数据库从开发转入质量保证，再到生产。新增功能如下。

- **内存 OLTP：**新版本为 SQL Server 提供了一个新的、内存优化的 OLTP 数据库引擎。只需要对代码进行少量的改动，甚至不需要改动，就可以让应用程序获得巨大的性能和可扩展性的提升。
- **AlwaysOn 可用性组：**可用性功能包括可用性组和用模仿应用程序的组来故障转移数据库的能力。虽然这不是 SQL Server 2014 中新增的功能，但是新版本中对此功能做了增强，包括支持多达 8 个副本(SQL Server 2012 只支持 4 个)，以及性能和管理上的增强。
- **SQL Server Backup to Windows Azure 工具：**这是一个免费工具，允许备份到 Windows Azure Blob 存储。它可以加密和压缩本地或云中存储的备份。这个工具支持 SQL Server 2005 及更高版本。
- **SQL Server Backup to URL：**这个功能最初在 SQL Server 2012 SP1 CU2 中发布，现在已经完全集成到了 Management Studio 界面，所以可以在 Windows Azure Blob 存储服务中备份和还原。
- **SQL Server Managed Backup to Windows Azure：**这个新功能基于保持期和数据库上的事务工作负载，自动将 SQL Server(包括完整的事务日志)备份到 Windows Azure Blob 存储服务中。
- **列存储索引：**SQL Server 2014 包含可更新的群集列存储索引，可以优化大数据卷。
- **加密备份：**SQL Server 2014 支持加密备份，可用的算法包括 AES(Advanced Encryption Standard) 128、AES 192、AES 256 和 Triple Data Encryption Standard(DES)。要加密备份，必须使用一个证书或者非对称密钥。
- **延迟持续性：**通过将部分或全部事务指定为延迟持续的事务，这种功能能够降低延迟。在日志记录被写入磁盘之前，这个异步过程报告 COMMIT 成功。当事务日志条目被成块刷新到磁盘时，延迟持久事务就成为持久事务。这种功能只用于内存 OLTP。
- **压缩和分区：**改进的压缩和分区功能能够重建单独分区。
- **资源调控器：**现在该功能允许指定资源池中物理 I/O 的限制。

1.2.2 开发 DBA

自 SQL Server 2000 版本发布后，生产 DBA 与开发 DBA 的角色是合并在一起的。在大型的数据库组织中，生产 DBA 归运营部门(由网络管理员和 Windows 支持人员构成)。如果将生产 DBA 放到开发小组中，就无法实现一些规章所要求的职责分离。

开发 DBA 在组织中也扮演着非常传统的角色。他们大多是以“开发人员”的身份出现，是开发人员眼中的数据库专家和代表。这类管理员确保所有存储过程都以最优方式编写，数据库在物理上和逻辑上都正确建模。他们还编写迁移过程，将数据库从一个版本升级为下一个版本。开发 DBA 与生产 DBA 不同，后者因为备份失败或其他类似问题在任何时间都要随时回应数据库所出现的问题，而开发 DBA 比较关注新版本中的以下内容。

- Transact-SQL(T-SQL)的增强包括内联指定基于磁盘的表的索引等功能。将兼容模式设置为至少 110 后，SELECT...INTO 语句可以与数据库并行操作。
- 对 SQL Server Data Tools for Business Intelligence(SSDT-BI)的更新包括支持针对多维模型创建 Power View 报表。其他对 SSDT-BI 的改进包括支持针对较早版本(2005+)的 Analysis Services 和 Reporting Services 创建项目。目前还不支持与 Integration Services 项目的向后兼容性。

开发 DBA 通常向开发小组汇报工作。他们接收来自业务分析师或其他开发人员的请求。从传统意义上讲，开发 DBA 没有生产数据库的修改权限。不过，他们能够以只读方式访问数据库，以便在升级阶段进行调试。

1.2.3　商业智能 DBA

商业智能(BI)DBA 是随 SQL Server 功能的不断增长而发展起来的新角色。在 SQL Server 2012 中，BI 发展成为许多业务必不可少的一个非常重要的功能集。BI DBA 或开发人员是这些功能的专家。SQL Server 2014 改进了自 SQL Server 2012 以来最终用户的 BI 体验，并且通过 Office 365 带来的 Power BI 解决方案，以及现有的 BI 产品，提供了全新的扩展。

BI DBA 主要关注最佳实践、优化和 BI 工具集的使用。在小型组织中，他们创建 SSIS 包，为用户执行提取、转换和加载(Extract、Transform and Load，ETL)过程。在大型组织中，他们创建 SSIS 包和 SSRS 报表。BI DBA 主要为有关 SSIS 程序包和 Analysis Services 多维数据集(或 SSAS 表格模型)的物理实现提供咨询。

BI DBA 具有下列职责：

- 有关 Analysis Services 多维数据集/表格模型和解决方案的建模和咨询。
- 使用 Reporting Services 创建报表。
- 使用 Integration Services 创建 ETL 及提供相关咨询。
- 开发将发送至生产 DBA 的部署包。

除了以上职责，BI DBA 还具有以下新功能：

- 使用 Power View 和 PowerPivot 快速发现数据。
- 使用列存储索引获得快速的查询响应。
- 使用 Power Query 轻松地发现、访问和组合各种数据源。
- 使用 Power Map 创建强大的地理空间可视化。
- 托管的自助式 BI，能够使用 SharePoint 和 BI 语义模型。
- 使用 Data Quality Services 和 Master Data Management 得到可信且一致的数据。
- 使用 Parallel Data Warehouse 和 Reference Architectures 实现健壮的 DW 解决方案。

1.3 SQL Server 体系结构

SQL Server 2014 在数据平台解决方案中有很多改进，这为我们带来了一种新的性能和可扩展性的突破，同时允许最终用户比以往任何时候更加快速、方便地探索和分析数据。新的功能(如内存 OLTP)为应用程序提供了巨大的性能收益，而不需要对应用程序的架构做任何改动。其他一些功能(如 AlwaysOn 可用性组)允许快速方便地扩展数据库应用程序。

若希望知道如何充分利用所有这些特性和功能，理解 SQL Server 的基本体系结构就十分重要。本节将介绍 SQL Server 2014 中的主要文件类型、文件管理、SQL Client 和系统数据库，还将概述架构、同义词和动态管理对象。最后，本节还讲解了数据类型、版本和许可选项。

1.3.1 数据库文件和事务日志

数据库和事务日志文件的体系结构与以前的版本相比没什么改变。取决于具体的类型，数据库文件有两个主要的目的。数据文件保存数据、索引和数据库内的其他数据支持结构。日志文件保存已提交事务的数据，以保证数据库内的一致性。

1. 数据库文件

数据库由多个文件组构成，每个文件组包含一个或多个物理数据文件，文件组用于简化文件集合的管理工作。数据文件被划分到 8KB 的数据页中，这些数据页是 64KB 区段的一部分。可通过 Transact-SQL 命令 create/alter index 的填充系数选项指定每个数据页的填充情况。在 SQL Server 2014 中，如果单个文件被破坏，仍可使数据库部分联机。在这种情况下，DBA 可使其余文件联机并进行读写，如果用户尝试访问数据库中的脱机部分，就会接收到错误。

在 SQL Server 2000 及更早版本中，一行最多可写 8060B。但有一些例外，比如：text、ntext、image、varchar(max)、varbinary(max)以及 nvarchar(max)列最多可达 2GB 并可单独管理。从 SQL Server 2005 开始，8KB 限制只适用于那些定长列。定长列的合计值以及其他列类型的指针仍必须小于每行 8060B。不过，每个变长列达到 8KB，因此行的总尺寸大于 8060B。如果实际行尺寸超出 8060B，会导致性能降级，因为现在逻辑行必须跨多个 8060B 的物理行。

2. 事务日志

事务日志用于确保所有提交的事务在数据库中持久保存并可恢复(如回滚或时间点恢复)。事务日志是预写式(write-ahead)日志。在对 SQL Server 中的数据库进行更改时，数据会写入日志，然后需要更改的页会被加载到内存中。之后更改将写入这些页，使其成为脏页。到了检查点时，这些脏页会被写入磁盘中，从而使它们再次成为干净页，不再需要作为写缓冲的一部分。这就是你在长时间运行的事务中看到事务日志显著增长的原因(尽管恢复模型很简单)。

1.3.2 SQL Server Native Client

SQL Server Native Client 是 SQL Server 2005 自带的一种数据访问方法，在 SQL Server 2012

中得到了增强，由 OLE DB 和 ODBC 用于访问 SQL Server。它通过将 OLE DB 和 ODBC 库组合成一种访问方法，简化了对 SQL Server 的访问。这种访问类型展示了 SQL Server 的以下功能：

- 数据库镜像
- AlwaysOn 可读辅助路由
- 多活动结果集(Multiple Active Result Set，MARS)
- LocalDB 的原生客户端支持
- FileStream 支持
- 快照隔离
- 查询通知
- XML 数据类型支持
- 用户定义的数据类型(User-Defined Data Type，UDT)
- 加密
- 执行异步操作
- 使用大型值类型
- 执行批量复制操作
- 表值参数
- 大型 CLR 用户定义类型
- 密码过期
- 客户端连接中的服务主体名称(Service Principal Name，SPN)支持

可以在其他数据层(如 Microsoft Data Access Component，MDAC)中使用这些新功能中的一部分，但需要做更多的工作。MDAC 仍然存在，如果不需要 SQL Server 2008/2012 的一些新功能，可以使用 MDAC；如果开发基于 COM 的应用程序，那么应使用 SQL Server Native Client；如果开发托管代码应用程序(如使用 C#)，那么应考虑使用 SQL Server .NET Framework 数据提供程序(它非常健壮且包括 SQL Server 2008/2012 的功能)。

SQL Server 2014 安装的实际上是 SQL Server 2012 Native Client，因为并没有 SQL Server 2014 Native Client。其他重要的改变包括 SQL Server Native Client 中已不推荐使用 ODBC 驱动程序。因此，SQL Server Native Client 中的 ODBC 驱动程序不会再更新。不过，它有一个后继者，称为 Microsoft ODBC Driver 11 for SQL Server on Windows，SQL Server 2014 默认会安装该驱动程序。

1.3.3 系统数据库

SQL Server 中的系统数据库很重要，大部分时候都不应修改它们，唯一例外是 model 数据库和 tempdb 数据库。model 数据库允许部署更改(如存储过程)到任何新创建的数据库，而更改 tempdb 数据库的原因则是为了帮助扩展数据库以承担更多的负载。下面将详细介绍标准系统数据库。

注意：

如果某些系统数据库被篡改或破坏，那么SQL Server将无法启动。master数据库包含了SQL Server保持联机所需的所有存储过程和表。

1. Resource 数据库

SQL Server 2005 添加了 Resource 数据库。这个数据库包含 SQL Server 运行所需的所有只读的关键系统表、元数据以及存储过程。它不包含有关用户实例或数据库的任何信息，因为它只在安装新服务补丁时被写入。Resource 数据库包含其他数据库逻辑引用的所有物理表和存储过程。该数据库的默认位置为 C:\Program Files\Microsoft SQL Server\MSSQL14.MSSQLSERVER\MSSQL\Binn，每个实例只有一个 Resource 数据库。

注意：

路径中的 C:假定了一种标准设置。如果你机器的设置与此不同，那么需要改变此路径来进行匹配。另外，.MSSQLSERVER 是实例名。如果实例名也与此不同，那么在路径中使用你自己的实例名。

在 SQL Server 2000 中，当升级到新的服务补丁时，需要运行很多且很长的脚本以删除并重新创建系统对象。这个过程需要很长时间，并且新创建的环境不能回滚到安装服务补丁之前的版本。自 SQL Server 2012 以来，升级到新服务补丁时，将使用 Resource 数据库的副本覆盖旧数据库。这使得用户可以快速升级 SQL Server 目录，还可以回滚到前一个版本。

通过 Management Studio 无法看到 Resource 数据库，并且永远不应修改它，除非 Microsoft 产品支持服务(Microsoft Product Support Services)指导用户进行修改。在特定的单用户模式条件下，可以通过输入命令 USE MSSQLSystemResource 来连接该数据库。通常，DBA 在连接到任何数据库的同时对它执行简单查询，而不必直接连接 Resource 数据库。Microsoft 提供了一些函数来实现这种访问。例如，如果在连接到任何数据库时运行下面的查询，将返回 Resource 数据库的版本及其最后一次升级的时间：

```
SELECT serverproperty('resourceversion') ResourceDBVersion,
serverproperty('resourcelastupdatedatetime') LastUpdateDate;
```

注意：

不要将 Resource 数据库放在加密或压缩的驱动器中，这样做会导致升级问题或性能问题。

2. master 数据库

master 数据库包含有关数据库的元数据(数据库配置和文件位置)、登录以及有关实例的配置信息。通过运行下列查询(它将返回有关服务器上的数据库的信息)，可以查看存储在 master 数据库中的一些元数据：

```
SELECT * FROM sys.databases;
```

Resource 数据库和 master 数据库之间的主要区别在于 master 数据库保存用户实例特定的数

据，而 Resource 数据库只保存运行用户实例所需的架构和存储过程，而不包含任何实例特定的数据。

注意：
尽量不要在 master 数据库中创建对象，如果在其中创建对象，那么需要更频繁地进行备份。

3. tempdb 数据库

tempdb 数据库类似于操作系统的分页文件，用于存储用户创建的临时对象、数据库引擎需要的临时对象和行版本信息。tempdb 数据库是在每次重启 SQL Server 时创建的。当 SQL Server 启动时，该数据库将重新创建为其原始大小。由于该数据库每次都会重新创建，因此不必备份它。对 tempdb 数据库中的对象进行数据更改可以减少登录。为 tempdb 数据库分配足够的空间非常重要，因为数据库应用中的很多操作都需要使用 tempdb 数据库。通常，应将 tempdb 数据库设置为在需要空间时自动扩展。一般来说，tempdb 数据库的大小不尽相同，但是应该知道数据库应用在峰值时使用多少临时空间，并保证在考虑到 15%~20%的扩展开销的情况下留出足够的空间。如果没有足够空间，用户可能收到以下错误信息之一：

- 1101 或 1105：连接到 SQL Server 的会话必须在 tempdb 数据库中分配空间。
- 3959：版本存储空间已满。
- 3967：版本存储空间必须压缩，因为 tempdb 数据库已满。

4. model 数据库

model 数据库是在 SQL Server 创建新数据库时充当模板的系统数据库。创建每个数据库时，SQL Server 都会将 model 数据库复制为新数据库。唯一的例外发生在还原或重新连接其他服务器上的数据库时。

如果表、存储过程或数据库选项应包括在服务器上创建的每个新的数据库中，那么通过在 model 数据库中创建该对象可以简化该过程。在创建新数据库时，model 被复制为新数据库，包括在 model 数据库中添加的特殊对象或数据库设置。如果在 model 数据库中添加自己的对象，那么应该把 model 数据库包括在备份中，或是应维护包含更改的脚本。

5. msdb 数据库

msdb 是系统数据库，它包含 SQL Server 代理、日志传送、SSIS 以及关系数据库引擎的备份和还原系统等使用的信息。该数据库存储了有关作业、操作员、警报、策略以及作业历史的全部信息。因为包含这些重要的系统级数据，所以应定期对该数据库进行备份。

1.3.4 架构

架构可以对数据库对象进行分组。分组的目的是便于管理，这样可对架构中的所有对象应用安全策略。使用架构组织对象的另一个原因是使用者可以很容易地发现所需的对象。例如，可创建名为 HumanResources 的架构，并将雇员表和存储过程放入该架构。然后可对该架构应用安全策略，允许对其中包含的对象进行适当的访问。

在引用对象时，应使用两部分名称。dbo 架构是数据库的默认架构，其中的 Employee 表称为 dbo.Employee。表名在架构中必须是唯一的。也可在 HumanResources 架构中创建另一个名为 Employee 的表，它被称为 HumanResources.Employee。该表实际位于 SQL Server 2014 的 AdventureWorks 示例数据库中(所有的 SQL Server 2014 示例都必须从 https://microsoft.con/zn-cn/download 网站单独下载和安装)。例如，使用两部分名称的示例查询如下所示：

```
USE AdventureWorks2014
GO
SELECT BusinessEntityID, JobTitle
FROM HumanResources.Employee;
```

在 SQL Server 2005 之前，两部分名称的第一部分是对象所有者的用户名，其实现方式存在与维护有关的问题。如果拥有对象的用户要离开公司，就不能从 SQL Server 中删除该用户登录，除非确保已将该用户拥有的所有对象改为另一个所有者所有。引用该对象的所有代码必须改为引用这个新所有者。通过将所有关系与架构名分离，从 SQL Server 2005 到 SQL Server 2014 的各个版本消除了这一维护问题。

1.3.5 同义词

同义词是对象的别名或替换名，它在数据库对象和使用者之间创建一个抽象层。通过这个抽象层可以改变一些物理实现，并将这些更改与使用者隔离开。下面的示例与连接服务器有关。表在另一个服务器上，该表需要连接到本地服务器上的表。使用 4 部分名称引用另一服务器上的对象，代码如下所示：

```
SELECT Column1, Column2
FROM LinkedServerName.DatabaseName.SchemaName.TableName;
```

例如，为 LinkedServerName.DatabaseName.SchemaName.Tablename 创建名为 SchemaName.SynonymName 的同义词。数据使用者将使用下列查询引用该对象：

```
SELECT Column1, Column2
FROM SchemaName.SynonymName;
```

现在，这个抽象层允许将表的位置改为另一个服务器，使用不同的连接服务器名，甚至将数据复制到本地服务器来获得更好的性能，而不需要对引用该表的代码进行任何更改。

注意：
同义词不能引用另一个同义词。object_id 函数返回同义词的 id 而非相关基本对象的 id。如果需要列级别的抽象，可以使用视图。

1.3.6 动态管理对象

动态管理对象(Dynamic Management Object，DMO)和函数返回有关 SQL Server 实例和操作系统的信息。DMO 分为两类：动态管理视图(Dynamic Management View，DMV)和动态管理函数(Dynamic Management Function，DMF)。DMV 和 DMF 简化了对数据的访问，并提供了无法通过 SQL Server 2005 之前版本获取的新信息。DMO 可以提供各种信息，包括有关 I/O 子系统和 RAM 的数据以及有关 Service Broker 的信息。

无论何时启动实例，SQL Server 都会将服务器状态和诊断信息保存到 DMV 和 DMF 可以访问的内存中。当停止并启动实例时，从视图中清空这些信息，并开始收集新数据。可以像 SQL Server 中的任何其他表一样，用两部分的限定名来查询视图。例如，下列查询使用 sys.dm_exec_sessions DMV 来检索连接到实例的会话数量，并按登录名分组：

```
SELECT login_name, COUNT(session_id) as NumberSessions
FROM sys.dm_exec_sessions GROUP BY login_name;
```

有些 DMF 是接收参数的函数。例如，下列代码使用 sys.dm_io_virtual_file_stats 动态管理函数来检索 AdventrueWorks 数据文件的 I/O 统计信息：

```
USE AdventureWorks
GO
SELECT * FROM
sys.dm_io_virtual_file_stats(DB_ID('AdventureWorks2014'),
FILE_ID('AdventureWorks_Data'));
```

SQL Server 2012 中提供了许多新的 DMV 和 DMF，利用它们可以更好地了解新增功能和现有的功能。下面列出了这些新的 DMV 和 DMF：

- AlwaysOn 可用性组动态管理视图和函数
- 与更改数据捕捉有关的动态管理视图
- 与更改跟踪有关的动态管理视图
- 与公共语言运行时(CLR)有关的动态管理视图
- 与数据库镜像有关的动态管理视图
- 与数据库有关的动态管理视图
- 与执行有关的动态管理视图和函数
- SQL Server 扩展事件动态管理视图
- FileStream 和 FileTable 动态管理视图
- 全文搜索和语义搜索动态管理视图和函数
- 与索引有关的动态管理视图和函数
- 与 I/O 有关的动态管理视图和函数
- 与对象有关的动态管理视图和函数
- 与查询通知有关的动态管理视图和函数
- 与复制有关的动态管理视图
- 与资源调控器有关的动态管理视图
- 与安全有关的动态管理视图和函数
- 与服务器有关的动态管理视图和函数
- 与 Service Broker 有关的动态管理视图
- 与空间数据有关的动态管理视图和函数
- 与 SQL Server OS 有关的动态管理视图
- 与事务有关的动态管理视图和函数

SQL Server 2014 引入了下列新的 DMV 和 DMF：

- 与群集共享卷(Cluster Shared Volume，CSV)有关的动态管理视图和函数
- 与缓冲池扩展有关的动态管理视图和函数
- 与内存 OLTP 有关的动态管理视图和函数

1.3.7 数据类型

在 SQL Server 中，数据类型是创建表的基础。在创建表时，必须为表中的每列指派一种数据类型。本节将介绍 SQL Server 中最常用的一些数据类型。即使创建自定义数据类型，也必须基于一种标准的 SQL Server 数据类型。例如，可以使用如下语法创建一种自定义数据类型(Address)，但要注意，它基于 SQL Server 标准的 varchar 数据类型：

```
CREATE TYPE Address
FROM varchar(35) NOT NULL;
```

如果在 SQL Server Management Studio 的表设计界面中更改一个大型表中某列的数据类型，那么该操作需要很长时间。可以通过在 Management Studio 界面中脚本化这种改变来观察其原因。Management Studio 创建一个辅助的临时表，采用像 tmpTableName 这样的名称，然后将数据复制到该表中。最后，界面删除旧表并用新的数据类型重命名新表。当然，此过程中还涉及其他一些用于处理表中索引和其他任何关系的步骤。

如果有一个包含数百万条记录的大型表，那么该过程可能需要花费 10 分钟，有时可能是数小时。为避免这种情况，可在查询窗口中使用简单的单行 Transact-SQL 语句来更改该列的数据类型。例如，要将 Employees 表中 JobTitle 列的数据类型改为 varchar(70)，可以使用如下语法：

```
ALTER TABLE HumanResources.Employee ALTER COLUMN JobTitle varchar(70);
```

注意：

若转换为与当前数据不兼容的数据类型，会丢失重要数据。例如，如果要将包含一些数据(如 15.415)的 numeric 数据类型转换为 integer 数据类型，那么 15.415 这个数据将四舍五入为整数。

下面假设要为 SQL Server 表编写报表，显示表中每列的数据类型。完成这项任务的方法有很多种，但下例演示的这种常用方法是连接 sys.objects 表和 sys.columns 表。在下面的代码中，有两个函数比较陌生。函数 TYPE_NAME()将数据类型 ID 转换为适当的名称。要进行反向操作，可使用 TYPE_ID()函数。需要注意的另一个函数是 SCHEMA_ID()，它用于返回架构的标识值。在需要编写有关 SQL Server 元数据的报表时，这是特别有用的。

```
USE AdventureWorks2014;
GO
SELECT o.name AS ObjectName,
c.name AS ColumnName,
TYPE_NAME(c.user_type_id) as DataType
FROM sys.objects o
JOIN sys.columns c
ON o.object_id = c.object_id
WHERE o.name ='Department'
and o.Schema_ID = SCHEMA_ID('HumanResources');
```

上述代码返回如下结果(注意，Name 是一种用户定义的数据类型)：

```
ObjectName      ColumnName          DataType
-----------------------------------------------

Department      DepartmentID        smallint
Department      Name                Name
Department      GroupName           Name
Department      ModifiedDate        datetime
```

1. 字符数据类型

字符数据类型包括 varchar、char 和 text 等，用于存储字符数据。varchar 和 char 类型的主要区别是数据填充。如果有个列名为 FirstName 且数据类型为 varchar(20)的表，同时将值 Brian 存储到 FirstName 列中，那么在物理上只存储 5 字节。但如果在数据类型为 char(20)的列中存储相同的值，将使用全部 20 字节。SQL 将插入拖尾空格来填满这 20 字符。

注意：

你可能想知道如果要节省空间，那么为什么还使用 char 数据类型呢？这是因为使用 varchar 数据类型会稍增加一些系统开销。例如，如果要存储两字母形式的州名缩写，那么最好使用 char(2)列。尽管有些 DBA 认为应最大可能地节省空间，但一般来说，好的做法是找到合适的阈值，并指定低于该阈值的采用 char 数据类型，反之则采用 varchar 数据类型。一条可以采用的原则是，任何小于或等于 5 字节的列都应存储为 char 数据类型，而不是 varchar 数据类型。如果超过这个长度，使用 varchar 数据类型的好处将超过其额外开销。

nvarchar 数据类型和 nchar 数据类型的工作方式与对等的 varchar 数据类型和 char 数据类型相同，但这两种数据类型可以处理 Unicode 字符。它们需要一些额外开销。以 Unicode 形式存储的数据为一个字符占两字节。如果要将值 Brian 存储到 nvarchar 列，将使用 10 字节；而如果将之存储为 nchar(20)，就需要使用 40 字节。由于这些额外开销和增加的空间，应该避免使用 Unicode 列，除非确实有需要使用它们的业务或语言需求。应该提前考虑好将来是否需要在实例中使用 Unicode 列。如果将来没有这种需求，就应避免使用它们。

表 1-1 列出了这些类型及其简单描述，并说明了要求的存储空间。

表 1-1　SQL Server 数据类型

数 据 类 型	描　　述	存 储 空 间
char(n)	n 为 1~8000 字符	n 字节
nchar(n)	n 为 1~4000 Unicode 字符	2×n 字节
nvarchar(max)	最多为 $2^{30}-1$(1 073 741 823)Unicode 字符	2×字符数+2 字节额外开销
text	最多为 $2^{31}-1$(2 147 483 647)字符	每字符 1 字节+2 字节额外开销
varchar(n)	n 为 1~8000 字符	每字符 1 字节+2 字节额外开销
varchar(max)	最多为 $2^{31}-1$(2 147 483 647)字符	每字符 1 字节+2 字节额外开销

2. 精确数值数据类型

数值数据类型包括 bit、tinyint、smallint、int、bigint、numeric、decimal、smallmoney 和 money。

这些数据类型都用于存储不同类型的数值。第一种数据类型 bit 只存储 null、0 或 1，在大多数应用程序中被转换为 true 或 false。bit 数据类型非常适合用于开关标记，且只占据 1 字节空间。其他常见的数值数据类型如表 1-2 所示。

表 1-2 精确数值数据类型

数 据 类 型	描 述	存 储 空 间
bit	0、1 或 null	1 字节(8 位)
tinyint	0~255 的整数	1 字节
smallint	-32 768~32 767 的整数	2 字节
int	-2 147 483 648~2 147 483 647 的整数	4 字节
bigint	-9 223 372 036 854 775 808~9 223 372 036 854 775 807 的整数	8 字节
numeric(p,s)或 decimal(p,s)	-1 038+1~1 038-1 的数值	最多 17 字节
money	-922 337 203 685 477.580 8~922 337 203 685 477.580 7	8 字节
smallmoney	-214 748.364 8~2 14 748.364 7	4 字节

decimal 和 numeric 这样的数值数据类型可存储小数点右边或左边的变长位数。scale(表中的 s)是小数点右边的位数。precision(表中的 p)定义了总位数，包括小数点右边的位数。例如，14.88531可定义为 numeric(7,5)或 decimal(7,5)。如果将14.25插入 numeric(5,1)列中，该值将被舍入为14.3。

3. 近似数值数据类型

这个分类中包括数据类型 float 和 real，它们用于表示浮点数据。但由于它们是近似的，因此不能精确地表示所有值。

float(n)中的 n 用于存储该数尾数的位数。SQL Server 对此只使用两个值。如果指定位数为 1~24，就使用 24。如果指定位数为 25~53，就使用 53。当指定 float( )时(括号中为空)，默认为 53。

表 1-3 列出了近似数值数据类型及其简单描述，并说明了要求的存储空间。

表 1-3 近似数值数据类型

数 据 类 型	描 述	存 储 空 间
float[(n)]	-1.79E+308~-2.23E-308,0,2.23E-308~1.79E+308	n≤24-4 字节 n>24-8 字节
real( )	-3.40E+38~-1.18E-38,0,1.18E-38~3.40E+38	4 字节

注意：

real 的同义词为 float(24)。

4. 二进制数据类型

varbinary、binary 和 varbinary(max)等二进制数据类型用于存储二进制数据，如图形文件、

Word 文档或 MP3 文件，值为十六进制的 0x0~0xf。image 数据类型可在数据页外部存储最多 2GB 的文件。image 数据类型的首选替代数据类型是 varbinary(max)，可保存超过 8KB 的二进制数据，其性能通常比 image 数据类型好。SQL Server 2012 引入了一种功能，可以在操作系统文件中通过 FileStream 存储选项来存储 varbinary(max)对象。这个选项将数据存储为文件，同时不受 varbinary(max)的 2GB 大小的限制。

表 1-4 列出了二进制数据类型及其简单描述，并说明了要求的存储空间。

表 1-4　二进制数据类型

数 据 类 型	描　　述	存 储 空 间
binary(n)	n 为 1~8000 十六进制数字	n 字节
varbinary(n)	n 为 1~8000 十六进制数字	每字符 1 字节+2 字节额外开销
varbinary(max)	最多为 $2^{31}-1$(2 147 483 647)十六进制数字	每字符 1 字节+2 字节额外开销

5. 日期和时间数据类型

datetime 和 smalldatetime 数据类型用于存储日期和时间数据。smalldatetime 为 4 字节，存储 1900 年 1 月 1 日至 2079 年 6 月 6 日之间的时间，并且只精确到最近的分钟。datetime 数据类型为 8 字节，存储 1753 年 1 月 1 日至 9999 年 12 月 31 日之间的时间，并且精确到最近的 3.33 毫秒。

SQL Server 2012 引入了 4 种与日期相关的新数据类型：datetime2、datetimeoffset、date 和 time。通过 SQL Server 联机丛书可找到使用这些数据类型的示例。

datetime2 数据类型是 datetime 数据类型的扩展，表示的日期范围更广。时间总是用时、分钟、秒的形式来存储。可以定义末尾带有可变参数的 datetime2 数据类型——如 datetime2(3)。这个表达式中的 3 表示存储时秒的小数精度为 3 位，或 0.999。有效值为 0~7，默认值为 3。

datetimeoffset 数据类型和 datetime2 数据类型一样，带有时区偏移量。时区偏移量最大为 +/−14 小时，包含了 UTC 偏移量，因此可以合理化不同时区捕捉的时间。

date 数据类型只存储日期，这是我们一直需要的一个功能。time 数据类型只存储时间，也支持 time(n)声明，因此可以控制小数秒的粒度。与 datetime2 和 datetimeoffset 一样，n 的有效值为 0~7。

表 1-5 列出了日期/时间数据类型及其简单描述，并说明了要求的存储空间。

表 1-5　日期和时间数据类型

数 据 类 型	描　　述	存 储 空 间
date	1 年 1 月 1 日至 9999 年 12 月 31 日	3 字节
datetime	1753 年 1 月 1 日至 9999 年 12 月 31 日，精确到最近的 3.33 毫秒	8 字节
datetime2(n)	1 年 1 月 1 日至 9999 年 12 月 31 日 0~7 的 n 指定小数秒	6~8 字节
datetimeoffset(n)	1 年 1 月 1 日至 9999 年 12 月 31 日 0~7 的 n 指定小数秒+/－偏移量	8~10 字节
smalldatetime	1900 年 1 月 1 日至 2079 年 6 月 6 日，精确到 1 分钟	4 字节
time(n)	小时:分钟:秒.9999999 0~7 的 n 指定小数秒	3~5 字节

6. 其他系统数据类型

还有一些之前未见过的其他系统数据类型，表 1-6 列出了这些数据类型。

表 1-6　其他系统数据类型

数据类型	描　述	存储空间
cursor	包含对游标的引用，只能用作变量或存储过程参数	不适用
hierarchyid	包含对层次结构中位置的引用	1~892 字节+2 字节的额外开销
SQL_Variant	包含任何系统数据类型的值，除了 text、ntext、image、timestamp、xml、varchar(max)、nvarchar(max)、varbinary(max)以及用户定义的数据类型。最大尺寸为 8000 字节数据+16 字节元数据	8016 字节
table	用于存储进一步处理的数据集。定义类似于 Create Table。主要用于返回表值函数的结果集，它们也可用于存储过程和批处理	取决于表定义和存储的行数
timestamp 或 rowversion	对于每个表来说是唯一的、自动存储的值。通常用于版本戳，该值在插入和每次更新时自动改变	8 字节
uniqueidentifier	可以包含全局唯一标识符(Globally Unique Identifier，GUID)。GUID 值可以通过 newsequentialid()函数获得。这个函数返回的值对所有计算机来说都是唯一的。尽管存储为 16 位的二进制值，但仍显示为 char(36)	16 字节
XML	定义为 Unicode 形式	最多 2GB

注意：
cursor 数据类型不能用于 Create Table 语句中。

XML 数据类型存储 XML 文档或片段，在存储时使用的空间根据文档中使用的是 UTF-16 还是 UTF-8 决定，就像 nvarchar(max)一样。XML 数据类型使用特殊构造体进行搜索和索引。第 15 章将更详细地介绍这些内容。

7. CLR 集成

在 SQL Server 2014 中，还可使用公共语言运行时(Common Language Runtime，CLR)中称为 SQLCLR 的部分创建自己的数据类型、函数和存储过程。这让用户可以使用 Visual Basic 或 C#编写更复杂的数据类型以满足业务需求。这些类型被定义为基本的 CLR 语言中的类结构。

1.4 SQL Server 版本

SQL Server 2014 有很多版本，不同版本可用的功能差异也很大。可在工作站或服务器上安装的 SQL Server 版本也会因操作系统而不同。SQL Server 版本包括最低端的 SQL Express(速成版)和最高端的 Enterprise Edition(企业版)。

1.4.1 版本概览

SQL Server 2014 有 3 个主版本。另外，还有一些额外的小版本，但是一般不建议在生产环境中使用它们，所以这里不做讨论。更多信息可参考网址 www.microsoft.com/sqlserver。

如表 1-7 所示，SQL Server 2014 提供了 3 个主要的 SKU：

- 企业版包含 SQL Server 2014 中的全部新功能，包括高可用性和性能更新，使 SQL Server 成为能够处理关键任务的数据库。这个版本中也包含全部 BI 版的功能。
- 商业智能(BI)版提供了 SQL Server 2014 中全套强大的 BI 功能，包括 PowerPivot、Power View、Data Quality Services 和 Master Data Services。这个版本的主要目标之一是使最终用户可以使用强大的 BI 功能。对于需要高级 BI 功能但不需要企业版的完整 OLTP 性能和可扩展性的项目，这是一个理想的版本。这个新的 BI 版包含了标准版，并且也提供了基本的 OLTP 功能。
- 标准版与现在一样，是为规模有限的部门而设计的，提供了基本的数据库功能和基本的 BI 功能。SQL Server 2014 标准版中还新增了一些功能，如压缩。

表 1-7　SQL Server 2014 的版本

企业版(包含 BI 版的功能)	商业智能版(包含标准版的功能)	标　准　版
关键任务和一级应用	公司和可扩展的分析报告	部门数据库
数据仓库	Power View 和 PowerPivot 允许自助分析	有限的商业智能项目
私有云和高度虚拟化的环境		
大型的、集中的或面向外部的商业智能		

注意：Web 版本只能通过 Service Provider License Agreement(SPLA)使用。

表 1-8 总结了 SQL Server 2014 的各个版本的关键功能。

表 1-8　SQL Server 2014 各个版本的功能

SQL Server 功能	SQL Server 版本		
	标准版	商业智能版	企业版
最大核数	16 核	数据库最多可以使用 16 核；对于商业智能功能，则为操作系统支持的最大核数	操作系统支持的最大核数
支持的内存	128GB	128GB	操作系统最大空间
基本 OLTP	×	×	×
内存 OLTP			×
基本报表和分析	×	×	×
编程工具和开发人员的工具	×	×	×
可管理性(SSMS，基于策略的管理)	×	×	×
企业数据管理(数据质量，主数据服务)		×	×
自助式 BI(Power View，PowerPivot for SPS)		×	×
公司 BI(语义模型，高级分析)		×	×
高级安全性(高级审核，透明数据加密)			×
数据仓库(列存储索引，压缩，分区)			×

(续表)

SQL Server 功能	SQL Server 版本		
	标准版	商业智能版	企业版
列存储索引			×
AlwaysOn			×
缓冲池扩展	×	×	×
虚拟许可	1 个虚拟机	1 个虚拟机	无限制

标准版中提供了基本功能。BI SKU 中提供了关键的企业 BI 功能。当想要使用高端数据仓库功能及获得企业级的高可用性时，企业版是正确的选择。

从表 1-8 中可以看到，标准版对于数据库引擎最多只能支持 16 核。对于 BI 版，数据库最多可以使用 16 核，BI 功能(Analysis Services，Reporting Services)最多可以使用操作系统支持的最大核数。企业版可以使用操作系统支持的最大核数。

BI 版和企业版都提供了 SQL Server 2014 的完整的高级 BI 功能，包括企业数据管理、自助式 BI 和公司 BI 功能。企业版还添加了关键任务和一级数据库功能，并使其实现最好的可扩展性、性能和高可用性。当通过 Microsoft Software Assurance 购买企业版时，客户可以实现无限的虚拟化，获得无限虚拟机的许可，并使用这些许可部署到云端。

1.4.2 许可

SQL Server 2012 的许可模式发生了很大的变化。如果使用的不是通过 Microsoft Software Assurance 获取的许可，这种变化会对环境产生影响。本节只是概述了这些变化，并没有深入探讨。更多相关细节可以咨询 Microsoft 客户经理。

SQL Server 2014 的定价和许可方案更符合客户购买数据库和 BI 产品的方式，这为客户提供了多种好处，包括：

- SQL Server 2014 提供了先进的功能和支持。
  - ◆ 在主要供应商中，SQL Server 2014 仍然是明显值得信赖的引领者。这一点通过其定价模型、非企业版中包含的功能以及对各个版本均提供世界一流的支持得以充分体现。
  - ◆ 拥有 Software Assurance 的客户可以获得明显的好处，并且在过渡到新许可模型时会得到各种帮助。这些好处包括在许可有效期内能够进行升级和获得更有效的支持。
  - ◆ 拥有 Enterprise Agreement 的客户很容易过渡到 SQL Server 2014，节省了大量成本。
- SQL Server 2014 针对云做了优化：
  - ◆ SQL Server 2014 是对虚拟化支持程度最高的数据库，提供了扩展的虚拟化许可，允许灵活地为每个 VM 购买许可，并提供了对 Hyper-V 的出色支持。
  - ◆ 完全支持本地的和基于云的混合解决方案。支持 SQL Server Data Files in Windows Azure、SQL Server Managed Backup to Windows Azure、从本地实例直接把数据库部署到 Windows Azure 虚拟机中的实例、将数据库备份到 Windows Azure Blob 存储，以及把副本添加到 Windows Azure 虚拟机中的 AlwaysOn 可用性组中。

- SQL Server 2014 的定价和许可模型允许客户随着自身规模的增长相应购买许可：
  - 新的精简版更符合数据库和 BI 需求。
  - 对于数据中心，许可模型更符合硬件能力。
  - 对于 BI，许可模型符合基于用户的访问，大多数客户都习惯以这种方式购买 BI。

1. CPU 核(不是处理器)许可

在 SQL Server 2012 版本中，Microsoft 转为采用逐核处理模型。基于 CPU 核的许可(只适用于标准版和企业版)按“双核包”的方式销售。也就是说，对于 4 核 CPU，每个插槽需要两个这样的包。这些许可包的费用只有 SQL Server 2008 R2 CPU 许可的一半。但是，对于每个 CPU，必须至少购买 4 个核的许可。

例如：

- 对于两个插槽，每个插槽 2 个核，需要 4 个许可包(8 个核的许可)。
- 对于两个插槽，每个插槽 4 个核，需要 4 个许可包(8 个核的许可)。
- 对于两个插槽，每个插槽 6 个核，需要 6 个许可包(12 个核的许可)。
- 对于两个插槽，每个插槽 8 个核，需要 8 个许可包(16 个核的许可)。

2. 虚拟化的 SQL Server 和基于主机的许可

当运行虚拟化的 SQL Server 时，必须为 VM 购买至少 4 个核的许可。如果 VM 中有 4 个以上的虚拟 CPU，就必须为分配给 VM 的每个虚拟 CPU 购买 1 个 CPU 核许可。

SQL Server 2014 仍然为拥有 Software Assurance 和 Enterprise Agreement 的那些客户提供了基于主机的许可。基于主机的许可的工作方式与以前一样：为主机购买足够的企业版 CPU 核许可，然后就可以在任意数量的虚拟机中运行 SQL Server。许多用户首选这种方式。没有 Software Assurance 或 Enterprise Agreement 的客户需要联系 Microsoft 代理或零售商，因为他们不能购买基于主机的许可。

可以看到，许可模型的变化很大。定价也有所改变，但是其类型取决于个人购买的产品，所以这里不做讨论。Microsoft 已经尽了最大努力让这个版本的价格对于大多数客户来说没有提高太多，所以对这一点不必担心。当然，购买前仍然应该仔细进行考虑，并与自己的 Microsoft 项目团队进行商讨。

1.5 小结

SQL Server 2014 的体系结构有了增强，从而改进了性能、提高了开发人员的效率和系统可用性，并降低了整体运营成本。SQL Server 2014 还提供了一些令人兴奋的新功能，不仅允许扩展系统，还带来了前所未有的性能提升。将注意力集中到自己当前和将来的角色，并理解适用于自己的情况和可以满足组织需求的功能和版本，这是非常重要的。

1.6 经典习题

1. SQL Server 2014 的常用版本有哪些？应用范围分别是什么？
2. SQL Server 2014 的优势是什么？
3. SQL Server 2014 是由哪几个服务组成的？

第 2 章 SQL Server 2014基础

本章主要内容：

- 如何规划并成功完成 SQL Server 2014 的安装
- 在完成安装后必须进行哪些配置
- 解决常见的安装问题

SQL Server 2014 的安装过程十分简单，只需要在安装媒介中执行安装向导，然后按照每一步的提示进行操作即可。在这个过程中，安装向导会替你做出几个重要的决策。本章将讨论这些决策，以及实现安全、稳定和可扩展的安装的合适配置。

安装过程主要有如下步骤：

(1) 规划系统。

(2) 准备硬件和软件。

(3) 安装操作系统和服务补丁。

(4) 建立 I/O 子系统。

(5) 安装 SQL Server 和服务补丁。

(6) 系统压力测试。

(7) 必要时执行安装后配置。

(8) 清理工作。

本章着重介绍规划系统和实际安装。

2.1 安装规划

在安装 SQL Server 前，第一步是进行合理的规划，这是成功安装 SQL Server 的基础。在规划时，必须考虑下面列出的任务和要点：

- 当前工作负载的基准
- 估计工作负载的增长情况
- 最低硬件和软件需求
- 合适的存储系统大小和 I/O 需求
- SQL Server 版本

- SQL Server 排序规则、文件位置和 tempdb 大小
- 服务账户选择
- 数据库维护和备份计划
- 最小联机时间和响应时间服务等级
- 灾难恢复策略

在部署、升级或迁移 SQL Server 2014 实例时，必须考虑很多因素，上面只是列出了其中的一部分。下面将详细介绍其中的一些因素以及相关的最佳实践。

2.1.1 硬件选择

选择正确的硬件配置并不简单。Microsoft 提供了支持 SQL Server 2014 安装的最低硬件需求，但它们只是表示“最低”需求，符合这些需求并不一定意味着配置是最合适的。理想情况下，需要提供超过最低需求的硬件以满足当前和将来的资源需求。

正因如此，才需要为当前资源需求创建基准，并预估将来的需求。使硬件可以满足将来的需求不仅可以节省资金，还能够避免因为硬件升级而导致的停机时间。

为了保证平稳地进行安装，并获得可预测的性能，需要熟悉 Microsoft 提供的最低硬件需求，如表 2-1 所示。

表 2-1 SQL Server 2014 的最低硬件需求

硬　件	需　求
处理器	速度：1.4GHz 或更高 AMD Opteron、Athlon 64、支持 Intel EM64T 的 Intel Pentium IV、支持 Intel EM64T 的 Xeon 注意：虽然联机丛书描述了 32 位安装的需求，但是实际安装时会发生错误，系统会提示不支持 32 位安装
内存	1GB(Express 版为 512MB)，推荐 4GB
存储器	数据库引擎和数据文件、复制、全文搜索以及数据质量服务：811MB Analysis Services 和数据文件：345MB Reporting Services 和报表管理器：304MB Integration Services：591MB 主数据服务：243MB 客户端组件(除 SQL Server 联机丛书组件和 Integration Services 工具外)：1823MB 用于查看和管理帮助内容的 SQL Server 联机丛书组件：375KB

1. 处理器

处理器可以处理大量的事务，并且有大量并发连接的 SQL Server 2014 实例可以充分利用处理器的处理能力。处理能力表现在处理器的时钟速度高、数量多。几个稍慢的处理器的性能表现要比单个快速的处理器好。例如，两个 1.6GHz 的处理器的速度要比单个 3.2GHz 的处理器更快。

新的处理器模型在一个物理插槽位置可以提供多个核心。这些多核处理器有许多优势，包括可以节省空间和电量消耗。多核处理器允许在同一个物理服务器内以命名实例或虚拟机的形

式运行 SQL Server 2014 的多个实例。换句话说，在一个物理服务器上，只要硬件和许可允许，就可以运行任意数量的 SQL Server 2014 服务器。由于多个物理服务器可以合并到单个物理服务器中，因此数据中心的占用空间得以显著减少。这种合并也使得电费大大降低，因为连接到电网的服务器数量减少了。

SQL Server 2012 采用的是基于核心的许可，SQL Server 2014 沿用了这种模型。在这种模型中，多核处理器的每个核心都必须获得许可。这对于物理服务器和虚拟机都是适用的。关于 SQL Server 2014 许可模型的更多信息，请参阅第 1 章。

2. 内存

内存是让 SQL Server 2014 实现最佳性能的重要资源。设计良好的数据库系统会尽可能地从内存缓冲区缓存的数据页中读取数据，从而合理地利用可用内存。

SQL Server 实例和操作系统都需要使用内存。应该尽量避免在 SQL Server 实例所在的 Windows 服务器上安装内存密集型应用程序。

在决定需要多少内存时，一个不错的起点是考虑 SQL Server 实例中托管的每个数据库的数据页数，以及查询执行统计信息，例如典型的工作负载使用的最小、最大和平均内存。目标应该是让 SQL Server 把尽可能多的数据页保存在缓存中，将尽可能多的执行计划保存在内存中，以避免从磁盘读取数据页以及编译执行计划，这些都是开销很大的操作。

另外，还需要知道具体 SQL Server 版本对内存的限制。例如，SQL Server 2014 企业版支持多达 2TB 的 RAM，标准版和 BI 版支持 128GB 的 RAM，而 Express 版支持 1GB 的 RAM。

SQL Server 2014 引入的一个新功能是内置的内存联机事务处理(Online Transaction Processing，OLTP)功能。这种内存功能(代号为 Hekaton)只能在企业版中使用。现在数据可以完全保存在内存中，从而降低了访问磁盘数据带来的 I/O 开销。

3. 存储系统

对 SQL Server 2014 实例的存储系统需要进行特殊考虑，因为缓慢的存储系统可能导致数据库性能严重下降。当为 SQL Server 2014 数据库规划存储系统时，要考虑自己对可用性、可靠性、吞吐量和可扩展性的需求。

为测试和验证存储系统的性能，需要收集一些重要的指标信息，例如每秒 I/O 请求数(IOPS)、吞吐量(MB/s)和 I/O 延迟。表 2-2 列出了这 3 个关键指标，并对它们做了简要描述。

表 2-2　关键存储指标

指　　标	描　　述
每秒 I/O 请求数(IOPS)	存储系统在 1 秒内可以处理的并发请求数，这个数字越高越好。根据具体的配置和制造商，对于单个 15K RPM 的 SAS 驱动器，通常应该为 150~250 IOPS；对于企业 SSD 和 SAN，通常应该为 1000~1 000 000 IOPS
吞吐量(MBps)	存储系统在 1 秒内可以读写的数据多少，这个数字越高越好
I/O 延迟(ms)	I/O 操作之间的时间延迟，这个数字最好为 0 或接近为 0

通过使用一些免费的工具，如 SQLIO、SQLIOSim、IOMeter 和 CrystalDiskMark，可以收集这些关键的指标。关于如何使用这些工具的介绍不在本章讨论范围内，不过可以在以下网址

中找到介绍它们的文档：http://msdn.microsoft.com/en-us/library/cc966412.aspx。

SQL Server 安装中主要采用两种类型的存储系统：DAS 和 SAN，下面将详细解释这些类型。

直连式存储(Direct Attached Storage，DAS)

直连式存储理解起来最简单。在这类存储系统中，磁盘驱动器位于服务器机箱内，直接连接到磁盘控制器。它们也可以位于外部，通过线缆直接连接到主机总线适配器(Host Bus Adapter，HBA)上，并不需要使用额外的设备，例如交换机。

DAS 的主要优势在于易于实施且维护成本低，主要缺点在于扩展性有限。虽然在近年来，DAS 存储系统开始具有一些原本只有高端 SAN 存储单元才有的功能，但是一些局限性依然是存在的，例如可以扩展和管理的磁盘驱动器数量和卷大小，可以连接的服务器的数量，以及存储单位和服务器之间的距离。

服务器连接和距离是 DAS 和 SAN 的最大区别。DAS 要求存储单位与服务器之间存在直接的物理连接，这就限制了可以同时连接的服务器数量，以及存储单位和服务器之间的距离。

存储区域网络(Storage Area Network，SAN)

存储区域网络是一种专用的网络，它将作为直连式存储卷提供给服务器使用的存储设备相互连接起来。这种存储设备网络的连接方式有两种：通过称为 fabric 交换机的高速专用光纤通道(Fibre Channel，FC)，或者通过使用常规的以太网交换机的 iSCSI 协议。

SAN 的主要优势之一是使用专用的广域网(WAN)和 TCP/IP 路由，可以跨越大片地理区域。这就允许组织在进行灾难恢复时，在相隔遥远的数据中心之间复制数据，以及实现其他一些功能。

另外，SAN 为关键任务数据系统提供了最高的可靠性和可扩展性。与 DAS 相比，合理架构的 SAN 可以提供更大的吞吐量，并且可以降低 I/O 延迟。而且 SAN 可以扩展，从而可以处理比 DAS 多得多的磁盘阵列。

SAN 的主要缺点在于成本更高，并且实现和维护的难度更大。

选择合适的存储系统

在安装 SQL Server 时选择的存储系统类型取决于自己的需求。从上面的简单比较中可以知道，DAS 的成本低一些，并且配置和维护都要比 SAN 简单，但 SAN 在性能、可用性和可扩展性方面更胜一筹。

在选择存储系统时，一个关键的考虑因素是存储系统中使用的磁盘技术，以及这些磁盘驱动器是如何排列到一起的。DAS 和 SAN 都使用磁盘驱动器的阵列，并且通常把它们配置为存储池，从而可以把它们作为单个实体提供给服务器使用。

接下来将介绍不同的磁盘驱动器技术，以及如何通过 RAID 级别使它们形成存储池。

磁盘驱动器

如前所述，支持 IO 需求所需的吞吐量是重要的考虑因素之一。为了满足较大的吞吐量需求，经常需要把读写操作分散到大量转速快的磁盘驱动器上。

分散 IO 操作意味着在群组到一起的每个磁盘驱动器上存储少量的数据。在这种分布式存储中，没有哪个磁盘驱动器包含完整的数据。因此，一个磁盘失败意味着全部数据都会丢失。这就是在做出关于存储系统的决策时，一定要考虑到可靠性的原因。为了避免由于磁盘失败而导致的数据丢失，可以采用一种称为数据阵列或 RAID 的特殊方法来组织磁盘，以同时满足吞吐量和可靠性的需求。选择正确的磁盘 RAID 级别是关键决策，这会影响到服务器的整体性能。表 2-3 描述了 SQL Server 环境中最常用的磁盘 RAID 级别。

表 2-3　常用的 RAID 级别

RAID 级别	描　述
RAID 0	也称为条带集或条带卷。将两个或更多个磁盘组合在一起，形成单个较大的卷。不能容错，读写快速
RAID 1	也称为镜像驱动器。将相同的数据写到两个驱动器中，即使其中一个磁盘失败，也不会丢失数据。写操作较慢。只能使用原始存储空间的一半
RAID 1+0	也称为 RAID 10。条带集中的镜像集。写操作的性能较好，能够容错。只能使用原始存储空间的一半
RAID 0+1	镜像集中的条带集。容错性比 RAID 1+0 稍差。写操作的性能较好
RAID 5	能够容忍其中一个磁盘失败。写操作被分布到各个磁盘中。读操作较快，写操作较慢。部分原始存储空间将无法使用
RAID 6	能够容忍两个磁盘失败。读操作较快，写操作比 RAID 5 更慢，因为奇偶校验计算增加了开销。原始存储空间的丢失情况与 RAID 5 类似

近年来，由于价格的降低和可靠性的提高，固态磁盘驱动器(Solid State Drive，SSD)技术变得越来越流行。SSD 的读写吞吐量要比转动式磁盘驱动器好 100 倍。SQL Server 可以从更快的读写操作中受益，尤其是那些对 IO 要求高的数据库。

过去几年中，SSD 的使用量得以增长，部分原因在于其可靠性的提高，同时价格却比原来低。有几个 SAN 存储系统供应商也提供 SSD 驱动器阵列。

注意：

虽然 SSD 磁盘驱动器比转动式磁盘驱动器更加可靠，但是仍然采用 RAID 技术保护 SSD。SSD 磁盘驱动器仍然可能受电子元件失败和损坏的影响。

在选择存储系统时，特别是倾向于使用 DAS 时，另一个要考虑的关键因素是磁盘控制器。在接下来的内容中，你将了解可以改进 DAS 性能和可靠性的磁盘驱动器特征。

磁盘控制器

磁盘控制器是关键硬件，当使用直连式磁盘驱动器时，需要经过仔细考虑再做出选择。磁盘控制器也有吞吐量限制，所以可能导致严重的 IO 瓶颈。

快速的磁盘驱动器还不足以保证快速的存储系统。如果不正确地进行配置，磁盘控制器可能会增加额外的开销。多数磁盘控制器都允许根据具体的工作负载进行配置。例如，可以针对高事务系统配置磁盘控制器，使其针对大量的写操作进行优化。还可以针对大量的读操作优化专门用于报表数据库系统(如数据仓库)和操作型数据存储区的磁盘控制器。

关于磁盘控制器的另外一个重要的考虑是写缓存。尽管这个功能对于改善写操作的性能很方便，但一些意外的情况还是可能发生，比如数据丢失或数据库损坏。

磁盘控制器通过把数据临时存储到它们的缓存，并最终以批处理的形式把数据刷新到磁盘来提高写操作的性能。当数据保存到磁盘控制器的缓存中以后，SQL Server 就认为事务已经提交。而实际上，数据还没有提交到磁盘，只是存在于内存空间中。如果在磁盘控制器把缓存的数据提交到磁盘之前，服务器意外死机，那么这些数据将无法记录到数据库的事务日志中，从而导致数据丢失。

为了避免潜在的数据丢失，关键数据库环境应该考虑使用带有备用电源(如 UPS)和内部磁盘控制器电池的企业级磁盘控制器。

2.1.2 软件和安装选择

规划的下一步是确保正确设置几个重要的配置选项(如数据库文件的合适位置)，以及建立合适的服务账户。

1. 排序规则

SQL Server 排序规则指定了一组用于存储、排序和比较字符的规则。排序规则十分重要，因为它指定了使用的代码页。不同的代码页支持不同的字符，并且在排序和比较字符串时表现出不同的行为。改变实例的排序规则很复杂，所以错误地设置排序规则可能会迫使你重新安装 SQL Server 实例。

你需要理解组织和客户对数据的区域、排序、大小写和发音敏感度的需求，以确定使用哪种排序规则。Windows Server 使用的代码页可以在“控制面板”|“区域设置”中找到。为 Windows Server 选择的代码页并不一定就是 SQL Server 实例需要的代码页。

下面介绍了两种常用的排序规则：SQL Server 排序规则和 Windows 排序规则。

SQL Server 排序规则

SQL Server 排序规则会影响用于在 char、nchar、nvarchar、varchar 以及 text 列中存储数据的代码页，还会影响对这些数据类型如何进行比较和排序。例如，如果要对有着区分大小写排序规则的数据库创建下列 SELECT 语句，就不会返回名为 Jose(即混合大小写形式)的雇员。

```
SELECT FROM Employees
WHERE EmployeeFirstName='JOSE'
Results: <none>
SELECT FROM Employees
WHERE EmployeeFirstName='Jose'
Results: Jose
```

Windows 排序规则

Windows 排序规则使用基于为操作系统选择的 Windows 区域的规则。其默认行为是比较和排序都遵循相关语言采用的规则，该规则可指定区分二进制、大小写、发音、假名以及宽度。关键是 Windows 排序规则可确保单字节和双字节字符集都以相同的方式进行排序和比较。

2. 区分大小写

排序规则可区分大小写，也可不区分。区分大小写意味着 U 和 u 是不同的。应用排序规则的区域中的所有一切(指 master、model、resource、tempdb 以及 msdb 数据库)都是如此。这也适用于这些数据库中的所有数据。这里的要点是，需要考虑这些数据库中的数据实际是什么，包括所有系统表中的数据，这意味着对象名也要区分大小写。

3. 排序顺序

选择的排序规则也将影响排序。二进制顺序(如Latin1_General_BIN)根据字符在ASCII码表中的顺序进行排序，它们区分大小写。考虑下面的SELECT语句——用于包含雇员姓名Mary、Tom、mary、tom等的表，如图2-1所示。如果选择一种字典排序顺序(例如Latin1_General_CS_AI)，那么这条语句将得到如图2-2所示的结果。

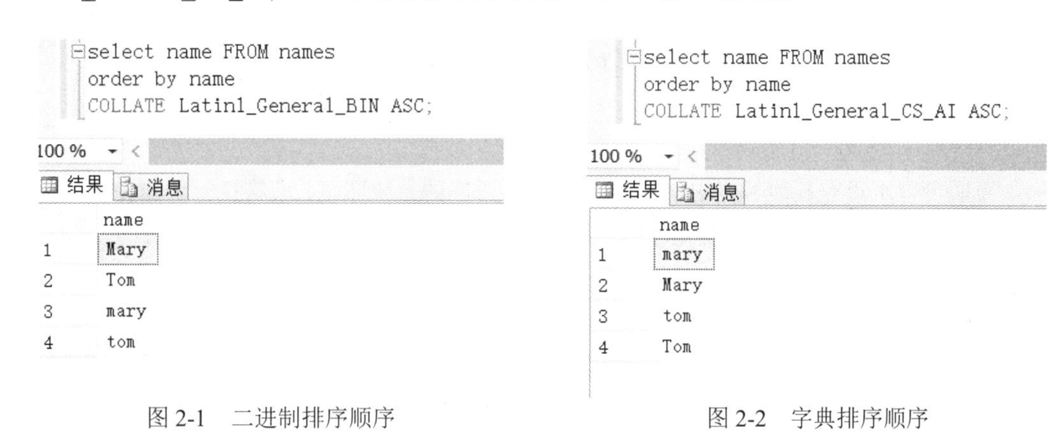

图2-1　二进制排序顺序　　　　图2-2　字典排序顺序

4. 服务账户

服务账户是安全模型的重要组成部分。选择服务账户时，要考虑最小特权原则。服务账户应该只拥有执行操作需要的最少权限。对于每个服务，应该使用单独的服务账户以单独跟踪各个服务执行的操作。应该为服务账户设置强密码。

有下列一些服务账户可供选择：

- **Windows账户或域账户：** 这是创建的活动目录或Windows账户，对于需要网络访问的SQL Server服务来说是首选的账户类型。
- **本地系统账户：** 这是一种具有很高权限的账户，不应用于运行服务，因为是作为网络中的一台计算机，没有密码。使用本地系统账户的被破坏进程也会破坏数据库系统。
- **本地服务账户：** 这是一种预配置的特殊账户，和“用户”组成员有着相同的权限。网络访问将通过不需要凭据的空会话进行。这是一类不受支持的账户。
- **网络服务账户：** 这个账户与本地服务账户相同，但允许网络访问，可以被看成是计算机账户。不要将这类账户用作SQL Server或SQL代理服务账户。
- **本地服务器账户：** 这是创建的本地Windows账户，对于不需要网络访问的服务来说，这是最安全的账户。

对于生产系统，应该使用专用的Windows账户或域账户。一些组织选择为所有的SQL Server实例创建单个域账户，而其他组织选择为每个服务创建单独的账户。

为所有 SQL Server 实例使用一个服务会带来灾难。如果一个账户被破坏或锁定，那么所有的 SQL Server 都会被锁定。如果 SQL Server 服务账户被锁定，那么在重启服务器或者重新启动服务时，SQL Server 将不能启动。在群集中，这会导致健康检查失败，并可能导致群集脱机。为每个实例使用单独的 SQL Server 服务账户是一种最佳实践。

2.2 安装 SQL Server

本节介绍不同类型的安装：全新安装、并列安装和升级安装。你将学习如何使用图形用户界面(GUI)、命令提示符、配置文件和 PowerShell 脚本进行自动和手动安装。

2.2.1 全新安装

如果服务器上没有其他 SQL Server 组件且具备干净的系统环境，就将执行全新安装。检查目录和注册表，以确保系统环境是干净的，没有以前 SQL Server 安装的残留物。

2.2.2 并列安装

SQL Server 还支持并列安装。当服务器上有多个 SQL Server 实例时，就会发生并列安装。SQL Server 2014 支持在一台服务器上有数据库引擎、Reporting Services 和 Analysis Services 的多个实例，并且还可以与以前的 SQL Server 版本并列运行。如果现有实例为默认实例，那么新安装必须为命名实例，因为每台服务器上只能有一个默认实例。

并列安装最大的问题是内存争用。要确保正确配置了内存，这样每个实例就不会试图获取全部物理内存。如果不同实例的数据库文件共享相同的存储资源，那么 IO 争用也可能成为一个问题。

2.2.3 升级安装

如果服务器上已有 SQL Server 组件，就可升级现有实例。在这种情况下，是在现有实例上安装 SQL Server，也称为就地安装。为了从以前的版本升级到 SQL Server 2014，需要在 SQL Server 安装中心启动升级向导，然后使用“安装”选项卡下的“从 SQL Server 2005、SQL Server 2008、SQL Server 2008 R2 或 SQL Server 2012 升级”命令进行升级安装。

2.2.4 手动安装

最简单、最常见的 SQL Server 部署方式是使用安装向导提供的 GUI 进行手动安装。手动安装需要用户频繁参与，以提供完成 SQL Server 2014 安装所需的信息和参数值。

可以执行以下步骤完成 SQL Server 2014 的手动安装：

(1) 从 SQL Server 2014 安装媒介中启动 Setup.exe，将会打开“SQL Server 安装中心”界面，如图 2-3 所示。

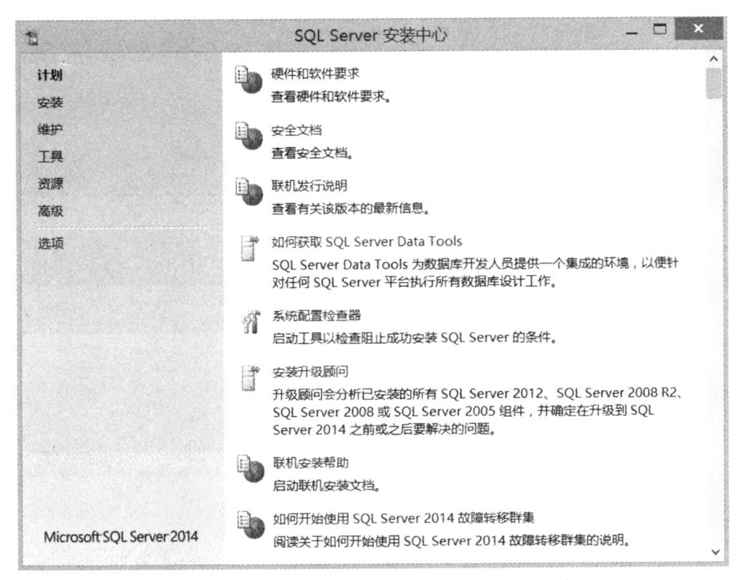

图 2-3 “SQL Server 安装中心”界面

(2) 单击左侧的“安装”选项卡，然后单击右侧的第一个选项“全新 SQL Server 独立安装或向现有安装添加功能”。SQL Server 2014 安装向导将会启动。

注意：

这时会弹出一条消息，指出安装正在进行，请耐心等待。

(3) 初始化安装操作会需要一点时间。

(4) 对于某些安装媒介和许可协议，需要选择 SQL Server 的版本，并在下一个屏幕中输入产品密钥。单击“下一步”按钮继续。

(5) “许可条款”屏幕打开后，接受许可条款，然后单击“下一步”按钮。

(6) “全局规则”屏幕将会打开，并自动进入下一个屏幕。

(7) Microsoft Update 屏幕将会打开。组织应该确定一个最小版本号。不要选中这个复选框。单击“下一步”按钮。根据组织的指导原则将更新应用到 SQL Server。

(8) “产品更新”屏幕将会打开。单击“下一步”按钮继续。

(9) “安装安装程序文件”屏幕将会打开，并进入下一个屏幕。

(10) “安装规则”屏幕标识了安装支持文件时可能发生的问题。这一步完成后，如果所有状态均通过，就单击“下一步”按钮。

(11) “设置角色”屏幕将会打开。选择“SQL Server 功能安装”选项，然后单击“下一步”按钮。

(12) “功能选择”屏幕将会打开。选中“数据库引擎服务”和“管理工具-基本”复选框，然后单击“下一步”按钮。图 2-4 显示了 SQL Server 2014 中可以安装的功能。

(13) 如果存在任何可能导致安装过程锁定的问题，则会打开“功能规则”屏幕。单击“下一步”按钮。

(14) “实例配置”屏幕将会打开。在这个屏幕中，可以选择将实例作为默认实例或命名实例进行安装。还可以提供一个实例 ID，并修改默认的根目录。单击“下一步”按钮。

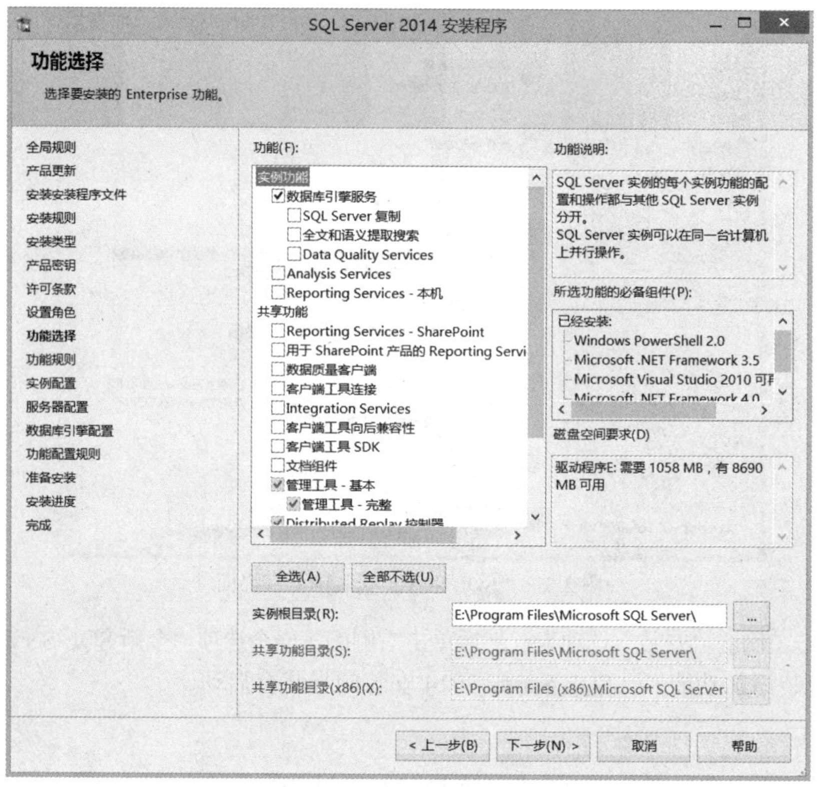

图 2-4　SQL Server 2014 中可以安装的功能

(15) “服务器配置”屏幕将会打开，如图 2-5 所示。其中提供了运行 SQL Server 数据库引擎、SQL Server 代理和 SQL Server Browser 的服务账户，以及 SQL Server 2014 使用的排序规则。单击“下一步”按钮。

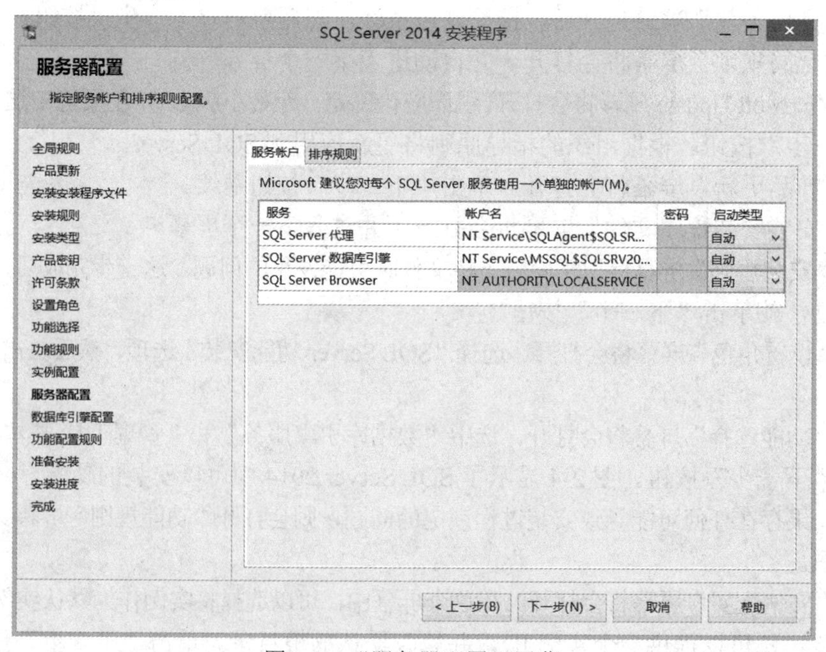

图 2-5　“服务器配置”屏幕

注意：

作为一种最佳安全实践，总是应当考虑根据最小特权原则选择服务账户。只要有可能，就应该避免指定在域或服务器中有提升权限的服务账户。

(16) “数据库引擎配置”屏幕将会打开。在这个屏幕中，可以指定身份验证模式、SQL Server管理员和默认的数据目录，并启用FileStream。指定至少一个具有SQL Server管理员权限的账户十分重要。另外必须把身份验证模式定义为“Windows身份验证模式”或“混合模式”。如果选择了Windows身份验证模式，那么只有通过身份验证的Windows账户才能够登录。如果选择了混合模式，那么Windows账户和SQL Server账户都能够登录。单击“下一步”按钮。

注意：

不要将SysAdmin(SA)的密码留空，应总是为其指定一个强密码，并在安装完成后将其禁用，以避免针对这个广为人知的账户的安全攻击。

(17) “准备安装”屏幕将会打开。此时，安装向导已经收集了所有必要信息，并在开始安装过程之前显示了这些信息以供检查。单击“安装”按钮，开始安装过程。

SQL Server 2014的手动安装过程至此已完成。

注意：

Microsoft专门针对SQL Server 2014提供了样本数据库下载。从Codeplex.com上可以免费下载这些样本数据库以及样本项目文件，下载网址为：http://msftdbprod- samples.codeplex.com/。

2.2.5 自动安装

SQL Server 2014允许通过命令行参数或配置文件执行自动安装。自动安装允许在多个服务器上以完全相同的配置安装SQL Server，安装过程基本上不需要用户交互。屏幕上的所有选项和对话框的响应都是使用配置文件中存储的信息或命令行参数自动选择的。

使用命令行参数自动安装

使用命令行参数自动安装新的SQL Server 2014的步骤如下：

(1) 以提升的管理员权限启动“命令提示”窗口。方法是右击“命令提示”窗口的可执行程序，然后从上下文菜单中选择“以管理员身份运行”命令。“命令提示”窗口将会打开。

(2) 在命令行中输入以下命令，然后按Enter键：

```
D:\setup.exe /ACTION=install /QS /INSTANCENAME="MSSQLSERVER"
/IACCEPTSQLSERVERLICENSETERMS=1
/FEATURES=SQLENGINE,SSMS
/AGTSVCACCOUNT="YourDomain\Administrators"
/AGTSVPASSWORD="YourPassword"
/SQLSYSADMINACCOUNTS="YourDomain\Administrators"
```

注意：

安装路径因安装媒介而异，而且根据要安装的功能，参数也可能发生变化。另外，还要将/SQLSYSADMINACCOUNTS的值设为有效的域名和用户账户。

这个命令行脚本会自动安装SQL Server数据库引擎和SQL Server基本管理工具。表2-4描述了前面脚本中使用的每个命令行参数。

表2-4 命令行参数

参　　数	描　　述
/ACTION	指定要执行的动作。在本例中为全新安装
/QS	指定安装程序运行并显示安装进度，但是不接受输入，也不显示错误消息
/INSTANCENAME	指定必需的实例名
/IACCEPTSQLSERVERLICENSETERMS	使用/Q或/QS时需要使用此参数来确认接受许可条款
/FEATURES	指定安装的功能的必需参数
/SQLSYSADMINACCOUNTS	指定sysadmin角色的成员的必需参数
/AGTSVACCOUNT	指定SQL Server代理账户的必需参数
/AGTSVCPASSWORD	指定SQL Server代理服务的密码的必需参数

注意：

关于命令行参数的完整列表，请访问以下网址：http://msdn.microsoft.com/en-us/library/ms144259(v=sql.120).aspx。

使用配置文件自动安装

在默认情况下，SQL Server 2014安装程序会创建一个配置文件，用于记录在安装过程中指定的选项和参数值。这个配置文件可以为验证和审核提供帮助，对于使用相同配置部署额外的SQL Server安装特别有用。

创建配置文件的步骤如下：

(1) 从SQL Server 2014安装媒介中启动Setup.exe，SQL Server的安装程序将会启动。

(2) 为SQL Server 2014安装指定选项和参数。在完成“安装向导”的过程中，指定的所有选项和值将会记录在配置文件中。

(3) 按照“安装向导”的提示进行设置，直到进入“准备安装”屏幕。

注意：

至此，配置文件已被创建，在前面的向导页中指定的所有选项和参数值都已被记录到ConfigurationFile.ini文件中。

(4) 打开 Windows 资源管理器，导航到配置文件所在的文件夹。通常，这个位置是C:\Program Files\Microsoft SQL Server\120\Setup Bootstrap\Log，在该文件夹下会创建一个带有日期和时间的文件夹。在这个带有日期和时间的文件夹中，可以找到ConfigurationFile.ini文件。

单击“取消”按钮，关闭 SQL Server 2014 安装向导。

(5) 找到 ConfigurationFile.ini 文件，将其复制到自动安装过程中可以引用的文件夹中，例如，使用共享文件夹\\fileserver\myshare。

(6) 打开 ConfigurationFile.ini 文件并进行如下修改，以便为自动安装准备好文件：

- 设置 QUIET = "True"
- 设置 SQLSYSADMINACCOUNTS = "YourDomain\Administrators"
- 设置 IACCEPTSQLSERVERLICENSETERMS = "True"
- 删除 ADDCURRENTUSERASSQLADMIN
- 删除 UIMODE

在为自动安装定制好配置文件后，使用命令提示符执行 Setup.exe，指定配置文件的路径。下面的命令行脚本演示了这种语法：

```
D: \Setup.exe ConfigurationFile=\\fileserver\myshare\ConfigurationFile.ini
```

使用 Windows PowerShell 进行脚本安装

还可以使用 Windows PowerShell 执行自动安装。编写简单的 PowerShell 脚本，通过其命令行界面执行 SQL Server 2014 安装程序。例如，可以像下面这样，在其命令行中执行刚才使用过的命令行脚本：

```
$cmd = "d:\setup.exe /ACTION=install /Q /INSTANCENAME="MSSQLSERVER"
/IACCEPTSQLSERVERLICENSETERMS=1
/FEATURES=SQLENGINE,SSMS
/SQLSYSADMINACCOUNTS="YourDomain\Administrators"
/AGTSVCACCOUNT="YourDomain\Administrators"
/AGTSVPASSWORD="YourPassword";
Invoke-Expression -command $cmd | out-null;
```

针对大型的 SQL Server 2014 部署，可以编写更加复杂的 Windows PowerShell 脚本。常见的一种方法是使用接受执行自动安装所需的安装参数的 Windows PowerShell 函数。然后，这些 Windows PowerShell 函数将以批处理的形式执行，或者在遍历具有对应参数的服务器名列表的进程中执行。

例如，可以在 Windows PowerShell 脚本文件中保存 Windows PowerShell 函数，然后用安装参数来调用这个函数以执行大规模的 SQL Server 2014 自动部署。程序清单 2-1(代码文件为 Install-Sql2014.ps1)给出了一个 Windows PowerShell 函数的示例，它可以用于 SQL Server 2014 自动安装。

程序清单 2-1　Install-Sql2014.ps1

```
Function Install-Sql2014
{
  param
  (
    [Parameter(Position=0,Mandatory=$false)][string] $Path,
    [Parameter(Position=1,Mandatory=$false)][string] $InstanceName =
```

```
    "MSSQLSERVER",
    [Parameter(Position=2,Mandatory=$false)][string] $ServiceAccount,
    [Parameter(Position=3,Mandatory=$false)][string] $ServicePassword,
    [Parameter(Position=4,Mandatory=$false)][string] $SaPassword,
    [Parameter(Position=5,Mandatory=$false)][string] $LicenseKey,
    [Parameter(Position=6,Mandatory=$false)][string] $SqlCollation =
    "SQL_Latin1_General_CP1_CI_AS",
    [Parameter(Position=7,Mandatory=$false)][switch] $NoTcp,
    [Parameter(Position=8,Mandatory=$false)][switch] $NoNamedPipes
)
#Build the setup command using the install mode
if ($Path -eq $null -or $Path -eq "")
{
    #No path means that the setup is in the same folder
    $command = 'setup.exe /Action="Install"'
}
else
{
    #Ensure that the path ends with a backslash
    if(!$Path.EndsWith("\"))
    {
        $Path += "\"
    }
    $command = $path + 'setup.exe /Action="Install"'
}
#Accept the license agreement - required for command line installs
$command += ' /IACCEPTSQLSERVERLICENSETERMS'
#Use the QuietSimple mode (progress bar, but not interactive)
$command += ' /QS'
#Set the features to be installed
$command += ' /FEATURES=SQLENGINE,CONN,BC,SSMS,ADV_SSMS'
#Set the Instance Name
$command += (' /INSTANCENAME="{0}"' -f $InstanceName)
#Set License Key only if a value was provided,
#else install Evaluation edition
if ($LicenseKey -ne $null -and $LicenseKey -ne "")
{
    $command += (' /PID="{0}"' -f $LicenseKey)
}
#Check to see if a service account was specified
if ($ServiceAccount -ne $null -and $ServiceAccount -ne "")
{
    #Set the database engine service account
    $command += (' /SQLSVCACCOUNT="{0}" /SQLSVCPASSWORD="{1}"
    /SQLSVCSTARTUPTYPE="Automatic"' -f
    $ServiceAccount, $ServicePassword)
```

```
    #Set the SQL Agent service account
    $command += (' /AGTSVCACCOUNT="{0}" /AGTSVCPASSWORD="{1}"
    /AGTSVCSTARTUPTYPE="Automatic"' -f
    $ServiceAccount, $ServicePassword)
  }
  else
  {
    #Set the database engine service account to Local System
    $command += ' /SQLSVCACCOUNT="NT AUTHORITY\SYSTEM"
    /SQLSVCSTARTUPTYPE="Automatic"'
    #Set the SQL Agent service account to Local System
    $command += ' /AGTSVCACCOUNT="NT AUTHORITY\SYSTEM"
    /AGTSVCSTARTUPTYPE="Automatic"'
  }
  #Set the server in SQL authentication mode if SA password was provided
  if ($SaPassword -ne $null -and $SaPassword -ne "")
  {
    $command += (' /SECURITYMODE="SQL" /SAPWD="{0}"' -f $SaPassword)
  }
  #Add current user as SysAdmin
  $command += (' /SQLSYSADMINACCOUNTS="{0}"' -f
  [Security.Principal.WindowsIdentity]::GetCurrent().Name)
  #Set the database collation
  $command += (' /SQLCOLLATION="{0}"' -f $SqlCollation)
  #Enable/Disable the TCP Protocol
  if ($NoTcp)
  {
    $command += ' /TCPENABLED="0"'
  }
  else
  {
    $command += ' /TCPENABLED="1"'
  }
  #Enable/Disable the Named Pipes Protocol
  if ($NoNamedPipes)
  {
    $command += ' /NPENABLED="0"'
  }
  else
  {
    $command += ' /NPENABLED="1"'
  }
  if ($PSBoundParameters['Debug'])
  {
    Write-Output $command
  }
```

```
    else
    {
      Invoke-Expression $command
    }
}
```

将程序清单2-1的代码保存到一个文件夹中，例如c:\scripts中。因为这是从Internet上下载的文件，所以需要右击该文件并选择解除锁定该文件。下载完该文件后，按照以下步骤执行此函数：

(1) 使用提升的管理员权限启动Windows PowerShell命令行。方法是右击Windows PowerShell可执行文件，然后选择“以管理员身份运行”。Windows PowerShell命令行将会打开。

(2) 确认自己可以运行和加载未签名的Windows PowerShell脚本和文件。在Windows PowerShell命令行中，输入get-executionpolicy来确认当前的执行策略。如果执行策略不是RemoteSigned，就需要执行下面的命令以将其设为这个值：

```
Set-ExecutionPolicy RemoteSigned
```

(3) 接下来，执行下面的命令加载脚本文件中的Windows PowerShell函数：

```
c: \scripts\Install-Sql2014.ps1
```

注意脚本文件路径前面的点号和空格。点号和空格是使用点号访问脚本文件所必需的。

(4) 执行下面的命令，确认函数已被加载：

```
get-command Install-Sql2014
```

执行命令后将返回单独的一行结果，其中显示了CommandType为Function，Name为Install-Sql2014。

(5) 现在，可以调用刚才加载的Windows PowerShell函数了。调用Install-Sql2014的命令如下：

```
Install-Sql2014 -Param1 Param1Value -Param2 Param2Value . .
```

例如，下面的命令调用了Install-Sql2014函数，并设置了SQL Server服务账户、密码以及实例名，还启动了SQL Server 2014安装过程：

```
Install-Sql2014 -Path d:\ -ServiceAccount "winserver\Administrator"
-ServicePassword "P@ssword"
-SaPassword "P@ssword"
-InstanceName "MyInstanceName"
```

注意：

- SQL Server 2014的安装路径随安装媒介的不同会发生变化。
- 在Codeplex.com上可以下载由社区创建的项目SPADE，该项目使用Windows PowerShell自动完成SQL Server的安装。关于该项目的更多信息，请访问网址：http://sqlspade.codeplex.com/。

2.3 系统压力测试

在将系统投入正常使用前，应对其进行压力测试。不少时候，已投入生产运行数月或数年的服务器会存在硬件问题，而这些问题在部署服务器时就已存在。许多故障在服务器负载较轻时不会显现，而当服务器负载较重时就会立即突现。

有几个免费的工具可以对数据库服务器进行压力测试，以确保存储系统已经准备好处理必要的 IO 工作负载、内存压力和对 CPU 处理能力的需求。下面列出了几个这样的工具。

- SQLIOSim：Microsoft 设计的免费工具，用于生成类似的 SQL Server IO 读写模式。这个工具对于测试 IO 密集型操作(如 DBCC CHECKDB 和批量插入、删除和更新操作)意义重大。SQLIOSim 替换了 SQLIOStress，从以下网址可以下载 SQLIOSim：http://support.microsoft.com/kb/231619。
- IOMeter：这是另外一个可以进行压力测试的免费工具，能够模拟并发应用程序的工作负载。
- Prime95：这个免费工具被设计用于找出梅森素数，这是一种 CPU 和 RAM 密集型操作。可以定制该工具，对 CPU 和内存的工作负载进行长时间的压力测试。

在网上还可以搜索到其他一些免费和付费的应用程序来执行最初的压力测试。一些服务器和服务器组件制造商也提供了工具来对设备进行基准测试和压力测试。

2.4 安装后的配置

在安装了 SQL Server 2014 以后，需要配置额外的一些设置，并完成一些必要的任务，这样才能得到一台能够投入生产的服务器。其中，一些设置用于调优 SQL Server 实例来获得最佳性能，如最大服务器内存、并行度阈值和网络数据包大小。其他一些设置和任务则用于保护、审核和监控 SQL Server 实例，如改变默认端口、登录审核和禁用 SA 账户。

2.4.1 配置 SQL Server 设置以实现高性能

SQL Server 2014 提供了一些可以针对特定的环境和工作负载模式进行优化的系统设置。接下来就讨论一些最重要的性能设置。

1. 内存

最大和最小服务器内存是两个重要的服务器属性设置。SQL Server 的默认配置是最小内存为 0，最大内存为 2 147 483 647MB(2TB)，如图 2-6 所示。

保留这两个设置的默认值的后果有时候会被误解，并且经常会被忽视。最小服务器内存设置指定了在分配后，SQL Server 不会返回给操作系统的内存量。换句话说，即使不再需要这部分最小内存，SQL Server 也仍然会保持占有它们。

注意：

一个常见的误解是 SQL Server 在启动后会立即分配达到最小内存量的内存。实际上，只有在收到请求时，SQL Server 才会分配内存，分配的内存可能会达到指定的最小服务器内存值。

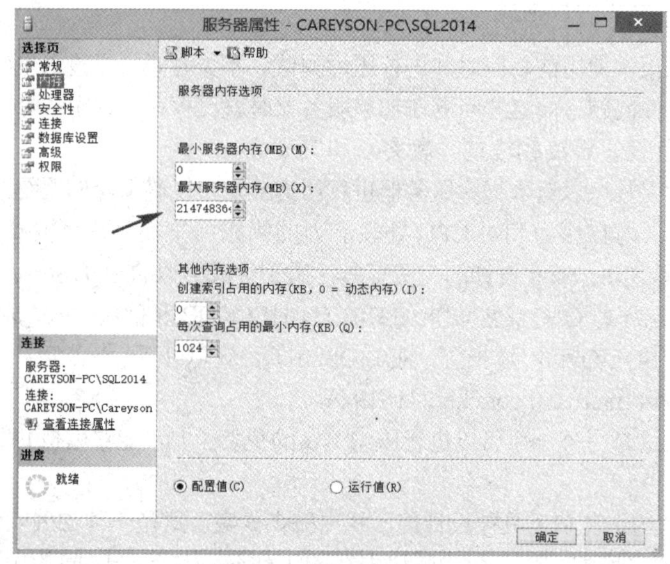

图 2-6　服务器属性设置

最小服务器内存设置一般不必修改，除非操作系统不断为共享相同内存空间的其他应用程序请求内存资源。应该避免向操作系统释放太多内存，因为这可能导致 SQL Server 实例缺少足够的内存资源。

另外，最大服务器内存为 SQL Server 实例可以分配的内存量设置了最大限制。把这个值设置得太高可能会使操作系统没有足够的内存资源可用。最大服务器内存值不应等于或超过总的可用服务器内存，至少应该比总的服务器内存小 4GB。

2. 网络数据包大小

SQL Server 2014 的默认网络数据包大小为 4096B。将数据包的大小设置得比默认值高可以改进需要执行大量批处理操作和传输大量数据的 SQL Server 实例的性能。

如果服务器的硬件和网络基础设施支持并启用了 Jumbo Frames，那么最好把网络数据包的大小增加为 8192B。

3. 即时文件初始化

每当数据库文件被创建或需要增长时，操作系统就会用 0 填充数据库文件，然后新的空间才可被写入。由于在 0 填充完成之前，所有的写操作都会被阻塞，因此这个操作的开销可能很大。为了避免这类阻塞和等待，可以启用即时文件初始化。具体方法是将 SQL Server 服务账户添加到服务器的“安全性设置”的“本地策略”的“用户权限管理”下的“执行大量维护任务”策略的用户列表中。

2.4.2　tempdb

tempdb 是最重要的系统数据库之一，需要特别考虑和计划。与过去相比，tempdb 承担了更多的责任。tempdb 以前只用于内部进程，如建立索引和存储表变量，以及作为编程人员的临时存储空间。下面列出了 tempdb 的部分用途：

- 用触发器批量加载
- 公共表表达式
- DBCC 操作
- 事件通知
- 索引重建，包括 SORT_IN_TEMPDB、分区索引排序以及联机索引操作
- 大型对象类型变量和参数
- 多活动结果集操作
- 查询通知
- 行版本控制
- 表变量
- 排序操作
- 溢出操作

对于大量使用 tempdb 的环境，创建额外的 tempdb 文件可以显著提升性能。根据工作负载，可以考虑创建与每个逻辑 CPU 成正比的大量 tempdb 文件，使 SQL Server 计划程序工作线程可以松散对齐到某个文件。一般来说，可接受的 tempdb 文件与逻辑 CPU 的比例在 1∶2 到 1∶4 之间。在极端情况下，可能想要为每个逻辑 CPU 创建 tempdb 文件(1∶1)。确定应该创建多少个 tempdb 文件的唯一方式是进行测试。

tempdb 的位置十分重要。tempdb 文件应该与数据库文件和日志文件分隔开，以避免出现 IO 争用。如果使用了多个 tempdb 文件，那么可以考虑将每个 tempdb 文件隔离到自己的 LUN 和物理磁盘上。

大小合适的 tempdb 对于优化整体性能十分关键。可以考虑将 tempdb 的初始大小设为不同于默认值的值，以避免昂贵的文件增长。预先分配的空间取决于预期的工作负载和在 SQL Server 实例中启用的功能。

预估 tempdb 初始大小的一种好方法是分析在典型的工作负载中执行的查询计划。在查询计划中，查询操作符(如排序、哈希匹配和后台打印)能够为计算大小需求提供重要的信息。为了预估每个操作符所需的空间，可以查看操作符报告的行数和行大小。为了计算所需的空间，可以将实际(或预估)的行数乘以预估的行大小。虽然这种方法并不精确，但是却可以提供不错的参考。只有经验和测试才能保证更精确的大小设置。

model 和用户数据库

model 数据库是最常被忽视的系统数据库，是所有用户数据库的模板。换句话说，model 数据库的所有数据库设置都会被 SQL Server 数据库实例中每个新创建的数据库继承。

设置 model 数据库的初始大小，自动增长数据库设置和恢复模型设置确保了新创建的所有用户数据库都会被恰当地配置，从而可以优化性能。

设置的初始数据库大小应该足以处理在足够长的时间段内预计发生的事务量。关键是要避免频繁地增加数据库的大小。当最初分配的空间不能满足数据库的需求时，通过启用自动增长数据库设置可以让其自动增加大小。尽管能够启用自动增长功能，但该功能很昂贵且耗时。可

将自动增长作为一种紧急情况下的操作。如果启用了自动增长，就应选择足够大的文件大小增量，以避免频繁地进行自动增长操作。

注意：

绝不应该启用自动收缩数据库的功能或对数据库执行收缩操作。数据库收缩操作会导致大量等待和阻塞，消耗大量 CPU、内存和 IO 资源，并增加碎片量。

2.4.3 针对安全配置 SQL Server 设置

通过优化 SQL Server 2014 提供的一些系统设置，可以得到可控程度更高、更加安全的环境。接下来将讨论一些最重要的安全设置。

1. SA 账户

SysAdmin(SA)账户是默认的系统账户，在 SQL Server 中拥有顶级权限。这是一个广为人知的账户，所以是大量攻击的目标。为了避免遭受这种攻击，应该为 SA 账户指定只有你自己知道的强密码，并且从不使用该密码。将这个密码束之高阁，然后禁用 SA 账户。

2. TCP/IP 端口

SQL Server 默认使用 TCP/IP 端口 1433 来与客户端通信，而 SQL Server 命名实例则在服务启动时被动态分配 TCP/IP 端口。为了预防黑客和进行防火墙配置，需要修改默认端口，并控制 SQL Server 命名实例在通信时使用的端口号。

SQL Server 2014 中包含了称为“SQL Server 配置管理器”的工具(本节稍后将更详细介绍)，用于管理 SQL Server 服务和相关的网络配置。在“开始”菜单的 Microsoft SQL Server 2014|“配置工具”文件夹下可以找到 SQL Server 配置管理器。图 2-7 显示了 SQL Server 配置管理器的“TCP/IP 属性”对话框，在其中可以修改默认的 1433 端口。

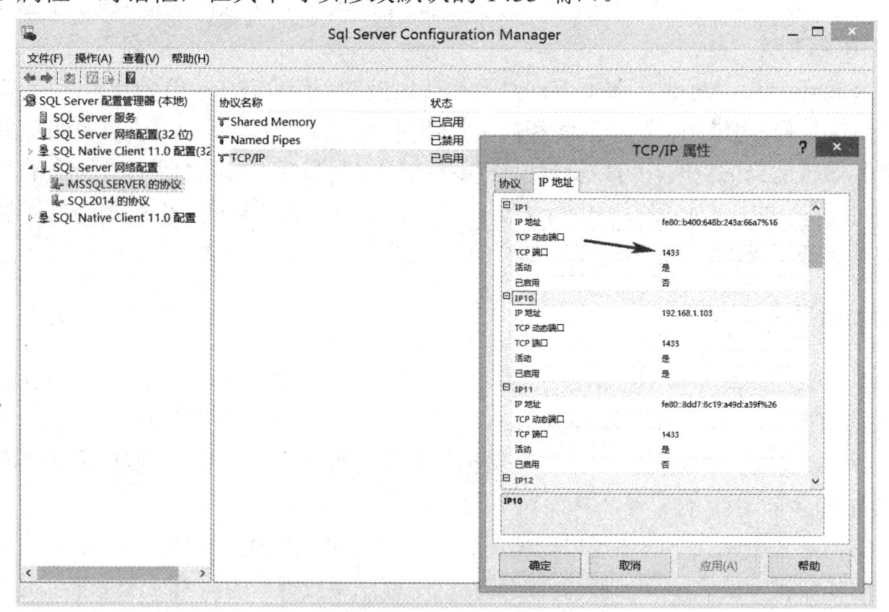

图 2-7 SQL Server 配置管理器的“TCP/IP 属性”对话框

3. 服务补丁和更新

在全新安装 SQL Server 实例后，必须检查可用的更新。SQL Server 更新的形式是修补程序、累计更新和服务补丁。在更新之前，应仔细检查所有更新，以免它们对应用程序产生负面影响。被标记为“关键”的安全补丁是一定要安装的，它们可以防止数据库系统遭受已知的威胁、蠕虫和漏洞的危害。在 SQL Server 生产实例中不要启用自动更新功能。在把更新应用到生产实例之前，应该在受控的测试环境中测试所有的更新。

4. 其他 SQL Server 设置

通过 SQL Server Management Studio 和 sp_configure 系统存储过程还可以配置其他一些 SQL Server 设置和属性。

注意：

有关 sp_configure 系统存储过程可以配置的所有 SQL Server 配置选项的完整列表及描述，可以访问以下网址：http://msdn.microsoft.com/en-us/library/ms188787 (v=sql.110).aspx。

第 4 章将详细介绍 SQL Server 配置。

2.4.4　SQL Server 配置管理器

SQL Server 配置管理器用于指定 SQL Server 服务选项，以及这些服务在 Windows 启动后是自动启动还是手动启动。SQL Server 配置管理器允许配置服务账户、网络协议和 SQL Server 监听的端口等服务设置。

SQL Server 配置管理器可以在 Microsoft SQL Server 2014 的“程序菜单”文件夹下的“配置工具”中找到。另外，也可以在“计算机管理”控制台的“服务和应用程序”下找到。

2.4.5　备份

完成 SQL Server 安装后，就应该检查备份计划。必须为系统和用户数据库定义备份计划和备份的存储位置。另外，如果使用了加密，还要备份加密密钥。

总是应该在共享网络驱动器或备份设备上创建备份文件，而不应该在被备份的服务器上进行备份。可以考虑保存备份的冗余副本，并保证备份是安全的，在发生灾难情况时可以立即使用。

数据库应该以完全或增量方式备份。取决于数据库恢复模式日志，备份也应该是备份计划的一部分，以便在必要时可以从日志中恢复。更多相关细节请参阅第 17 章。

应该定义备份保持策略以避免存储不必要的历史备份。定期还原备份，保证它们在任意时刻都能够成功还原，以免在发生灾难时出现不能还原的情况。记住，好的备份与恢复同等重要。

2.5　卸载 SQL Server

在一些情况下，由于出现了一些问题(例如与新版本不兼容)，或者要进行许可合并，需要彻底卸载 SQL Server 实例。使用“控制面板”的“程序和功能”选项可以卸载 SQL Server。在卸载过程中，可以选择删除为特定实例安装的全部或部分功能。如果安装了多个实例，卸载进程会提示选择想要删除的实例。

在安装程序中安装的某些额外的组件和需求不会被卸载，此时需要单独卸载它们。

2.5.1 卸载 Reporting Services

在卸载 Reporting Services 时，需要手动清除一些项，本节将介绍这些项，但在卸载前需要收集一些信息。应确保知道 Reporting Services 实例使用了哪些数据库，可通过 Reporting Services 配置工具获得这些信息。通过运行 SQL Server 配置管理器可以了解 Reporting Services 实例安装在哪个目录下。还需要知道 Reporting Services 统计和日志文件使用的是哪个目录。

卸载 Reporting Services 并不会删除 ReportServer 数据库。必须手动删除它们，否则新的 Reporting Services 实例就会重用它们。

2.5.2 卸载 Analysis Services

卸载 Analysis Services 也需要做一些手动清除工作。在卸载前也要收集一些信息。通过运行 SQL Server 配置管理器可以确定 Analysis Services 实例安装在哪个目录下。

尽管正常的卸载过程未保留任何数据库，但保留了所有 Analysis Services 日志文件，其默认位置是 Analysis Services 安装目录或在前面看到的其他位置。要删除它们，只需删除适当的目录即可。

2.5.3 卸载 SQL Server 数据库引擎

与其他服务一样，在卸载 SQL Server 数据库引擎时，不会删除日志文件。要删除它们，只需要删除适当的目录。需要单独删除 MS SQL Server Native Client，并且可能发现一些目录会被保留下来，这需要手动删除。

如果计算机上没有其他 SQL Server 实例，就不必单独删除 120 目录，而是可以删除 Program Files 下的整个 MS SQL Server 目录。.NET Framework 也仍会留在计算机上，要删除它，可通过“控制面板”的“程序和功能”选项，但要确保没有其他应用程序正在使用它。

2.6 安装失败故障排除

安装失败最常见的原因是安装程序支持规则和安装规则失败。在安装时，会检查一系列规则以识别可能阻止 SQL Server 成功安装的问题。当检测到规则失败时，必须进行纠正，然后才能继续安装。在手动安装过程中，总是会提供规则错误报告的链接和描述，并且会生成错误日志文件以供以后查看。

发生失败时，总是会生成详尽的报告，它们为确认问题的根源提供了宝贵的信息。很多时候，通过安装缺少的功能或应用程序就可以解决这些失败问题。

从%Program Files%\Microsoft SQL Server\120\SetupBootstrap\Log 文件夹中可以找到错误报

告。每次安装尝试都会生成带有时间戳的文件夹，详细的安装信息将保存到该文件夹下的日志文件中，该日志文件有助于对任何错误进行故障排除。

注意：

关于安装过程中生成的日志文件的完整列表和描述，可以访问网址：http://msdn.microsoft.com/en-us/library/ms143702(v=sql.120).aspx。

2.7 小结

可以看到，SQL Server 2014 的安装过程一般很简单。在安装前进行规划是成功部署的关键。成功的 SQL Server 2014 安装始于良好的规划和对需求的准确定义。这些需求应该定义了硬件和软件需求、安装条件、身份验证、排序规则、服务账户和文件位置等。

完成安装程序向导并不意味着 SQL Server 2014 安装就结束了。在安装后还需要执行一些任务，需要修改多个默认的配置设置，例如最大内存、并行度阈值、TCP/IP 端口和补丁等。可以使用 SQL Server Management Studio 和 SQL Server 配置管理器来修改这些默认的配置选项。还需要对数据库服务器进行压力测试，以免在高负载下出现意外行为。

2.8 经典习题

1. 简答题

(1) SQL Server 2014 的系统安装一共提供了几种不同的安装模式？

(2) SQL Server 2014 的系统安装的硬件选择的最低要求有哪些？

(3) SQL Server 2014 安装过程中有哪几个重要的配置选项？

(4) SQL Server 2014 最重要的性能设置包括哪些方面？

2. 上机操作题

在下载 SQL Server 2014 安装软件后，按照不同模式进行系统安装。

第3章 数据库和表

本章主要内容：

- 掌握 SQL Server 2014 中数据库的组成
- 熟悉 SQL Server 2014 的系统数据库
- 掌握使用对象资源管理器创建数据库
- 掌握使用 Transact-SQL 语句创建数据库
- 掌握使用对象资源管理器创建和管理数据表
- 掌握使用 Transact-SQL 语句创建和管理数据表
- 掌握 SQL Server 2014 的各种数据类型

数据库是长期存储在计算机内并以一定方式存储在一起、能被多个用户共享、具有尽可能小的冗余度、统一管理、与应用程序彼此独立的数据集合。数据库是按照某种特定的数据结构来对数据进行组织、存储和管理的仓库。SQL Server 2014 数据库中包含有数据表、视图、约束、规则、索引、存储过程和触发器等数据库对象，可以通过 SQL Server 2014 对象资源管理器，查看当前的数据库内的各种数据库对象。

3.1 数据库组成

数据库是一个单位或是一个应用领域的通用数据处理系统，它是 SQL Server 服务器管理的基本单位。数据库中的数据是为了让众多用户共享其中的信息而建立的，它已经摆脱了具体程序的限制和制约。本节将介绍如何使用数据库来表示、管理和访问数据。

数据库的存储结构分为逻辑存储结构和物理存储结构两种。数据库的逻辑存储结构说明数据库是由哪些性质的信息所组成，指组成数据库的所有逻辑对象，SQL Server 2014 的逻辑对象包括数据表、视图、存储过程、函数、触发器、规则，另外，还包括用户、角色和架构等。SQL Server 数据库不仅仅是数据的存储，所有与数据处理操作相关的信息都存储在数据库中。数据库的物理存储结构讨论的是数据库文件在磁盘中是如何存储的，指保存数据库各种逻辑对象的物理文件是如何在磁盘上存储的。数据库在磁盘上是以文件为单位存储的，由数据库文件和事务日志文件组成，一个数据库至少应该包含一个数据库文件和一个事务日志文件。SQL Server 2014 将数据库映射为一组操作系统文件。

3.1.1　SQL Sever 2014 常用的逻辑对象

1. 表(table)

SQL Server 中的数据库由表的集合组成，数据表是数据库中最重要、最基本的操作对象，也是数据存储的基本单位，这些表用于存储一组特定的结构化的数据。表中包含行(也称为记录或元组)和列(也称为属性、字段)的集合。表中的每一列都用于存储某种类型的信息，代表记录中的一个域，例如学号、姓名、性别、日期、名称、金额和数字等。每一行表示一条唯一的“记录”，如“学生”表中的记录，如图 3-1 所示。

也可以用表来存储多个表之间的关系。

学号	姓名	性别	系别	出生日期	高考入学成绩	少数民族否
2014056101	汪远东	男	市场营销	1995-05-01	657	False
2014056102	李春霞	女	市场营销	1994-10-06	650	True
2014056103	邓立新	男	市场营销	1996-04-06	654	False
2014056104	王小燕	女	市场营销	1995-09-21	523	False
2014056105	李秋	女	市场营销	1996-08-08	489	True
2014056107	于艳	女	市场营销	1997-07-05	500	False
2014056108	王彦夫	男	市场营销	1996-06-06	470	False
2014056109	朱小翠	女	市场营销	1996-03-05	492	False
2014056110	易伟	男	市场营销	1997-10-05	510	False
2014056111	邵小亮	女	市场营销	1997-09-03	499	True
2014056112	刘向阳	男	市场营销	1996-10-06	480	False
2014056113	马大松	男	市场营销	1997-03-04	501	False
2014056115	钟志	女	市场营销	1996-05-06	541	True
2014056118	李季	女	市场营销	1996-11-11	487	False
2014056121	闫大海	男	市场营销	1996-05-11	521	False
2016076104	李海涛	男	工业工程	1995-10-20	655	False
2016076105	罗亮	男	工业工程	1995-06-09	589	False

图 3-1　“学生”数据表

2. 索引(Index)

数据库中的索引类似于书籍中的目录，使用索引既能够提高对数据库中特定数据的查询速度，又能保证索引所指的列中的数据不会重复。使用索引可以快速访问数据库表中的特定信息，而不再需要扫描整个表。数据库中的索引是一个表中所包含的某个字段(或某些字段组合)的值及其对应记录的存储位置的值的列表。如果一个表没有索引，当对其进行查询的时候，系统将会扫描表中的每一个数据行，这就如同在一本没有目录的书中查找信息一样。当使用索引进行查询时不需要对整个表进行扫描，就可以查询到所需要的数据，从而提高了查询的速度。

3. 视图(view)

从表面上看，视图与表基本上是一样的，它也拥有一组命名的字段和数据项，但实际上视图描述了如何使用“虚拟表”查看一个或多个表中的数据。它是通过查询数据库中表的数据后产生的，因此限制了用户能看到和修改的数据。可以用视图来控制用户对数据的访问，从而简化数据的显示。视图是用户查看数据库表中数据的一种方式，它不实际存储数据，也不占用物理空间，相当于是一种虚拟表，使用视图来连接多个表，要比数据表更能直接面向用户。其作用相当于查询，其中所包含的列和行的数据只来源于视图所查询的基本表，在引用视图时这些数据是动态生成的，如图 3-2 所示。

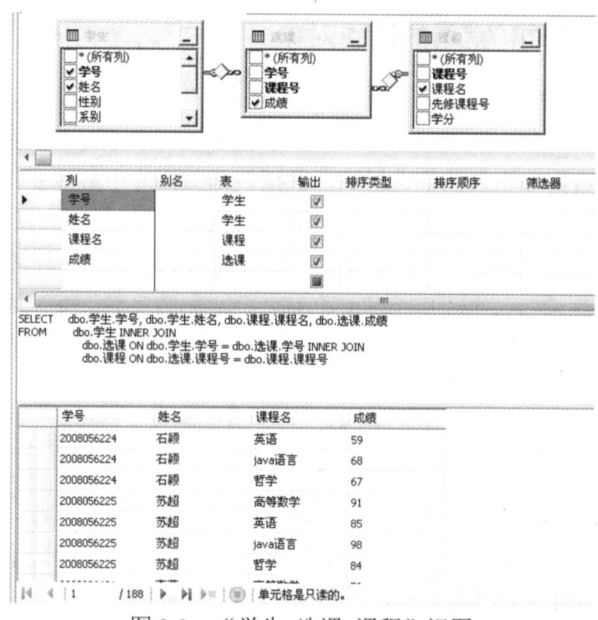

图 3-2 “学生_选课_课程”视图

4. 存储过程(stored procedure)

存储过程是为完成特定的功能而汇集在一起的一组 Transact-SQL 语句的集合，它在 SQL Server 2014 服务器上被编译后可以反复执行。存储过程类似于其他编程语言中的过程，能够接收参数、返回状态值和参数值，并且可以嵌套调用。SQL Server 2014 中大致有 3 类存储过程：系统存储过程、临时存储过程和扩展存储过程。

5. 触发器(trigger)

触发器和存储过程一样，是一条或多条用户定义的 Transact-SQL 语句的集合。触发器是通过事件来触发某个操作的，它是描述在修改表中数据时可以自动执行某些操作的一种特殊存储过程。若定义了触发程序，当数据库在执行这些语句时，就会激活触发器而执行相应的操作。通过触发器可以自动维护确定的业务逻辑、强制服从复杂的业务规则和要求及实施数据的完整性。

3.1.2 数据库文件和文件组

为了便于分配和管理，可以将数据文件集合起来，放到文件组中。

SQL Server 2014 数据库在磁盘上存储时主要分为两大类物理文件：数据库文件和事务日志文件。数据库文件是指数据库中用来存放数据库数据和数据库对象的文件，一个数据库可以有一个或多个数据库文件，如果一个数据库有多个数据库文件，则有一个文件会被定义为主数据库文件。数据库文件至少包含一个数据库文件和一个日志文件。数据库文件包含数据和对象，如表、索引、存储过程和视图。数据库文件又分为主数据库文件和辅助数据库文件。事务日志文件包含恢复数据库中所有事务所需的信息，如图 3-3 所示。

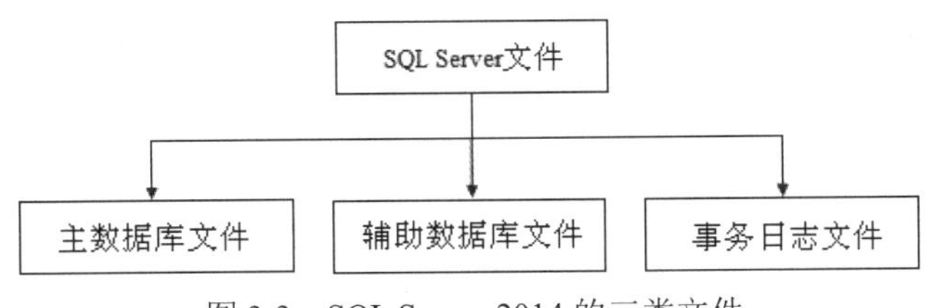

图 3-3 SQL Server 2014 的三类文件

(1) 主数据库文件。主数据库文件包含数据库的启动信息，用来存储部分或者全部数据。主数据库文件是数据库的起点，并指向数据库中的其他文件。用户数据和对象可以存储在此文件中，也可以存储在辅助数据库文件中。每个数据库必须有且仅能有一个主数据库文件，默认扩展名为.mdf。

(2) 辅助数据库文件。又称次数据库文件，一个数据库可以没有辅助数据库文件，也可以有多个辅助数据库文件，辅助数据库文件是可选的，由用户定义并存储未包括在主数据库文件内的用户数据。可以通过将每个文件放在不同的磁盘驱动器上，从而将数据分散到多个磁盘上。并且当数据库超过了单个 Windows 文件的最大大小时，也可以使用辅助数据库文件，从而使数据库能继续增长。而当数据库较小时，则只创建主数据库文件就可以，不需要再创建辅助数据库文件。辅助数据库文件的默认扩展名为.ndf。

(3) 事务日志文件。事务日志文件由一系列日志记录组成，是用来记录数据库更新情况的文件。事务日志文件用于保存恢复数据库所需的事务日志信息，用户对数据库进行的插入、删除和更新等操作都会记录在日志文件中。当数据库发生损坏情况时，能够根据事务日志文件来分析出错原因，当数据丢失时也能够使用事务日志文件来恢复数据库。每个数据库必须至少有一个事务日志文件，也可能有多个事务日志文件。事务日志文件的建议扩展名为.ldf。

事务日志文件的存储与数据库文件不同，它包含一系列记录，这些记录的存储不以页为存储单位。

SQL Server 2014 不强制使用.mdf、.ndf 或者.ldf 来作为文件的扩展名，但是建议使用这些扩展名来帮助标识文件的用途。SQL Server 2014 中某个数据库中所有文件的位置都记录在 master 数据库和该数据库的主数据库文件中。

创建一个数据库后，这个数据库中至少会包含一个主数据库文件和一个事务日志文件。这些文件是操作系统文件，它们由系统使用而不是由用户直接使用，因此不同于数据库的逻辑名。

(4) 文件组。将多个文件归纳为一组称文件组。每个数据库都有一个主要文件组，此文件组包含主要数据库文件和未放入其他文件组的所有辅助数据库文件。例如，可以将 data1.mdf、data2.ndf、data3.ndf 数据库文件分别创建在 3 个物理磁盘上，组成一组。创建表时，可以指定该表在此文件组中。此表中的数据分布在 3 个物理磁盘上，当对表进行查询时，可以并行操作，这样能够提高查询的效率。

说明：

- 一个文件或一个文件组只能被一个数据库使用。
- 一个文件只能隶属一个文件组。
- 数据库的数据信息和日志信息不能放在同一个文件或文件组中。
- 日志文件不能隶属任何一个文件组。

文件组有以下两类。

- 主文件组：包含主数据库文件和任何没有明确指派给其他文件组的其他文件。
- 用户定义文件组：Transact_SQL 语句中用于创建和修改数据库的语句分别是 create database 和 alter database，这两个语句都可以用 filegroup 关键字来指定文件组。用户定义文件组就是指使用这两个语句创建或修改数据库时指定的文件组。

每个数据库中都有一个文件组作为默认文件组运行。如果 SQL Server 创建表或索引时没有为其指定文件组，那么将从默认文件组中进行存储页分配、查询等操作。如果没有指定默认文件组，则主文件组是默认文件组。

3.2 系统数据库

SQL Server 2014 中的数据库有两种类型：系统数据库和用户数据库。系统数据库存放 Microsoft SQL Server 2014 系统的系统级信息，例如系统配置、数据库的属性、登录账号、数据库文件、数据库备份、警报和作业等信息。系统信息用来管理和控制整个数据库服务器系统。用户数据库是用户创建的用来存放用户数据和对象的数据库。

3.2.1 SQL Server 包含的系统数据库

SQL Server 包含以下几个系统数据库，如表 3-1 所示。

表 3-1 SQL Server 包含的系统数据库

系统数据库	说　　明
master 数据库	记录 SQL Server 实例的所有系统级信息
model 数据库	用作 SQL Server 实例上创建的所有数据库的模板。对 model 数据库进行的修改(如数据库大小、排序规则、恢复模式和其他数据库选项)将应用于以后创建的所有数据库
msdb 数据库	用于 SQL Server 代理计划警报和作业
tempdb 数据库	一个工作空间，用于保存临时对象或中间结果集
Resource 数据库	Resource 系统数据库是一个被隐藏的、只读的、物理的系统数据库，包含 SQL Server 2014 实例使用的所有系统对象。系统对象在物理上保留在 Resource 数据库中，但在逻辑上显示在每个数据库的 sys 架构中

1. master 数据库

master数据库是SQL Server 2014 中最重要的数据库，是整个数据库服务器的核心，记录了SQL Server 2014 系统的所有系统级信息。包括实例范围的元数据，如登录账户、端点、连接服务器和系统配置设置等。在SQL Server中，系统对象不再存储在master数据库中，而是存储在Resource数据库中。不过在master数据库中，系统信息逻辑呈现为sys架构。此外，master数据库还记录了所有其他数据库的存在、数据库文件的位置以及SQL Server的初始化信息。用户不能直接修改该数据库，如果master数据库损坏，则整个SQL Server无法启动。

表3-2列出了master数据库文件和日志文件的初始配置值。对于不同版本的SQL Server，这

些文件的大小可能略有不同。

表 3-2　master 数据库文件和日志文件的初始配置值

文件	逻辑名称	物理名称	文件增长
主数据库文件	master	master.mdf	以 10%的速度自动增长到磁盘满为止
日志文件	mastlog	mastlog.ldf	以 10%的速度自动增长到最大 2TB

有关如何移动 master 的数据库文件和日志文件的信息，请参阅 Microsoft 网站的“移动系统数据库”。Resource 数据库取决于 master 数据库的位置。如果移动了 master 数据库，那么必须将 Resource 数据库也移动到同一个位置。

2. model 数据库

model 数据库被用作在 SQL Server 2014 实例上创建的所有用户数据库的模板。因为每次启动 SQL Server 时都会创建 tempdb 数据库，所以 model 数据库必须始终存在于 SQL Server 系统中。当创建新的用户数据库时，model 数据库的全部内容(包括数据库选项)都会被复制到新创建的数据库中，这使得新创建的用户数据库在初始状态下就具有了与 model 数据库一致的对象和相关数据，从而简化了数据库的初始创建和管理操作。例如，当用户想要创建初始文件大小相同的数据库时，可以在 model 数据库中保存文件大小的信息；当用户希望所有的数据库中的数据表都相同时，也可以将这个数据表保存在 model 数据库中。启动期间，也可以使用 model 数据库的某些设置来创建新的 tempdb。如果修改了 model 数据库，之后创建的所有数据库都将继承这些修改，因此在修改 model 数据库之前要考虑到，对 model 数据库中数据的任何修改都将影响所有使用模板创建的数据库。

3. msdb 数据库

SQL Server 2014 代理使用 msdb 数据库来计划警报(scheduling alert)和作业(job)。SQL Server Management Studio、Service Broker 和数据库邮件等其他功能也使用该数据库。

SQL Server Agent 是 SQL Server 中的一个 Windows 服务，这种服务用来运行制订的计划任务。其中的计划任务是指在 SQL Server 中定义的一个程序，这个程序可以自动执行。msdb 数据库与 tempdb 数据库和 model 数据库一样，当用户在使用 SQL Server 时不能直接修改 msdb 数据库，SQL Server 中的一些程序会自动使用 msdb 数据库。

例如，SQL Server 在 msdb 的表中会自动保留一份完整的联机备份与还原历史记录。这些信息包括执行备份一方的名称、备份时间和用来存储备份的设备或文件。SQL Server Management Studio 利用这些信息来提出计划，以还原数据库和应用任何事务日志备份。msdb 数据库将会记录有关所有数据库的备份事件，即使它们是由自定义应用程序或第三方工具创建的。例如，如果使用调用 SQL Server 管理对象的 Microsoft Visual Basic 应用程序执行备份操作，则事件将记录在 msdb 系统表、Microsoft Windows 应用程序日志和 SQL Server 错误日志中。为了保护存储在 msdb 数据库中的信息，建议将 msdb 事务日志存放在容错存储区中。

默认情况下，msdb 使用的是简单恢复模式。如果使用备份并且恢复历史记录表，则可以对 msdb 使用完整恢复模式。

4. tempdb 数据库

tempdb 是 SQL Server 中的一个临时数据库，用于存储查询过程中所使用的中间数据或结果，实际上，它只是一个系统的临时工作空间。SQL Server 关闭之后，该数据库中的内容就会被清空。当 SQL Server 重新启动时，该数据库将重建。因此为 tempdb 数据库分配足够的空间是非常重要的，因为在数据库应用中的很多操作涉及创建临时对象而需要使用该数据库。

5. Resource 数据库

Resource 数据库是一个被隐藏的、只读的、物理的系统数据库，包含了 SQL Server 2014 实例使用的所有系统对象。该数据库在 SQL Server Management Studio 工具中是不可见的，而且该系统数据库不能存储用户对象和数据。

该系统数据库是一个真正的数据库，不是逻辑的数据库。实际上，SQL Server 系统对象(例如 sys.objects)在物理上都存储在 Resource 数据库中，但在逻辑上显示在每个数据库的 sys 架构中。Resource 数据库不包含用户数据或用户元数据，使用 Resource 系统数据库的优点之一是便于系统的升级处理，不需要删除和创建系统对象，只需将单个 Resource 数据库文件复制到本地服务器就能够完成升级。

3.2.2 在对象资源管理器中隐藏系统对象

下面介绍如何在 SQL Server 2014 中使用 SQL Server Management Studio 工具的“对象资源管理器”来隐藏系统对象。

在“对象资源管理器”中隐藏系统对象的具体步骤如下：

(1) 选择“工具”|“选项”命令，打开“选项”对话框。

(2) 在“环境”|“启动”选项卡上，选中“在对象资源管理器中隐藏系统对象”复选框，单击“确定”按钮。

(3) 返回 SQL Server Management Studio 对话框，系统提示重新启动，单击“确定”按钮，请确保必须重新启动 SQL Server Management Studio，以便此更改生效。

(4) 关闭并重新打开 SQL Server Management Studio。

3.3 创建数据库

数据库的创建过程实际上就是从数据库的逻辑设计到物理实现的一个过程。在 Microsoft SQL Server 2014 中，创建数据库主要有两种方法：一种是在 SQL Server Management Studio 中使用对象资源管理器，使用现有命令和功能，通过方便的图形化工具进行创建；另一种是通过 Transact-SQL 语句创建。在创建数据库时，这两种方法都有各自的优缺点，用户可以根据自己的喜好来灵活选择，对于不是很熟悉 Transact-SQL 语句命令的用户而言，使用 SQL Server Management Studio 图形界面创建数据库会比较适合。本节将分别阐述这两种方法。

3.3.1 使用 SQL Server Management Studio 图形界面创建数据库

在使用对象资源管理器创建数据库之前，首先要启动 SQL Server Management Studio，然后再使用账户登录到数据库服务器。SQL Server 安装成功之后，在默认情况下数据库服务器是随着系统自动启动的。如果没有随系统自动启动，那么当用户进行连接时，服务器也会自动启动。在 SQL Server 2014 中，通过 SQL Server Management Studio 创建数据库是一种最容易的方法，具体步骤如下：

(1) 在“开始”菜单中选择“程序”|Microsoft SQL Server 2014|SQL Server Management Studio 命令，打开 SQL Server Management Studio 窗口，并使用 Windows 或 SQL Server 身份验证建立连接。

(2) 在“对象资源管理器”中展开服务器，选择“数据库”节点，如图 3-4 所示。

(3) 在“数据库”节点上右击，从弹出的快捷菜单中选择“新建数据库”命令，如图 3-5 所示。

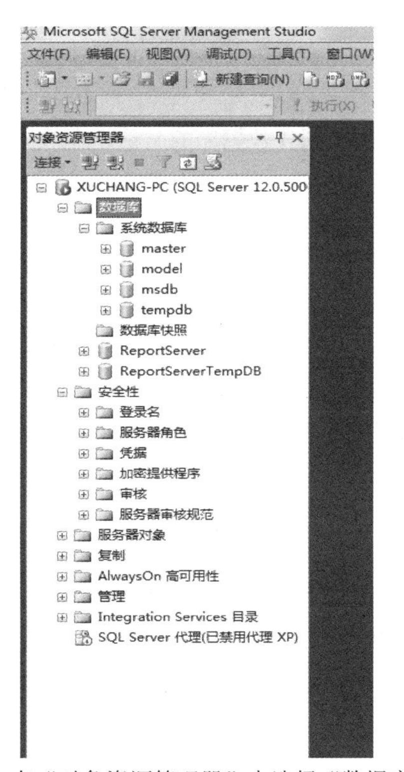

图 3-4 在“对象资源管理器”中选择“数据库”节点

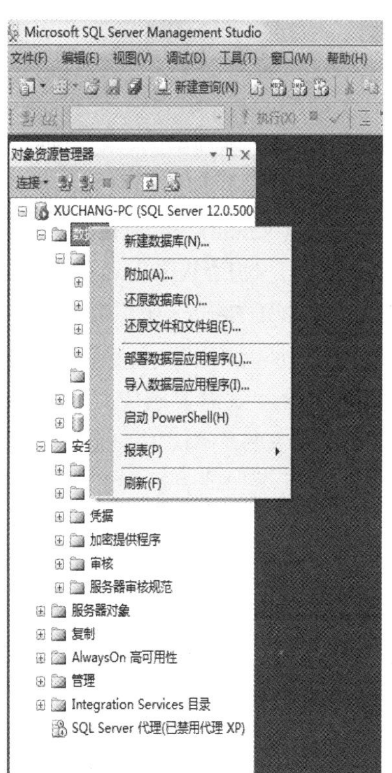

图 3-5 从快捷菜单中选择“新建数据库”命令

(4) 选择“新建数据库”菜单命令后，将打开如图 3-6 所示的“新建数据库”窗口。

(5) 在该窗口左侧的“选择页”下有 3 个选项，分别是“常规”“选项”和“文件组”。完成这 3 个选项中的内容设置后，也就完成了数据库的创建工作。打开时默认的是“常规”选项卡，右侧是“常规”选项卡中数据库的创建参数，在其中输入数据库的名称和初始大小等参数。

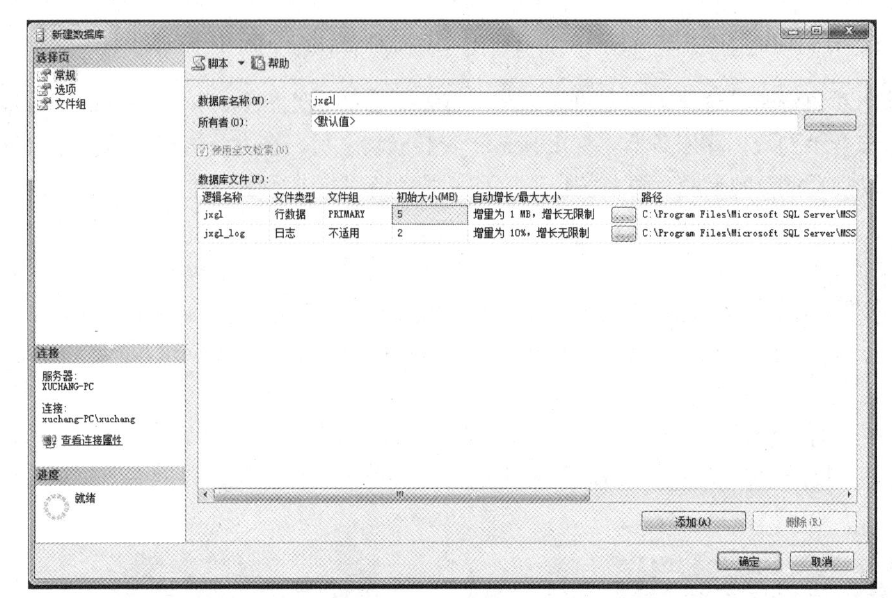

图 3-6 “新建数据库”窗口

(6) 在“常规”选项卡的“数据库名称”文本框中输入新建数据库的名称。在“所有者”文本框中输入新建数据库的所有者，如 sa。所有者可以为任何一个有创建数据库权限的账户，这里是默认账户(default)，也就是登录到 SQL Server 的账户。用户也可以修改所有者，例如，如果用户登录时是使用 Windows 系统身份验证的，则所有者的值会是系统用户 ID；如果用户登录时是使用 SQL Server 身份验证的，那么所有者的值就会是所连接的服务器的 ID。

应根据具体情况，来决定是启用还是禁用“使用全文检索”复选框。如果想让数据库搜索特定内容的字段，就需要选中“使用全文检索”复选框。

在“数据库文件”列表中，包括两行：一行是数据文件，另一行是日志文件。通过单击下面的按钮，可以添加或者删除相应的数据文件。该列表中各字段值的含义如下。

- 逻辑名称：引用文件时使用的文件的名称，用于指定该文件的文件名，在默认情况下，不再为用户输入的文件名添加下画线和 Data 字样，相应的文件扩展名并未改变。
- 文件类型：用于区别当前文件是数据文件还是日志文件。数据库文件中存储了数据库中的数据；日志文件中记录的是用户对数据所进行的操作。
- 文件组：显示当前数据库文件所属的文件组。一个数据库文件只能存在于一个文件组中。可以指定的值有 PRIMARY 和 SECOND，数据库中必须有一个主文件组(PRIMARY)。
- 初始大小：指定该文件的初始容量，在 SQL Server 2014 中，该列下的两个默认值表示数据文件的初始大小为 5MB，日志文件的初始大小为 2MB。
- 自动增长/最大大小：自动增长表示当数据库文件超过初始容量的大小时，文件大小增加的速度。用于设置在文件的容量不够用时，文件根据何种增长方式自动增长。通过单击“自动增长”列中的省略号按钮，可以在打开的更改自动增长设置对话框中进行设置。如图 3-7 和图 3-8 所示分别为数据文件和日志文件的自动增长设置对话框，这里数据文件是每次增加 1MB，日志文件每次增加的大小为初始大小的 10%。在默认情况下文件的增长极限是不受限制的，这样就不必担心数据库的维护问题，但是数据库出现问题时可能会将磁盘空间占满，所以在应用时应根据需要设置一个合适的文件增长的最大值，即最大文件大小。

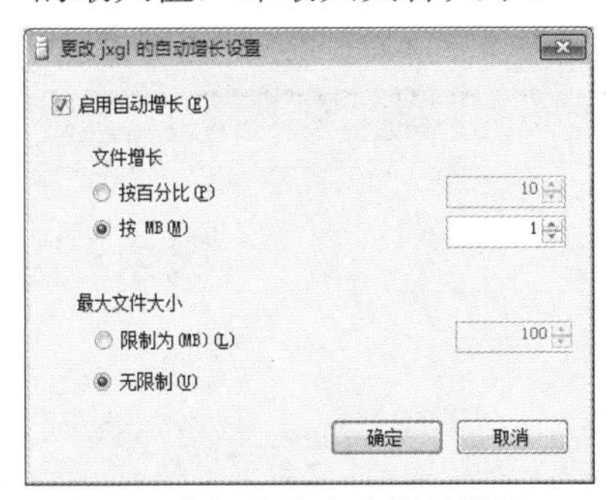

图 3-7　数据文件自动增长设置

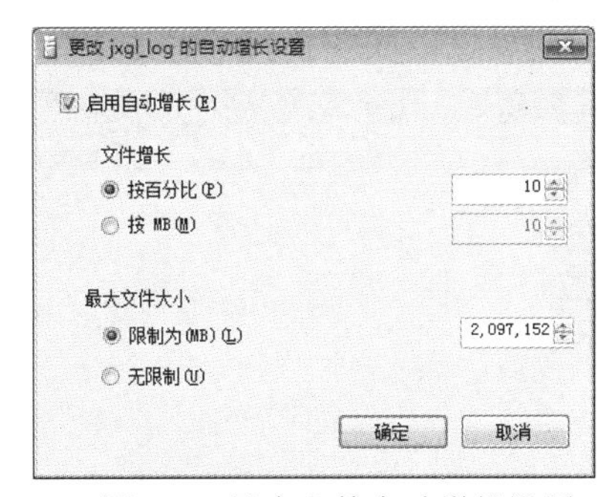

图 3-8　日志文件自动增长设置

- 路径：数据文件和日志文件的保存位置，指定存放该文件的目录。默认情况下，SQL Server 2014 将存放路径设置为 SQL Server 2014 安装目录下的 data 子目录。如果要修改路径，单击该列中的按钮可以打开“定位文件夹”对话框，在其中即可更改文件的存放路径。
- 文件名：向右拖动滚动条并拉到最后，可以看到文件名列，该列用来存储数据库中数据的物理文件名称，在默认情况下，SQL Server 直接使用数据库名称加上_Data 后缀来创建物理文件名。
- “添加”按钮：可以添加多个数据文件或日志文件，在单击“添加”按钮之后将会增加一行，在新增行的“文件类型”列中可以选择文件类型，从“行数据”或者“日志”中进行选择。
- “删除”按钮：可以删除指定的数据文件和日志文件。用鼠标选定准备要删除的行，然后单击“删除”按钮即可删除文件，需要注意的是主数据库文件是不能被删除的。

(7) 在“选择页”列表中单击“选项”选项，可以设置数据库的排序规则、恢复模式、兼容级别和其他需要设置的内容，如图 3-9 所示。

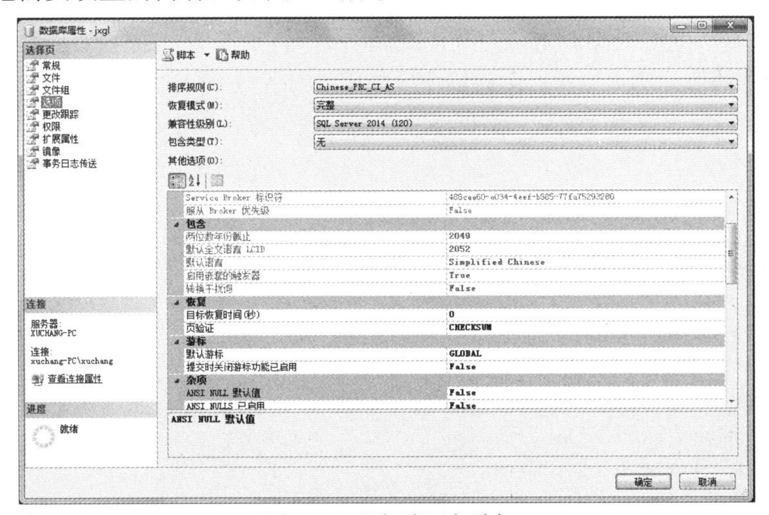

图 3-9　“选项”选项卡

(8) 在“选择页”列表中单击“文件组”选项，可以设置数据库文件所属的文件组，还可以通过“添加”或者“删除”按钮更改数据库文件所属的文件组，可以设置或添加数据库文件和文件组的属性，如图 3-10 所示。

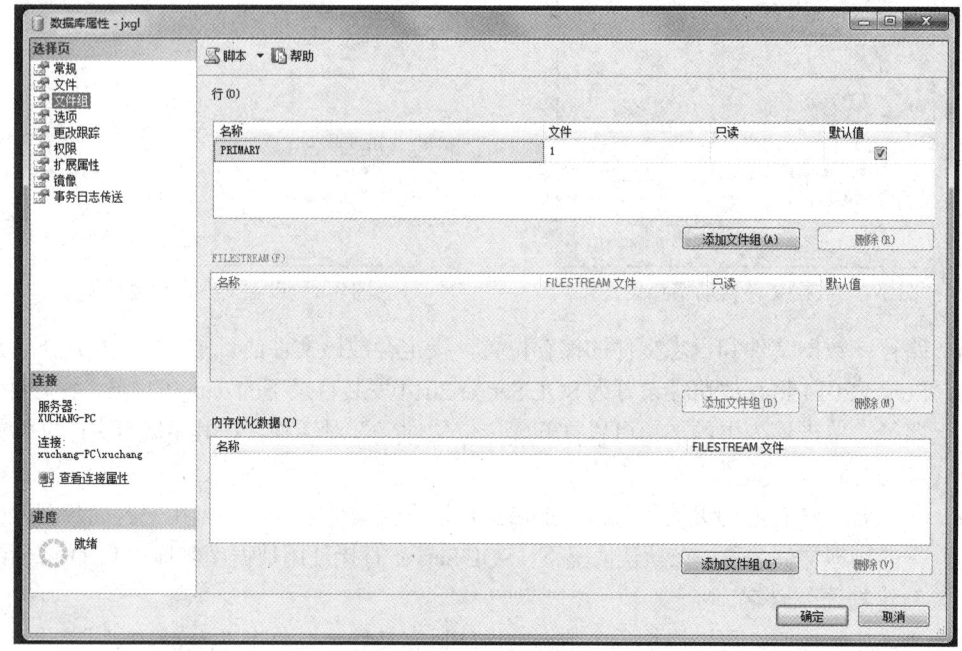

图 3-10 “文件组”选项卡

(9) 完成以上操作后，单击“确定”按钮，关闭“新建数据库”界面。至此，成功创建了一个数据库，可以通过“对象资源管理器”窗口查看新建的数据库。

3.3.2 使用 Transact-SQL 语句创建数据库

SQL Server Management Studio 是一个方便实用的图形化管理工具，实际上在前面所讲的创建数据库的操作中，SQL Server Management Studio 执行的就是 Transact-SQL 语言脚本，它根据设定的各个选项的值在脚本中执行创建操作。使用 CREATE DATABASE 语句可以创建数据库，在创建时可以指定数据库名称、数据库文件的存放位置、大小、文件的最大容量和文件的增量等。

语法格式如下：

```
CREATE DATABASE database_name
ON
{[PRIMARY](NAME=logical_file_name,
 FILENAME='os_file_name'
 [,SIZE=size]
 [,MAXSIZE={max_size|UNLIMITED }]
 [,FILEGROWTH=growth_increment ])
}[,...n]
LOG ON
{[[PRIMARY](NAME=logical_file_name,
```

```
    FILENAME='os_file_name'
    [,SIZE=size]
    [,MAXSIZE={max_size|UNLIMITED }]
    [,FILEGROWTH=growth_increment ])
}[,...n]
```

该命令中各参数的含义如下：

- database_name：新数据库的名称，不能与 SQL Server 中已有的数据库实例名称相冲突，最多可以包含 128 个字符。
- ON：指定用来存储数据库数据部分的磁盘文件(数据文件)。
- PRIMARY：在主文件组中指定文件。如果没有指定 PRIMARY，那么 CREATE DATABASE 语句中列出的第一个文件将成为主文件。
- LOG ON：指定用来存储数据库日志的磁盘文件(日志文件)。如果没有指定 LOG ON，将自动创建一个日志文件，文件大小为该数据库的所有数据文件大小总和的 25%或 512KB，取两者之中的较大者。
- NAME：指定文件的逻辑名称。在指定 FILENAME 时，需要使用 NAME，除非指定 FOR ATTACH 子句之一。无法将 FILESTREAM 文件组命名为 PRIMARY。
- FILENAME：指定操作系统(物理)文件名称。
- os_file_name：指定创建文件时由操作系统使用的路径和文件名，执行 CREATE DATABASE 语句之前，指定路径必须已存在。
- SIZE：指定数据库文件的初始大小，如果没有给主文件提供 size，那么数据库引擎就会使用 model 数据库中主文件的大小。
- MAXSIZE：指定文件可增大到的最大大小。这里可以用 KB、MB、GB 和 TB 作为后缀，默认值是 MB，并且 max_size 是整数值。如果没有指定 max_size，那么文件将会不断增长直到磁盘被占满为止。
- UNLIMITED：表示指定文件将增长到整个磁盘，使磁盘被占满。
- FILEGROWTH：指定文件的自动增量。文件的 FILEGROWTH 设置不能超过 MAXSIZE 设置。这里可以指定以 MB、KB、GB、TB 或百分比(%)为单位，默认是 MB。如果指定单位为%，那么增量大小表示的是发生增长时文件大小的指定百分比。当值为 0 时表明自动增长已经被设置为关闭，这意味着不允许增加空间。

【例 3-1】使用 Transact-SQL 语句创建数据库 jxgl，数据文件的初始大小为 5MB，最大长度为 50MB，数据库自动增长，增长比例为 10%；日志文件初始大小为 2MB，最大可增长到 5MB，按 1MB 增长(默认是按 10%的比例增长)。

```
create database jxgl
  on primary
    (name=' jxgl _data',
     filename='e:\sql\ jxgl _data.mdf',
     size=5MB,
     maxsize=50Mb,
     filegrowth=10%
     )
```

```
log on
  (name=' jxgl _log',
   filename='e:\sql\ jxgl _log.ldf',
   size=2mb,
   maxsize=5MB,
   filegrowth=1MB
   )
Go
```

在 SQL Server Management Studio 图形化界面中，单击左上角的“新建查询”按钮，打开查询分析界面，输入上述 Transact-SQL 语句，单击“执行”按钮即可创建数据库。命令执行成功后，刷新 SQL Server 2014 中的数据库节点，可以在子节点中看到新创建的数据库。查看新建的数据库的属性，打开“数据库属性”窗口，选择“文件”选项，能够看到新建数据库的相关信息，其中的各个参数值与 Transact_SQL 代码中指定的完全相同。

3.4 管理数据库

管理数据库主要包括修改数据库、查看数据库信息、重命名数据库和删除数据库。本节将对 SQL Server 中数据库管理的内容进行介绍。

3.4.1 修改数据库

当创建数据库之后，有时候会发现一些属性不符合实际的要求，虽然可以重新创建一个数据库，但是这样做比较麻烦。在这种情况下，可以对数据库的某些属性进行修改。可以在 SQL Server Management Studio 的对象资源管理器中对数据库的属性进行修改，也可以使用 ALTER DATABASE 语句来修改数据库。

1. 使用 SQL Server Management Studio 图形界面修改

使用 SQL Server Management Studio 图形界面修改数据库的操作步骤如下：

(1) 在“对象资源管理器”中，打开数据库实例下的“数据库”节点。

(2) 右击需要修改的数据库名称，从弹出的快捷菜单中选择“属性”命令，打开指定的数据库的“数据库属性”窗口，如图 3-11 所示，这个窗口与在 SQL Server Management Studio 中创建数据库时打开的窗口相似，这里多出了一些选项：更改跟踪、权限、扩展属性、镜像和事务日志传送。用户可以根据实际的需要，分别对不同的选项卡中的内容进行设置。

(3) 修改数据库中需要改动的属性参数，修改完成后，单击“确定”按钮即可。

2. 使用 Transact-SQL 语句修改数据库

ALTER DATABASE 语句可以对数据库进行以下修改：增加或删除数据文件、改变数据文件或日志文件的大小和增长方式、增加或者删除日志文件和文件组。

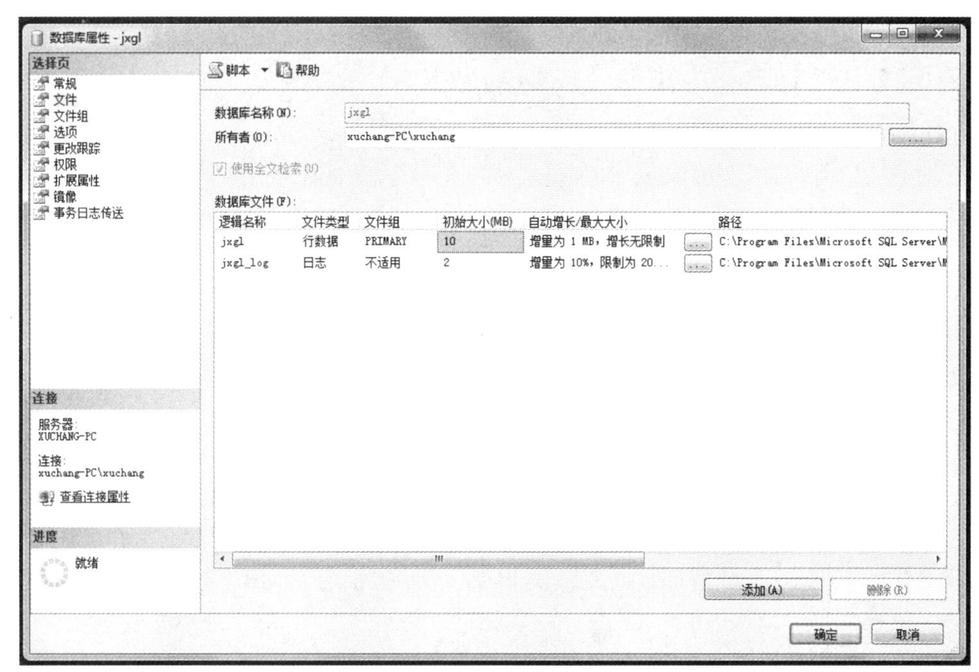

图 3-11 “数据库属性”窗口

使用 Transact-SQL 语句修改数据库的语法格式如下：

```
ALTER DATABASE database_name
{ADD FILE <filespec>[,...n] [TO FILEGROUP
{filegroup_name}]
 |ADD LOG FILE <filespec>[,...n]
 |REMOVE FILE <filespec>
 |ADD FILEGROUP filegroup_name
 |MODIFY FILEGROUP filegroup_name {filegrou_property |
 NAME=new_filegroup_name }
```

各参数的含义如下：

- database_name：要修改的数据库的名称。
- ADD FILE：向数据库文件组添加新的数据文件。
- TO FILEGROUP{ filegroup_name }：将指定文件添加到的文件组。filegroup_name 为文件组的名称。
- ADD LOG FILE：向数据库添加事务日志文件。
- REMOVE FILE：从 SQL Server 实例中删除逻辑文件说明并删除物理文件。
- MODIFY FILE：修改某一个文件的属性。
- ADD FILEGROUP：向数据库添加文件组。
- REMOVE FILEGROUP：从实例中删除文件组。
- MODIFY FILEGROUP：修改某一个文件组的属性。

(1) 改变数据文件的初始大小

在上一小节中，创建了一个名称为 jxgl 的数据库，数据文件的初始大小为 5MB。这里使用

Transact-SQL 语句修改该数据库的数据文件大小。

【例 3-2】 使用 Transact-SQL 语句修改 jxgl 数据库的主数据文件的初始大小为 20MB。

```
ALTER DATABSE jxgl
   MODIFY FILE
    (name=xscj,
     maxsize=unlimited)
```

代码执行成功之后，jxgl 的初始大小将被修改为 20M。

修改数据文件的初始大小时，所指定的 SIZE 的大小必须大于或者等于当前的 SIZE 大小，如果小于当前的 SIZE 大小，那么代码将不能执行。

(2) 增加数据文件

当原有数据库的存储空间不够用时，除了可以采用扩大原有数据文件的存储量的方法之外，还可以增加新的数据文件；或者从系统管理的需求出发，采用多个数据文件来存储数据，以免数据文件过大，此时，就要用到向数据库中增加数据文件的操作。增加的数据文件是辅助文件。

【例 3-3】 为数据库 jxgl 增加数据文件 jxglbak，初始大小为 10MB，最大为 50MB，增长方式为 5%。

```
alter database jxgl
  add file
     (name='jxglbak',
      filename='e:\sql\jxglbak.ndf',
      size=10MB,
      maxsize=50MB,
      filegrowth=5%
      )
go
```

选择“文件”|“新建”|“用当前连接查询”命令，在打开的查询编辑器中输入上面的代码，输入完成后单击“执行”按钮，代码执行成功后，jxgl 的初始文件大小为 10M，增长最大限制值为 50MB，增量为 5%。

(3) 删除数据文件

【例 3-4】 从数据库 jxgl 中删除数据文件 jxglbak。

```
alter database jxgl
  remove file jxglbak
go
```

在打开的查询编辑器中输入上面的代码，输入完成后单击“执行”按钮，代码执行成功后，数据文件 jxglbak 将被删除。

3.4.2 查看数据库信息

在 SQL Server 中可以使用多种方式查看数据库信息，例如使用目录视图、函数和存储过程等，本小节针对使用 SQL Server Management Studio 图形化管理工具和系统存储过程进行介绍。

1. 使用 SQL Server Management Studio 图形化管理工具

打开 SQL Server Management Studio 界面后，在“对象资源管理器”中，展开 SQL Server 实例的“数据库”节点，右击要查看信息的数据库节点，从弹出的快捷菜单中选择“属性”命令，打开“数据库属性”窗口，即可查看数据库的基本信息、文件信息、文件组信息和权限信息等，如图 3-12 所示。

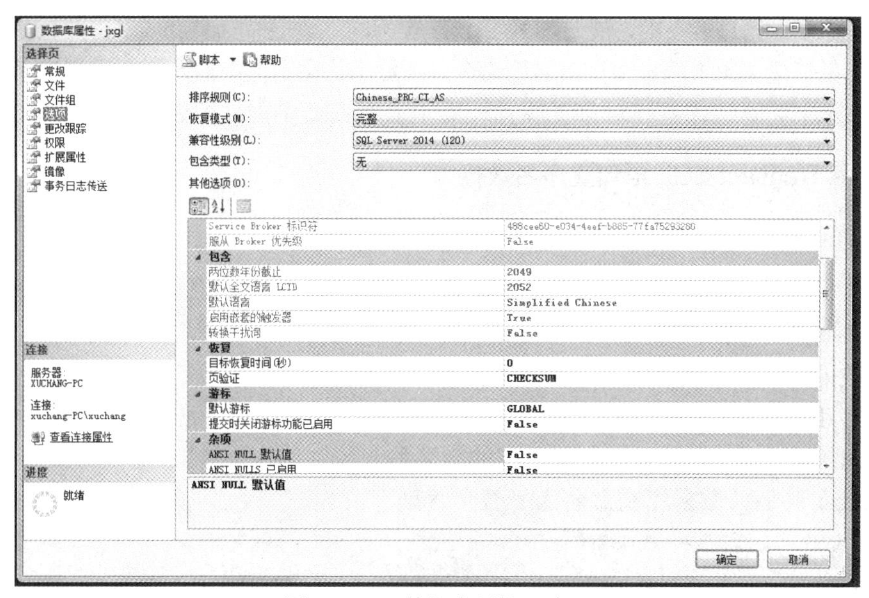

图 3-12　“数据库属性”窗口

2. 使用系统存储过程

使用 sp_helpdb 存储过程可以查看该服务器上所有数据库或指定数据库的基本信息。例如，使用 sp_helpdb 存储过程查看 jxgl 数据库的相关信息，执行代码后效果如图 3-13 所示。

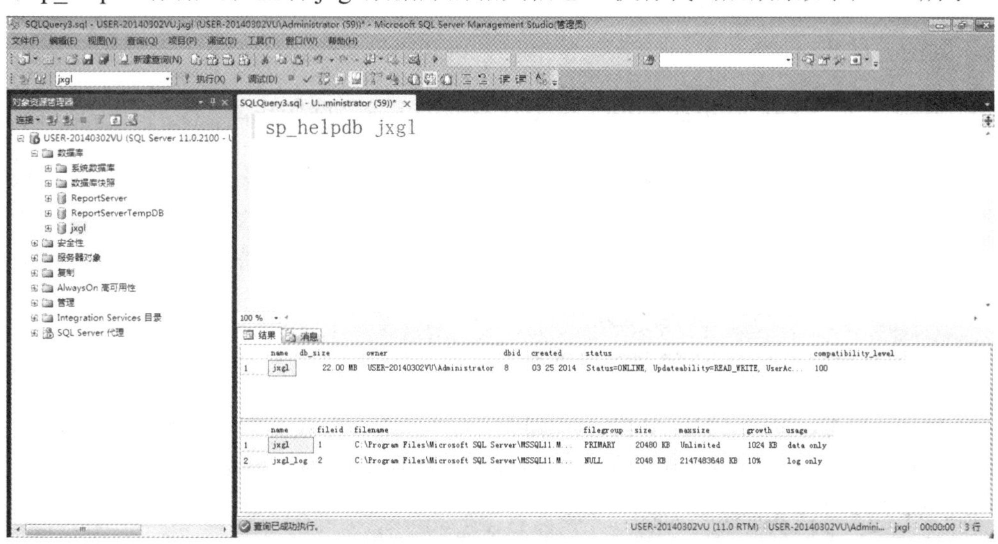

图 3-13　使用 sp_helpdb 存储过程查看单个数据库的相关信息

3.4.3 重命名数据库

重命名数据库即指修改数据库的名称，可以通过使用对象资源管理器来修改数据库的名称，也可以使用 Transact-SQL 语句对数据库重命名。

1. 使用 SQL Server Management Studio 图形化管理工具

在“对象资源管理器”中，展开 SQL Server 实例的“数据库”节点，右击要重命名的数据库，从弹出的快捷菜单中选择“重命名”命令，在显示的文本框中输入新的数据库名称，输入完成后按 Enter 键确认或者在对象资源管理器中的空白处单击，即表示修改名称成功。

2. 使用 Transact-SQL 语句重命名数据库

使用 Transact-SQL 语句重命名数据库的语法格式如下：

```
ALTER DATABASE old_database_name
Modify NAME= new_database_name
```

各参数的含义如下：

- old_database_name：指定数据库的原名称。
- new_database_name：指定数据库的新名称。

【例 3-5】将 jxgl 数据库重命名为“教学管理”。

```
ALTER DATABASE jxgl
  MODIFY NAME = 教学管理
```

代码执行成功后，jxgl 数据库的名称被修改为“教学管理”，刷新“数据库”节点，可以看到修改后的新的数据库名称。

3.4.4 删除数据库

当数据库不再需要时，为了节省磁盘空间，可以将它们从系统中删除，为此，也可以采用两种不同的方法。

1. 使用 SQL Sever Manamegent Studio 图形化工具删除数据库

在“对象资源管理器”中，展开 SQL Server 实例的“数据库”节点，右击要删除的数据库，从弹出的快捷菜单中选择“删除”命令，如图 3-14 所示，或者直接按键盘上的 Delete 键即可。

删除数据库时一定要慎重，因为系统无法轻易恢复被删除的数据库，除非做过数据库的备份。每次删除时，都只能删除一个数据库。

2. 使用 Transact-SQL 语句删除数据库

在 Transact-SQL 中使用 DROP 语句来删除数据库，DROP 语句可以从 SQL Server 中一次删除一个或多个数据库。该语句的用法比较简单，删除数据库的语法格式如下：

```
DROP DATABASE database_name
```

其中，database_name 是指将要删除的数据库的名称。

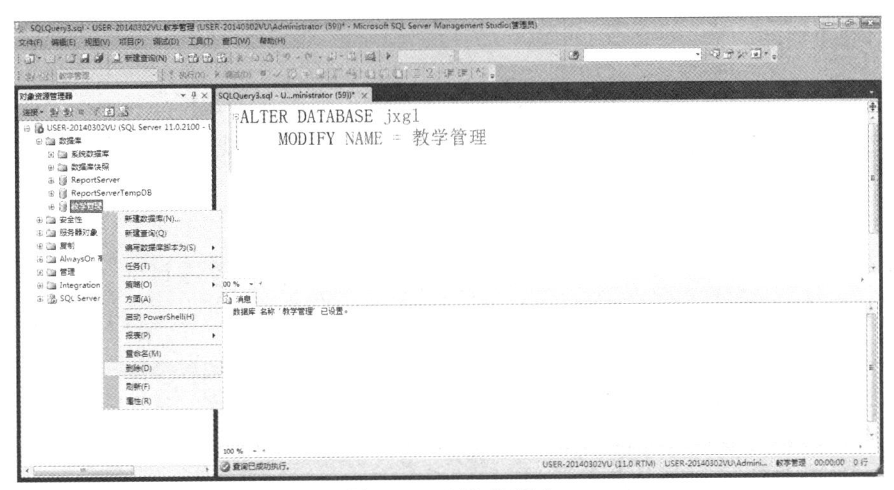

图 3-14　删除数据库

【例 3-6】使用 Transact_SQL 语句删除“教学管理”数据库。

```
DROP DATABASE 教学管理
```

代码执行成功后，“教学管理”数据库将被删除。

并不是所有的数据库在任何时候都可以被删除，只有处于正常状态下的数据库才能使用 DROP 语句删除。若数据库处于正在使用、正在恢复或数据库中包含用于复制的对象的状态下，则不能被删除。

3.4.5　分离数据库和附加数据库

1. 分离数据库

分离数据库指将数据库从 SQL Server 实例中删除，但是要使数据库在其数据文件和事务日志文件中保持不变。在此之后，就可以使用这些文件将数据库附加到任何 SQL Server 实例，包括分离该数据库的服务器。

如果用存储过程 sp_detach_db 来分离数据库，当发现无法终止用户连接时，可以使用 ALTER DATABASE 命令，并利用一个能够中断已存在连接的终止选项，将数据库设置为 SINGLE_USER 模式。设置为 SIGLE_USER 模式的代码如下：

```
ALTER DATABASE [DatabaseName] SET SINGLE_USER WITH ROLLBACK IMMEDIATE
```

当连接到数据引擎后，在标准菜单栏上单击“新建查询”选项，然后在出现的窗口中输入以下分离数据库的命令，再单击“执行”按钮即可：

```
EXEC sp_detach_db DatabaseName
```

一旦数据库分离成功，从 SQL Server 的角度来看就和删除了该数据库没有什么区别。

如果数据库连接处于活动状态，则该数据库不能分离；数据库存在数据库快照时不能被分离，在分离前，必须删除所有快照；数据库正在被镜像时，不能被分离。

2. 附加数据库

用户在附加数据库时必须首先分离数据库，尝试附加未分离的数据库将返回错误。用户可以附加复制的或分离的 SQL Server 数据库。附加数据库时，所有数据文件(mdf 文件和 ndf 文件)都必须是可用的。如果任何数据文件的路径与首次创建数据库或上次附加数据库时的路径不同，那么必须指定文件的当前路径。

对于附加数据库，可以使用 sp_attach_db 存储过程，或者使用带有 FOR ATTACH 选项的 CREATE DATABASE 命令，在 SQL Server 2014 中推荐使用后者，前者是为了向前兼容，而后者提供了更多对文件的控制。

```
CREATE DATABASE databasename
ON (FILENAME = 'D:\Database\dbname.mdf')
FOR ATTACH|FOR ATTACH_REBUILD_LOG
```

例如，附加“教学管理”数据库的命令如下：

```
CREATE DATABASE 教学管理
    ON (FILENAME = 'F:\附加库\教学管理.mdf'),
    (FILENAME = 'F:\附加库\教学管理_Log.ldf')
    FOR ATTACH;
```

对于这样的附加，因为涉及重建日志，所以需要注意以下几点：

(1) 如果一个读/写数据库含有一个可用的日志文件，无论是使用 FOR ATTACH 选项还是使用 FOR ATTACH_REBULD_LOG 选项，都不会对此数据库重建日志文件。如果该数据库日志文件不可用或者物理上没有该日志文件，那么使用 FOR ATTACH 或 FOR ATTACH_REBULID_LOG 选项都会重建日志文件。所以，若是要复制一个含有大量日志文件的数据库到另一台服务器中，就可以只复制.mdf 文件而不用复制日志文件，然后使用 FOR ATTACH_REBULD_LOG 选项重建日志即可。这样做的条件是这台服务器将主要使用或只使用该数据库的副本进行读操作。

(2) 对一个只读数据库而言，如果日志文件不可用，就不能更新主文件，所以也就不能重建日志。因此，如果要附加一个只读数据库，就必须在 FOR ATTACH 子句中指定日志文件。

在使用附加数据库重建日志文件时，因为日志备份链会在使用FOR ATTACH_REBUILD_LOG 时中断，所以在进行这种操作之前最好做一次数据库完全备份。

使用 sp_detach_db 存储过程可以保证一个数据库被干净关闭，这样日志文件就不再是附加数据库所必需的，可以使用 FOR ATTACH_REBUILD_LOG 命令重建日志，得到一个最小的日志文件。这种操作也算是对一个大日志文件进行快速收缩的一种方法。

3. 脱机数据库

如果需要暂时关闭某个数据库的服务，用户可以通过选择脱机方式来实现，脱机后在需要的时候可以暂时关闭数据库。

3.5 数据类型

数据类型指定列、存储过程参数及局部变量的数据特性。所有的数据都是按照数据类型存储的。数据类型分为两种：系统数据类型和用户自定义的数据类型。系统数据类型是 SQL Sever 支持的内置数据类型，用户自定义的数据类型指的是用户根据系统数据类型自己定义的数据类型。

3.5.1　系统数据类型

1. 整型数据类型

整型数据类型是常用的数据类型之一，主要是用于存储数值，可以直接进行数据运算而不必再使用函数进行转换。整型数据类型包括如下几种：

- bigint 数据类型：可以表示-2^{63}~$2^{63}-1$ 范围内的所有整数。每个 bigint 类型的数据在数据库中存储在 8 个字节中, 其中一个二进制位表示符号位，其他 63 个二进制位表示长度和大小。
- int 数据类型：int 或者 integer，可以表示-2^{31}~$2^{31}-1$ 范围内的所有整数。每个 int 类型的数据在数据库中存储在 4 个字节中，其中一个二进制位表示符号位，其他 31 个二进制位表示长度和大小。
- smallint 数据类型：可以表示-2^{15}~$2^{15}-1$ 范围内的所有整数。每个 smallint 类型的数据在数据库中存储在 2 个字节中，其中一个二进制位表示整数值的正负号，其他 15 个二进制位表示长度和大小。这种数据类型对表示一些常常限定在特定范围内的数值型数据非常有用。
- tinyint 数据类型：可以表示 0~255 范围内的所有整数，每个 tinyint 类型的数据在数据库中占用 1 个字节。这种数据类型对表示有限数量的数值型数据非常有用。

2. 浮点型数据类型

浮点型数据类型可以表示包含小数的十进制数。浮点数据为近似值，浮点数值的数据在 SQL Server 中采用的是只入不舍的方式进行存储的，也就是当且仅当要舍入的数是一个非零的数时，对其保留数字部分的最低有效位加 1，并进行必要的进位。浮点型数据类型包含精确数值型和近似数值型。

(1) 精确数值型

- decimal(p,s)数据类型：可以表示$-10^{38}+1$~$10^{38}-1$ 的固定精度和范围的数值型数据。使用这种数据类型时，必须指定范围 p 和小数位数 s。范围 p 指定了最多可以存储十进制数字的总位数，包括小数点左边和右边的位数，该精度必须是从 1 到最大精度 38 之间的值，默认精度为 18。小数位数 s 指定小数点右边可以存储的十进制数字的最大位数，小数位取 0 到 p 范围之间的值，仅在指定精度后才可以指定小数的位数。默认小数位数是 0。
- numeric 数据类型：与 decimal 数据类型的功能是等价的。

(2) 近似数值型：近似数值型不能精确记录数据的精度，其保留的精度取决于二进制数字系统的精度。SQL Sever 提供了两种近似数值型数据类型。

- real：real 可以表示范围在-3.40E+38~3.40E+38 之间的数值，精确位数达到 7 位。在数据库中占用 4 个字节。
- float[(n)]：Float[(n)]可以表示在范围-1.79E+308~1.79E+308 之间和 2.23E-308~1.79E+308 之间的数值，n 指的是采用科学计数法表示时 float 数值尾数的位数，同时也指定其精度和存储大小。n 的取值范围是 1~53。当 n 取值在 1~24 时，系统采用 4 个字节来存储，精确位数达到 7 位；当 n 取值在 25~53 时，系统采用 8 个字节来存储，精确位数达到 15 位。

3. 字符型数据类型

字符型数据类型也是 SQL Server 中最常用的数据类型之一，字符型数据类型用于存储各种字符、数字符号和特殊符号，字符型数据由字母、符号和数字组成。表示字符常量时必在其前后加上英文单引号或者双引号。

- char[(n)]：长度为 n 的定长字符串，并且是非 Unicode 字符数据，每个字符和符号占用 1 个字节存储空间，n 表示所有字符所占的存储空间，n 必须是一个介于 1~8000 的数值。如果没有指定 n 的值，系统默认为 1。如果输入数据是一个长度小于 n 的字符串，则系统会自动在其后添加空格来填满设定好的空间；如果输入的数据过长且大于 n，则其超出部分将被截掉。
- varchar[(n)]：长度为 n 的变长字符串，并且是非 Unicode 字符数据。n 必须是一个介于 1~8000 的数值。存储大小为输入数据的字节的实际长度，而不是 n 个字节，可根据实际存储的字符数改变存储空间。所输入数据的长度可以为 0 个字符。
- nchar[(n)]：长度为 n 的定长字符串，并且是 Unicode 字符数据。n 值必须在 1~4000，如果没有数据定义的或在变量声明语句中指定 n，默认长度为 1。
- nvarchar[(n)]：长度为 n 的变长字符串，并且是 Unicode 字符数据。n 值必须在 1~4000，如果没有数据定义的或在变量声明语句中指定 n，默认长度为 1。所输入的数据长度可以为 0 个字符。

4. 日期和时间数据类型

日期和时间数据类型包括以下几种：

- date 数据类型：只存储日期型数据类型，存储用字符串表示的日期数据，不存储时间数据，可以表示取值范围从 0001-01-01 到 9999-12-31(公元元年 1 月 1 日到公元 9999 年 12 月 31 日)间的任意日期值。引入 date 类型后，克服了 datetime 类型中既有日期又有时间的缺陷，使对日期的查询更加方便。数据格式为“YYYY-MM-DD”：
  - ◆ YYYY：用来表示年份的四位数字，其取值范围为 0001~9999。
  - ◆ MM：用来表示指定年份中月份的两位数字，其取值范围为 01~12。
  - ◆ DD：用来表示指定月份中某一天的两位数字，其取值范围为 01~31(其最高值取决于具体的月份天数)。

- time 数据类型：与 date 数据类型类似，以字符的形式记录一天的某个时间。如果只想存储时间数据而不需要存储日期部分就可以使用 time 数据类型，取值范围从 00:00:00.0000000 到 23:59:59.9999999。数据格式为“hh:mm:ss[.nnnnnnn]”：
  - hh:用来表示小时的两位数字，其取值范围为 0~23。
  - mm：用来表示分钟的两位数字，其取值范围为 0~59。
  - ss：用来表示秒的两位数字，其取值范围为 0~59。

  n*是 0~7 为数字，其取值范围为 0~9999999，它表示秒的小数部分。

  time 值在存储时占用的空间是 5 个字节。
- datetime：datetime 可以用来表示从 1753 年 1 月 1 日到 9999 年 12 月 31 日之间的日期和时间数据，当插入数据或在其他地方使用时，需用单引号或双引号括起来。该类型数据占用 8 个字节的空间，精确度为 3%s(3ms 或 0.003s)。
- smalldatetime：smalldatetime 类型与 datetime 类型相似，其表示的是自 1900 年 1 月 1 日到 2079 年 12 月 31 日之间的的日期和时间数据，精确度为 1 分钟。当日期时间精度较小时，使用 smalldatetime，该类型数据占用 4 个字节的存储空间。
- datetime2 数据类型：datetime2 是 datetime 的扩展类型，是一种将日期和时间混合的数据类型，不过其时间部分秒数的小数部分可以保留不同位数的值，比 datetime 数据类型的取值范围更广，默认的最小精度最高，并具有可选的用户定义的精度。可以存储从公元元年 1 月 1 日到 9999 年 12 月 31 日的日期。用户可以根据自己的需要设置不同的参数来设定小数位数，最高可以设定到小数点后七位(参数为 7)，也可以不设置小数部分(参数为 0)，以此类推。
- datetimeoffset 数据类型：用于存储与特定的日期和时区相关的日期和时间，采用 24 小时制与日期相组合并可识别时区的时间。这种数据类型的日期和时间存储为协调世界时(Coordinated Universal Time，UTC)的值，然后，根据与该值相关的时区来定义要增加或减少的时间数。datetimeoffset 类型是由年、月、日、小时、分钟、秒和小数秒组成的时间戳结构。小数秒的最大小数位数为 7。

5. 位数据类型

bit 称为位数据类型，取值只能为 0 或 1，其长度为 1 字节。bit 数据类型可以表示 1、0 或 NULL 数据。bit 用作条件逻辑判断时，可以判断 TRUE(1)或 FALSE(0)数据，输入非零值时，系统会将其替换为 1。

6. 货币数据类型

货币数据类型可以用于存储货币或现金值，包括 MONEY 型和 SMALLMONEY 型两种。在使用货币数据类型时，需要在数据前加上货币符号，以便系统辨识其为哪国的货币，如果不加货币符号，则系统默认为“￥”。

- MONEY：用于存储货币值，存储在 MONEY 数据类型中的数值以一个整数部分和一个小数部分存储在两个 4 字节的整型值中，其取值范围从 -2^{63}(−9 223 372 036 854 775 808)~$2^{63}-1$(+9 223 372 036 854 775 807)，精确到货币单位的千分之十。MONEY 数据类型中整数部分包含有19个数字，小数部分包含有4个数字，因此MONEY数据类型的精度是19，存储时占用的存储空间为8个字节。

- SMALLMONEY：与MONEY数据类型类似，取值范围为-214 748.364 8~214 748.364 7，其存储的货币值范围比MONEY数据类型小，SMALLMONEY存储时占用的存储空间为4个字节。

7. 二进制数据类型

二进制数据类型包括binary [(n)]和varbinary [(n)]两种：

- binary [(n)]：表示固定长度的n个字节的二进制数据。n的取值必须在1~8000范围内，在数据库中存储在n个字节中。在输入binary值时，必须在前面带0x，可以使用0~9和A~F表示二进制值，如果输入数据的长度大于所定义的长度，超出的部分将会被截断。
- varbinary [(n|max)]：表示可变长度的二进制数据。n的取值必须在1~8000范围内。max表示最大存储大小为$2^{31}-1$个字节。对于varbinary类型的数据，存储大小为所输入数据的实际长度加2个字节。与binary类型不同的是，varbinary类型的数据在存储时根据实际值的长度使用存储空间。输入的数据长度可能为0字节。

8. 文本和图形数据类型

文本和图形数据类型如下：

- text数据类型：用来声明变长的字符数据，用于存储文本数据，是服务器代码页中长度可变的非Unicode数据。在定义过程中，不需要指定字符的长度，最大长度为$2^{31}-1$个字节。当服务器代码页使用双字节时，存储量仍为$2^{31}-1$个字节。存储大小也可能小于$2^{31}-1$个字节(取决于字符串)。
- ntext数据类型：ntext数据类型与text数据类型的作用相同，是长度可变的Unicode数据，其最大长度范围为$2^{30}-1$个字节。
- image数据类型：表示可变长度的二进制数据，范围在0~$2^{31}-1$字节之间。用来存储照片、目录图片或者图画等，其存储量也是$2^{31}-1$个字节。image类型的数据由系统根据数据的长度来自动分配空间，存储该字段的数据一般不能使用insert语句直接输入。二进制常量以0x(一个0和小写字母x)开始，后面跟位模式的十六进制表示。0x2A表示的是十六进制值2A，它等于十进制的数值42或者单字节位模式的00101010。

9. 其他数据类型

除了以上数据类型外，系统数据类型还有如下几种：

- cursor：游标数据类型，该类型类似于数据表，它保存的数据中包含行和列值，但是没有索引。游标通常用来建立一个数据的数据集，用于创建游标变量或者定义存储过程的输出参数，每次处理一行数据。它是唯一一种不能赋值给表的列字段的基本数据类型。
- table数据类型：table数据类型可以用于存储对表或视图处理后的结果集，能够用来保存函数结果，并将其作为局部变量的数据类型，可以暂时存储应用程序的结果，以便在以后用到，这使函数或过程返回查询结果更加方便、快捷。

- rowversion：每个数据都有一个计数器，如果对数据库中包含 rowversion 列的表执行插入或者更新操作，那么该计数器数值就会增加。rowversion 是公开数据库中自动生成的唯一二进制数字的数据类型，它通常用作给表行加版本戳的机制。在数据库中的存储大小为 8 个字节。rowversion 数据类型只是递增的数字，并不保留日期或时间。
- timestamp：是一个特殊的用于表示先后顺序的时间戳数据类型。该数据类型可以为表中的数据行加上一个版本戳。timestamp 数据类型为 rowversion 数据类型的同义词，提供数据库范围内的唯一值，能够反映数据修改的唯一顺序，是一个单调上升的计数器，此列的值是被自动更新的。
- uniqueidentifier：uniqueidentifier 是一个具有 16 字节的全球唯一性标识符(Globally Unique Identifier，GUID)，能够用来确保对象的唯一性。在定义列或变量时可以使用该数据类型，在复制中可确保表中数据行的唯一性。
- sql_variant：能够用于存储除文本、图形数据和 timestamp 数据以外的其他任何合法的 SQL Server 数据，sql_variant 数据类型可以为 SQL Server 的开发工作提供便利。
- XML：XML 是用于存储 XML 数据的数据类型。可以像使用 int 数据类型一样使用 XML 数据类型。该数据类型能在列中或者 XML 类型的变量中存储 XML 实例。需要注意的是，在 XML 数据类型中存储的数据实例的最大值不能超过 2GB。

3.5.2　用户自定义的数据类型

SQL Server 允许用户自定义数据类型，用户自定义的数据类型建立在 SQL Server 系统数据类型的基础之上，自定义的数据类型使得数据库开发人员能够根据自己的开发需求来定义符合自己的数据类型。创建用户自定义的数据类型需要定义如下 3 个要素：

- 类型的名称
- 所依赖的数据类型
- 是否允许为空

SQL Server 2014 中，有两种方法可以创建用户自定义的数据类型，第一种是使用 SQL Server Management Studio 创建用户自定义的数据类型；第二种是使用系统存储过程 sp_addtype 创建用户自定义的数据类型。下面分别介绍这两种定义数据类型的方法。

1. 使用 SQL Server Management Studio 创建用户自定义的数据类型

在“对象资源管理器”窗口中，展开服务器下面的“数据库”|“教学管理”　|“可编程性”|“类型”节点，右击“用户定义数据类型”选项，从弹出的快捷菜单中选择“新建用户定义数据类型”命令，如图 3-15 所示。选择“新建用户定义数据类型”命令后，将打开“新建用户定义数据类型”对话框，如图 3-16 所示，可以根据用户需要创建自定义的数据类型的参数，单击“确定”按钮即可创建用户自定义的数据类型。

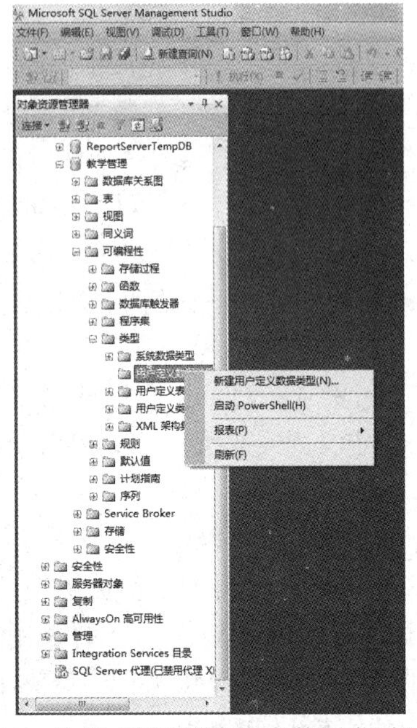

图 3-15　选择“新建用户定义数据类型”命令

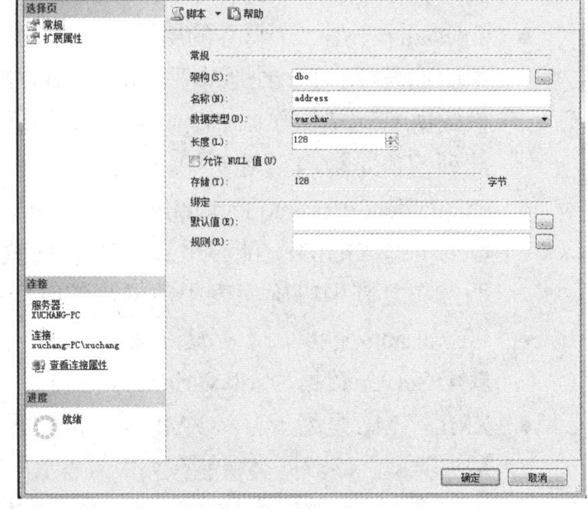

图 3-16　“新建用户定义数据类型”对话框

2. 使用系统存储过程 sp_addtype 创建用户自定义的数据类型

除了使用图形化界面创建自定义的数据类型，SQL Server 中的系统存储过程 sp_addtype 也可以为用户提供使用 Transact-SQL 语句创建自定义数据类型的方法。

语法格式如下：

```
sp_addtype [@typename=] type,
        [@phystype=] system_data_type
        [,[@nulltype=] 'null_type']
        [,[@owner=] 'owner_name']
```

其中，各个参数的含义如下：

- type：用来指定用户定义的数据类型的名称。
- system_data_type：用来指定系统提供的相应数据类型的名称及定义。注意，不能使用 timestamp 数据类型，如果所使用的系统数据类型有额外的说明，则需要用引号将其括起来。
- null_type：用来指定用户自定义的数据类型的 null 属性，其值可以为“null”“not null”或者“nonull”。其默认的 null 属性与系统默认的 null 属性相同。用户自定义的数据类型的名称在数据库中应该是唯一的。
- owner_name：指定用户自定义的数据类型的所有者。

【例 3-7】自定义一个“address”数据类型。

```
sp_addtype address, 'varchar(128) ', 'not null'
```

3.6 创建数据表

创建表的方法有以下两种：一种是图形界面方法(即使用 SQL Server Management Studio)创建，另一种是使用 Transact-SQL 语句进行创建。下面详细介绍这两种方法。

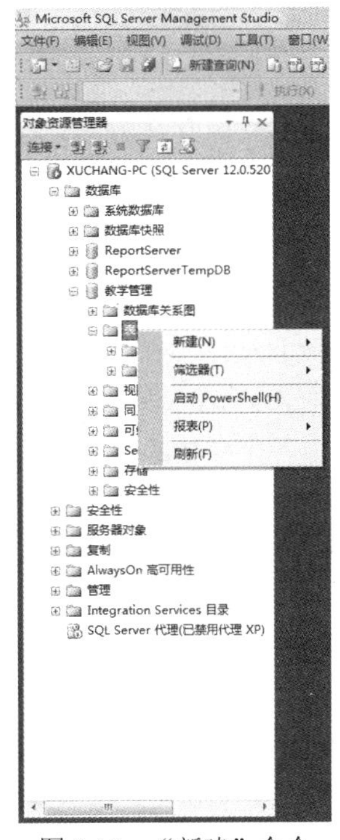

图 3-17 “新建”命令

3.6.1 使用 SQL Server Management Studio 创建表

使用对象资源管理器方法创建表相对比较简单，可以让用户轻而易举地完成表的创建，具体操作步骤如下：

(1) 连接 SQL Server Management Studio。在“对象资源管理器”中，展开“服务器”|“数据库”|“教学管理”节点。

(2) 右击“表”节点，从弹出的快捷菜单中选择“新建”命令，如图 3-17 所示，从弹出的子菜单中选择“表”命令。

(3) 打开“表设计”窗口，在该窗口中创建用户需要的表结构，如图 3-18 所示，创建表中各个字段的字段名和数据类型。表设计完成之后，单击工具栏中的“保存”按钮，在弹出的“选择名称”对话框中输入表名称后，单击“确定”按钮，完成表的创建，如图 3-19 所示。之后在“对象资源管理器”窗口中刷新即可看到新创建的表。

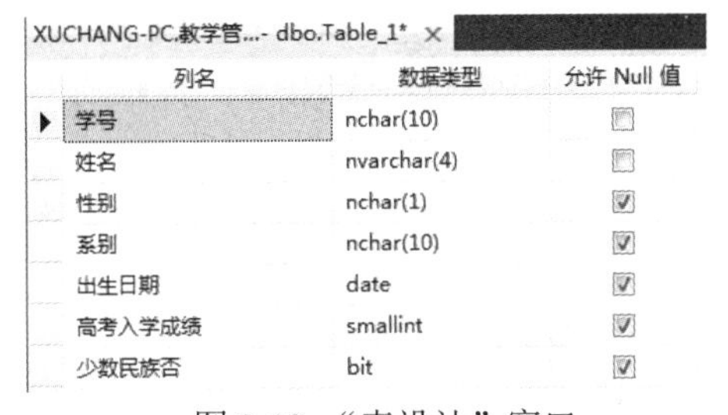
XUCHANG-PC.教学管...- dbo.Table_1*

列名	数据类型	允许 Null 值
学号	nchar(10)	☐
姓名	nvarchar(4)	☐
性别	nchar(1)	☑
系别	nchar(10)	☑
出生日期	date	☑
高考入学成绩	smallint	☑
少数民族否	bit	☑

图 3-18 “表设计”窗口

图 3-19 “选择名称”对话框

3.6.2 使用 Transact-SQL 语句创建表

在 Transact-SQL 中使用 CREATE TABLE 语句可以创建数据表，该语句相对而言比较灵活，其创建表的语法格式如下：

```
CREATE TABLE
[database_name.[shcema_name].|[schema_name.]
 table_name
```

```
 ({<column_definition>|<computed_column_definition>}
 [<table_constraint>] [,...n]
其中：
<column_definition>::=column_name<data_type>
[NULL|NOT NULL|DEFAULT constraint_expression
|IDENTITY [(seed,increment)]]
 [<column_constraint> [...n]]
<column_constraint>::=[CONSTRAINT constraint_name]
{{PRIMARY KEY|UNIQUE}[CLUSTERED|NONCLUSTERED]
  |FOREIGN KEY]
  REFERENCES[schema_name.]referenced_table_name
  [(ref_column)]
  [ON DELETE {NO ACTION|CASCADE|SET NULL|SET DEFAULT}]
  [ON UPDATE {NO ACTION|CASCADE|SET NULL|SET DEFAULT}]
  |CHECK (logical_expression)}
```

其中，各个参数的含义如下：

- database_name：指定要创建表所在的数据库的名称，如果没有指定数据库的名称，默认使用的是当前数据库。
- schema_name：指定新表所属架构的名称，如果没有指定，也就默认为新表的创建者所在的当前架构。
- table_name：指定创建的新数据表的名称。
- column_name：指定数据表中列的名称，列名称必须是唯一的。
- data_type：指定字段列的数据类型，数据类型可以是系统数据类型，也可以是用户定义的数据类型。
- NULL | NOT NULL：表示确定列中是否允许使用空值。
- DEFAULT：如果在插入过程中没有显式地提供值，则指定为列提供的默认值。
- PRIMARY KEY：表示主键约束，通过唯一的索引对给定的一列或多列使用实体完整性约束。每个表只能创建一个 PRIMARY KEY 约束。在 PRIMARY KEY 约束中的所有列都必须定义为 NOT NULL。
- UNIQUE：表示唯一性约束，该约束通过唯一的索引为一个或多个指定列提供实体完整性。一个表中可以有多个 UNIQUE 约束。
- CLUSTERED | NONCLUSTERED：表示为 PRIMARY KEY 或 UNIQUE 约束创建聚集索引还是非聚集索引。PRIMARY KEY 约束默认为 CLUSTERED，UNIQUE 约束默认为 NONCLUSTERED。在 CREATE TABLE 语句中，可以只为一个约束指定 CLUSTERED。如果既为 UNIQUE 约束指定了 CLUSTERED，又指定了 RIMARY KEY 约束，那么 PRIMARY KEY 约束会默认为 NONCLUSTERED。

【例 3-8】 在“教学管理”数据库中，使用 Transact-SQL 语句创建“学生”表。

```
create table 学生
(学号 char(10),
 姓名 nvarchar(4) not null,
 性别 nchar(1),
```

```
系别 nvarchar(10),
出生日期 date,
高考入学成绩 smallint,
少数民族否 bit)
```

新建一个当前连接查询，在查询编辑器中输入上面的代码，单击“执行”，执行成功后刷新数据库列表即可以看到新建的名为“学生”的数据表。

3.7 管理数据表

数据表创建完成之后，用户可以根据需要改变表中已经定义的许多选项。除了可以对其中的字段进行添加、删除和修改操作，更改表的名称和所属架构之外，还可以删除和修改表中的约束，若表不再需要，也可以删除。SQL Server 2014 提供了两种对数据表进行管理的方法，分别是使用对象资源管理器和使用 Transact-SQL 语句修改数据表。

3.7.1 使用 Transact-SQL 语句添加、删除和修改字段

使用 Transact-SQL 语句修改表的语法格式如下：

```
ALTER TABLE table
{[ALTER COLUMN column_name
   {new_data_type [(precision [,scale] ) ]
    [COLLATE<collation_name>]
   [NULL|NOT NULL ]
   | { ADD |DROP}ROWGUIDCOL }]
 |ADD { <column_definition> | <computed_column_definition>
     |<table_constraint> } [,…n]

 DROP { [ CONSTRAINT] constraint_name
          | COLUMN column_name } [,…n]
```

各参数的含义如下：

- table:用于指定要修改的表的名称。
- ALTER COLUMN：用于指定要变更或者修改数据类型的列。
- column_name：用于指定要修改、添加和删除的列的名称。
- new_data_type：用于指定新的数据类型的名称。
- precision：用于指定新的数据类型的精度。
- scale: 用于指定新的数据类型的小数位数。
- NULL|NOT NULL：用于指定该列是否可以接受空值。
- ADD |DROP |ROWGUIDCOL：用于指定在某列上添加或删除 ROWGUIDCOL 属性。

其他参数的含义，用户可以参考本章前面的内容。

【例 3-9】在“教学管理”数据库中创建一个课程表，然后向课程表中添加“必修课程号”列、删除“学时”列，并修改课程名称的数据长度。

```
Create table 课程表
(课程号 char(6) not null,
 课程名称 nvarchar(10),
 学时 int,
 学分 int)
Go
Alter table 课程表 add 必修课程号 char(10)
Alter table 课程表 drop column 学时
Alter table 课程表 alter column 课程名称 nvarchar(20)
```

3.7.2 查看数据表

1. 查看数据表的结构

在“对象资源管理器”中，逐个展开“服务器”|“数据库”|“教学管理”|“表”节点，然后在“表”节点下，右击要查看的表，从弹出的快捷菜单中选择“设计”命令，打开“表设计”窗口。可以对表中字段的数据类型、名称、是否允许为空值以及主键约束等信息进行查看和修改。根据用户需求修改完各项信息之后，单击“保存”按钮即可完成修改操作，如图 3-20 所示。

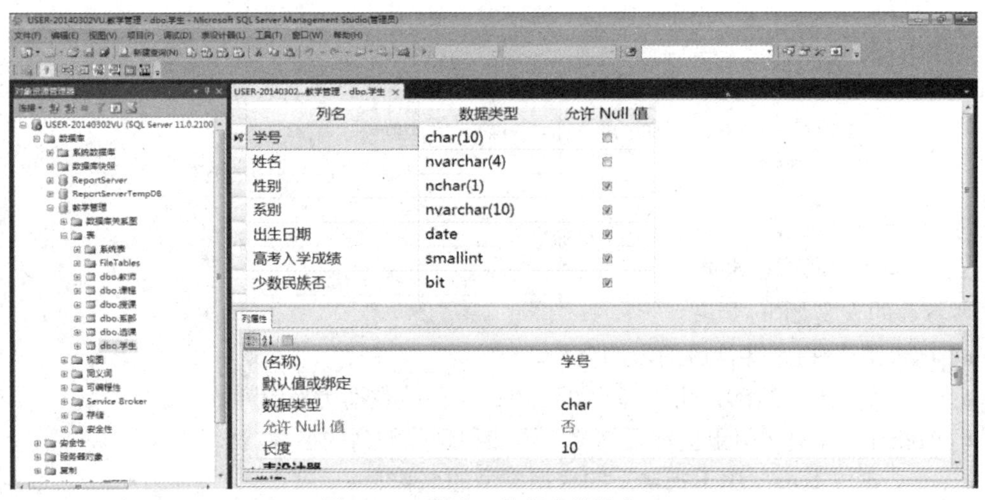

图 3-20 “学生”数据表设计窗口

2. 查看数据表中存储的数据

在“对象资源管理器”中，逐个展开“服务器”|“数据库”|“教学管理” |“表”节点，然后在“表”节点下，右击要查看的表，从弹出的快捷菜单中选择“编辑前 200 行”命令，然后可以看到打开的“显示前 200 行记录”窗口。用户可以对该窗口中的数据进行查看和编辑，如图 3-21 所示。

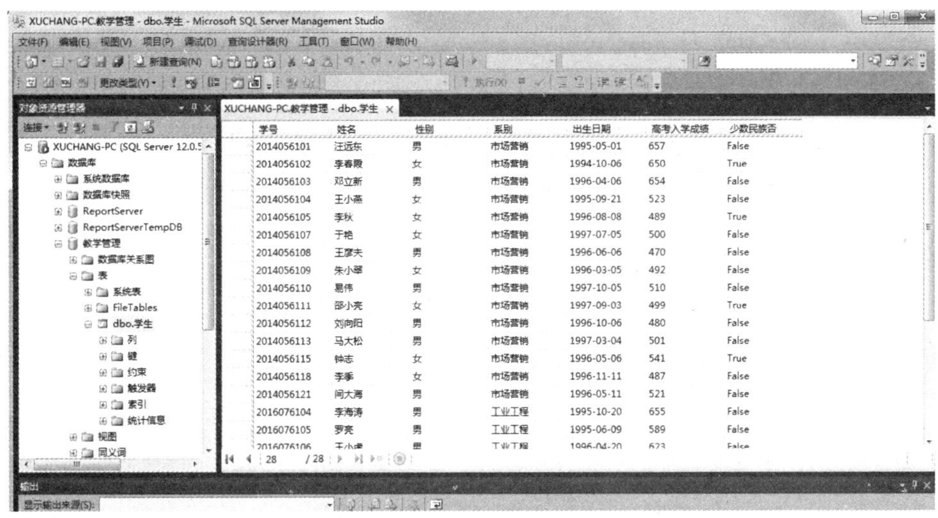

图 3-21　“学生”数据表前 200 行记录的编辑窗口

3. 查看表与其他数据对象的依赖关系

在“对象资源管理器”中，逐个展开“服务器”|“数据库”|“教学管理”|“表”节点，然后在“表”节点下，右击要查看的表，从弹出的快捷菜单中选择“查看依赖关系”命令，然后可以看到打开的“对象依赖关系-学生”对话框。用户可以在该对话框中查看该数据表与其他对象的依赖关系，如图 3-22 所示。

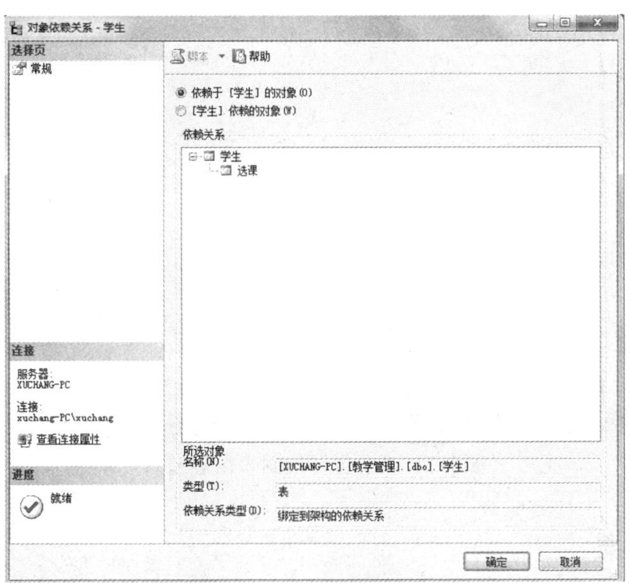

图 3-22　“学生”数据表的“对象依赖关系-学生”对话框

4. 使用系统存储过程查看数据表信息

使用系统存储过程 sp_help 可以查看指定的数据库对象的信息，也可以查看系统或者用户定义的数据类型的信息。

语法格式如下：

```
sp_help [[@objectname=]=name]
```

sp_help 存储过程只能用于当前的数据库，其中，“@objectname=”子句用来指定对象的名称。如果没有指定对象的名称，那么 sp_help 存储过程就会列出当前数据库中的所有对象名称、对象的所有者和对象的类型。

【例 3-10】显示“教学管理”数据库中的所有对象。

```
Use 教学管理
Go
Exec sp_help
```

【例 3-11】显示“学生”数据表的信息。执行结果如图 3-23 所示。

```
Use 教学管理
Go
Exec sp_help 学生
```

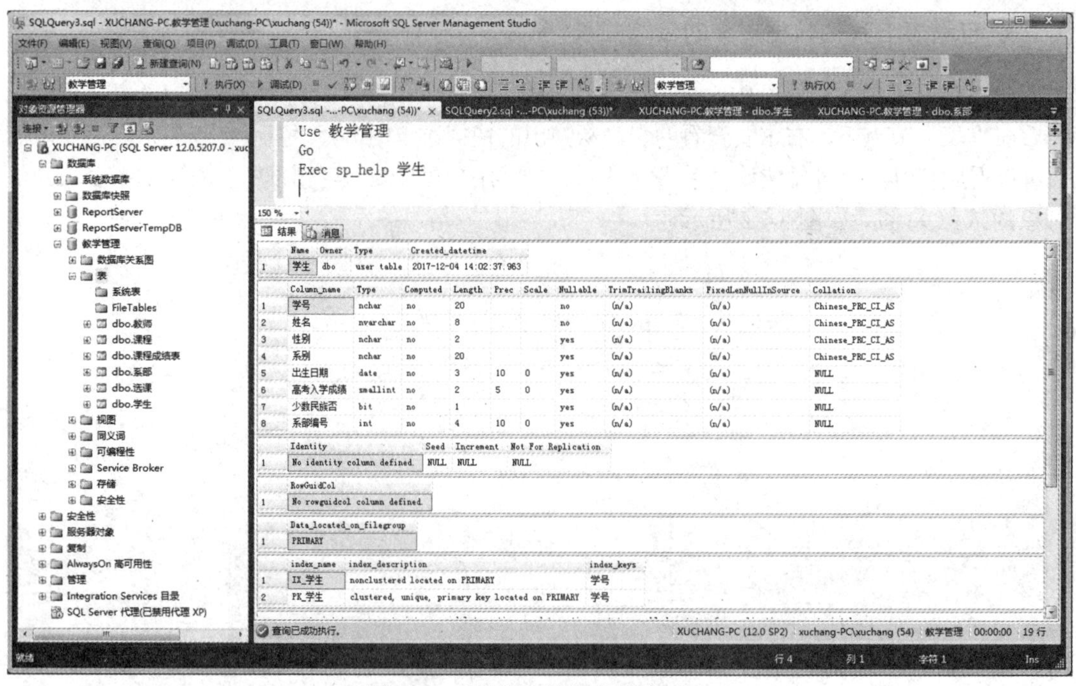

图 3-23 “学生”数据表信息窗口

3.7.3 删除数据表

1. 使用 SQL Server Management Studio 管理控制台删除数据表

在“对象资源管理器”中，逐个展开“服务器”|“数据库”|“教学管理”|“表”节点，然后在“表”节点下，右击要删除的表，从弹出的快捷菜单中选择“删除”命令，即可完成对数据表的删除操作。

2. 使用 Transact-SQL 语句删除数据表

在 Transact-SQL 中可以使用 DROP TABLE 语句删除指定的数据表，语法格式如下：

```
DROP TABLE [database_name].[schema_name].table_name[,…n]
```

【例 3-12】删除“学生”表。

删除“学生”表的 Transact-SQL 语句如下：

```
DROP TABLE 学生
```

在查询编辑器中输入上面的代码并执行，执行成功后，“学生”数据表将被删除。

3.8 经典习题

1. 简答题

(1) SQL Server 2014 的系统数据库有哪几种？功能分别是什么？

(2) 数据库的存储结构分为哪两类？

(3) 数据库由哪几种类型的文件组成？其扩展名分别是什么？

(4) 数据库、数据库系统与数据库管理系统的区别是什么？

(5) SQL Server 2014 常用的系统数据类型有哪些？

2. 上机操作题

(1) 使用 SQL Server 2014 管理控制台的图形化界面以及 Transact-SQL 语句分别创建“学生管理库”数据库和删除该数据库。要求“学生管理库”数据库的主数据库文件的初始大小为 5MB，最大为 50MB，增长方式为 10%；日志文件的初始大小为 1MB，最大为 5MB，增长方式为 1MB。

(2) 分别创建“学生”“选课”和“课程”数据表。

(3) 向“学生”“选课”和“课程”数据表中分别输入若干条记录。

(4) 删除“学生”“选课”和“课程”数据表。

第4章 Transact-SQL语言基础

SQL(Structure Query Language，结构化查询语言)是一种数据库查询和程序设计语言。SQL语言结构简洁、功能强大、简单易学，自问世以来得以广泛应用。许多成熟的商用关系型数据库，如Oracle、Sybase和SQL Server等都支持SQL。Transact-SQL语言是从标准SQL衍生出来的，除了具有SQL的主要特点外，还增加了变量、函数、运算符等语言因素，这使得Transact-SQL语言较独立而且功能强大，拥有众多用户，是解决各种数据问题的主流语言。

本章将研究Transact-SQL中涉及的基本数据元素，包括标识符、变量和常量、运算符、表达式、函数、流程控制语句、错误处理语句和注释等。

本章主要内容：

- 了解Transact-SQL语言的发展过程
- 理解Transact-SQL语言附加的语言元素
- 掌握常量、变量、运算符和表达式
- 掌握流程控制语句
- 掌握常用函数

4.1 Transact-SQL概述

SQL最早是在20世纪70年代由IBM公司开发的，主要用于关系数据库中的信息检索，它的前身是关系数据库原型系统System R所采用的SEQUEL语言。

SQL有3个主要标准：ANSI SQL、SQL92和SQL99。Transact-SQL语言是ANSI SQL的扩展加强版语言，除继承了ANSI SQL的命令和功能外，还对其进行了许多扩充，并且不断地变化、发展。它提供了类似C程序设计语言和BASIC的基本功能，如变量、运算符、表达式、函数和流程控制语句等。

4.1.1 Transact-SQL语法约定

如表4-1所示列出了Transact-SQL语法中使用的语法约定。

表 4-1　Transact-SQL 语法约定

约　　定	用法说明
大写	用于 Transact-SQL 关键字
斜体	用于用户提供的 Transact-SQL 语法的参数
粗体	用于数据库名、表名、列名、索引名、存储过程、实用工具、数据类型名以及必须按所显示的原样输入的文本
下画线	指示当语句中省略了包含带下画线的值的子句时应用的默认值
|(竖线)	分隔括号或大括号中的语法项。只能使用其中一项
[ ](方括号)	可选语法项。不要输入方括号
{ }(大括号)	必选语法项。不要输入大括号
[,...n]	指示前面的项可以重复 n 次。各项之间以逗号分隔
[...n]	指示前面的项可以重复 n 次。每一项由空格分隔
;	Transact-SQL 语句终止符。虽然在此版本的 SQL Server 中大部分语句不需要分号，但将来的版本需要分号
<label> ::=	语法块的名称。此约定用于对可在语句中的多个位置使用的过长语法段或语法单元进行分组和标记。可使用语法块的每个位置由尖括号内的标签指示：<标签>

4.1.2　多部分名称

除非另外指定，否则，所有对数据库对象名的 Transact-SQL 引用将是由 4 部分组成的多部分名称，格式如下：

```
server_name.[database_name].[schema_name].object_name
| database_name .[schema_name].object_name
| schema_name . object_name
| object_name
```

各参数的含义如下：

- server_name：指定链接的服务器名称或远程服务器名称。
- database_name：如果对象驻留在 SQL Server 的本地实例中，则 database_name 指定 SQL Server 数据库的名称；如果对象在链接服务器中，则指定 OLE DB 目录。
- schema_name：如果对象在 SQL Server 数据库中，则 schema_name 指定包含对象的架构的名称；如果对象在链接服务器中，则指定 OLE DB 架构名称。
- object_name：表示对象的名称。

引用某个特定对象时，不必总是指定服务器、数据库和架构以供 SQL Server 数据库引擎标识该对象。但是，如果找不到该对象，将返回错误。

注意：

为了避免名称解析错误，建议只要指定了架构范围内的对象就指定架构名称。如果要省略中间节点，可以使用点运算符来指示这些位置。表 4-2 列出了对象名的有效格式。

表 4-2　对象名的有效格式

对象引用格式	说　明
server . database . schema . object	由 4 个部分组成的名称
server . database .. object	省略架构名称
server .. schema . object	省略数据库名称
server ... object	省略数据库和架构名称
database . schema . object	省略服务器名称
database .. object	省略服务器和架构名称
schema . object	省略服务器和数据库名称
object	省略服务器、数据库和架构名称

4.1.3　如何命名标识符

在 SQL Server 2014 中，在创建或者引用诸如服务器、数据库、数据库对象(如表、视图、索引等)的数据库实例和变量时，必须遵守 SQL Server 的命名规范。大多数对象要求有标识符，但对于有些对象(如约束)标识符是可选的。可以分为常规标识符和分隔标识符，还有一类称为“保留字”的特殊标识符。SQL Server 2014 为对象标识符提供了一系列标准的命名规则，并为非标准的标识符提供了使用分隔符的方法。

1. 常规标识符

常规标识符的命名规则如下：

(1) 第一个字符必须是下列字符之一：拉丁字母 a~z 和 A~Z、其他语言的字母字符、下画线_、@或者数字符号#。在 SQL Server 中，以@符号开始的标识符表示局部变量或参数，以#符号开始的标识符表示临时表或过程，以双数字符号(##)开始的标识符表示全局临时对象。

(2) 后续字符可以是拉丁字母 a~z 和 A~Z、其他语言的字母字符、十进制数字、@符号、美元符号($)、数字符号#或下画线_。

说明：

- 标识符不允许是 Transact-SQL 的保留字。
- 不允许嵌入空格或其他特殊字符。
- 当标识符用于 Transact-SQL 语句时，必须用双引号(“”)或方括号([])分隔不符合规则的标识符。

2. 分隔标识符

符合标识符规则的标识符可以使用分隔符，也可以不使用，而不符合标识符格式规则的标识符必须使用分隔符。分隔标识符的类型有两种：

- 在双引号(“”)中的标识符。
- 在方括号([])中的标识符。

3. 数据库对象的命名规则

完整的数据库对象名由服务器名称、数据库名称、指定包含对象架构的名称、对象的名称

4 部分组成。格式如下：

```
[服务器名称].[ SQL Server 数据库的名称].[指定包含对象架构的名称].[对象的名称]
```

4.1.4　系统保留字

与其他许多语言类似，SQL Server 2014 使用了 180 多个保留关键字(Reserved Keyword)来定义、操作或访问数据库和数据库对象，这些保留关键字是 Transact-SQL 语法的一部分，用于分析和理解 Transact-SQL 语言，包括 DATABASE、CURSOR、CREATE、INSERT 和 BEGIN 等。通常，不能使用这些保留关键字作为对象名称或标识符。在编写 Transact-SQL 语句时，为了方便用户区分，这些系统保留字会以不同的颜色标记。表 4-3 列出了 SQL Server 中的保留关键字。

表 4-3　SQL Server 中的保留关键字

ADD	EXTERNAL	PROCEDURE
ALL	FETCH	PUBLIC
ALTER	FILE	RAISERROR
AND	FILLFACTOR	READ
ANY	FOR	READTEXT
AS	FOREIGN	RECONFIGURE
ASC	FREETEXT	REFERENCES
AUTHORIZATION	FREETEXTTABLE	REPLICATION
BACKUP	FROM	RESTORE
BEGIN	FULL	RESTRICT
BETWEEN	FUNCTION	RETURN
BREAK	GOTO	REVERT
BROWSE	GRANT	REVOKE
BULK	GROUP	RIGHT
BY	HAVING	ROLLBACK
CASCADE	HOLDLOCK	ROWCOUNT
CASE	IDENTITY	ROWGUIDCOL
CHECK	IDENTITY_INSERT	RULE
CHECKPOINT	IDENTITYCOL	SAVE
CLOSE	IF	SCHEMA
CLUSTERED	IN	SECURITYAUDIT
COALESCE	INDEX	SELECT
COLLATE	INNER	SEMANTICKEYPHRASETABLE
COLUMN	INSERT	SEMANTICSIMILARITYDETAILSTABLE
COMMIT	INTERSECT	SEMANTICSIMILARITYTABLE
COMPUTE	INTO	SESSION_USER
CONSTRAINT	IS	SET
CONTAINS	JOIN	SETUSER
CONTAINSTABLE	KEY	SHUTDOWN

(续表)

CONTINUE	KILL	SOME
CONVERT	LEFT	STATISTICS
CREATE	LIKE	SYSTEM_USER
CROSS	LINENO	TABLE
CURRENT	LOAD	TABLESAMPLE
CURRENT_DATE	MERGE	TEXTSIZE
CURRENT_TIME	NATIONAL	THEN
CURRENT_TIMESTAMP	NOCHECK	TO
CURRENT_USER	NONCLUSTERED	TOP
CURSOR	NOT	TRAN
DATABASE	NULL	TRANSACTION
DBCC	NULLIF	TRIGGER
DEALLOCATE	OF	TRUNCATE
DECLARE	OFF	TRY_CONVERT
DEFAULT	OFFSETS	TSEQUAL
DELETE	ON	UNION
DENY	OPEN	UNIQUE
DESC	OPENDATASOURCE	UNPIVOT
DISK	OPENQUERY	UPDATE
DISTINCT	OPENROWSET	UPDATETEXT
DISTRIBUTED	OPENXML	USE
DOUBLE	OPTION	USER
DROP	OR	VALUES
DUMP	ORDER	VARYING
ELSE	OUTER	VIEW
END	OVER	WAITFOR
ERRLVL	PERCENT	WHEN
ESCAPE	PIVOT	WHERE
EXCEPT	PLAN	WHILE
EXEC	PRECISION	WITH
EXECUTE	PRIMARY	WITHIN GROUP
EXISTS	PRINT	WRITETEXT
EXIT	PROC	

4.2 常量

常量也称标量值，其值在程序运行过程中保持不变，在Transact-SQL语句中常量作为查询条件。常量的数据类型和长度取决于常量格式，根据数据类型的不同，常量分为字符串型常量、数值型常量、日期时间型常量和货币型常量。

4.2.1 字符串型常量

字符串型常量是定义在单引号中的字母、数字及特殊符号，如！、@、#。根据使用的编码不同，分为 ASCII 字符串常量和 Unicode 字符串常量。

ASCII 字符串常量由单引号括起的 ASCII 字符构成，如‘Hello,China!’。

Unicode 字符串常量的格式与普通字符串相似，但它前面有一个前缀 N，N 代表 SQL-92 标准中的国际语言(National Language)，而且必须是大写的。例如，‘数据库原理’ 是字符串常量，而 N‘数据库原理’则是 Unicode 常量。

Unicode 常量被解释为 Unicode 数据，并且不使用代码页进行计算。Unicode 常量有排序规则，该规则主要用于控制比较和区分大小写。Unicode 数据中的每个字符都使用两个字节进行存储，而 ASCII 字符中的每个字符则使用一个字节进行存储。

4.2.2 数值型常量

数值型常量包含整型常量和实数型常量。

- 整型常量用来表示整数。可细分为二进制整型常量、十进制整型常量和十六进制整型常量。二进制整型常量以数字 0 和 1 表示；十进制整型常量即十进制整数；十六进制整型常量即前缀 0x 后跟十六进制数。
- 实数型常量表示带小数部分的数，有定点数和浮点数两种表示方式，其中浮点数使用科学记数法来表示，如 0.56E-3。

4.2.3 日期时间型常量

使用特定格式的字符日期值来表示日期时间型常量，并且用单引号括起来。例如，‘17/9/20’、‘170920’。

4.3 变量

变量是指在程序运行过程中随着程序的运行而变化的量，可以保存查询结果和存储过程返回值，也可以在查询中使用。根据变量的作用域可分为全局变量与局部变量。

4.3.1 全局变量

在 SQL Server 中，全局变量属于系统定义的函数，不必进行声明，任何程序都可以直接调用。全局变量以@@前缀开头，以下就是 SQL Server 中常用的一些全局变量。

@@error：最后一个 Transact-SQL 语句的错误号。

@@identity：最后一个插入 IDENTITY 的值。

@@language：当前使用的语言的名称。

@@max_connections：SQL Server 实例允许同时连接的最大用户数目。

@@rowcount：受上一个 SQL 语句影响的数据行的行数。

@@servername：SQL Server 的本地服务器的名称。

@@servicename：该计算机上的 SQL 服务的名称。

@@timeticks：当前计算机上每刻度的微秒数。

@@transcount：当前连接打开的事务数。

@@version：SQL Server 的版本信息。

【例 4-1】查询 SQL Server 版本信息及服务器名称，其 SQL 代码如下：

```
SELECT ' SQL SERVER  版本信息'=@@version, '服务器名称'=@@servername
```

结果如图 4-1 所示。

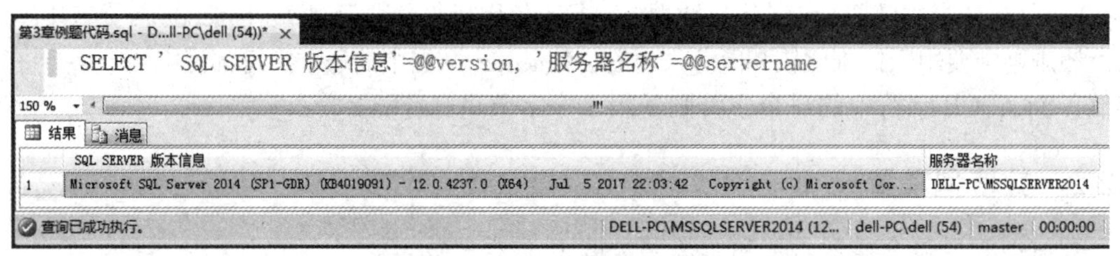

图 4-1　例 4-1 的运行结果

4.3.2　局部变量

局部变量是用户自定义的变量，它的作用域仅在程序内部。常用来存储从表中查询到的数据，或作为程序执行过程中的暂存变量使用。局部变量在引用时必须以“@”开头，而且必须先用 DECLARE 命令声明后才可以使用。其语法如下：

```
DECLARE @变量名  变量类型  [@变量名  变量类型…]
```

其中，变量类型可以是 SQL Server 提供的或者用户自定义的数据类型。

4.4　运算符和表达式

4.4.1　运算符

1. 算术运算符

算术运算符用于对两个表达式执行数学运算。常用的算术运算符如表 4-4 所示。

表 4-4　算术运算符

算术运算符	说　　明
+	加法运算
-	减法运算
*	乘法运算
/	除法运算，返回商。如果两个表达式都是整数，则结果是整数，小数部分被截断
%(求模)	求模(求余)运算，返回两数相除后的余数

2. 关系运算符

关系运算符也称为比较运算符，用于比较两个表达式的大小或是否相同。表达式可以是字符、日期数据或数字等，其比较结果是布尔值。条件语句(如 IF 语句)的判断表达式或者用于检索的 WHERE 子句常采用比较运算符连接的表达式。常用的关系运算符如表 4-5 所示。

表 4-5　关系运算符

关系运算符	说　明
=	相等
>	大于
<	小于
>=	大于等于
<=	小于等于
<>、!=	不等于
!<	不小于
!>	不大于

3. 逻辑运算符

逻辑运算符可以将多个逻辑表达式连接起来。返回值为 TRUE、FALSE 或 UNKNOWN 值的布尔数据类型。逻辑运算符如表 4-6 所示。

表 4-6　逻辑运算符

运算符	说　明
AND	与运算，两个操作数均为 TRUE 时，结果才为 TRUE
OR	或运算，若两个操作数中有一个为 TRUE，则结果为 TRUE
NOT	非运算，单目运算，对操作数值取反
ALL	每个操作数值都为 TRUE 时，结果为 TRUE
ANY	多个操作数中任何一个为 TRUE，结果就为 TRUE
BETWEEN	若操作数在指定的范围内，则运算结果为 TRUE
EXISTS	若子查询包含一些行，则运算结果为 TRUE
IN	若操作数值等于表达式列表中的一个，则结果为 TRUE
LIKE	若操作数与某种模式相匹配，则结果为 TRUE
SOME	若在一组操作数中，有些值为 TRUE，则结果为 TRUE

4. 连接运算符

连接运算符“+”用于串联两个或两个以上的字符或二进制串、列名或者串和列的混合体。

5. 位运算符

位运算符能够在整型或者二进制数据(image 数据类型除外)之间执行位操作。位运算符如表 4-7 所示。

表 4-7　位运算符

运算符	说　明
&(位与运算)	两个位值均为 1 时，结果为 1；否则为 0
|(位或运算)	只要有一个位为 1，则结果为 1；否则为 0
^(位异或运算)	两个位值不同时，结果为 1；否则为 0

【例 4-2】位运算符实例。

SQL 代码如下，结果如图 4-2 所示。

```
SELECT 56 & 208, 56 | 208, 56 ^ 208
```

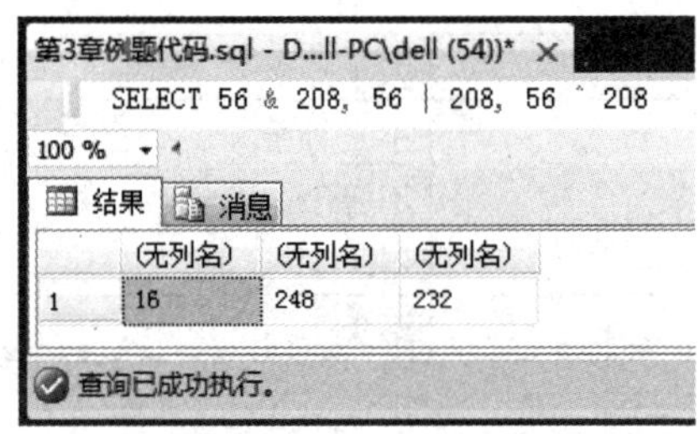

图 4-2　例 4-2 的运行结果

6. 运算符的优先级

如果表达式中含有的运算符级别不同时，先对较高级别的运算符进行运算，再对较低级别的运算符进行运算。若表达式中有多个级别相同的运算符，则一般按照从左到右的顺序进行运算。当表达式中有括号时，应先对括号内的表达式进行求值；如果表达式中有嵌套的括号，则首先对嵌套最深的表达式求值。运算符的优先级如表 4-8 所示。

表 4-8　运算符的优先级

优先级	运算符
1	()括号
2	+(正)、-(负)、~(按位取反)
3	*(乘)、/(除)、%(取模)
4	+(加)、-(减)、+(字符串连接)
5	=、>、<、>=、<=、<>、!=、!>、!<比较运算符
6	^(位异或)、&(位与)、|(位或)
7	NOT
8	AND
9	ALL、ANY、BETWEEN、IN、LIKE、OR、SOME
10	=(赋值)

4.4.2　表达式

在 SQL 语言中，表达式由标识符、变量、常量、标量函数、子查询以及运算符组成。在

Microsoft SQL Server 2014 中，表达式可以用于查询记录的条件等。

一般由常量、变量、函数和运算符组成的式子为复杂表达式，单个常量、变量、列名或函数为简单表达式。SQL 语言包括 3 种表达式，第一种是<表名>后跟的<字段名表达式>，第二种是 SELECT 语句后跟的<目标表达式>，第三种是 WHERE 语句后跟的<条件表达式>。

1. 字段名表达式

<字段名表达式>可以是单一的字段名或几个字段的组合，也可以是由字段、作用于字段的集函数和常量的任意算术运算(+、-、*，/)组成的运算公式。主要包括数值表达式、字符表达式、逻辑表达式和日期表达式 4 种。

2. 目标表达式

<目标表达式>有 4 种构成方式：

- *，表示选择相应基本表或视图的所有字段。
- <表名>.*，表示选择指定的基本表和视图的所有字段。
- 集函数()，表示在相应的表中按集函数操作和运算。
- [<表名>.]<字段名表达式>[，[<表名>.]<字段名表达式>]...，表示按字段名表达式在多个指定的表中选择指定的字段。

3. 条件表达式

<条件表达式>常用的有以下 6 种：

(1) 比较大小

应用比较运算符构成的表达式，主要的比较运算符有=、>、<、>=、<=、!=、<>、!>(不大于)、!<(不小于)和 NOT+(与比较运算符同用，对条件求非)。

(2) 指定范围

BETWEEN...AND... ，NOT BETWEEN...AND...

查找字段值在(或不在)指定范围内的记录。BETWEEN 后是范围的下限(即低值)，AND 后是范围的上限(即高值)。

(3) 集合

IN...，NOT IN...

查找字段值属于(或不属于)指定集合内的记录。

(4) 字符匹配

LIKE，NOT LIKE‘<匹配串>’[ESCAPE‘<换码字符>’]

查找指定的字段值与<匹配串>相匹配的记录。<匹配串>可以是一个完整的字符串，也可以含有通配符_和%。其中，_代表任意单个字符，%代表任意长度的字符串。

(5) 空值

IS NULL，IS NOT NULL

查找字段值为空(或不为空)的记录。NULL 不能用来表示无形值、默认值、不可用值，以及取最低值或取最高值。SQL 规定：在含有运算符+、-、*、/的算术表达式中，若有一个值是 NULL，则该运算表达式的值也是空值；任何一个含有 NULL 比较操作结果的取值都为“假”。

(6) 多重条件

AND，OR

AND 的作用是查找字段值满足所有与 AND 相连的查询条件的记录；OR 的作用是查找字段值满足查询条件之一的记录。AND 的优先级高于 OR，但可通过括号来改变优先级。

4.5 Transact-SQL 利器——通配符

Transact-SQL 语言的通配符可以代替一个或多个字符，通配符必须与 LIKE 运算符结合使用，各通配符的含义如表 4-9 所示。

表 4-9 Transact-SQL 语言的通配符

通配符	说　明
%	代表 0 个或多个字符
_	代表单个字符
[字符列表]	字符列表(如[a-f]、[0-9]或集合[abcdef]中的任意单个字符
[^字符列表]或[!字符列表]	不在字符列表(如[^a-f]、[^0-9]或集合[^abcdef]中的任意单个字符

4.6 Transact-SQL 语言中的注释

注释是程序代码中不参与程序的执行的文本字符串(也称备注)，在程序代码中起说明作用或者暂时禁用正在进行诊断的部分，提高代码的可读性和清晰性，有助于程序的管理与维护。在 Transact-SQL 中，可以使用如下两种类型的注释。

1. 单行注释

使用双连字符 “--” 时，从双连字符开始到行尾的内容都是注释内容。

2. 多行注释

使用“/* */”注释时，从开始注释对“/*”到 结束注释对“*/”之间的所有内容都为注释，可用于多行文本或代码块。

【例 4-3】注释符的使用，如图 4-3 所示。

```
USE   master  --打开 master 数据库
GO
/*第一个批处理结束，第二个批处理开始，查询 sys.objects 表中的记录*/
SELECT * FROM sys.objects
--在数据库中创建的每个用户定义的架构作用域内的对象在该表 objects 中均对应一行。
GO
/*第二个批处理结束，第三个批处理开始，查询 sys.tables 表中的记录*/
SELECT * FROM sys.tables
GO
```

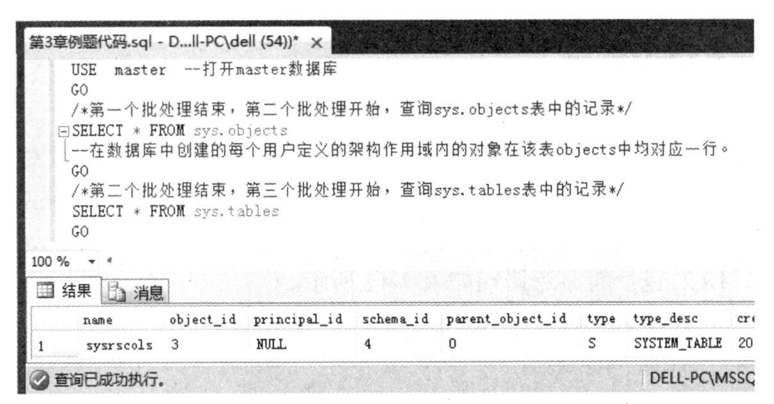

图 4-3　例 4-3 所演示的注释符的使用

4.7 数据定义语言

数据定义语言(Data Definition Language，DDL)：用来定义数据库的逻辑结构，包括基本表、视图和索引，包括 3 类操作：创建、修改和删除。DDL 包括的命令语句如表 4-10 所示。

表 4-10　数据定义语言(DDL)命令列表

语　　句	功　　能
CREATE	创建数据库或数据库对象
ALTER	修改数据库或数据库对象
DROP	删除数据库或数据库对象

4.8 数据操纵语言

数据操纵语言(Data Manipulation Language，DML)：包括数据查询和数据更新两大类操作。数据查询是指对数据库中的数据进行查询、统计、分组和排序等操作；数据更新包括插入、删除和修改 3 种操作。DML 包括的命令语句如表 4-11 所示。

表 4-11　数据操纵语言(DML)命令列表

语　　句	功　　能
select	从表或视图中检索数据
insert	将数据插入表或视图中
delete	从表或视图中删除数据
update	修改表或视图中的数据

4.9 数据控制语言

数据控制语言(Data Control Language，DCL)：用来向用户赋予/取消对数据对象的控制权限，分别通过 GRANT、REVOKE 和 DENY 进行授权、回收或拒绝访问。数据库的控制是指数据库的安全性和完整性控制，它包括对基本表和视图的授权，完整性规则的描述以及事务开始和结束等控制语句。DCL 包括的命令语句如表 4-12 所示。

表 4-12　数据控制语言(DCL)命令列表

语　句	功　能
GRANT	授予权限
REVOKE	收回权限
DENY	禁止从其他角色中继承许可权限

4.10 其他基本语句

本节主要介绍数据声明、数据赋值和数据输出语句。

4.10.1　数据声明

变量在使用中需要先声明后使用，声明变量用 DECLARE 语句，其语法格式如下：

```
DECLARE 变量名称 变量的数据类型[，...n]
```

- 局部变量的第一个字符必须是@
- 所有变量在声明后均设置初值为 NULL

【例 4-4】变量声明示例。

```
DECLARE @size INT    -- 声明一个名为 size 的 INT 类型变量
DECLARE @high INT    -- 声明一个名为 high 的 INT 类型变量
DECLARE @string VARCHAR(10) -- 声明一个名为 string 的 VARCHAR 类型变量
```

4.10.2　数据赋值

Transact-SQL 为变量赋值有两种方式：使用 SET 语句直接为变量赋值和使用 SELECT 语句选择表中的值来为变量赋值。

- 使用 SET 语句赋值时只能赋值一个变量

格式：SET @变量名 = 变量值

- 使用 SELECT 语句可以同时赋值多个变量

格式：SELECT @变量名 1 = 变量值 1, @变量名 2 = 变量值 2, ...

【例 4-5】变量赋值示例。

```
SET @size = 5
SELECT @high = 10, @string = 'hello'
--显示赋值结果
SELECT @size AS size, @high AS high ,@string AS string
```

4.10.3　数据输出

数据输出的语法格式如下：

```
(1) print  局部变量(字符型类型)或字符串
(2) select  局部变量 as 自定义列名
```

【例 4-6】数据输出示例。

```
--显示赋值结果
SELECT @size AS size, @high AS high ,@string AS string
PRINT '服务器的名称：' + @@servername
SELECT @@servername as '服务器的名称：'
PRINT '错误编号为：' + convert(varchar(4),@@error)
--因为@@error 返回的是一个数字，所以要用 convert()函数进行转换
```

4.11　流程控制语句

流程控制语句是用来控制程序执行和流程分支的语句。在 SQL Server 2014 中，可以使用的流程控制语句有 BEGIN…END、IF…ELSE、CASE、WHILE…CONTINUE…BREAK、GOTO、WAITFOR、RETURN 等。

4.11.1　BEGIN…END 语句

BEGIN…END 可以将多条 Transact-SQL 语句组成一个语句块，整个语句块可以看作一条语句。在条件语句和循环语句等流程控制语句中，当符合特定条件需要执行两个或多个语句时，就应该使用 BEGIN…END 语句将这些语句组合在一起。其语法格式如下：

```
BEGIN
{sql_statement |statement_block}
END
```

其中，{sql_statement |statement_block}是任何有效的 Transact-SQL 语句或语句块定义的语句分组。BEGIN…END 语句块允许嵌套使用。BEGIN 和 END 语句必须成对使用。

4.11.2　IF…ELSE 条件语句

当 IF 或 ELSE 部分只包括一条语句时，可以将 BEGIN 和 END 省略。语法格式如下：

```
IF (条件)
    BEGIN
```

```
        语句或语句块 1
    END
ELSE
    BEGIN
        语句或语句块 2
END
```

【例 4-7】判断两个数的大小，代码如下，执行结果如图 4-4 所示。

```
DECLARE @x int,@y int
SET @x=2
SET @y=5
IF @x>@y
    PRINT '@x 大于@y'
ELSE
    PRINT '@x 小于或等于@y'
```

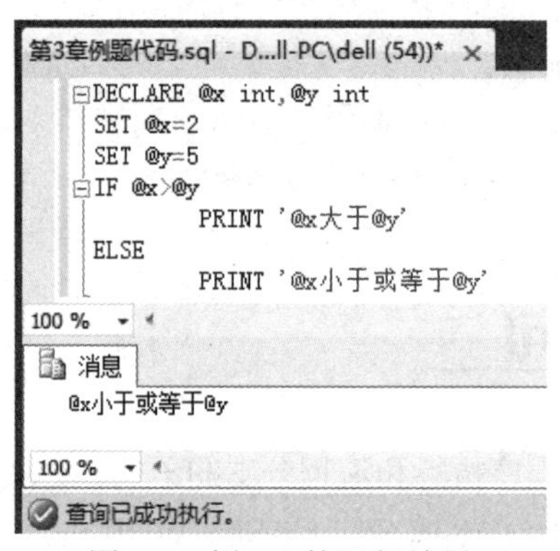

图 4-4　例 4-7 的运行结果

4.11.3　CASE 语句

CASE 是多条件分支语句，有两种格式，下面分别介绍。

1. 简单 CASE 语句

```
CASE <条件判断表达式>
  WHEN  条件判断表达式结果 1THEN <Transact-SQL 命令行或块语句>
  WHEN 条件判断表达式结果 2 THEN <Transact-SQL 命令行或块语句>
  …
  WHEN  条件判断表达式结果 n THEN <Transact-SQL 命令行或块语句>
  ELSE <Transact-SQL 命令行或块语句>
END
```

【例 4-8】使用简单的 CASE 语句，根据变量的值判定其分支结果。

```
DECLARE @var1 VARCHAR(1)
SET @var1='b'
DECLARE @var2 VARCHAR(10)
```

```
SET @var2=
CASE @var1
WHEN 'b' THEN '大'
WHEN 'm' THEN '中'
WHEN 's' THEN '小'
ELSE '错误'
END
PRINT @var2
```

2. CASE 搜索语句

```
CASE
  WHEN 条件表达式 1 THEN <Transact-SQL 命令行或块语句>
  WHEN 条件表达式 2 THEN <Transact-SQL 命令行或块语句>
  …
  WHEN 条件表达式 n THEN <Transact-SQL 命令行或块语句>
  ELSE <Transact-SQL 命令行或块语句>
END
```

【例 4-9】 定义一个局部变量@score，并为其赋值，然后用 CASE 语句判断其等级(优秀：90~100；良好：80~89；中等：70~79；及格：60~69；不及格：低于 60)。

```
DECLARE @score FLOAT,@dj CHAR(6)
SET @score=75
SELECT dj=
CASE
  WHEN @score >=90 AND @score <=100 THEN '优秀'
  WHEN @score >=80 AND @score <=89 THEN '良好'
  WHEN @score >=70 AND @score <=79 THEN '中等'
  WHEN @score >=60 AND @score <=69 THEN '及格'
  ELSE '不及格'
END
PRINT '成绩等级'+@dj
```

4.11.4 WHILE…CONTINUE…BREAK 语句

WHILE…CONTINUE…BREAK 语句用于设置重复执行的 SQL 语句或语句块的条件。只要指定的条件为真，就重复执行语句。其中 CONTINUE 语句可以使程序跳过 CONTINUE 后面的语句，重新回到 WHILE 循环的第一行命令；BREAK 语句可以使程序完全跳出 WHILE 循环，结束 WHILE 循环而去执行 WHILE 循环后面的语句行。其语法格式如下。

```
WHILE Boolean_expression
{sql_statement | statement_block}
[BREAK]
{sql_statement | statement_block}
[CONTINUE]
```

WHILE 语句的执行流程图如图 4-5 所示。

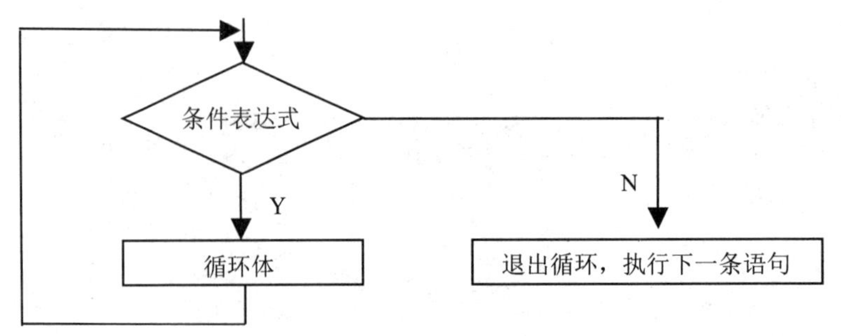

图 4-5　WHILE 语句的流程图

说明：

- 当条件表达式的值为 TRUE 时，执行循环体中的语句，然后再次进行条件判断，重复上述操作，直至条件表达式的值为 FALSE 时，退出循环体的执行。
- 循环体中可以继续使用 WHILE 语句，称之为循环的嵌套。
- 可以在循环体内设置 BREAK 和 CONTINUE 关键字，以便控制循环语句的执行。

BREAK 语句一般用在 WHILE 循环语句或 IF…ELSE 语句中，用于退出本层循环。当程序中有多层循环嵌套时，BREAK 语句只能退出其所在层的循环。

CONTINUE 语句一般用在循环语句中，重新开始一个新的 WHILE 循环。CONTINUE 命令让程序结束本次循环，直接转到下一次循环条件的判断。

【例 4-10】使用 WHILE 语句输出 1~10 的所有整数，如图 4-6 所示，SQL 代码如下：

```
DECLARE @x INT
SET @x=1
WHILE @x<=10
 BEGIN
   PRINT @x
   SELECT @x=@x+1
 END
```

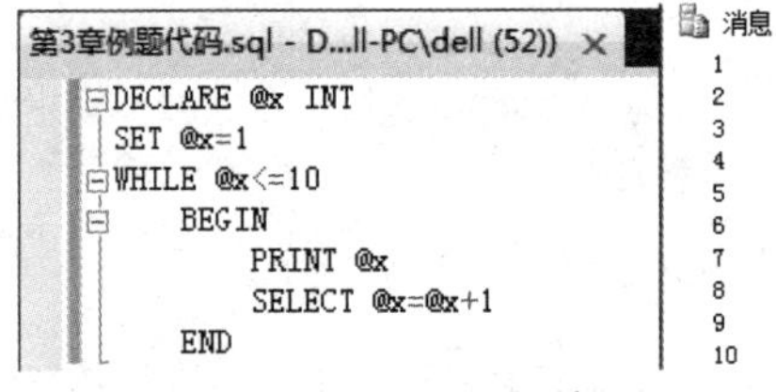

图 4-6　例 4-10 运行结果

4.11.5　GOTO 语句

使用 GOTO 语句可以无条件地将执行流程转移到标签指定的位置。该语句破坏了语句的结构，容易引发不易发现的问题，所以应尽量减少或避免使用 GOTO。语法格式如下：

```
GOTO LABEL
```

跳转目标的标识符可以为数字与字符的组合，但必须以冒号结尾，如下所示：

```
LABEL:
```

【例 4-11】使用 GOTO 语句和 WHILE 语句输出 1~10 的所有整数，SQL 代码如下：

```
DECLARE @x INT
SET @x=1
lab:
  PRINT @x
  SELECT @x=@x+1
WHILE @x<=10
  GOTO lab
```

4.11.6　WAITFOR 语句

WAITFOR 语句用于挂起语句的执行，直到指定的时间点或者指定的时间间隔。语法格式如下：

```
WAITFOR DELAY 'interval'|TIME 'time'
```

DELAY 'interval'指定 SQL Server 必须等待的时间，最长为 24 小时。interval 可以为 datetime 数据格式，用单引号括起来，但在取值上不允许有日期部分；TIME 'time'用于指定 SQL Server 等待某一时间点。

WAITFOR 语句有如下两个作用：

(1) 延迟一段时间间隔执行。

【例 4-12】WAITFOR 使用示例。

```
WAITFOR DELAY '00:00:05'
PRINT                              /*PRINT 操作延迟 5 秒执行*/
```

(2) 指定从何时起执行，用于指定触发语句块、存储过程以及事务执行的时刻。

【例 4-13】WAITFOR 使用示例。

```
WAITFOR TIME '22:00'
PRINT             /*PRINT 操作于 22:00 执行*/
```

4.11.7　RETURN 语句

RETURN 语句从查询、存储过程或批处理中无条件退出，其后的语句不再执行。语法格式如下：

```
RETURN [整型表达式]
```

(1) 存储过程可以向调用过程或应用程序返回整型值，当用于存储过程时，RETURN 语句不能返回空值。

(2) 系统存储过程返回 0 值表示成功，返回非 0 值表示失败。

4.12 批处理语句

4.12.1 批处理的基本概念

先来打个比方：家来了客人，妈妈给你6元钱到商店买2瓶啤酒给客人喝。结果客人不够喝，妈妈怕浪费，又给你6元钱让你下楼再去买2瓶，结果又不够喝，又让你下楼再买2瓶，还不够，再让你买2瓶……这时你可能会怎么说？你肯定会不耐烦地回答：妈，拜托你，别让我每次2瓶2瓶的买，1次多买几瓶不就行了吗？

同样，我们执行SQL语句时，因为SQL Server是网络数据库，一台服务器可能有很多个远程客户端，如果在客户端一次发送1条SQL语句，然后返回结果；然后再发送1条SQL语句，再返回结果，如此反复效率就太低了，所以为了提高效率，SQL Server就引出了批处理的概念。

- 批处理是包含一条或多条SQL语句的组，从应用程序一次性地发送到SQL Server数据库服务器执行。
- SQL Server将批处理语句编译成一个可执行单元，此单元称为执行计划。执行计划中的语句每次执行一条。
- GO是批处理的标志，表示SQL Server将这些Transact-SQL语句编译为一个执行单元，从而提高执行效率。
- 一般是将一些逻辑相关的业务操作语句，放置在同一个批处理中。

注意：

(1) 使用GO语句可以将一个脚本分为多个批处理。GO命令不能和Transact-SQL语句在同一行上，但可以和注释在同一行上。

(2) GO语句可使自脚本的开始部分或者最近一个GO语句以后的所有语句编译成一个执行计划并发送到服务器，与任何其他批处理无关。

(3) GO语句不是Transact-SQL命令，它只是一个被编辑工具(SQL Server Management Studio，sqlcmd)识别的命令。

当编辑工具遇到GO语句时，会将GO语句看作一个终止批处理的标记，将其打包，并作为一个独立的单元发送到服务器。

批处理是作为一个逻辑单元的一组Transact-SQL语句。一个批处理中的所有语句被组合成一个执行计划，因此，会对所有语句一起进行语法分析，并且必须通过语法验证，否则将不执行任何一条语句。尽管如此，这并不能防止在运行时发生错误。如果在运行时发生错误，那么，在发生运行错误之前执行的语句仍然是有效的。简言之，如果一条语句不能通过语法分析，那么不会执行任何语句。如果一条语句在运行时失败，那么在产生错误的语句之前的所有语句都已执行完毕。

4.12.2 每个批处理单独发送到服务器

为了将脚本分成多个批处理，要使用GO语句。

【例 4-14】使用 GO 语句创建批处理，结果如图 4-7 所示。

```
USE tempdb
DECLARE @hello varchar(50) --这里声明的变量@hello 的作用域仅仅在这个批处理中!
SELECT @hello = '第一个批处理'
PRINT '第 1 个批处理执行完毕！'
GO
PRINT @hello --这里将产生一个错误，因为@hello 没有在这个批处理中声明。
PRINT '第 2 个批处理执行完毕！'
GO
PRINT '第 3 个批处理执行完毕！'-- 注意，即使第 2 个批处理出错后，第 3 个批处理仍将得到执行。
GO
```

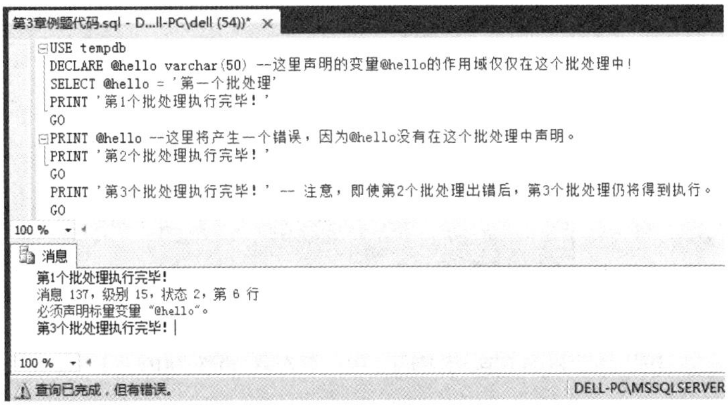

图 4-7　例 4-14 的运行结果

对于以上脚本，每一个批处理都会被独立执行，每个批处理的错误不会阻止其他批处理的运行(批处理 2 发生错误，不被执行，但批处理 3 照样可以执行)。尽管每个批处理在运行时是完全独立的，但是可以构建下面这种意义上的相互依赖关系：后一个批处理试图执行的工作依赖于前一个批处理已完成的工作。

4.12.3　何时使用批处理

批处理常被用在某些事情不得不发生在其他事情之前，或者不得不和其他事情分开的脚本中。使用以下命令时，必须独自成为批处理，在这些语句的末尾添加 GO 批处理标志。

- CREATE DEFAULT
- CREATE PROCEDURE
- CREATE RULE
- CREATE TRIGGER
- CREATE VIEW

4.12.4　使用批处理建立优先级

当需要考虑语句执行的优先顺序时，即需要一个任务必须在另一个任务之前被执行，可以使用批处理来建立优先级。

【例 4-15】使用批处理建立优先级。

```
CREATE DATABASE DBase1
USE DBase1
CREATE TABLE Table1
(
col1 int,
col2 int
)
```

执行结果如图 4-8 所示。

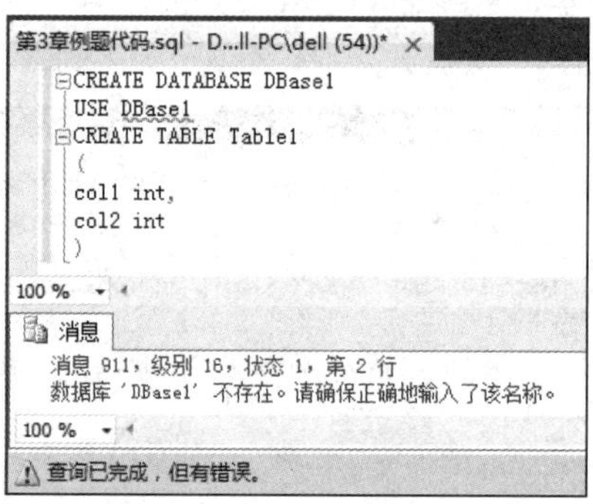

图 4-8　例 4-15 示意图 1

分析器尝试验证代码时发现 USE 引用了一个不存在的数据库，所以以上语句不能正确执行。这是因为缺少了批处理语句，正确的代码如下：

```
CREATE DATABASE DBase1
GO --此 GO 语句使创建数据库的语句成为一个批处理并被发送到 SQL Server，之后成功执行
USE DBase1
CREATE TABLE Table1
(
    col1 int,
    col2 int
)
```

执行上述代码后，用以下语句进行验证，发现表确实已创建，如图 4-9 所示。

```
USE DBase1;
SELECT TABLE_CATALOG FROM INFORMATION_SCHEMA.TABLES WHERE TABLE_NAME
='Table1';
```

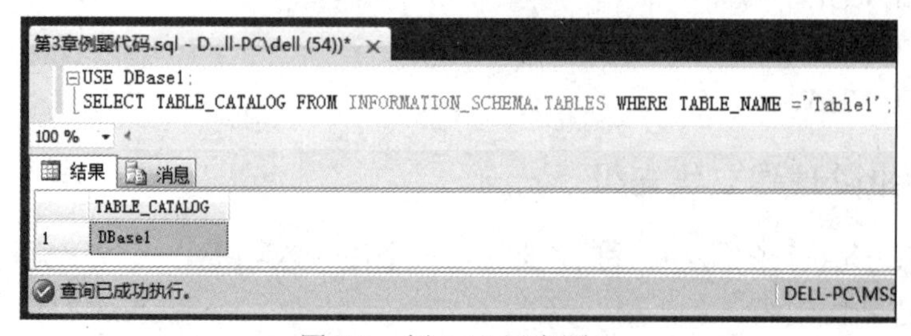

图 4-9　例 4-15 示意图 2

【例 4-16】演示使用批处理建立优先级。

```
USE DBase1
ALTER TABLE Table1
ADD col3 int
INSERT INTO Table1(col1,col2,col3) VALUES(1,1,1)
```

得到了一个错误的消息，如下所示：

```
消息 207，级别 16，状态 1，第 4 行
列名 'col3' 无效。
```

SQL Server 不能解析新列的名称，可以在 ADD col3 int 之后添加一个 GO 语句，代码如下：

```
USE DBase1
ALTER TABLE Table1
ADD col3 int
GO--先更改数据库，然后发送插入，此时就分开进行语法验证了
INSERT INTO Table1(col1,col2,col3) VALUES(1,1,1)
```

4.12.5　批处理的执行

创建批处理后，可以使用 sqlcmd 命令来执行，一般命令格式如下：

```
sqlcmd -U sa -P passwd -i mysql.sql
```

sqlcmd 的命令开关包括很多项，如下所示：

```
sqlcmd
[ { { -U <login id> [ -P <password> ] } | -E <可信连接>} ]
[-S <服务器名> [ \<实例名> ] ] [ -H <工作站名> ] [ -d <数据库名> ]
[ -l <登录超时> ] [ -t <查询超时> ] [ -h <标题(间行数)> ]
[ -s <列分隔符> ] [ -w <列宽> ] [ -a <分组大小> ]
[ -e ] [ -I ]
[ -c <批处理终止符> ] [ -L [ c ] ] [ -q  "<query>"  ] [ -Q  "<query>"  ]
[ -m <error level> ] [ -V ] [ -W ] [ -u ] [ -r [ 0 | 1 ] ]
[ -i <input file> ] [ -o <output file> ]
[ -f <代码页> | i:<输入代码页> [ <, o: <输出代码页> ]
[ -k [ 1 | 2 ] ]
[ -y <可变类型显示宽度> ] [-Y <固定类型显示宽度> ]
[ -p [ 1 ] ] [ -R ] [ -b ] [ -v ] [ -A ] [ -X [ 1 ] ] [ -x ]
[ -? ]
]
```

Transact-SQL 脚本文件是一个文本文件，它可以包含 Transact-SQL 语句、sqlcmd 命令以及脚本变量的组合，可以使用 sqlcmd 命令运行 Transact-SQL 脚本文件。

【例 4-17】演示使用 sqlcmd 命令运行 Transact-SQL 脚本文件。

使用 sqlcmd 命令运行 Transact-SQL 脚本文件的步骤如下：

(1) 单击“开始”菜单，选择“所有程序”|“附件”|“记事本”命令，打开记事本程序，用记事本创建一个简单的 Transact-SQL 脚本文件。

(2) 复制以下 Transact-SQL 代码并将其粘贴到“记事本”中。

```
USE MASTER
GO
IF DB_ID('DBase1')--返回数据库标识 (ID) 号
  IS NOT NULL
  DROP DATABASE DBase1;
GO
CREATE DATABASE DBase1
GO
USE DBase1
GO
CREATE TABLE Table1
(
     col1 int,
     col2 int
)
INSERT INTO Table1(col1,col2) VALUES(1,1)
INSERT INTO Table1(col1,col2) VALUES(2,2)
SELECT * FROM Table1
```

(3) 在 C:驱动器中将文件保存为 sqlTest.sql。

(4) 打开命令提示符窗口，在其中输入如下格式的命令：

```
sqlcmd -S serverName\instanceName -i C:\ sqlTest.sql
```

注意，需要将 serverName 和 instanceName 改为自己所用的服务器名和数据库实例名。

(5) 按 Enter 键。Table1 表的信息便会输出到命令提示符窗口，如图 4-10 所示。

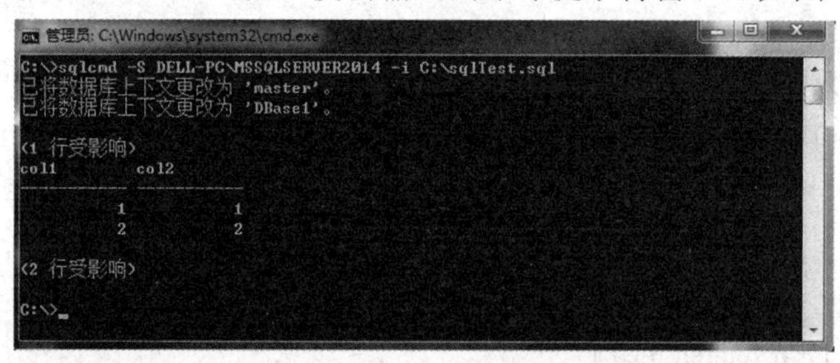

图 4-10　使用 sqlcmd 命令运行脚本文件

(6) 如果要将输出保存到文件中，可以在命令提示符窗口中输入下面的命令：

```
sqlcmd -S serverName\instanceName -i C:\ sqlTest.sql -o C:\sqlTest.txt
```

注意，需要将 serverName 和 instanceName 改为自己所用的服务器名和数据库实例名，如图 4-11 所示。

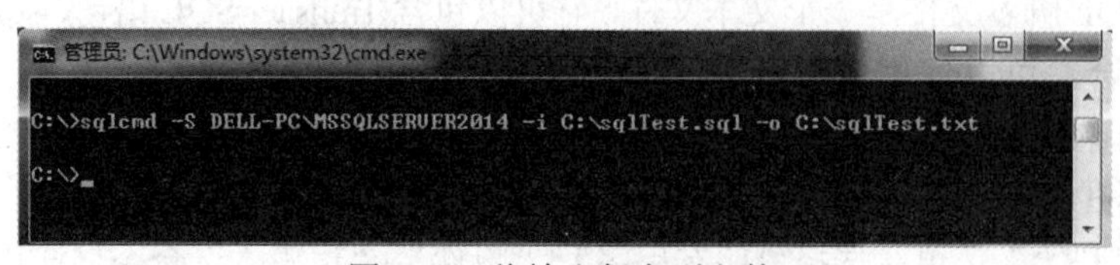

图 4-11　将输出保存到文件

(7) 命令提示符窗口中不会返回任何输出，而是将输出发送到 sqlTest.txt 文件。打开 sqlTest.txt 文件可以查看此输出，如图 4-12 所示。

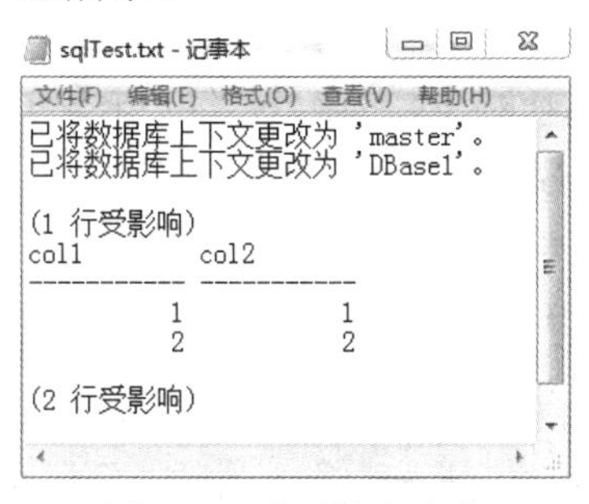

图 4-12　查看输出文件

另外，也可以使用 EXEC 来执行相应的批处理，语法格式如下：

EXEC ((字符串变量)|(字面值命令字符串))

EXECUTE ((字符串变量)|(字面值命令字串))

```
DECLARE @InVar varchar(50)
--DECLARE @OutVar varchar(50)
---- Set up our string to feed into the EXEC command
--SET @InVar = 'SELECT    @OutVar=col1 FROM dbo.Table1 WHERE col1 = 1'
--消息 137，级别 15，状态 1，第 1 行
--必须声明标量变量 "@OutVar"。
SET @InVar = 'SELECT    col1 FROM dbo.Table1 WHERE col1 = 1'
EXEC (@InVar)
```

4.12.6　批处理中的错误

批处理中的错误分为以下两类：语法错误和运行时错误。如果查询分析器发现一个语法错误，那么批处理的处理过程会立即被取消。因为在批处理编译或者执行之前会进行语法检查，所以在语法检查期间失败时还没有批处理被执行。

因为任何在遇到运行时错误之前执行的语句已经完成，所以，除非是未提交的事务的一部分，否则这些语句所做的任何事情已经是事实了。一般而言，运行时错误将终止从错误发生的地方到批处理末端的批处理的执行。一些运行时错误(例如违反参照完整性)只是阻止违反参照完整性的语句运行，仍然会执行批处理中的所有其他语句。

4.12.7　GO 不是 Transact-SQL 命令

有些人错误地认为 GO 是 Transact-SQL 命令。其实 GO 是一个只能被编辑工具(SQL Server Management Studio、sqlcmd)识别的命令。GO 只是一个指示器，指明什么时候结束当前的批处理，以及什么时候适合开始一个新的批处理。如果使用其他第三方工具，那么它可能支持也可能不支持 GO 命令，但是大多数支持 SQL Server 的工具都支持 GO 命令。

如果在一个 pass-through 查询中用 ODBC、OLE DB、ADO、ADO.NET、SqlNativeClient，或者任何其他访问方法，那么会得到来自服务器的一个错误消息。

4.13 SQL Server 2014 函数简介

SQL Server 2014 提供了众多功能强大的函数，每个函数实现特定的功能。通过使用函数，可以方便用户进行数据的查询、操纵以及数据库的管理，从而提高应用程序的设计效率。SQL Server 2014 中的函数根据功能主要分为以下几类：字符串函数、数学函数、数据类型转换函数、文本和图像函数、日期和时间函数、系统函数等。

4.13.1 字符串函数

字符串函数用于对二进制数据、字符串和表达式执行不同的运算。此类函数作用于 CHAR、NCHAR、VARCHAR、NVARCHAR、BINARY 和 VARBINARY 数据类型以及可以隐式转换为 CHAR 或 VARCHAR 的数据类型。可以在 SELECT 语句的 SELECT 和 WHERE 子句以及表达式中使用字符串函数。下面介绍一些常用的字符串函数。

1. 字符转换函数

(1) ASCII()函数

ASCII(字符表达式)函数返回字符表达式第一个字符的 ASCII 码值。在 ASCII()函数中，纯数字的字符串可以不用单引号括起来，但含其他字符的字符串必须用单引号括起来，否则会出错。

(2) CHAR()函数

CHAR(整型表达式)函数用于将 ASCII 码值转换为相对应的字符。参数为 0~255 的整数，如果没有输入 0~255 的 ASCII 码值，CHAR()将返回 NULL。

【例 4-18】 显示“HELLO”字符的 ASCII 码值以及 ASCII 码值为 72 的字符。执行结果如图 4-13 所示。

```
SELECT ASCII ('HELLO'),ASCII ('H'),CHAR (72)
```

(3) LOWER()

LOWER(字符表达式)函数用于将字符串全部转换为小写。

(4) UPPER()

UPPER(字符表达式)函数用于将字符串全部转换为大写。

【例 4-19】 将字符串“HeLlo”全部转换成小写或大写。执行结果如图 4-14 所示。

```
SELECT LOWER('HeLlo'),UPPER('HeLlo')
```

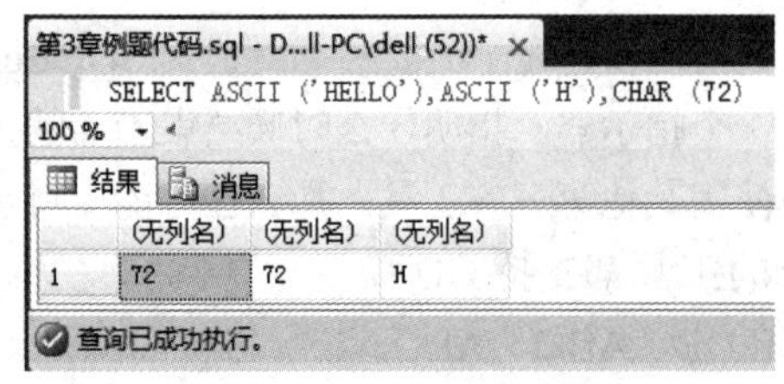

图 4-13 例 4-18 的运行结果

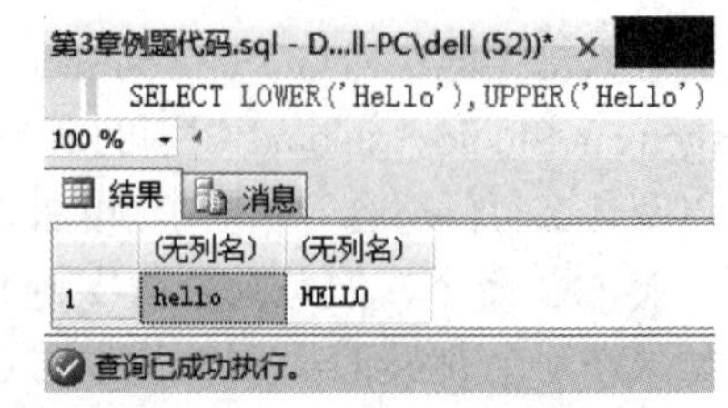

图 4-14 例 4-19 的运行结果

(5) STR()

将浮点数转换为字符串。语法格式如下：

```
STR(<float_expression>[，length[，<decimal>]])
```

其中，length 是返回的字符串的长度，decimal 是返回的小数位数。如果没有指定长度，默认的 length 值为 10，decimal 默认值为 0。当 length 或者 decimal 为负值时，返回 NULL；当 length 小于小数点左边(包括符号位)的位数时，返回 length 个*；先服从 length，再取 decimal；当返回的字符串位数小于 length 时，左边补足空格。

【例 4-20】 将数值 12345.6789 按要求转换成字符数据。执行结果如图 4-15 所示。

```
SELECT STR (12345.6789,10,1),STR (123456.789,5)
```

2. 去空格函数

(1) LTRIM(字符表达式)：把字符串头部的空格去掉。

(2) RTRIM(字符表达式)：把字符串尾部的空格去掉。

【例 4-21】 去掉字符串的左空格及右空格。执行结果如图 4-16 所示。

```
SELECT LTRIM('        Hello'),RTRIM('Hello        ')
```

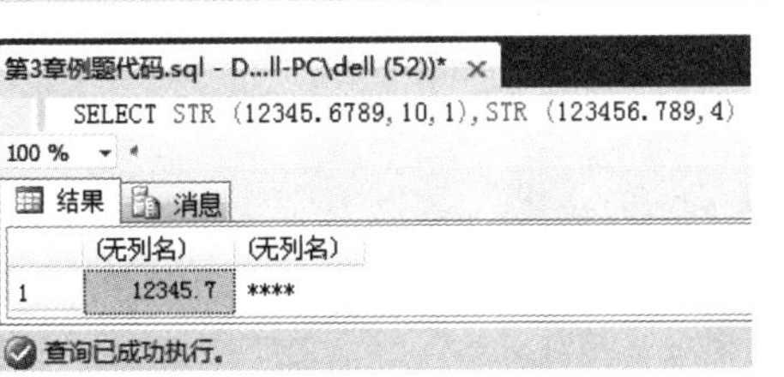

图 4-15　例 4-20 的运行结果

图 4-16　例 4-21 的运行结果

3. 字符串长度函数

LEN(字符表达式)：返回字符串表达式中的字符数。执行结果如图 4-17 所示。

【例 4-22】 显示字符串“hello”和“你好”的字符个数。

```
SELECT LEN('hello'),LEN('你好')
```

4. 截取子串函数

(1) LEFT()

LEFT(<字符表达式>，<整型表达式>)：返回“字符表达式”从左边起的第“整型表达式”个字符。

(2) RIGHT()

RIGHT(<字符表达式>，<整型表达式>)：返回“字符表达式”从右边起的第“整型表达式”个字符。

(3) SUBSTRING()

SUBSTRING(<字符表达式>，<开始位置>，长度)：返回从“字符表达式”左边第“开始位置”个字符起“长度”个字符的部分。

【例 4-23】 显示字符串“teacher”左边起 3 个、右边起 4 个字符及从第 5 个位置起的 2 个字符。执行结果如图 4-18 所示。

```
SELECT LEFT('teacher',3),RIGHT('teacher',4),SUBSTRING ('teacher',5,2)
```

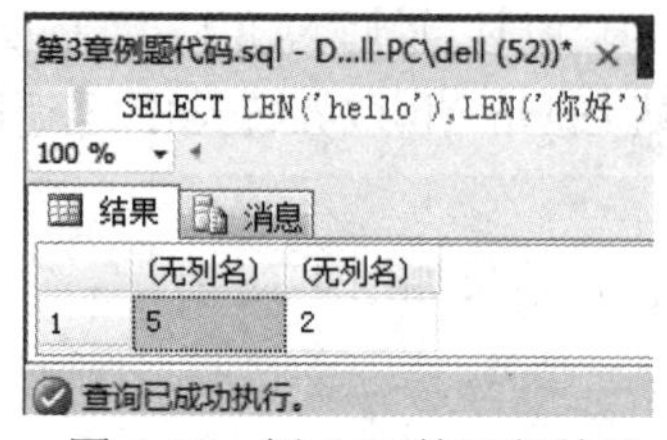

图 4-17　例 4-22 的运行结果

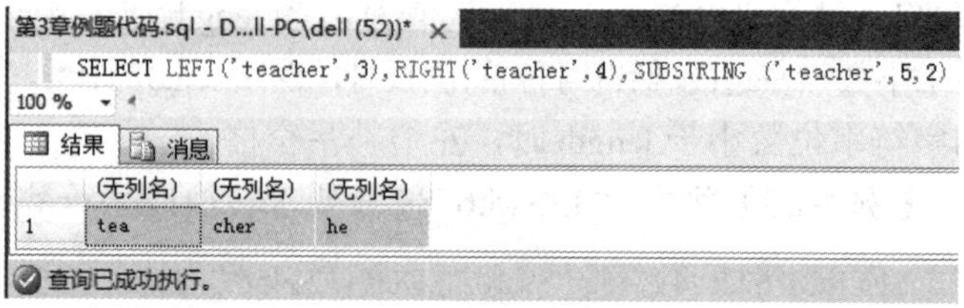

图 4-18　例 4-23 的运行结果

5. 字符串替换函数

REPLACE(<字符串表达式 1>，<字符串表达式 2>，<字符串表达 3>)：用字符串表达式 3 替换字符串表达 1 中的所有子串字符串表达式 2，返回被替换了指定子串的字符串。

【例 4-24】 将字符串“student”中所有的“t”替换为“x”。

```
SELECT REPLACE('student','t','x')
```

执行结果如图 4-19 所示。

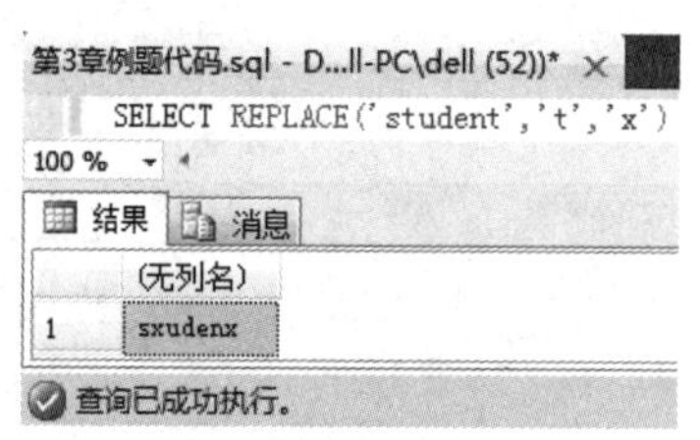

图 4-19　例 4-24 的运行结果

4.13.2　数学函数

数学函数主要用于对数值数据进行数学运算并返回运算结果，发生错误时数学函数将会返回空值 NULL。

表 4-13　数学函数列表

数学函数	描　　述
ABS	绝对值函数，返回指定数值表达式的绝对值
ACOS	反余弦函数，返回其余弦值是指定表达式的角(弧度)
ASIN	反正弦函数，返回其正弦值是指定表达式的角(弧度)
ATAN	反正切函数，返回其正切值是指定表达式的角(弧度)
ATAN2	反正切函数，返回其正切值是两个表达式之商的角(弧度)
CEILING	返回大于或等于指定数值表达式的最小整数，与 FLOOR 函数对应
COS	正弦函数，返回指定表达式中以弧度表示的指定角的余弦值
COT	余切函数，返回指定表达式中以弧度表示的指定角的余切值

(续表)

数学函数	描　　述
DEGREES	弧度至角度转换函数，返回以弧度指定的角的相应角度，与 RADIANS 函数对应
EXP	指数函数，返回指定表达式的指数值
FLOOR	返回小于或等于指定数值表达式的最大整数，与 CEILING 函数对应
LOG	自然对数函数，返回指定表达式的自然对数值
LOG10	以 10 为底的常用对数，返回指定表达式的常用对数值
PI	圆周率函数，返回 14 位小数的圆周率常量值
POWER	幂函数，返回指定表达式的指定幂的值
RADIANS	角度至弧度转换函数，返回指定角度的弧度值，与 DEGREES 函数对应
RAND	随机函数，随机返回 0~1 之间的 float 数值
ROUND	圆整函数，返回一个数值表达式，并且舍入到指定的长度或精度
SIGN	符号函数，返回指定表达式的正号、零或负号
SIN	正弦函数，返回指定表达式中以弧度表示的指定角的正弦值
SQRT	平方根函数，返回指定表达式的平方根
SQUART	平方函数，返回指定表达式的平方
TAN	正切函数，返回指定表达式中以弧度表示的指定角的正切值

【例 4-25】数学函数运算示例。执行结果如图 4-20 所示。

```
SELECT  N'绝对值函数'=ABS(-5.6),
    N'圆周率函数'=PI(),
    N'平方根函数'=SQRT(64),
    N'随机函数'=RAND (),
    N'对数函数 LOG10(100)'=LOG10(100),
    N'自然对数函数 LOG(2.71828)'=LOG(2.71828),
    N'指数函数'=LOG ( EXP (2.71828))
```

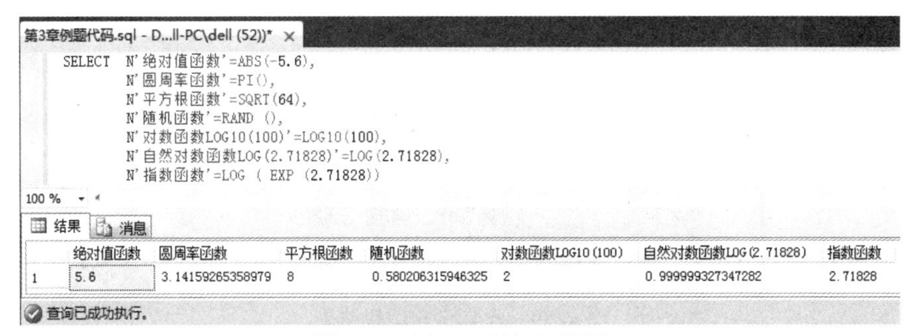

图 4-20　例 4-25 的运行结果

4.13.3　数据类型转换函数

SQL Server 会自动完成某些数据类型的转换，这种转换称隐式转换。但有些类型就不能自动转换，如 int 型与 char 型，这时就要用到显式转换函数 CAST、CONVERT。

1. CAST()：将一种数据类型的表达式显式转换为另一种数据类型的表达式。

```
CAST(表达式 AS 数据类型[(长度)])
```

2. CONVERT()：将一种数据类型的表达式显式转换为另一种数据类型的表达式。

```
CONVERT(数据类型[(长度)]，表达式[，样式])
```

- 长度：如果数据类型允许设置长度，可以设置长度，例如 varchar(8)。
- 样式：用于将日期类型数据转换为字符数据类型的日期样式。

【例 4-26】通过 CAST、CONVERT 函数实现数据的类型转换。执行结果如图 4-21 所示。

```
SELECT CAST(123456.789 AS INT),CONVERT(INT,123456.789)
```

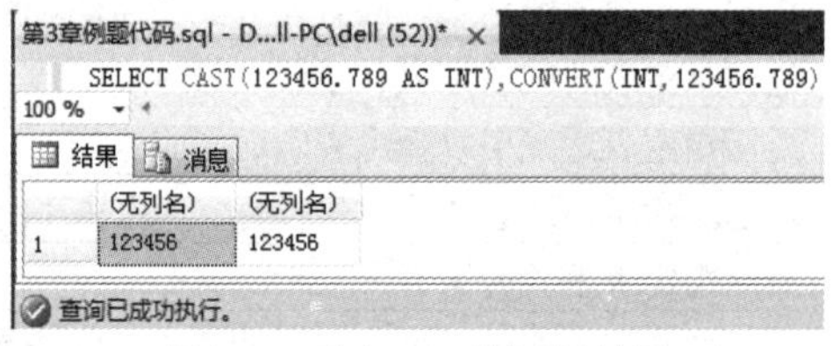

图 4-21　例 4-26 的运行结果

4.13.4　日期和时间函数

1. GETDATE()：返回系统当前的日期和时间。
2. DAY(日期时间型数据)：返回日期时间型数据中的日期值。
3. MONTH(日期时间型数据)：返回日期时间型数据中的月份值。
4. YEAR(日期时间型数据)：返回日期时间型数据中的年份值。

【例4-27】使用日期时间函数返回系统当前的日期和时间，并分别显示年份、月份及日期值。执行结果如图4-22所示。

```
SELECT GETDATE(),YEAR(GETDATE()),MONTH(GETDATE()),DAY(GETDATE())
```

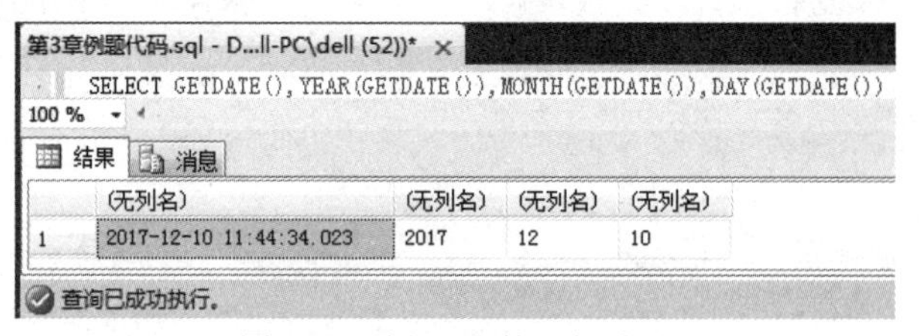

图 4-22　例 4-27 的运行结果

5. DATEADD(时间间隔，数值表达式，日期)：返回指定日期值加上一个数值表达式后的新日期。时间间隔项决定时间间隔的单位，可取 Year、Day of year(一年的日数)、Quarter、Month、Day、Week、Weekday(一周的日数)、Hour、Minute、Second 和 Millisecond。

【例 4-28】DATEADD()函数示例。执行结果如图 4-23 所示。

```
SELECT DATEAADD(Year,-1, '2016-10-1'), DATEAADD(month, 2, '2016-10-1'), DATEADD(day, 3,
'2016-10-1')
```

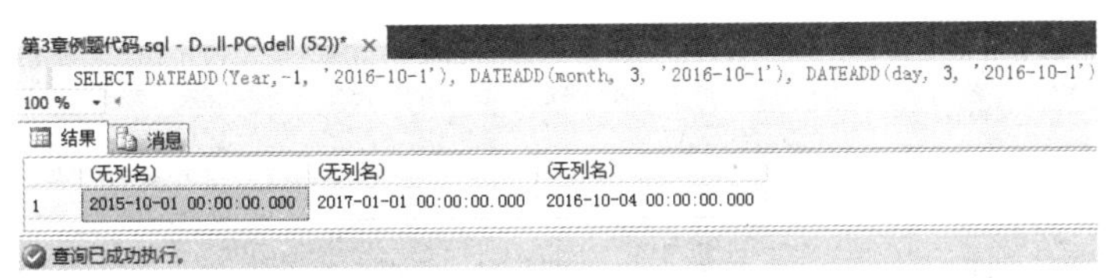

图 4-23　例 4-28 的运行结果

6. DATEDIFF (<时间间隔>，<日期 1>，<日期 2>)：返回两个指定日期在时间间隔方面的不同之处，即日期 2 超过日期 1 的差距值，其结果是一个带有正负号的整数值。

【例 4-29】显示以下两个日期相隔的天数及月数。执行结果如图 4-24 所示。

```
SELECT DATEDIFF(day,'2015-1-1','2017-10-1'),DATEDIFF(month,'2015-1-1','2017-10-1')
```

图 4-24　例 4-29 的运行结果

4.13.5　系统函数

用户可以在需要时通过系统函数获取当前主机的名称、用户名称和数据库名称等信息。

(1) 函数 HOST_NAME()返回服务器端计算机的名称。

(2) 函数 OBJECT_NAME()返回数据库对象的名称。

(3) 函数 USER_NAME()返回数据库用户名。

(4) 函数 SUSER_NAME()返回用户登录名。

(5) 函数 DB_NAME()返回数据库名。

【例 4-30】系统函数示例。执行结果如图 4-25 所示。

```
SELECT HOST_NAME (),SUSER_NAME (),DB_NAME (),USER_NAME ()
```

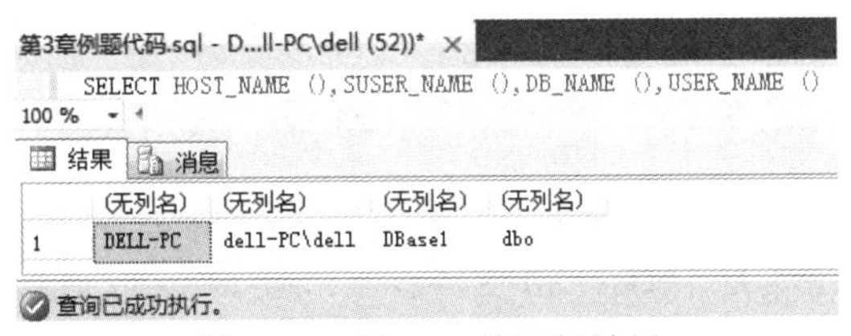

图 4-25　例 4-30 的运行结果

4.14　为学生选课表增加 10 万行测试数据

为学生选课表增加 10 万行测试数据，要求使用随机函数产生数据，并且每 100 行提交一次。为简化操作，设计一个小型的选课表。

1. 创建数据库 StuClass

```
--先手工创建目录 F:\
USE master
GO
IF EXISTS (SELECT name FROM sys.databases WHERE name = N'StuClass')
DROP DATABASE StuClass
GO
--创建数据库
CREATE DATABASE StuClass ON PRIMARY
( NAME = N'StuClass', FILENAME = N'F:\StuIClass.mdf' ,
     SIZE = 6848KB , MAXSIZE = UNLIMITED, FILEGROWTH = 10%)
 LOG ON
( NAME = N'StuClass_log', FILENAME = N'F:\StuClass_log.ldf' ,
     SIZE = 1024KB , MAXSIZE = 102400KB , FILEGROWTH = 10%)
GO
```

2. 创建表

```
USE stuClass
GO
IF   EXISTS (SELECT * FROM sys.objects
     WHERE object_id = OBJECT_ID(N'selectedCourses') AND type in (N'U'))
DROP TABLE selectedCourses
GO
CREATE TABLE selectedCourses(
  stuNo int primary key,--编号
  stuName varchar(10)NOT NULL,--姓名
  stuSex bit,--性别
  courseNo varchar(10) NOT NULL,--课程号
  grade int NOT NULL,
  recordedTime datetime
 )
GO
```

3. 使用 WHILE 循环插入 10 万条记录

```
SET nocount on
DECLARE @startTime datetime
SELECT @startTime=getdate()
--SELECT '执行时间(毫秒)：'
--SELECT datediff(MILLISECOND ,@startTime,getdate())
DECLARE @i int,@cnt int,@d datetime
SELECT @d=getdate(),@i=1,@cnt=100000
WHILE(@i<=@cnt)
BEGIN
```

```
    INSERT INTO selectedCoursesVALUES
    (
        @i,
        'Name'+convert(varchar(6),@i),
        @i%2,
        left(convert(varchar(40),newid()),10),
        ROUND(@i%100,0),
        @d-@i%1000
    );
    SET @i=@i+1
  END
  SELECT '执行时间(毫秒)：'
  SELECT datediff(MS,@startTime,getdate())--19363ms.
  GO
```

SQL Server 数据库引擎的默认事务管理模式是自动提交模式。每个 Transact-SQL 语句在完成时，都被提交或回滚。如果一个语句成功完成，则提交该语句；如果遇到错误，则回滚该语句。所以，这里的 10 万行数据，被提交了 10 万次，相对耗时较多。

4. 使用随机函数

在插入数据时，使用随机函数产生随机数据，修改 INSERT 语句如下：

```
--...
INSERT INTO selectedCourses VALUES
(
  @i,
  left(convert(varchar(40),newid()),10),
  @i%2,
  left(convert(varchar(40),newid()),10),
  ROUND(rand()*100,0),
  @d-@i%1000
)
--...
```

5. 使用隐性事务实现每 100 行数据提交一次

```
SET nocount on
SET IMPLICIT_TRANSACTIONS ON--设置隐性事务为开启状态
DECLARE @startTime datetime
SELECT @startTime=getdate()
DECLARE @i int,@cnt int,@d datetime
SELECT @d=getdate(),@i=1,@cnt=100000
WHILE(@i<=@cnt)
BEGIN
INSERT INTO selectedCourses
VALUES(@i,left(convert(varchar(40),newid()),10),@i%2,left(convert(varchar(40),newid()),10),ROUND
```

```
(rand()*100,0),@d-@i%1000)
    SET @i=@i+1
    IF(@i%100=0)--每 100 行提交一次
    COMMIT TRAN
    END
    SET IMPLICIT_TRANSACTIONS off--设置隐性事务为关闭状态
    SELECT '执行时间(毫秒)：'
    SELECT datediff(MS,@startTime,getdate())--2130ms
    COMMIT TRAN
    GO
```

6. 查看数据

使用如下语句查看表中的记录数，结果显示，selectedCourses 表中已有 10 万行数据。

```
SELECT COUNT(*) FROM selectedCourses
```

4.15 经典习题

1. 计算“2012-5-16”与当前日期相差的年份数。
2. 声明一个长度为 20 的字符型变量，并赋值为“SQL Server 数据库”，然后输出。
3. 定义一个局部变量@score，并为其赋值，判断其是否及格。
4. 使用 Transact-SQL 语句编程求 100 以内能被 3 整除的整数的个数。

第5章 数据查询

前面我们学习了如何使用SQL Server 2014的图形用户界面方式来创建和操作数据库和表，本章我们将学习使用Transact-SQL语句来查询数据库和表，通过SQL命令可以进行更为灵活的操作。

查询是数据库的主要操作之一，是SQL语言的核心功能，使用Transact-SQL的SELECT查询语句可以从数据库中获取所需的数据，这是应用系统开发的基础。通过本章的学习，读者将进一步掌握Transact-SQL这一综合的、通用的且功能强大的关系数据库语言。

本章主要内容：

- 掌握Transact-SQL作为数据查询语言的语法与应用
- 掌握WHERE、ORDER BY、GROUP BY、HAVING子句的用法
- 掌握基本的多表查询
- 掌握内连接、外连接、交叉连接和联合查询的用法
- 掌握多行和单值子查询的用法
- 掌握嵌套子查询的用法

5.1 工作场景导入

教学管理数据库信息管理员小张已完成该数据库的创建工作，也完成了表的创建以及相应的数据录入工作。

教务处工作人员小李工作中经常需要查询数据库中的数据，例如有如下查询需求：

(1) 查询学生表中所有学生的学号、姓名和所在院系。

(2) 查询所在院系为“计算机科学”的学生学号、姓名和性别。

(3) 查询年龄大于19岁的学生的信息。

(4) 查询名字包含“孙”这个字的所有学生的信息。

(5) 查询选修了“1001”号课程的所有学生的相关信息。

(6) 查询院系人数大于20的院系的信息。

(7) 查询不在信息工程学院上课的学生。

(8) 查询和“李秋”在一个系上课的学生姓名。

(9) 查询分数高于该门课程平均分的学生编号、课程编号和分数。

(10) 查询选修了学号为“214056101”的学生选修的所有课程的学生的信息。

引导问题：

(1) 如何查询存储在数据库表中的记录？

(2) 如何对原始记录进行分组统计？

(3) 如何对来自多个表的数据进行查询？

(4) 如何保留连接不成功的记录？

(5) 如何动态设置选择记录的条件？

5.2 查询工具的使用

SQL Server 2014 提供了功能完善、操作简单的图形界面管理工具 SQL Server Management Studio(简称 SSMS)。这个集成、统一的管理工具组是 SQL Server 2014 最重要的管理工具，熟练使用这些工具对于数据库系统的开发与应用极为重要。

SSMS 中有两个主要工具：图形化的管理工具(对象资源管理器)和 Transact-SQL 编辑器(查询分析器)。此外还有“解决方案资源管理器”窗口、“模板资源管理器”窗口和“注册服务器”窗口等。本节主要介绍如何使用查询分析器来编辑和执行命令。

作为服务器管理工具，SSMS 首先必须与服务器连接。打开 SSMS，连接到服务器，在“对象资源管理器”窗格中可以浏览所有的数据库及其对象。在 SSMS 面板中单击“新建查询”按钮，在 SQL 查询编辑器窗口输入 Transact-SQL 命令，单击“执行”按钮即可查看结果。例如，在打开的“查询编辑器”窗口中输入查询系统当前的数据库信息的命令如下：

```
SELECT name,database_id
FROM sys.databases
```

常用的工具栏按钮如图 5-1 所示。

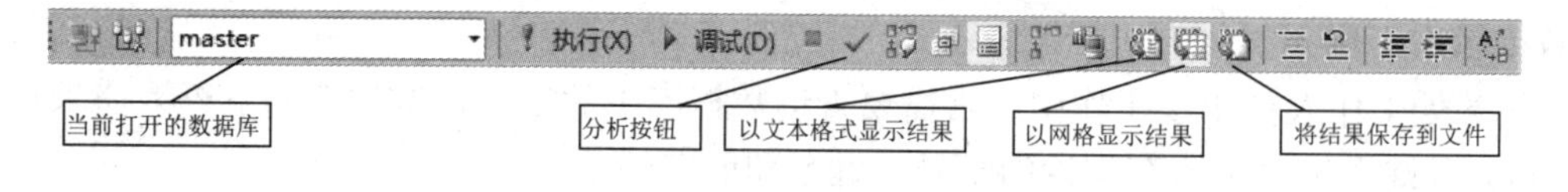

图 5-1 常用的工具栏按钮

单击“执行”按钮，执行该查询，结果如图 5-2 所示。

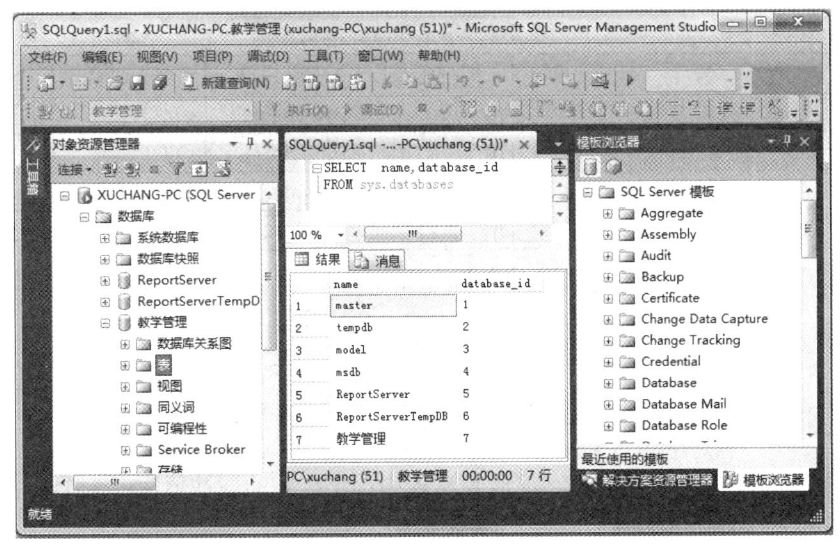

图 5-2　SSMS 工作界面

5.3 关系代数

SQL Server 2014 是一种关系数据库管理系统，是支持关系模型的数据库系统，在关系数据库中，提供的是一种对二维表进行关系运算的机制。这种机制不仅包括传统的集合运算中的并、交、差、广义笛卡儿积，还包括针对关系运算的选择、投影和连接。

5.3.1 选择

选择(Selection)是单目运算，它是按照一定的条件，从给定的关系 R 中选取符合条件的元组构成结果集，即从行的角度来进行运算。选择运算的操作对象是一个二维表，其运算结果也是一个二维表。选择运算的记号为 $\sigma_F(R)$，其中，σ 是选择运算符，下标 F 是一个条件表达式，R 是被操作的表。

选择运算符的含义为在关系 R 中选择满足给定条件的诸元组，表示如下：

$$\sigma_F(R) = \{t|t \in R \wedge F(t)='真'\}$$

其中，F 表示选择条件，是一个逻辑表达式，基本形式为 $X_1\theta Y_1$，其中 θ 为比较运算符，可以是>、≥、<、≤、=或<>，X_1 和 Y_1 是属性名、常量和简单函数，属性名也可以用它的序号来代替。

【例 5-1】 设有一个学生-课程数据库，包括学生关系，查询“计算机科学系”的全体学生。已知计算机科学系的系部编号是 01，则选择运算表示如下：

$\sigma_{Sdept='01'}$(学生)

或　$\sigma_{4='01'}$(学生)

结果如表 5-1 所示。

表 5-1　学生表(student)

学　　号	姓　　名	性　　别	系部编号	出生日期	高考入学成绩	少数民族否
2015036401	李燕	女	01	1996-05-28	546	0
2015036402	孙小维	女	01	1996-05-11	534	0
2015036403	乔单单	女	01	1996-09-21	498	0
2015036404	李铁梅	女	01	1996-01-10	510	0
……	……	……	……	……	……	……
2015036427	魏光荣	男	01	1996-10-18	510	0
2015036428	胡小明	男	01	1996-08-07	495	0

5.3.2　投影

投影(Projection)也是单目运算，该运算从表中选出指定的属性值组成一个新表，记为：$\pi_A(R)$，其中 A 是属性名(即列名)列表，R 是表名。

投影运算符的含义为从 R 中选择出若干属性列组成新的关系，表示如下：

$$\pi_A(R) = \{ t[A] \mid t \in R \}$$

其中 A 表示 R 中的属性列。

投影操作主要是从列的角度进行运算，投影之后不仅取消了原关系中的某些列，而且为了避免重复行还可能取消某些元组。

【例 5-2】查询学生的姓名和出生日期，即求学生关系上“姓名”和“出生日期”两个属性上的投影。

$$\Pi_{\text{姓名，出生日期}}(\text{学生})$$

或

$$\pi_{2,5}(\text{学生})$$

结果如表 5-2 所示。

表 5-2　投影结果

姓　　名	出生日期
汪远东	1995-05-01
李春霞	1995-05-06
邓立新	1996-07-20
王小燕	1995-09-21
李秋	1996-08-08
……	……
盛宏亮	1995-11-26
黄士亮	1996-05-29

5.3.3　连接

(1) 自然连接

自然连接(Join)是写为 (R⋈S) 的二元运算，这里的 R 和 S 是关系。自然连接的结果是 R

和S中在它们的公共属性名字上相等的所有元组的组合。例如，下面是“雇员”和“部门”以及它们的自然连接。

雇员

Name	EmpId	DeptName
Harry	3415	财务
Sally	2241	销售
George	3401	财务
Harriet	2202	销售

部门

DeptName	Manager
财务	George
销售	Harriet
生产	Charles

雇员 ⋈ 部门

Name	EmpId	DeptName	Manager
Harry	3415	财务	George
Sally	2241	销售	Harriet
George	3401	财务	George
Harriet	2202	销售	Harriet

连接是关系复合的另一种术语，在Unicode中，连接符号是⋈。

自然连接被认为是最重要的算法之一，因为它是逻辑 AND 的关系对应者。注意，如果同一个变量在用 AND 连接的两个谓词中出现，则这个变量表示相同的事物，而两个变量必须总是由同一个值来代换，即取消了重复列。特别是自然连接允许组合有外键关联的关系。例如，在上述例子中，外键成立于从雇员.DeptName 到部门.DeptName，雇员和部门的自然连接组合了所有雇员和它们的部门。注意，这能够工作是因为外键在相同名字的属性之间保持。如果不是这样，外键成立于从部门.manager 到 Emp.emp-number，则我们在采用自然连接之前必须重命名这些列。这种自然连接有时称为相等连接。

自然连接的语义定义为：

$$R \bowtie S = \{ t \cup s : t \in R, s \in S, \mathrm{fun}(t \cup s) \}$$

这里的 fun(r)是对于二元关系r 为真的谓词，当且仅当r 是函数二元关系。通常要求 R 和 S 必须至少有一个公共属性，但是如果省略了这个约束，则在特殊情况下自然连接就完全变成了笛卡儿乘积。

(2) θ-连接和相等连接

以下分别列出了车模和船模的价格的表“车”和“船”。假设一个顾客要购买一个车模和一个船模，但不想为船花费比车更多的钱。在关系上的θ-连接 CarPrice≥BoatPrice 生成所有可能选项的一个表。

车

CarModel	CarPrice
CarA	20'000
CarB	30'000
CarC	50'000

船

BoatModel	BoatPrice
Boat1	10'000
Boat2	40'000
Boat3	60'000

车 ⋈ 船 $_{CarPrice \geq BoatPrice}$

CarModel	CarPrice	BoatModel	BoatPrice
CarA	20'000	Boat1	10'000
CarB	30'000	Boat1	10'000
CarC	50'000	Boat1	10'000
CarC	50'000	Boat2	40'000

如果要组合来自两个关系的元组，而组合条件不是简单的共享属性上的相等，则有一种更一般形式的连接算子才方便，这就是 θ-连接(或 theta-连接)。θ-连接是写为 $\underset{a\theta b}{R \bowtie S}$ 或 $\underset{a\theta v}{R \bowtie S}$ 的二元算子，这里的 a 和 b 是属性名，θ 是在集合{<, ≤, =, >, ≥}中的二元关系，v 是值常量，而 R 和 S 是关系。这个运算的结果由在 R 和 S 中满足关系 θ 的元素的所有组合构成。只有在 S 和 R 的表头不相交，即不包含公共属性的情况下，θ-连接的结果才是有意义的。

这个运算可以用基本运算模拟如下：

$$R\bowtie_{\varphi} S = \sigma_{\varphi}(R \times S)$$

在算子 θ 是等号算子(=)时，这个连接也称为相等连接。

但是要注意，支持自然连接和重命名的计算机语言可以不需要 θ-连接，因为它可以通过对自然连接(在没有公共属性时它退化为笛卡儿乘积)的选择来完成。

5.4 简单查询

查询功能就是从数据库中获得所需的信息，即利用查询语言对已经存在于数据库中的数据按照特定的组合、条件表达式或者一定次序进行检索。Transact-SQL 查询就是通过最基本的 SELECT 语句从表或视图中迅速、方便地检索数据。该功能非常强大、灵活。它不仅能够以任意顺序、从任意数目的列中查询数据，还可以在查询过程中进行计算，包含来自其他表的数据。最基本的 SQL 查询语句由 SELECT 子句、FROM 子句和 WHERE 子句组成：

```
SELECT <列名表>
FROM <表或视图名>
WHERE <查询限定条件>
```

其中，SELECT 指定了要查看的列(字段)，FROM 指定这些数据的来源(表或视图)，WHERE 则指定了要查询哪些记录。

SELECT 语句的完整语法格式如下：

```
SELECT   <列名选项>
FROM    <表名>|<视图名称>
[WHERE <查询条件>|<连接条件>]
[GROUP BY <分组表达式>[HAVING <分组统计表达式>]]
[ORDER BY <排序表达式>[ASC|DESC]]
```

从上述语法可以看出，SELECT 查询语句中共有 5 个子句，其中，SELECT 和 FROM 子句为必选子句，而 WHERE、ORDER BY 和 GROUP BY 子句为可选子句，应该根据查询的需要进行选用。下面对 SELECT 语法中的各子句进行如下说明：

- SELECT 子句：用来指定查询返回的列，各列在 SELECT 子句中的顺序决定了它们在结果表中的顺序。
- FROM 子句：用来指定数据来源的表或视图。
- WHERE 子句：用来限定返回行的搜索条件。
- GROUP BY 子句：用来指定查询结果的分组条件。
- ORDER BY 子句：用来指定结果的排序方式。

对于简单的 SELECT 语句可以写在一行中。但对于复杂的查询，SELECT 语句随着查询子句的增加，一行很难写下，SELECT 语句允许采用分行的写法，即每个子句分别在不同的行中。需要注意的是，子句与子句之间不能使用符号分隔。

下面介绍 SELECT 语句的基本结构和主要功能。

5.4.1 SELECT 语句对列的查询

对列的查询实质上就是对关系的“投影”操作。在很多情况下，用户只需要表中的部分数据，这时可以使用 SELECT 子句来指明要查询的列，还可以根据需要来改变输出列显示的顺序。

Transact-SQL 语句中对列的查询是通过对 SELECT 子句中的列名选项进行设置完成的，具体格式如下：

```
SELECT [ALL|DISTINCT] [TOP n [PERCENT]]
{ *|表的名称.*|视图名称.*                     /*选择表或视图中的全部列*/
| 列的名称|列的表达式 [[AS] 列的别名]          /*选择指定的列*/
}[, ...n]
```

1. 查询一个表中的全部列

选择表的全部列时，可以使用星号“*”来表示所有的列。

【例 5-3】检索课程表中的所有记录。

Transact-SQL 语句如下：

```
SELECT * FROM 课程
```

执行结果如图 5-3 所示。

图 5-3 查询课程表的全部信息

需要注意的是，在有大量数据要返回，或者数据是通过网络返回的情况下，为了防止返回的数据比实际需要的多，通常不使用星号“*”，而应该指定所需的列名。

2. 查询一个表中的部分列

如果查询数据时只需要选择一个表中的部分列信息，则在 SELECT 语句后指定所要查询的属性列即可，各列名之间用逗号分隔。

【例 5-4】检索学生表中学生的部分信息，包括学号、姓名和性别。

Transact-SQL 语句如下：

```
SELECT 学号,姓名,性别 FROM 学生
```

执行结果如图 5-4 所示。

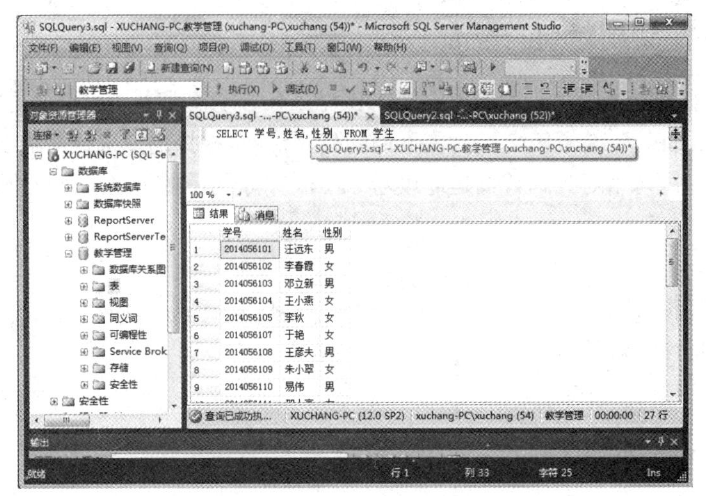

图 5-4　查询部分列信息

3. 为列设置别名

从一个表中取出的列值与列的名称，通常是联系在一起的。在上例中，从学生表中取出的学号与学生姓名，所取值就与“学号”和“姓名”列有联系。在查询过程中可以给需要查询结果中的列设置别名，即使用新的列名来取代原来的列名，方法如下：

- 在列名之后使用 AS 关键字来更改查询结果中的列标题名。如学号 AS sno。
- 直接在列名后使用列的别名，列的别名可以带双引号、单引号或不带引号。

【例 5-5】检索学生表中学生的学号、姓名和出生日期，结果中各列的标题分别指定为学生编号、学生姓名和出生年月。

Transact-SQL 语句如下：

```
SELECT 学号 as 学生编号, 姓名 学生姓名,出生日期 '出生年月'
FROM 学生
```

执行结果如图 5-5 所示。

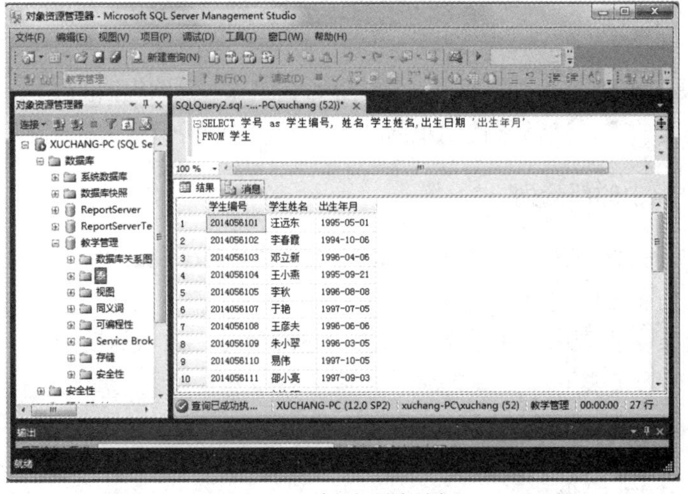

图 5-5　为列设置别名

4. 计算列值

使用 SELECT 语句对列进行查询时，SELECT 后面还可以跟列的表达式。通过该方式不仅可以查询原来表中已有的列，而且能够通过计算表达式得到新的列。

【例 5-6】查询选课表中的学生成绩，并显示折算后的分数(折算方法为原始分数*0.7)。

Transact-SQL 语句如下：

```
SELECT 学号,课程号,成绩 AS 原始分数,成绩*0.7 AS 折算后分数
FROM 选课
```

执行结果如图 5-6 所示。

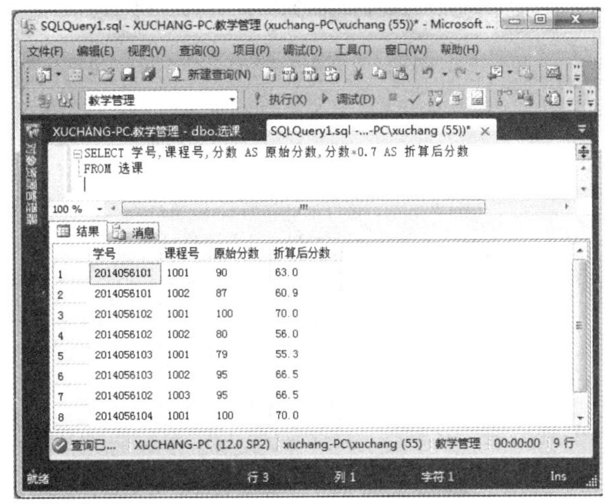

图 5-6 计算列值

5.4.2 SELECT 语句对行的选择

选择表中的若干记录就是关系代数中表的选择运算。这种运算可以通过增加一些谓词(例如 WHERE 子句)来实现。

1. 消除结果中的重复项

在一个完整的关系数据库表中不会出现两个完全相同的记录，但通常我们在查询时只涉及表的部分字段，这就可能有重复的行出现，此时可以用 DISTINCT 短语来消除它们。

关键字 DISTINCT 的含义是对结果中的重复行只选择一个，从而保证行的唯一性。

【例 5-7】从选课表中查询所有参与选课的学生的记录。

Transact-SQL 语句如下：

```
SELECT DISTINCT 学号 FROM 选课
```

执行结果如图 5-7 所示。对比两组查询，图左边的窗格显示的结果中出现了很多重复的学号值，这是因为一个学生可以选修多门课程，故学号有重复；而右边窗格显示的结果不存在重复的结果。与 DISTINCT 相反，当使用关键字 ALL 时，将保留结果中的所有行。在省略 DISTINCT 和 ALL 的情况下，SELECT 语句默认关键字为 ALL。

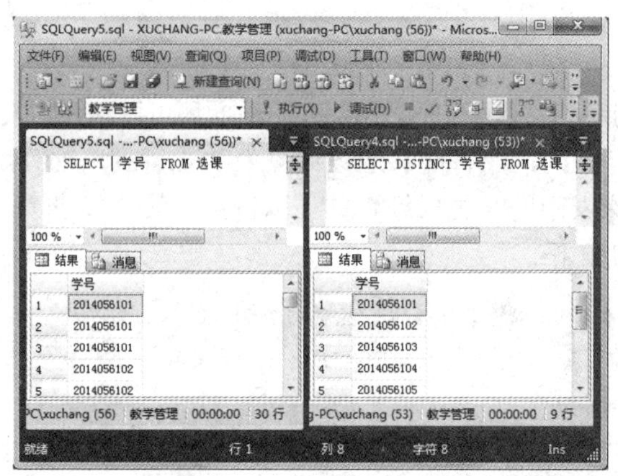

图 5-7　取消结果重复项

2. 限制结果返回的行数

一般情况下，SELECT 语句返回的结果行数非常多，但往往用户只需要返回满足条件的前几个记录，这时可以使用 TOP n [PERCENT]可选子句。其中，n 是一个正整数，表示返回查询结果的前 n 行。如果使用了 PERCENT 关键字，则表示返回结果的前 n%行。

【例 5-8】查询学生表中的前 10 个学生的信息。

Transact-SQL 语句如下：

```
SELECT TOP 10 * FROM 学生
```

执行结果如图 5-8 所示，只返回了前 10 个学生的信息。

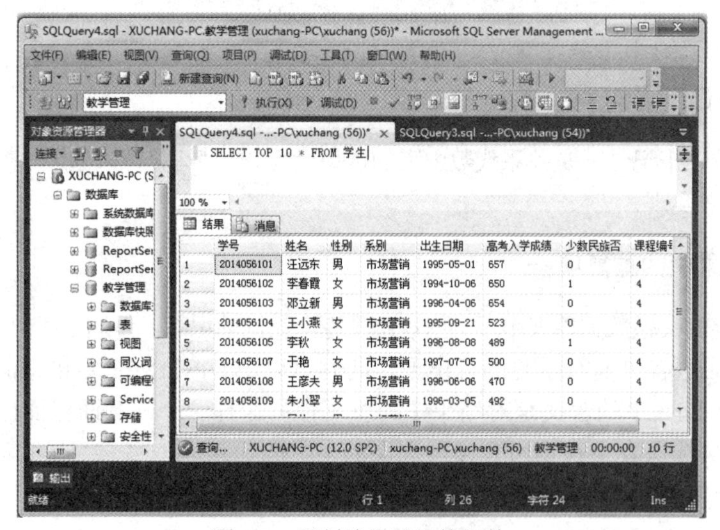

图 5-8　限制结果返回的行数

3. 查询满足条件的元组

用得最多的一种查询方式是条件查询，通过在 WHERE 子句中设置查询条件可以挑选出符合要求的数据。条件查询的本质是对表中的数据进行筛选，即关系运算中的“选择”操作。

在 SELECT 语句中，WHERE 子句必须紧跟在 FROM 子句之后，其基本格式如下：

```
WHERE <查询条件>
```

常用的查询条件如表 5-3 所示。

表 5-3 常用的查询条件

查询条件	运 算 符	说 明
比较	=、>、<、>=、<=、!=、<>、!>、NOT+上述运算符	比较大小
逻辑运算	AND、OR、NOT	用于逻辑运算符判断，也可用于多重条件的判断
字符匹配	LIKE、NOT LIKE	判断值是否与指定的字符通配格式相符
确定范围	BETWEEN...AND...、NOT BETWEEN...AND...	判断值是否在范围内
确定集合	IN、NOT IN	判断值是否为列表中的值
空值	IS NULL、IS NOT NULL	判断值是否为空

(1) 使用比较运算符

使用比较运算符可比较表达式值的大小，包括：=(等于)、>(大于)、<(小于)、>=(大于等于)、<=(小于等于)、!=(不等于)、<>(不等于)、!<(不小于)、!>(不大于)。运算结果为 TRUE 或者 FALSE。

【例 5-9】在课程表中查询学分为 4 的课程。

Transact-SQL 语句如下：

```
SELECT *  FROM 课程  WHERE 学分=4
```

执行结果如图 5-9 所示，显示的全是学分为 4 的课程。

(2) 使用逻辑运算符

逻辑运算符包括 AND、OR 和 NOT，用于连接 WHERE 子句中的多个查询条件。当一条语句中同时含有多个逻辑运算符时，取值的优先顺序为：NOT、AND 和 OR。

【例 5-10】在课程表中查询学分大于 1 且小于 4 的课程信息。

Transact-SQL 语句如下：

```
SELECT *  FROM 课程  WHERE 学分>1 and 学分<4
```

执行结果如图 5-10 所示。

(3) 使用 LIKE 模式匹配

在查找记录时，在不是很适合使用算术运算符和逻辑运算符的情况下，则可能要用到更高级的技术。例如，当不知道学生全名而只知道姓名的一部分时，可使用 LIKE 语句搜索学生信息。

LIKE 是模式匹配运算符，用于指出一个字符串是否与指定的字符串相匹配。使用 LIKE 进行匹配时，可以使用通配符，即进行模糊查询。

Transact-SQL 中使用的通配符有“%”“_”“[ ]”和“[^]”。通配符用在要查找的字符串的旁边。它们可以一起使用，使用其中的一种并不排斥使用其他的通配符。

- “%”代表 0 个或任意多个字符。如要查找姓名中含有“a”的教师，可以使用“%a%”，这样会查找出姓名中任何位置包含字母“a”的记录。

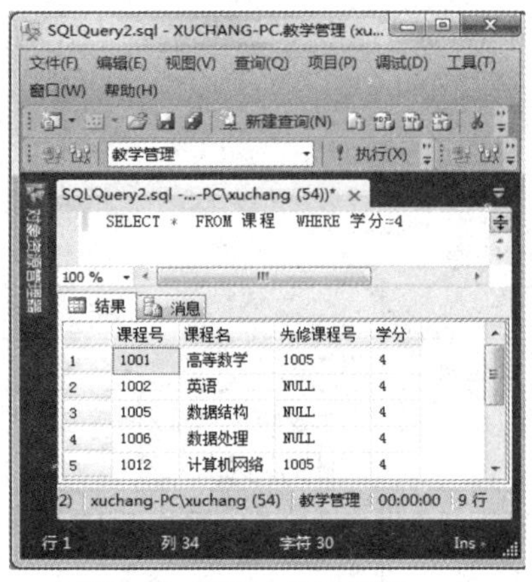

图 5-9　使用比较运算符

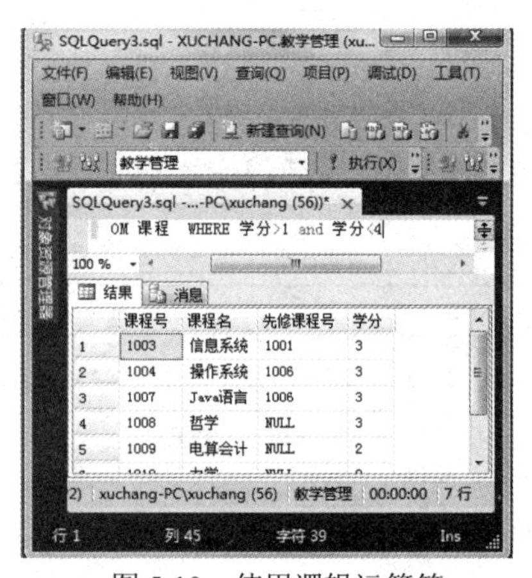

图 5-10　使用逻辑运算符

- "_" 代表单个字符。使用 "_a"，将返回任何名字为两个字符且第二个字符是 "a" 的记录。
- "[ ]" 允许在指定值的集合或范围中查找单个字符。如要搜索名字中包含介于 a-f 之间的单个字符的记录，则可以使用 LIKE '%[a-f]% '。
- "[^]" 与 "[]" 相反，用于指定不属于范围内的字符。如[^abcdef]表示不属于 abcdef 集合中的字符。

【例 5-11】在 "学生" 表中查询姓 "孙" 的学生信息。

Transact-SQL 语句如下：

```
SELECT * FROM 学生
WHERE 姓名 LIKE N'孙%'
```

执行结果如图 5-11 所示。

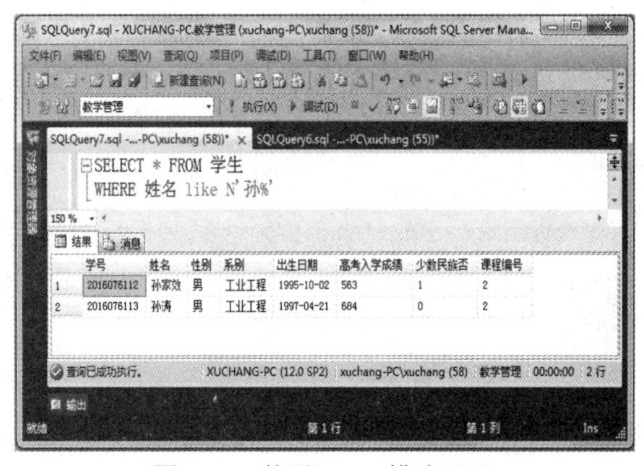

图 5-11　使用 LIKE 模式匹配

【例 5-12】请读者思考如果要查询以 "DB_" 开头的课程名，应该如何实现。

注意，这里的下画线不再具有通配符的含义，而是一个普通字符。此时，需要使用 ESCAPE 函数添加一个转义字符，将通配符变成普通字符。执行代码如下：

```
--不带有转义字符的查询
SELECT * FROM 课程
```

```
WHERE 课程名 LIKE 'DB_%'

--带有转义字符的查询
SELECT * FROM 课程
WHERE 课程名 LIKE 'DB\_%' ESCAPE '\'
```

执行结果如图 5-12 所示。

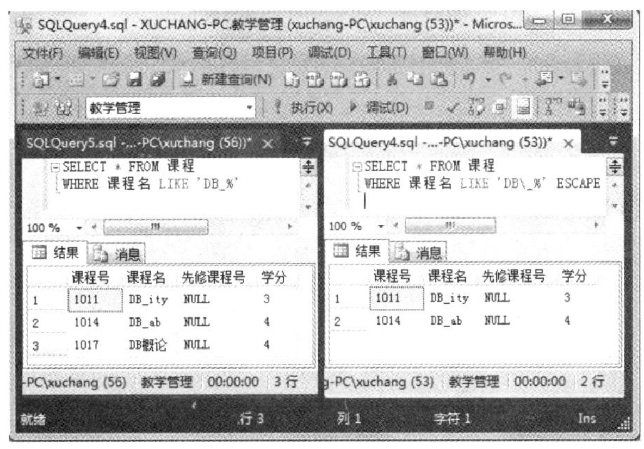

图 5-12 带有转义字符的 LIKE 模式匹配

对比图 5-12 中的两个查询结果可以看出，左侧图中没有使用转义字符，则下画线代表任意单个字符，故查询结果包括 3 条记录。右侧图中使用了转义字符，此时“\”右边的字符“_”不再代表通配符，而是普通的字符，故查询结果中少了“DB 概论”这个课程名。

(4) 确定范围

当要查询的条件是某个值的范围时，使用 BETWEEN...AND...来指定查询范围。其中，BETWEEN 后是查询范围的下限(即低值)，AND 后是查询范围的上限(即高值)。

【例 5-13】 在选课表中，查询分数在 60 到 80 分之间的学生情况。

Transact-SQL 语句如下：

```
SELECT * FROM 选课 WHERE 分数 BETWEEN 60 AND 80
```

执行结果如图 5-13 所示，可以看到，使用 BETWEEN 查询，结果包含两个端点的值。在本例中，包含了分数为 60 分和 80 分的学生信息。

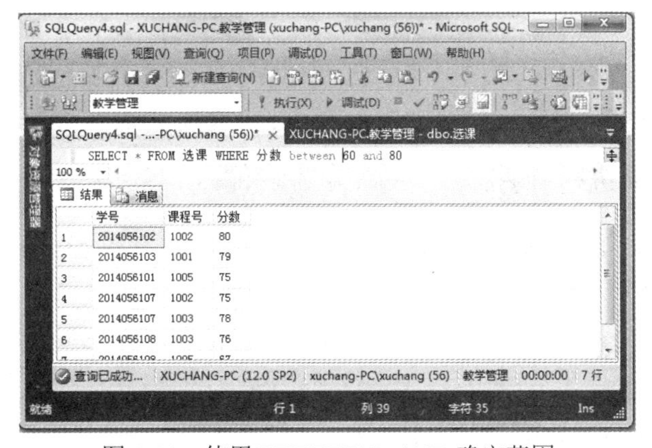

图 5-13 使用 BETWEEN...AND 确定范围

(5) 确定集合

关键字 IN 用于查找属性值属于指定集合的元组。在集合中列出所有可能的值，当表中的值与集合中的任意一个值匹配时，即满足条件。

【例 5-14】 在选课表中查询选修了“1001”号或者“1002”号课程的选课情况。

Transact-SQL 语句如下：

```
SELECT * FROM 选课 WHERE 课程号 IN('1001','1002')
```

该语句等价于：

```
SELECT * FROM 选课 WHERE 课程号='1001' OR 课程号='1002'
```

执行结果如图 5-14 所示。

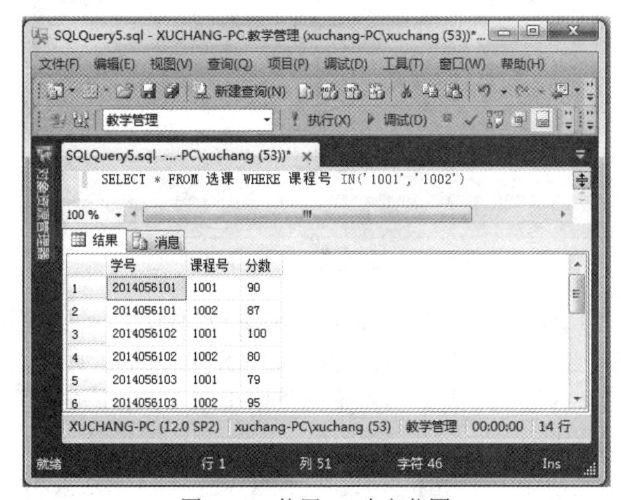

图 5-14　使用 IN 确定范围

(6) 涉及空值 NULL 的查询

值为“空”并非没有值，而是一个特殊的符号“NULL”。一个字段是否允许为空，是在建立表的结构时设置的。要判断一个表达式的值是否为空值，可以使用 IS NULL 关键字。

注意，这里的“IS”不能用等号(=)代替。

【例 5-15】 查询缺少“先修课程号”的课程的信息。

Transact-SQL 语句如下：

```
SELECT * FROM 课程 WHERE 先修课程号 IS NULL
```

执行结果如图 5-15 所示。

5.4.3　对查询结果进行排序

利用 ORDER BY 子句可以对查询的结果按照指定的字段进行排序。

ORDER BY 子句的语法格式如下：

```
ORDER BY 排序表达式 [ASC|DESC]
```

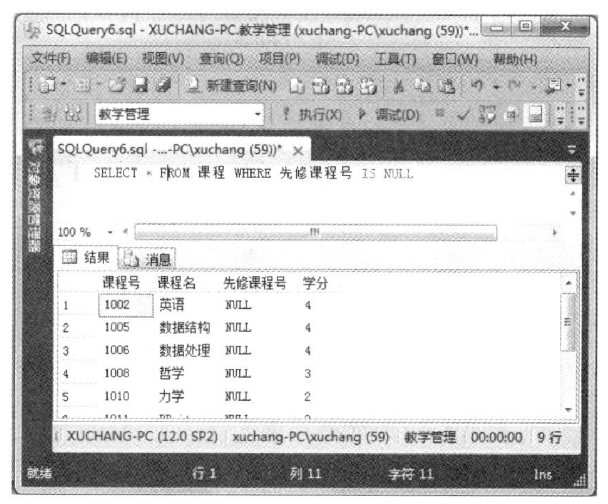

图 5-15　涉及 NULL 的查询

其中，ASC 代表升序，DESC 代表降序，默认值为升序。对数据类型为 TEXT、NTEXT 和 IMAGE 的字段不能使用 ORDER BY 子句进行排序。对于空值，排序时显示的次序则由具体系统实现决定。

【例 5-16】查询学生表中全体女学生的情况，要求结果按照年龄升序排列。

Transact-SQL 语句如下：

```
SELECT * FROM 学生 WHERE 性别='女' ORDER BY 出生日期 DESC
```

年龄升序，对于出生日期而言就是降序，执行结果如图 5-16 所示。

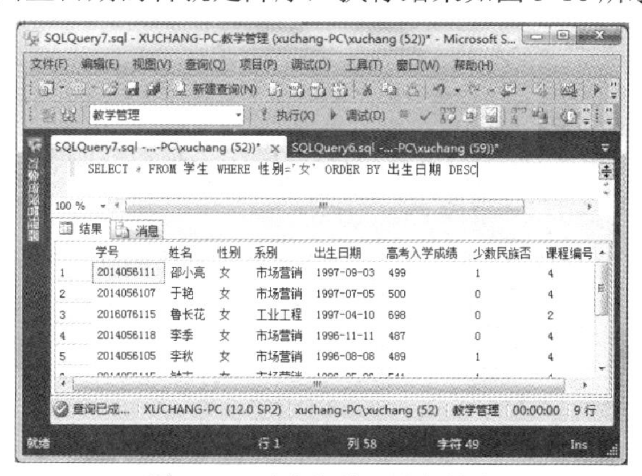

图 5-16　对查询结果进行排序

5.4.4　对查询结果进行统计

1. 使用聚合函数

为了进一步方便用户，增强检索功能，SQL 提供了许多聚合函数。在 SELECT 语句中可以使用这些聚合函数进行统计，并返回统计结果。聚合函数用于处理单个列中所选的全部值，并生成一个结果值。常用的聚合函数(也称统计函数)包括 COUNT()、AVG()、SUM()、MAX()和 MIN()等，如表 5-4 所示。

表 5-4　常用聚合函数

函 数 名 称	说　　明
COUNT([DISTINCT|ALL] 列名称|*)	统计符合条件的记录的个数
SUM([DISTINCT|ALL] 列名称)	计算一列中所有值的总和，只能用于数值类型
AVG([DISTINCT|ALL] 列名称)	计算一列中所有值的平均值，只能用于数值类型
MAX([DISTINCT|ALL] 列名称)	求一列值中的最大值
MIN([DISTINCT|ALL] 列名称)	求一列值中的最小值

说明：

如果使用 DISTINCT，则表示在计算时去掉重复值，而 ALL 则表示对所有值进行运算(不取消重复值)，默认值为 ALL。

【例 5-17】统计所查询的学生总人数，以及参加选课的学生人数。

Transact-SQL 语句如下：

```
--学生总人数
SELECT COUNT(*) FROM 学生
--参加选课的学生人数
SELECT COUNT(DISTINCT 学号) FROM 选课
```

学生的总人数是对学生表进行统计，选课的总人数是对选课表进行统计，同时应注意，由于一名学生可以选修多门课程，故当对学号进行统计时需要使用 DISTINCT 关键字过滤掉重复的记录。执行结果如图 5-17 所示。

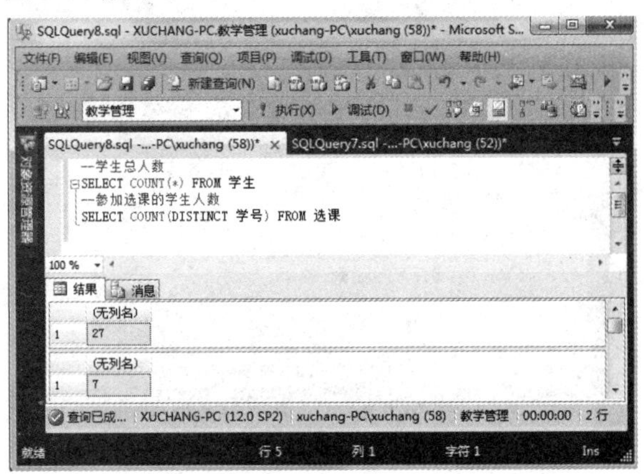

图 5-17　使用统计记录个数的聚合函数

【例 5-18】查询选修“1002”课程的学生的最高分、最低分和平均分。

Transact-SQL 语句如下：

```
SELECT MAX(分数) AS '最高分',MIN(分数) AS '最低分', AVG(分数) AS '平均分'
FROM 选课 WHERE 课程号='1002'
```

执行结果如图 5-18 所示。

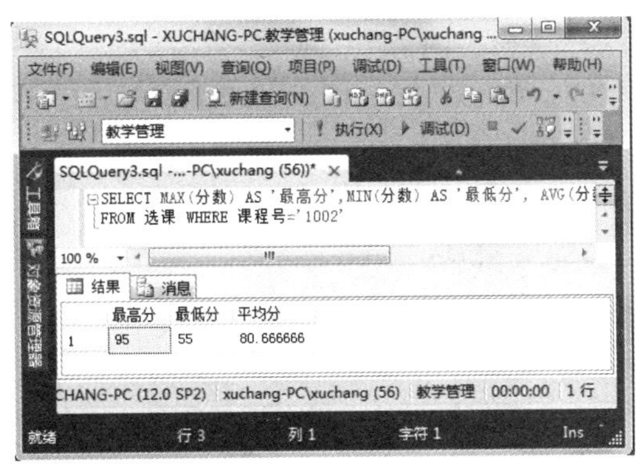

图 5-18 使用聚合函数

2. 对结果进行分组

对数据进行检索时，经常需要对结果进行汇总统计计算。在 Transact-SQL 中通常使用聚合函数和 GROUP BY 子句来实现统计计算。

GROUP BY 子句用于对表或视图中的数据按字段进行分组，还可以利用 HAVING 短语按照一定的条件对分组后的数据进行筛选。

GROUP BY 子句的语法格式如下：

```
GROUP BY [ALL] 分组表达式 [HAVING 查询条件]
```

需要注意的是，当使用 HAVING 短语指定筛选条件时，HAVING 短语必须与 GROUP BY 配合使用。HAVING 短语与 WHERE 子句并不冲突：WHERE 子句用于表或视图的选择运算，HAVING 短语用于设置分组的筛选条件，从分组中选择满足条件的组。

【例 5-19】 求每个学生选课的门数。

Transact-SQL 语句如下：

```
SELECT 学号,COUNT(*) AS 选课数
FROM 选课
GROUP BY 学号
```

执行结果如图 5-19 所示。

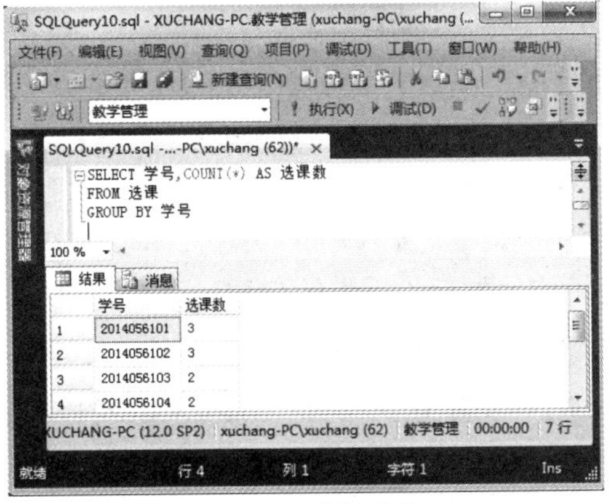

图 5-19 分组查询

【例 5-20】查询选课表中选修了两门以上课程，并且分数均超过 90 分的学生的学号。

分析：首先将选课表中的分数超过 90 分的学生按照学号进行分组，再对各个分组进行筛选，找出记录数大于等于 2 的学生学号，进行结果输出。

Transact-SQL 语句如下：

```
SELECT 学号 FROM 选课 WHERE 分数>90
GROUP BY 学号 HAVING COUNT(*)>=2
```

执行结果如图 5-20 所示。

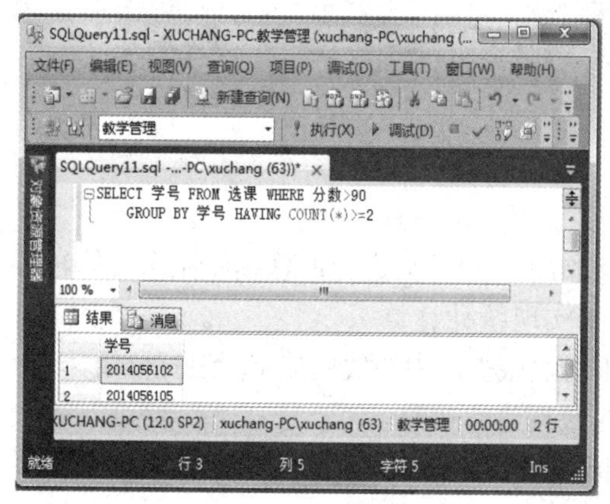

图 5-20　带有 HAVING 子句的分组查询

5.4.5　对查询结果生成新表

在实际应用中，有时需要将查询结果保存为一个表，这个功能通过 SELECT 语句中的 INTO 子句来实现，用以表明查询结果的去向。要将查询得到的结果存入新的数据表中，可以使用 INTO 语句：

```
INTO <新表名>
```

其中：

- 新表名是被创建的新表，查询的结果集中的记录将被添加到此表中。
- 新表的字段由结果集中的字段列表决定。
- 如果表名前加“#”，则创建的表为临时表。
- 用户必须拥有该数据库中创建表的权限。
- INTO 子句不能与 COMPUTE 子句一起使用。

【例 5-21】查询每门课程的平均分、最高分和最低分，将结果输出到一个表中保存。

分析：首先将选课表中的记录按照课程号进行分组，再对各个分组进行统计，找出每个小组的平均值、最大值和最小值，然后将结果输出到一个新的课程成绩表中。

Transact-SQL 语句如下：

```
SELECT 课程号,AVG(分数) 平均分,MAX(分数) 最高分,MIN(分数) 最低分 INTO 课程成绩表
FROM 选课
GROUP BY 课程号
--查看课程成绩表
```

```
SELECT * FROM 课程成绩表
```

执行结果如图5-21所示。

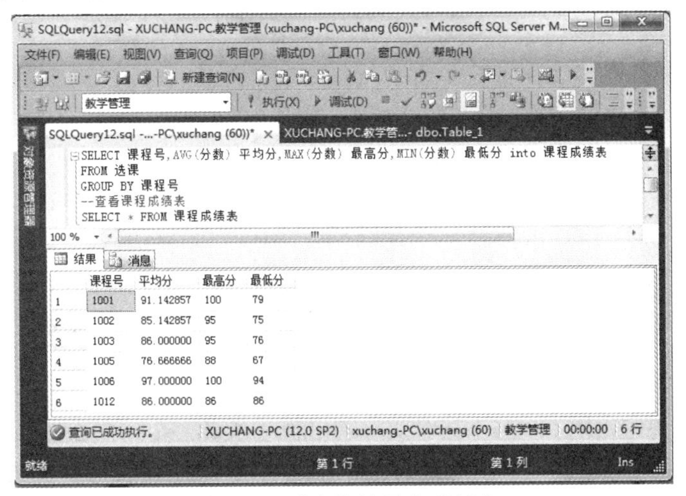

图5-21 对查询结果生成新表

5.5 连接查询

前面介绍的查询都是单表查询，若一个查询同时涉及两个以上的表，则称之为连接查询。连接查询是关系数据库中最主要的查询，主要包括交叉连接查询、内连接查询和外连接查询。可以进行多表连接来实现连接查询，多表连接通过使用FROM子句来指定多个表，利用连接条件来指定各列之间(每个表至少一列)进行连接的关系。连接条件中的列必须具有一致的数据类型才能正确连接。本节通过介绍连接查询的类型和具体的实施方法来引导读者学习连接查询。

5.5.1 交叉连接

交叉连接也称非限制连接，又称广义笛卡儿积。两个表的广义笛卡儿积是两表中记录的交叉乘积，结果集的列为两个表属性列的和，其连接的结果会产生一些毫无意义的记录，而且进行该操作非常耗时，因此该运算的实际意义不大。

交叉连接的语法格式如下：

```
SELECT 列名 FROM 表名1 CROSS JOIN 表名2
```

下面通过例5-22来介绍交叉连接。

【例5-22】 查询“学生”表和“系部”表的交叉连接。

Transact-SQL语句如下：

```
SELECT 学号,姓名,性别,学生.系部编号,出生日期,高考入学成绩,少数民族否,系部.系部编号,系部名称
FROM 学生 CROSS JOIN 系部
```

执行结果如图5-22所示。

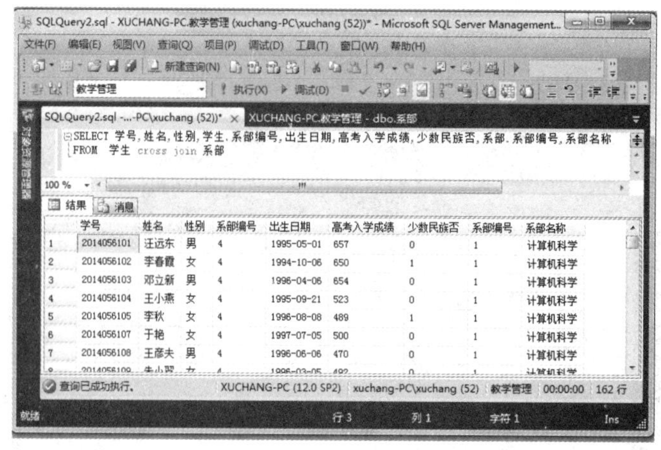

图 5-22　交叉连接

在交叉连接结果中出现了一些不符合实际的记录，例如，第1条记录，汪远东的系部编号同时等于了两个值“4”和“1”。类似这样的记录还有很多，所以需要通过WHERE条件子句来过滤掉这些无用的记录。另外，对于“学号”“姓名”“性别”和“系部名称”等在“学生”表和“系部”表中是唯一的列，在引用时不需要加上表名前缀。但是“系部编号”在两个表中均出现了，因此引用时必须加上表名前缀。

注意：

多表查询时，如果要引用不同表中的同名属性，则需在属性名前加表名，即用“表名.属性名”的形式表示，以便进行区分。

5.5.2　内连接

通过前面的示例介绍可以发现交叉连接会产生很多冗余的记录，那么如何筛选出有用的连接呢？这可以通过内连接来实现，内连接也称为简单连接，它将两个或多个表进行连接，只查出相匹配的记录，不匹配的记录将无法查询出来。这种连接查询是平常用得最多的查询。内连接中常用的就是等值连接和非等值连接。

1. 等值连接

等值连接的连接条件是在WHERE子句中给出的，只有满足连接条件的行才会出现在查询结果中。这种形式也称为连接谓词表示形式，是SQL语言早期的连接形式。

等值连接的连接条件格式如下：

```
[<表1或视图1>.]<列1> = [<表2或视图2>.]<列2>
```

等值连接的过程类似于交叉连接，连接时要有一定的条件限制，只有符合条件的记录才被输出到结果集中，其语法格式如下：

```
SELECT 列表列名
FROM 表名1 [INNER] JOIN 表名2
ON 表名1.列名=表名2.列名
```

其中，INNER 是连接类型可选关键字，表示内连接，可以省略；“ON 表名 1.列名=表名 2.列名”是连接的等值连接条件。

也可以使用另外一套语法结构，如下：

```
SELECT 列表列名
FROM 表名 1, 表名 2
WHERE 表名 1.列名=表名 2.列名
```

【例 5-23】根据例 5-22，要求输出每位学生所在的系部名称。

Transact-SQL 代码如下：

```
SELECT 学号,姓名,性别,学生.系部编号,出生日期,高考入学成绩,少数民族否,系部.系部编号,系部名称
FROM  学生 INNER JOIN 系部 ON 学生.系部编号=系部.系部编号
```

执行结果如图 5-23 所示。

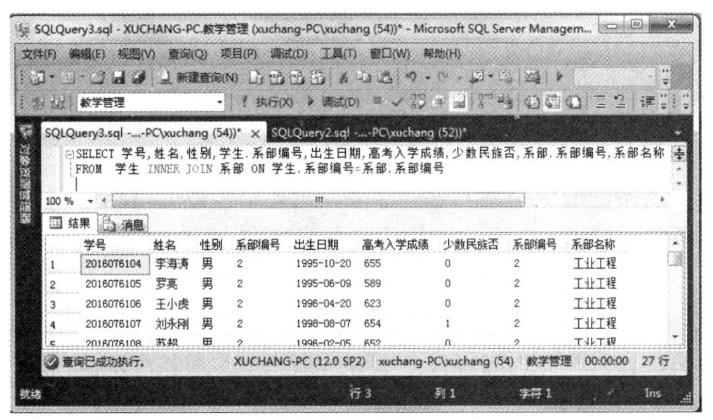

图 5-23　等值连接

本例中学生一共有 27 位，若输出学生所在的系，则结果也应是 27 行，相比较于交叉连接，删除了很多无用的连接。也就是只有满足条件的记录才被拼接到结果集中。结果集是两个表的交集。从图 5-23 可以看出，“系部编号”列有重复，在等值连接中，把目标列中重复的属性去掉，称为自然连接。

【例 5-24】采用自然连接实现例 5-23。

Transact-SQL 代码如下：

```
SELECT 学号,姓名,性别,学生.系部编号,出生日期,高考入学成绩,少数民族否, 系部名称
FROM  学生,系部
WHERE 学生.系部编号=系部.系部编号
```

执行结果如图 5-24 所示。

本例使用了另一套连接查询的代码，SELECT-FROM-WHERE 子句，将需要连接的表依次写在 FROM 后面，将连接条件写在 WHERE 子句中，如果还有其他辅助条件，可以使用 AND 谓词将其一并写在 WHERE 子句中。

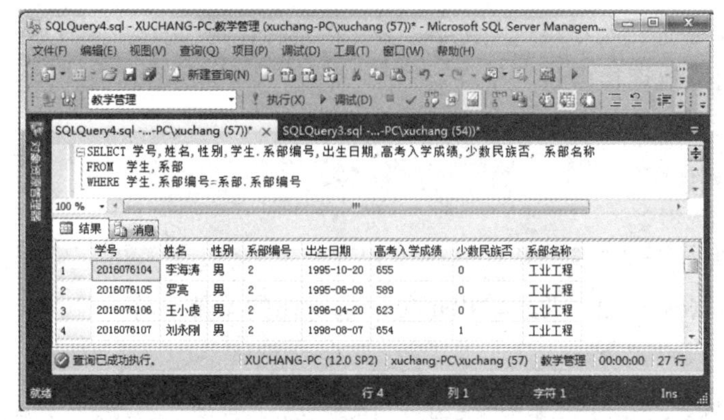

图 5-24　自然连接

2. 非等值连接

当连接条件中的关系运算符使用除“=”以外的其他关系运算符时，这样的内连接称为非等值连接。非等值连接中设置连接条件的一般语法格式如下：

```
[<表 1 或视图 1>.]<列 1> 关系运算符 [<表 2 或视图 2>.]<列 2>
```

在实际的应用开发中，很少用到非等值连接，尤其是单独使用非等值连接的连接查询。它一般和自连接查询同时使用。非等值连接查询的例子请读者自行练习。

3. 自连接

连接操作不仅可以在两个表之间进行，也可以是一个表与其自身进行连接，称为表的自连接。由于连接的两个表其实是同一个表，因此为了加以区分，需要为表起别名。

【例 5-25】使用“教师”表查询与“赵权”在同一个系任课的教师的编号、姓名和职称，要求不包括“赵权”本人。

Transact-SQL 代码如下：

```
SELECT Y.教师编号,Y.姓名,Y.职称
FROM 教师 X, 教师 Y
WHERE X.系部编号=Y.系部编号 AND X.姓名='赵权' AND Y.姓名!='赵权'
```

执行结果如图 5-25 所示。

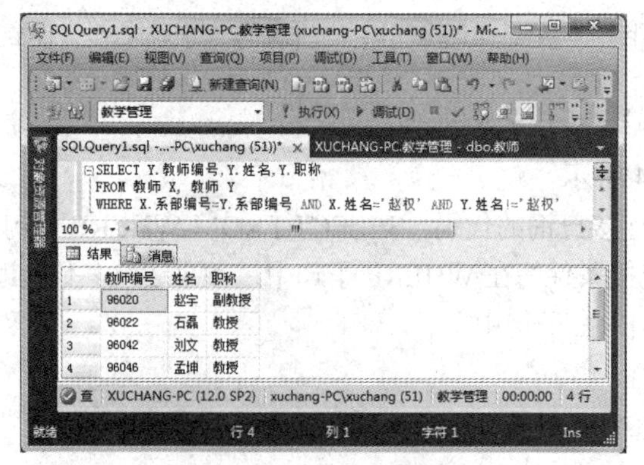

图 5-25　表的自连接

本例中，由于要对“教师”表进行两次查询，故需要对其自身连接，为了加以区分需要为“教师”表起一个别名。同一个系，所以连接条件“系部编号”，并且选择X表作为参照表，那么输出的信息就来源于Y表。结果要求不包括“赵权”本人，则在条件中加上Y表的姓名不等于“赵权”即可。当然，这类题的求解方法不止这一种，具体的方法后面还会介绍。

5.5.3 外连接

外连接是指连接关键字JOIN的后面表中指定列连接在前一表中指定列的左边或者右边，如果两表中的指定列都没有匹配行，则返回空值。

外连接的结果不但包含满足连接条件的行，还包含相应表中的所有行。外连接有3种形式，其中的OUTER关键字可以省略：

(1) 左外连接(LEFT OUTER JOIN或LEFT JOIN)：包含左边表的全部行(不管右边的表中是否存在与它们匹配的行)，类似于这样的自身连接在实际应用中还有很多，例如，求与“赵权”同职称的老师等。以及右边表中全部满足条件的行。

(2) 右外连接(RIGHT OUTER JOIN或RIGHT JOIN)：包含右边表的全部行(不管左边的表中是否存在与它们匹配的行)，以及左边表中全部满足条件的行。

【例5-26】用左外连接查询学生选课的信息，没有参与选课的学生信息也一并输出；用右外连接实现被选修的课程的信息，没有被选的课程也要求一并输出。比较查询结果的区别并分析。

左外连接的Transact-SQL语句如下：

```
SELECT 学生.学号,课程号,姓名,分数
FROM 学生 LEFT JOIN 选课 ON 学生.学号=选课.学号
```

右外连接的Transact-SQL语句如下：

```
SELECT 学号,选课.课程号,课程名,分数
FROM 选课 RIGHT JOIN 课程 ON 选课.课程号=课程.课程号
```

执行结果如图5-26所示。

可以看到，两者的运行结果不完全相同，左外连接以连接谓词左边的表为准，包含“学生”表中的所有数据，只在“选课”表中存在的数据将不会出现在查询结果中。右外连接以连接谓词右边的表为准，右表“课程”表的数据全部显示，在“选课”表中不可能出现的学号和课程号为NULL的数据，在查询结果中也显示出来了。

(3) 全外连接(FULL OUTER JOIN或FULL JOIN)：包含左、右两个表的全部行，不管另外一边的表中是否存在与它们匹配的行，即全外连接将返回两个表的所有行。

在现实生活中，参照完整性约束可以减少对全外连接的使用，一般情况下，使用左外连接就足够了。但当在数据库中没有利用清晰、规范的约束来防范错误数据时，全外连接就变得非常有用，可以用它来清理数据库中的无效数据。

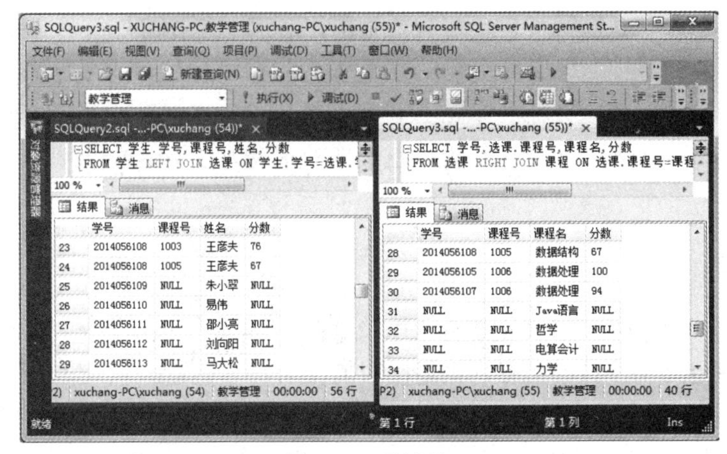

图 5-26　外连接

5.6 嵌套查询

在 SQL 语言中，一个 SELECT-FROM-WHERE 语句称为一个查询块。将一个查询语句嵌套在另一个查询语句的 WHERE 子句或 HAVING 短语的条件中的查询称为嵌套查询或子查询。子查询语句的载体查询语句称为父查询语句。另外，子查询语句也可以嵌在一个数据记录更新语句的 WHERE 子句中。嵌套查询使用户可以用多个简单查询构成复杂的查询，从而增强 SQL 的查询能力，以层层嵌套的方式来构造程序正是 SQL 中"结构化"的含义所在。子查询 SELECT 语句必须放在括号中，使用子查询的语句实际上执行了两个连续查询，第一个查询得到的结果作为第二个查询的搜索值。因此可以用子查询来检查或者设置变量和列的值，或者用子查询来测试数据元组是否存在于 WHERE 子句中。这里需要提醒的是，ORDER BY 子句只能对最终查询结果进行排序，也就是说，在子查询的 SELECT 语句中不能使用 ORDER BY 子句。本节重点介绍使用 SELECT 语句实现子查询的基本方法。

5.6.1 带有 IN 谓词的子查询

在嵌套查询中，子查询的结果往往是记录的集合，因此经常使用谓词 IN 来实现。

IN 谓词用来判断一个给定值是否在子查询的结果集中。当父查询表达式与子查询的结果集中的某个值相等时，返回 TRUE，否则返回 FALSE。在 IN 关键字之前使用 NOT 时，表示表达式的值不在查询结果集中。

对于使用 IN 的子查询的连接条件，其语法格式如下：

```
WHERE 表达式 [ NOT ]  IN (子查询)
```

如果使用了 NOT IN 关键字，则子查询的意义与使用 IN 关键字的子查询的意义相反。

【例 5-27】查询至少有一门课程不及格的学生信息。

Transact-SQL 代码如下：

```
SELECT 学生.学号,姓名,系部编号
```

```
FROM 学生
WHERE 学号 IN (SELECT 学号
              FROM 选课
              WHERE 分数<60)
```

执行结果如图 5-27 所示。

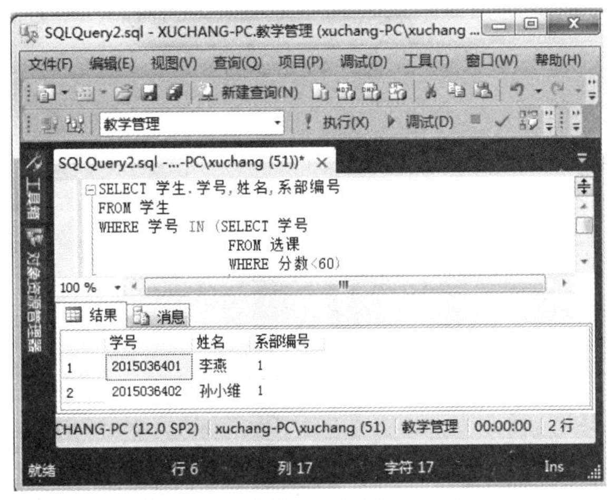

图 5-27 带有 IN 谓词的子查询

在执行包含子查询的 SELECT 语句时，系统先执行子查询，产生一个结果集。在本例中，系统先执行子查询，得到所有不及格学生的学号，再执行父查询。如果学生表中某行的学号值等于子查询结果集中的任意一个值，则该行就被选中。

5.6.2 带有比较运算符的子查询

当用户能确切知道子查询返回的是单值时，可以在父查询的 WHERE 子句中，使用比较运算符进行比较查询。这种查询是 IN 子查询的扩展。

带有 IN 运算符的子查询返回的结果是集合，而带有比较运算符的子查询返回的结果是单值，而且用户在查询开始时就要知晓“内层查询返回的是单值”这一事实。

【例 5-28】从“选课”表中查询“汪远东”同学的考试成绩信息，显示“选课”表的所有字段。

Transact-SQL 代码如下：

```
SELECT *
FROM 选课
WHERE 学号= (SELECT 学号
             FROM 学生
             WHERE 姓名='汪远东')
```

执行结果如图 5-28 所示。

【例 5-29】使用带比较运算符的子查询改写例 5-25，查询与“赵权”在同一个系任课的教师的编号、姓名和职称，要求不包括“赵权”本人。

分析：由于一个老师只能隶属一个系部，因此子查询返回的结果是单值，此时可以用比较运算符“=”来实现。

Transact-SQL 代码如下：

```
SELECT *
FROM 教师
WHERE 系部编号= (SELECT 系部编号
                 FROM 教师
                 WHERE 姓名='赵权')
        AND 姓名!='赵权'
```

执行结果如图 5-29 所示。

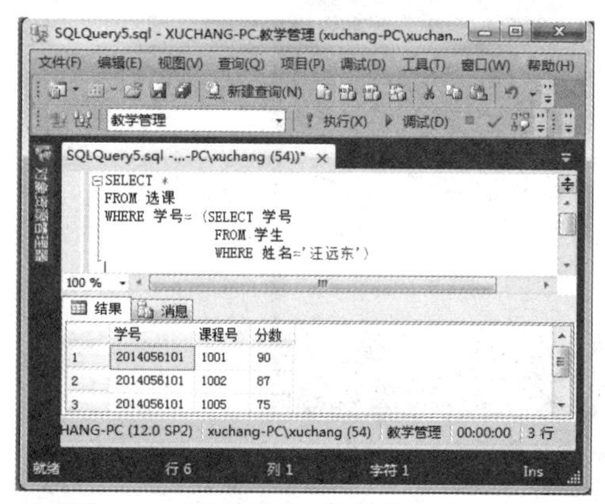

图 5-28　使用比较运算符的子查询

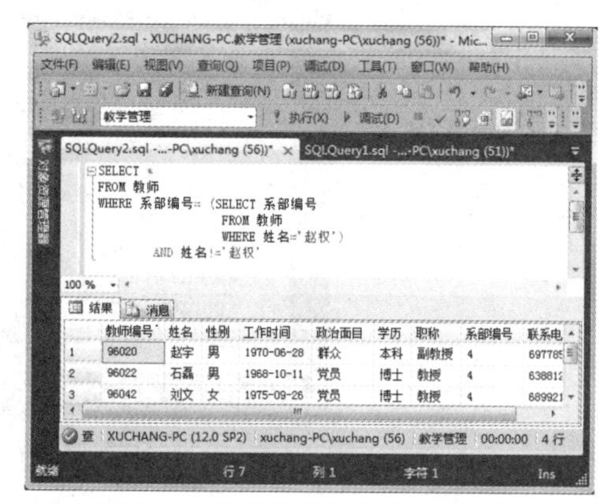

图 5-29　使用比较运算符改写例 5-25

5.6.3　带有 ANY、SOME 或 ALL 关键字的子查询

子查询返回单值时可以用比较运算符，但返回多值时要使用 ANY、SOME 或 ALL 关键字对子查询进行限制。其中：

- ALL 代表所有值，ALL 指定的表达式要与子查询结果集中的每个值都进行比较，当表达式与每个值都满足比较的关系时，才返回 TRUE，否则返回 FALSE。
- SOME 或 ANY 代表某些或者某个值，表达式只要与子查询结果集中的某个值满足比较的关系，就返回 TRUE，否则返回 FALSE。

【例 5-30】 查询考试成绩比“汪远东”同学高的学生信息。

在例 5-28 的基础上，我们进一步进行查询嵌套：如果使用 ANY，则查询结果是只要比“汪远东”同学任一门分数高的学生信息；使用 ALL，则查询结果是比“汪远东”同学所有的考试成绩都要高的学生信息。

Transact-SQL 代码如下：

```
SELECT *
FROM 选课
WHERE 分数>ANY(SELECT 分数
               FROM 选课
               WHERE 学号=(SELECT 学号
                           FROM 学生
                           WHERE 姓名='汪远东'))
```

执行结果如图 5-30 所示。

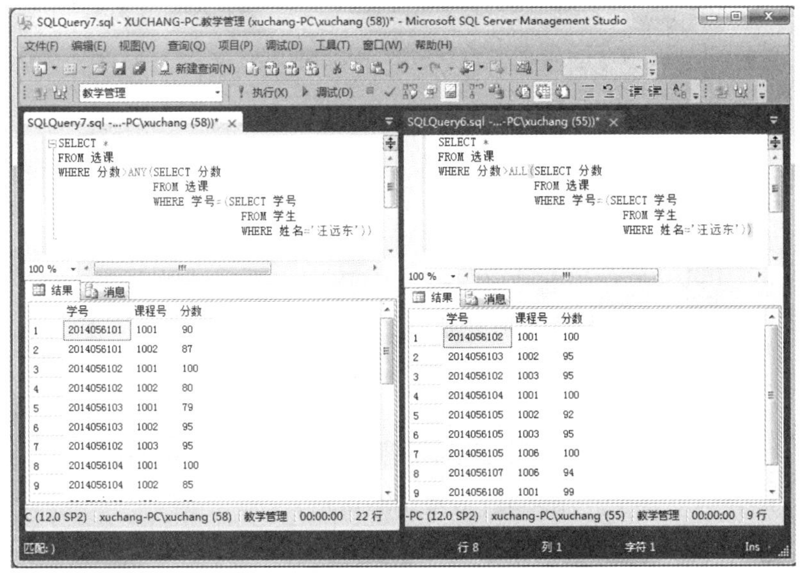

图 5-30 使用 ANY 和 ALL 的查询

5.6.4 带有 EXISTS 谓词的子查询

EXISTS 称为存在量词，带有 EXISTS 的子查询不返回任何数据，只返回真值或假值，故在子查询中给出列名无实际意义。具体来说，即在 WHERE 子句中使用 EXISTS，表示当子查询的结果非空时，结果为 TRUE，反之则为 FALSE。EXISTS 前面也可以加 NOT，表示检测条件为“不存在”，使用存在量词 NOT EXISTS 后，若内层查询结果为空，则外层的 WHERE 子句返回真值，否则返回假值。

EXISTS 语句与 IN 语句极为类似，它们都根据来自子查询的数据子集来测试列的值。不同之处在于，EXISTS 使用连接将列的值与子查询中的列连接起来，而 IN 不需要连接，它直接根据一组以逗号分隔的值进行比较。

【例 5-31】 查询没有选修“1001”号课程的学生信息。

Transact-SQL 代码如下：

```
SELECT *
FROM  学生
WHERE    NOT EXISTS (SELECT *
                     FROM  选课
                     WHERE  学号=学生.学号  AND  课程号='1001')
```

执行结果如图 5-31 所示。

需要注意的是，前面所介绍的带有 IN 谓词、带有比较运算符的子查询都有一个特点，即子查询的查询条件不依赖于父查询，这类子查询称为不相关子查询。而本小节所介绍的带有存在谓词的子查询，其子查询的查询条件依赖于父查询，这类子查询称为相关子查询。

【例 5-32】 使用带有 EXISTS 谓词的查询改写例 5-25，查询与“赵权”在同一个系任课的教师的编号、姓名和职称，要求不包括“赵权”本人。

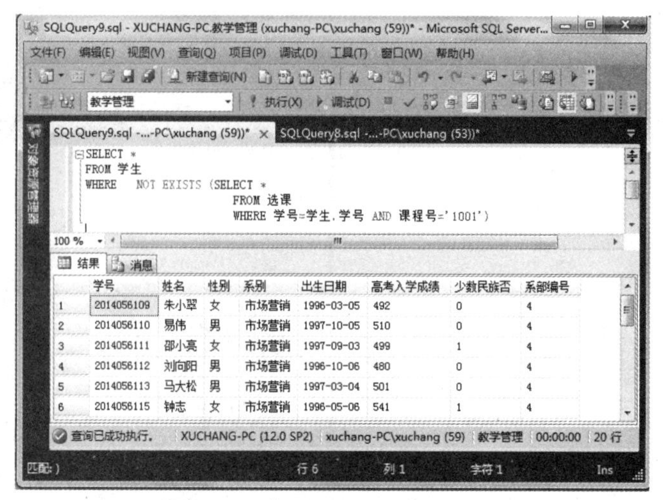

图 5-31 使用 EXISTS 的子查询

Transact-SQL 代码如下：

```
SELECT *
FROM 教师 x
WHERE EXISTS(SELECT *
FROM 教师 y
        WHERE x.系部编号=y.系部编号
              AND y.姓名='赵权')
AND x.姓名!='赵权'
```

执行结果如图 5-32 所示。

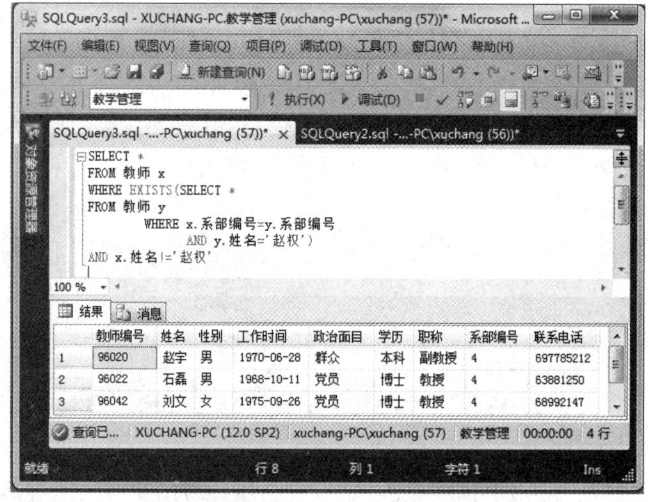

图 5-32 使用 EXISTS 实现例 5-25

【例 5-33】查询选修了全部课程的学生学号和姓名。

分析：据题意可知所求学生对于所有课程都选了。关系代数中用除运算来表达此查询。这是含有全称量词∀意义的查询，SQL 中没有提供∀量词，需要用 ¬∃来表达。

“所有课程，所求学生选之”等价于求“不存在任何一门课程，所求学生没有选之”。

Transact-SQL 代码如下：

```
SELECT 学号,姓名
FROM 学生
WHERE NOT EXISTS    (SELECT *
                     FROM 课程
                     WHERE NOT EXISTS (SELECT *
                                       FROM 选课
                                       WHERE 学号=学生.学号
                                       AND 课程号=课程.课程号))
```

执行结果如图 5-33 所示。

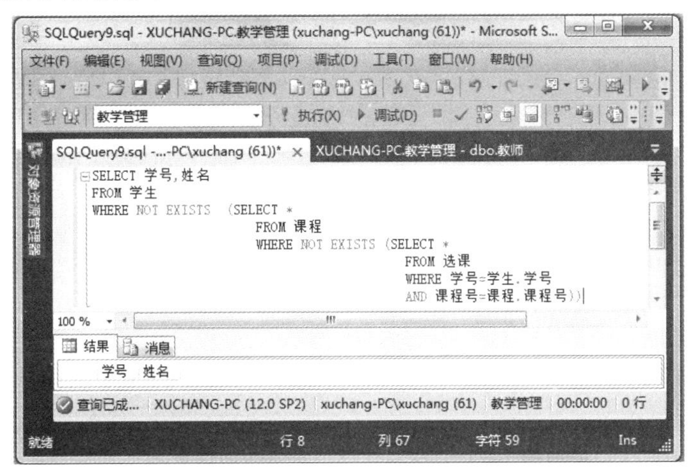

图 5-33　使用 EXISTS 实现全称量词

由于不存在选修了全部课程的学生，所以返回结果为空。

5.7 联合查询

5.7.1 UNION 操作符

Transact-SQL 支持集合的并(UNION)运算，执行联合查询。需要注意的是，参与并运算操作的两个查询语句，其结果的列数必须相同，对应项的数据类型也必须相同。

默认情况下，UNION 将从结果集中删除重复的行。如果要保留重复元组，则使用 UNION ALL 操作符。

【例 5-34】查询“工业工程”系的女学生和“市场营销”系的男学生信息。

Transact-SQL 代码如下：

```
SELECT *
FROM 学生
WHERE 性别='女' AND 系部编号=(SELECT 系部编号
                              FROM 系部
                              WHERE 系部名称='工业工程')
```

```
UNION
SELECT *
FROM 学生
WHERE 性别='男' AND 系部编号=(SELECT 系部编号
                              FROM 系部
                              WHERE 系部名称='市场营销' )
```

执行结果如图5-34所示。

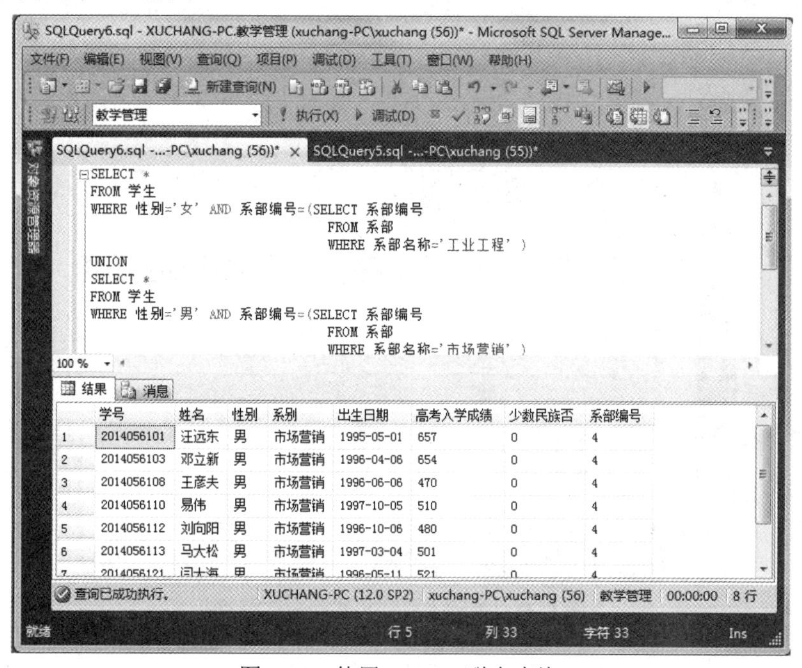

图5-34 使用UNION联合查询

5.7.2 INTERSECT操作符

INTERSECT操作符返回两个查询检索出的共有行，即左、右查询中都出现的记录。

【例5-35】查询选修了课程名中含有“数学”两个字的课程并且也选修了课程名中含有“结构”两个字的课程的学生姓名。

Transact-SQL代码如下：

```
SELECT 姓名
FROM 学生,选课,课程
WHERE 学生.学号=选课.学号 AND 选课.课程号=课程.课程号
        AND 课程名 LIKE '%数学%'
INTERSECT
SELECT 姓名
FROM 学生,选课,课程
WHERE 学生.学号=选课.学号 AND 选课.课程号=课程.课程号
        AND 课程名 LIKE '%结构%'
```

执行结果如图5-35所示。

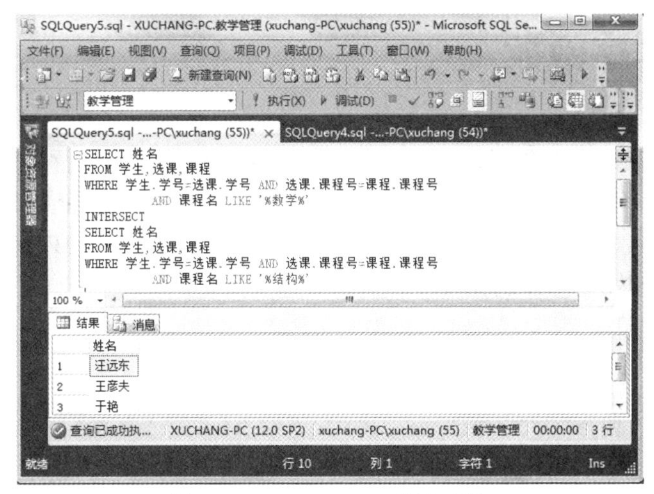

图 5-35　INTERSECT 联合查询

5.7.3　EXCEPT 操作符

EXCEPT 操作符返回将第二个查询检索出的行从第一个查询检索出的行中减去之后剩余的行。

【例 5-36】查询选修了“高等数学”课，却没有选修“数据结构”课的学生姓名。

```
SELECT 姓名
FROM 学生,选课,课程
WHERE 学生.学号=选课.学号 AND 选课.课程号=课程.课程号 AND 课程名='高等数学'
EXCEPT
SELECT 姓名
FROM 学生,选课,课程
WHERE 学生.学号=选课.学号 AND 选课.课程号=课程.课程号 AND 课程名='数据结构'
```

执行结果如图 5-36 所示。

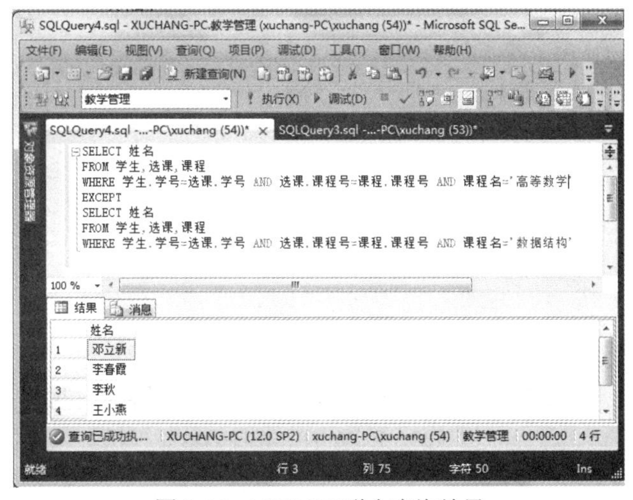

图 5-36　EXCEPT 联合查询结果

5.8 使用排序函数

在 SQL Server 2014 中提供了排序函数，用来对返回的查询结果进行排序，排序函数提供了一种按升序的方式来输出结果集的方法。用户可以为每一行，或每一个分组指定一个唯一的序号。SQL Server 2014 中有 4 个可以使用的函数，分别是 ROW_NUMBER()函数、RANK()函数、DENSE_RANK()函数和 NTILE()函数。

5.8.1 ROW_NUMBER()

ROW_NUMBER()函数返回结果集分区内行的序列号，每个分区的第一行从 1 开始，返回类型为 bigint。

语法格式如下：

```
ROW_NUMBER() OVER([ PARTITION BY value_expression , ... [ n ] ] order_by_clause )
```

其中，PARTITION BY value_expression 将 FROM 子句生成的结果集划入应用了 ROW_NUMBER()函数的分区。value_expression 指定对结果集进行分区所依据的列。如果未指定 PARTITION BY，则此函数将查询结果集的所有行视为单个组。ORDER BY 子句可确定在特定分区中为行分配唯一 ROW_NUMBER 的顺序，它是必需的。

【例 5-37】将学生信息按性别分区，同一性别再按年龄来排序。将相同性别的学生按出生日期进行排序。

Transact-SQL 语句如下：

```
SELECT ROW_NUMBER() OVER (PARTITION BY 性别 ORDER BY 出生日期) AS 年龄序号,姓名, 出生日期
FROM 学生
```

执行结果如图 5-37 所示。

图 5-37　ROW_NUMBER()函数

从上图可以看出，已根据学生的出生日期对他们的年龄进行了排序，并添加了排序的序号。

5.8.2 RANK()

RANK()函数返回结果集的分区内每行的排名。RANK()函数并不总返回连续的整数。行的排名是相关行之前的排名数加一。 返回类型为 bigint。

语法格式如下：

```
RANK ( ) OVER ( [ partition_by_clause ] order_by_clause )
```

其中，partition_by_clause 为将 FROM 子句生成的结果集划分为要应用 RANK()函数的分区；order_by_clause 为确定将 RANK 值应用于分区中的行时所基于的顺序。

【例 5-38】按参加工作的时间对教师记录进行排序。

Transact-SQL 语句如下：

```
SELECT RANK() OVER (ORDER BY  工作时间) AS  参加工作时间, 姓名, 工作时间
FROM  教师
```

执行结果如图 5-38 所示。

从结果图中可以看出，已根据教师参加工作时间的先后对其进行了排序。其中最左侧的列，序号是依次递增的，“参加工作时间”列的值不是连续的，RANK()函数使工作时间相同的记录在排序后的序号相同，下一个的序号将与最左侧的列序号一致。这说明了 RANK()函数并不总返回连续整数。

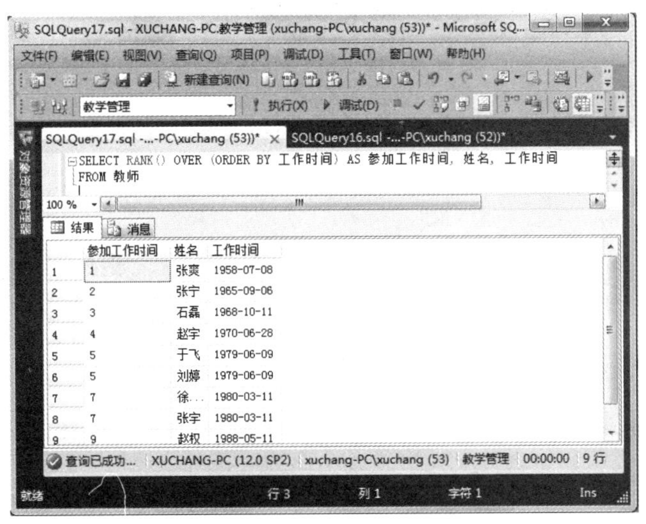

图 5-38 RANK()函数

5.8.3 DENSE_RANK()

DENSE_RANK()函数返回结果集分区中行的排名，排名是连续的。行的排名等于所讨论行之前的所有排名数加一。 返回类型为 bigint。

语法格式如下：

```
DENSE_RANK ( ) OVER ( [ <partition_by_clause> ] < order_by_clause > )
```

其中，<partition_by_clause>将 FROM 子句生成的结果集划分为多个应用 DENSE_RANK()

函数的分区；<order_by_clause>确定将 DENSE_RANK ()函数应用于分区中各行的顺序。

【例 5-39】用 DENSE_RANK()函数实现按工作时间将教师记录进行排序。

Transact-SQL 语句如下：

```
SELECT DENSE_RANK() OVER (ORDER BY 工作时间) AS 参加工作先后, 姓名, 工作时间
FROM 教师
```

执行结果如图 5-39 所示。

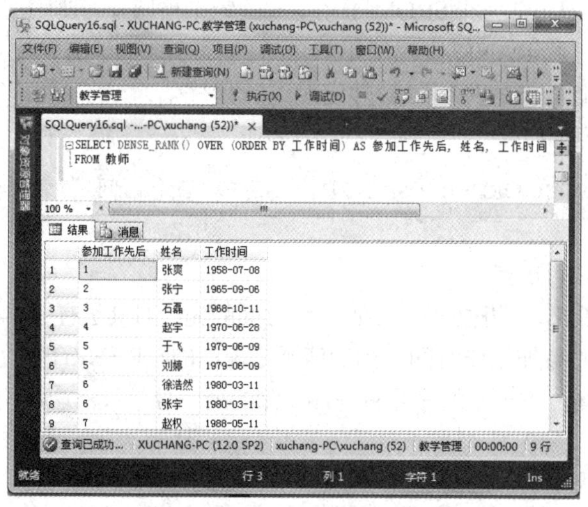

图 5-39　DENSE_RANK()函数

DENSE_RANK()函数的功能与 RANK()函数类似，只是在生成序号时是连续的，而 RANK()函数生成的序号有可能不连续。

5.8.4　NTILE()

NTILE()函数将有序(数据行)分区中的数据行分散到指定数目的组中。这些组有编号，编号从 1 开始。对于每一个数据行，NTILE()函数将返回此数据行所属的组的编号。

NTILE()函数的 Transact-SQL 语法格式如下：

```
NTILE (integer_expression) OVER ( [ <partition_by_clause> ] < order_by_clause > )
```

各参数的含义如下：

(1) integer_expression

一个正整数常量表达式，用于指定每个分区必须被划分成的组数。integer_expression 的类型可以是 int 或 bigint。

(2) <partition_by_clause>

将 FROM 子句生成的结果集划分成此函数适用的分区。若要详细了解 PARTITION BY 语法，请参阅 MSDN 中的 OVER 子句(Transact-SQL)。

(3) <order_by_clause>

确定 NTILE 值分配到分区中各行的顺序。当在排名函数中使用<order_by_clause> 时，不能用整数表示列。

NTILE()函数的返回类型为 bigint。

提示：

如果分区的行数不能被 integer_expression 整除，则将导致一个成员有两种大小不同的组。按照 OVER 子句指定的顺序，较大的组排在较小的组前面。例如，如果总行数是 53，组数是 5，则前 3 个组每组包含 11 行，其余两组每组包含 10 行。另外，如果总行数可被组数整除，则行数将在组之间平均分布。例如，如果总行数为 50，有 5 个组，则每组包含 10 行。

【例 5-40】用 NTILE()函数实现对“教师”表进行分组处理。

Transact-SQL 语句如下：

```
SELECT NTILE(4) OVER (ORDER BY 工作时间) AS 参加工作先后组, 姓名, 工作时间
FROM 教师
```

执行结果如图 5-40 所示。

这个函数的作用是把结果集尽量平均地分为 N 个部分。

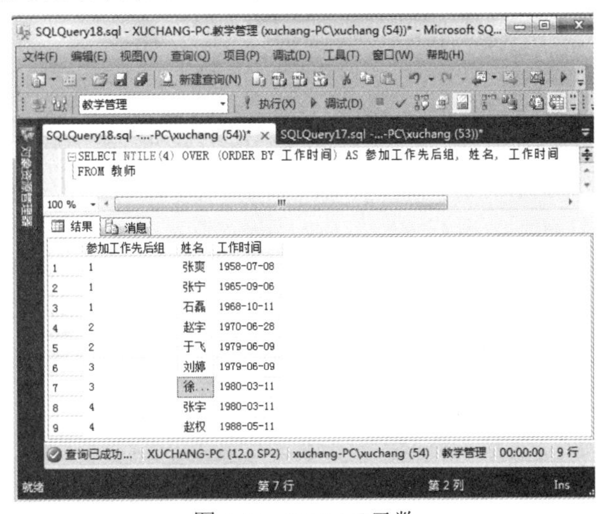

	参加工作先后组	姓名	工作时间
1	1	张爽	1958-07-08
2	1	张宁	1965-09-06
3	1	石磊	1968-10-11
4	2	赵宇	1970-06-28
5	2	于飞	1979-06-09
6	3	刘婷	1979-06-09
7	3	徐...	1980-03-11
8	4	张宇	1980-03-11
9	4	赵权	1988-05-11

图 5-40 NTILE()函数

5.9 动态查询

前面介绍了很多固定的 SQL 语句，由于这些语句中查询条件相关的数据类型都是固定的，因此称这种 SQL 语句为静态 SQL 语句。静态 SQL 语句针对简单的查询条件，能够满足要求，但是在实际情况下，当需求和复杂度逐渐增加时，静态 SQL 语句是不能满足要求的，而且不能用来编写更为通用的程序，例如，一个学生成绩表，对于学生来说，只想查询自己的成绩，而对于老师来说，需要知道全班所有学生的成绩。对于不同的用户，查询的字段列也是不同的，因此需要用户在查询之前能够动态自定义查询语句的内容，这种根据实际需要临时组装成的 SQL 语句，就是动态 SQL 语句。

动态语句不仅可以由完整的 SQL 语句组成，也可以根据操作分类来分别指定 SELECT 或 INSERT 等关键字，以及查询对象和查询条件。

动态 SQL 语句是在运行时由程序创建的字符串，它们必须是有效的 SQL 语句。

普通 SQL 语句可以利用 EXEC 执行。如以下代码所示：

```
--普通 SQL 语句
SELECT * FROM 课程
--利用 EXEC 执行 SQL 语句
EXEC('SELECT * FROM 课程')
--使用扩展存储过程执行 SQL 语句
EXEC sp_executesql N'SELECT * FROM 课程'
```

上述代码均可实现查询“课程”表的信息。需要注意的是，第三条语句使用扩展存储过程执行 SQL 语句时，SQL 代码构成的字符串前一定要加上字符“N”。

当字段名、表名或数据库名等作为变量时，必须使用动态 SQL 语句。

【例 5-41】用动态查询实现查询课程的信息。

代码如下：

```
DECLARE @CNAME varchar(20)
SET @CNAME='课程名'
SELECT @CNAME FROM 课程   --没有语法错误，但结果为固定值“课程名”
EXEC ('SELECT '+@CNAME +' FROM 课程')
```

执行结果如图 5-41 所示。

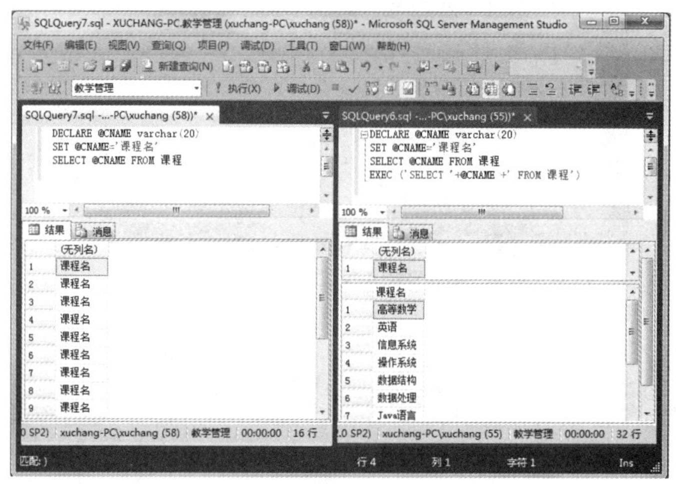

图 5-41　动态查询

由上图可以看出，左侧的代码执行的结果是固定值“课程名”，并不是用户想要的信息。右侧的代码却实现了查询课程名的要求。这里需要注意的是，在 EXEC 命令中的加号前后以及单引号边上都需要加上空格。

EXEC 命令的参数是一个查询语句，下面的代码将字符串改成了变量的形式：

```
DECLARE @CNAME varchar(20) --声明一个字段名
SET @CNAME='课程名'
DECLARE @sql varchar(1000) --声明变量用来存放字符串
SET @sql='SELECT '+@CNAME +' FROM 课程'
EXEC (@sql)
```

若想使用扩展存储过程 sp_executesql 执行 SQL 语句，则需要修改一下变量@sql 的数据类型，代码如下：

```
DECLARE @CNAME varchar(20)
SET @CNAME='课程名'
DECLARE @sql nvarchar(1000)
SET @sql='SELECT '+@CNAME +' FROM  课程'
EXEC (@sql)
EXEC sp_executesql @sql
```

5.10 经典习题

1. 回到工作场景，完成工作场景中提出的查询要求。
2. 简述 SELECT 语句的基本语法。
3. 简述 SELECT 语句中的 FROM、WHERE、GROUP BY 以及 ORDER BY 子句的作用。
4. 简述 WHERE 子句可以使用的搜索条件及其意义。
5. 举例说明什么是内连接、外连接和交叉连接？
6. INSERT 语句的 VALUES 子句中必须指明哪些信息，必须满足哪些要求？
7. 使用教学管理数据库，进行如下操作：
   (1) 查询所有课程的课程名和课程号。
   (2) 查询所有考试不及格的学生的学号、姓名和分数。
   (3) 查询年龄在 18~20 岁之间的学生的姓名、年龄、所属院系和政治面貌。
   (4) 查询所有姓李的学生的学号、姓名和性别。
   (5) 查询名字中第 2 个字为“华”字的女学生的姓名、年龄和所属院系。
   (6) 查询所有选了 3 门课以上的学生的学号、姓名、所选课程名称及分数。
   (7) 查询每个同学各门课程的平均分数和最高分数，按照降序排列输出学生姓名、平均分数和最高分数。
   (8) 查询所有学生都选修了的课程号和课程名。

第6章

数据更新

数据库和表并不是一成不变的，它们要准确地反映现实，就要随着现实的变化而改变，所以我们需要对表中的数据进行更新操作。插入、删除和修改数据这些操作可以通过“对象资源管理器”窗口来实现，也可以通过 Transact-SQL 语句来实现。本章重点讨论这两种操作表数据的方法。

本章主要内容：

- 掌握插入单行记录和多行记录的方法
- 掌握更新记录的方法，包括根据查询子句更新记录的方法
- 掌握删除记录的方法，包括根据查询子句删除记录的方法以及清空表的方法

6.1 工作场景导入

学校教务处的工作人员在工作中经常会遇到更新教学管理数据库中数据的情况。例如，有以下更新需求：

(1) 新生入学时，需要大批量插入学生的选课信息。

(2) 学生的选课信息录入出错时需要进行更改。

(3) 修改各专业培养方案时，会添加一批新课程、修改一批课程的信息，或者删除一批课程。

引导问题：

(1) 如何插入单个记录或多条记录？

(2) 如何更新记录？

(3) 如何删除记录？

6.2 插入数据

对教学管理数据库中的表插入数据、修改数据和删除数据可以通过 SSMS 管理器进行操作。首先启动 SQL Server，然后打开“资源管理器”，建立与 SQL Server 的连接，展开需要进行操

作的表所在的数据库，接着展开表。在需要操作的表上右击，从弹出的快捷菜单中选择“编辑前 200 行”命令，如图 6-1 所示。打开窗口后，表中的记录将按行显示，每条记录占一行。在此窗口中可以向表中插入记录，也可以修改和删除记录。

图 6-1 通过 SSMS 插入数据

下面重点介绍如何使用 Transact-SQL 语句来插入、修改和删除数据。与使用界面操作表数据相比，通过 Transact-SQL 语句操作表数据更为灵活，功能更强大。

6.2.1 插入单行数据

在数据库中指定的表内插入数据最直接的方法是利用 INSERT...VALUES 语句，其基本语法结构如下：

```
INSERT [INTO] <table_name > (column_name 1,
column_name 2…, column_name n)
VALUES(values 1, values 2,…, values n)
```

其中，INTO 关键字是可选的，可以忽略，table_name 指的是表的名称，column_name 1, column_name 2…, column_name n 指的是表中定义的列名称，这些列必须在表中已定义，VALUES 子句中的值 values 1, values 2,…, values n 指的是要插入的记录在各列中的取值。INSERT 语句中的列名必须与 VALUES 子句中的值一一对应，且数据类型要一致。

1. 插入简单的记录值行

【例 6-1】向教学管理数据库中的“课程”表中增加一门新课程，课程名称为“SQL Server 2014”，其先修课为离散数学(课程号为“1008”)，学分为 3 分。

Transact-SQL 代码如下：

```
INSERT INTO 课程 (课程号，课程名，先修课程号，学分)
VALUES ('1007','SQL Server 2014','1002',3)
```

执行结果如图 6-2 所示。

利用 INSERT...VALUES 语句插入记录时也可以省略插入表的列名称，即省略 INSERT 语句。

【例 6-2】向教学管理数据库中的“课程”表中增加一条新记录，课程名称为“算法设计与分析”，课程号为“1017”，先修课为 C 语言(课程号为“1003”)，学分为 4 分。

Transact-SQL 代码如下：

```
INSERT INTO 课程 VALUES ('1006','C 语言','1005',3)
```

执行结果图略。

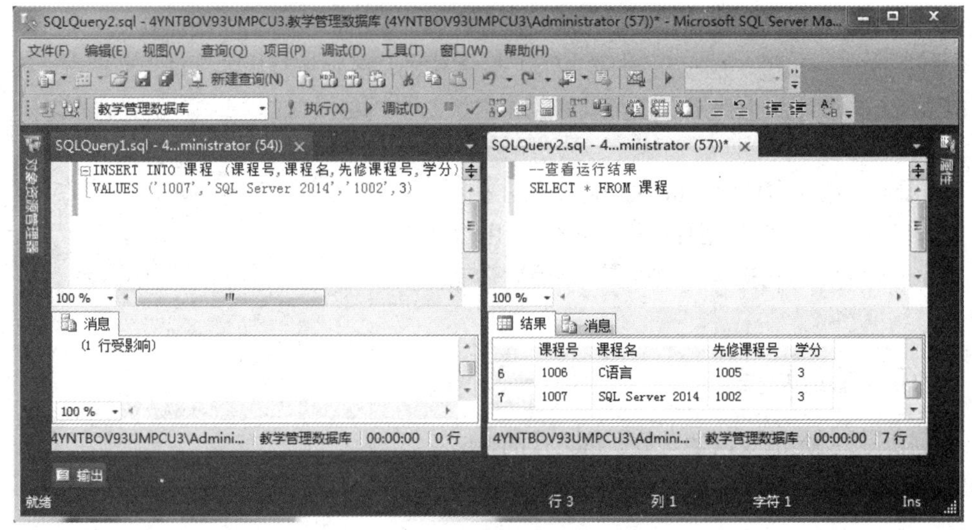

图 6-2　插入单行数据

2. 插入含有空值或默认值记录

Transact-SQL 利用 DEFAULT 和 NULL 为某个列提供空值，但这两个关键字的作用是不同的。NULL 关键字仅向允许为空的列提供空值；DEFAULT 关键字则为指定的列提供一个预先设置的默认值，如果此列上没有定义默认值或者其他可以自动获取的数据类型，则 DEFAULT 与 NULL 作用相同。

上例中向“课程”表插入新课信息时，如果表中先修课程号与学分这两列允许插入空值或默认值，则插入记录的代码也可以写成如下形式：

```
INSERT INTO 课程 VALUES ('1017','C 语言',DEFAULT,NULL)
```

如果表中所有列都允许为空，或者定义有默认值或者其他可自动获取的数据类型，则可以使用 INSERT...DEFAULT VALUES 语句向表中插入一行仅用默认值的记录，此行记录唯一的参数是表名，列名和数据值都没有。假设“课程”表中的所有列都允许为空或者有默认值，则可以使用如下语句向“课程”表中插入一条仅含有默认值的记录。

```
INSERT INTO 课程 DEFAULT VALUES
```

6.2.2　插入多行数据

利用 INSERT…VALUES 语句也可以向数据库的表中插入多行记录，其语法结构如下：

```
INSERT [INTO] <table_name > (column_name 1, column_name 2…, column_name n)
VALUES(val 11, val 12,…, val 1n) , (val 21, val 22,…, val 2n),…, (val n1, val n2,…, val nn)
```

其中，需要在 VALUES 后面输入各条记录的值。上述方法虽然能够达到插入多行数据的目的，但是需要录入大量的数据值，效率过低。下面介绍两种较为高效的多行数据插入方法。

1. 利用 SELECT 插入查询结果集

在 Transact-SQL 语言中，最常用且最简单地插入多行数据的方法是利用 INSERT…SELECT 语句。它使用 SELECT 语句查询出的结果代替 VALUES 子句，将结果集作为多行记录插入表中。INSERT…SELECT 语句借助于 SELECT 语句的灵活性，可以从任何地方抽取任意多行数据，并对数据进行复制转载，从而作为返回结果集插入数据库表中。其语法结构如下：

```
INSERT [INTO] table_name [(column_list)] SELECT column_list
FROM table_name
WHERE search_conditions
```

其中，search_conditions 指的是查询条件，INSERT 表和 SELECT 表的结果集的列数、列序和数据类型必须一致。

【例 6-3】 创建一个学分表，然后把每位学生选修的课程所获得的学分输入该表中。

Transact-SQL 代码如下：

```
--创建学分表
CREATE TABLE 学分表
(学号 char(10) not null,
 姓名 varchar(10) not null,
 选修课程门数 tinyint,
 学分 tinyint)
--插入数据
 INSERT 学分表
 SELECT  学生.学号,姓名,COUNT(选课.课程号),SUM(学分)
 FROM 学生,选课,课程
 WHERE 学生.学号=选课.学号 AND 选课.课程号=课程.课程号
 GROUP BY 学生.学号,姓名
```

执行结果如图 6-3 所示。

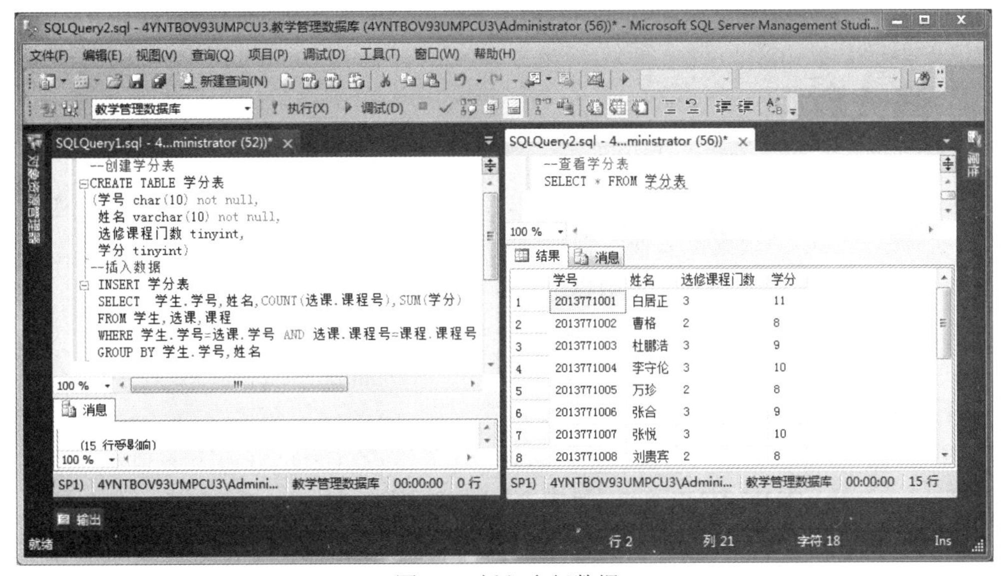

图 6-3 插入多行数据

代码执行后，在学分表中增添了多条数据。使用插入多行数据的前提是，插入数据的表一定要事先存在，已经被创建好。在 INSERT 语句中使用 SELECT 时，它们引用的表既可以是相同的，也可以是不同的。要插入数据的表必须和 SELECT 语句的结果集兼容。

有时，利用 SELECT...INTO 语句可以创建一个新的表，此表中的记录即为 SELECT 子句查询得到的结果。SELECT...INTO 语句的基本语法如下：

```
SELECT column_list
INTO new_table
FROM other_table
[WHERE search_conditions];
```

其中，new_table 表示由 SELECT 语句的查询结果构成的新表。

2. 大批量插入数据

BULK INSERT 语句是批量加载数据的一种方式，它按照用户指定的格式把大量数据插入数据库的表中。BULK INSERT 语句经常与 FIELDTERMINATOR 子句和 ROWTERMINATOR 子句一起使用，前者用于指定字段之间的分隔符，后者用于指定行之间的分隔符。

【例 6-4】使用大批量插入数据记录的方法将 txt 文件中的数据插入指定的表中。

Transact-SQL 代码如下：

```
--创建表 bulk_table
CREATE TABLE bulk_table
(c1 char(4),
 c2 int)
--插入数据
BULK INSERT bulk_table
FROM 'F:\temp\bulk_test.txt'
WITH (FIELDTERMINATOR=';', ROWTERMINATOR='\n')
GO
```

6.3 修改数据

在数据输入过程中，可能会出现输入错误，或是因为时间变化而需要更新数据，这都需要修改数据。修改表中的数据可以使用查询分析器中的网格界面来实现。本节主要介绍使用 Transact-SQL 的 UPDATE 语句实现数据的修改，UPDATE 语句的语法格式如下：

```
UPDATE table_name
SET column_1 =expression_1, column_2 =expression_2, ..., column_n =expression_n
[WHERE search_conditions]
```

SET 子句后面既可以是具体的值，也可以是一个表达式。UPDATE 语句只更新 WHERE 子句筛选的行，如果不带 WHERE 子句，则表中的所有行都将被更新。WHERE 子句的条件也可以是一个子查询。

6.3.1 修改单行数据

【例 6-5】将“数据结构”课程的学分改为 6 分。

Transact-SQL 代码如下：

```
UPDATE 课程
SET 学分=6
WHERE 课程名='数据结构'
```

执行结果如图 6-4 所示。

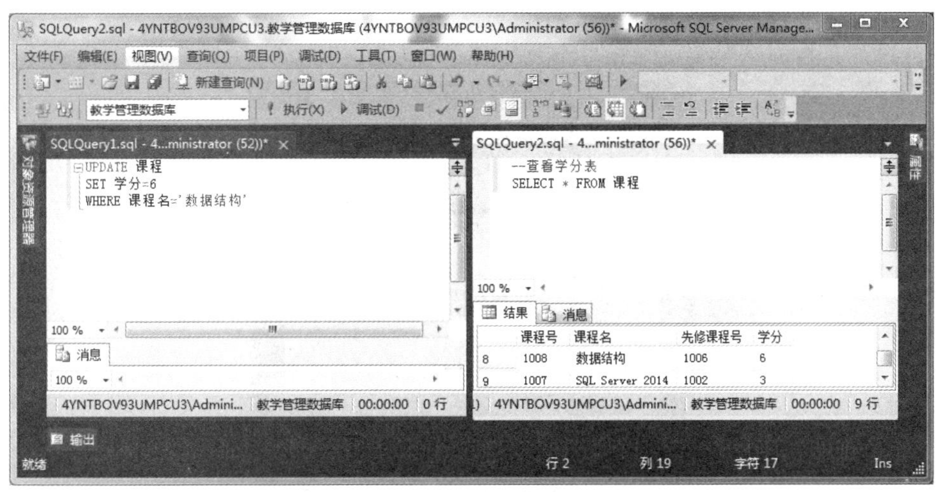

图 6-4 修改单行数据

如果上例中没有 WHERE 子句，则表示把所有课程的学分都更新为 6 分。UPDATE 语句还可以同时修改一个表中的多个值。例如：

```
UPDATE 课程
SET 课程名='SQL Server 2014 数据库设计',学分=2
WHERE 课程名='SQL Server 2014'
```

执行结果如图 6-5 所示。

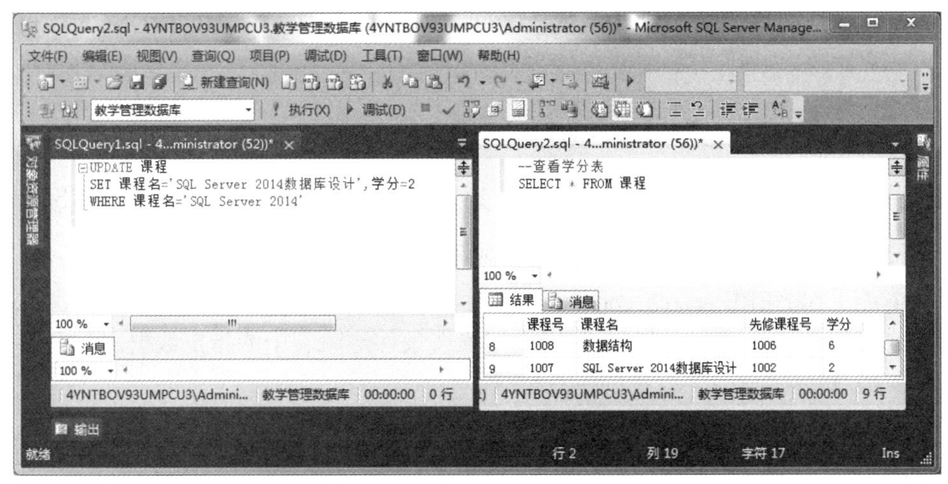

图 6-5 同时修改一条记录的多个值

6.3.2 修改多行数据

【例 6-6】将“选课”表中所有选修“线性代数”课的学生的成绩减 3 分。

Transact-SQL 代码如下：

```
UPDATE 选课
SET 成绩=成绩-3
WHERE 课程号 IN (SELECT 课程号
                 FROM 课程
                 WHERE 课程名='线性代数')
```

执行结果如图 6-6 所示。

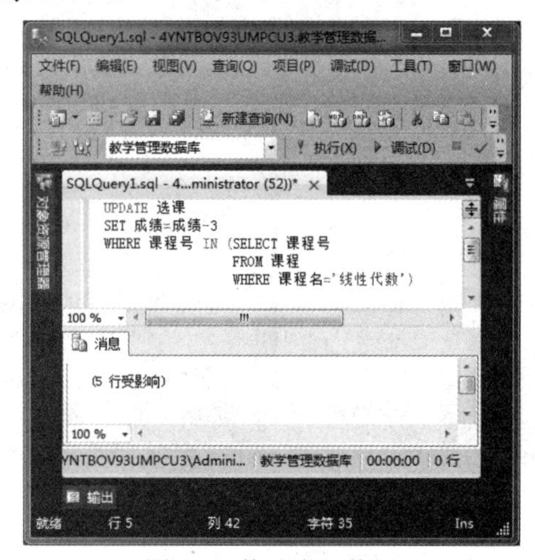

图 6-6 修改多行数据

6.4 删除数据

随着系统的运行，表中可能会产生一些无用的数据，这些数据不仅占用空间，而且还影响查询的速度，所以应该及时地删除。删除数据可以使用 DELETE 语句和 TRUNCATE TABLE 语句。

6.4.1 使用 DELETE 语句删除数据

从表中删除数据，最常用的是 DELETE 语句。DELETE 语句的语法格式如下：

```
DELETE FROM table_name [WHERE search_conditions]
```

如果省略了 WHERE search_conditions 子句，就表示删除数据表中的全部数据；如果加上了 WHERE search_conditions 子句就可以根据筛选条件删除表中的指定数据。

【例 6-7】删除“学生”表中的所有记录。

Transact-SQL 代码如下：

```
DELETE FROM 学生
```

本例中没有使用WHERE语句，将删除选课表中的所有记录，只剩下表的定义。用户可以通过“资源管理器”查看结果。

【例6-8】删除“课程”表中没有学分的记录。

Transact-SQL代码如下：

```
DELETE 课程
WHERE 学分 IS NULL
```

【例6-9】删除“选课”表中姓名为“李华”、选修课程号为“1003”的选课信息。

Transact-SQL代码如下：

```
DELETE 选课
WHERE 选课.课程号='1003' AND 学号=(SELECT 学号
                                   FROM 学生
                                   WHERE 姓名='李华')
```

用户在操作数据库时，要谨慎使用DELETE语句，因为执行该语句后，数据会从数据库中永久被删除。

6.4.2 使用TRUNCATE TABLE语句清空表

使用TRUNCATE TABLE语句删除所有记录的语法格式如下：

```
TRUNCATE TABLE table_name
```

其中，TRUNCATE TABLE为关键字，table_name为要删除记录的表的名称。

使用TRUNCATE TABLE语句比DELETE 语句要快，因为它是逐页删除表中的内容，而DELETE则是逐行删除内容。TRUNCATE TABLE是不记录日志的操作，它将释放表的数据、索引所占据的所有空间以及所有为全部索引分配的页，删除的数据是不可恢复的。而DELETE语句则不同，它在删除每一行记录时都要把删除操作记录在日志中。删除操作记录在日志中后，可以通过事务回滚来恢复删除的数据。用TRUNCATE TABLE和DELETE语句都可以删除所有的记录，但是表结构还存在，而DROP TABLE不但删除表中的数据，而且还删除表的结构并释放空间。

【例6-10】使用TRUNCATE TABLE语句清空“课程”表。

Transact-SQL代码如下：

```
TRUNCATE TABLE 课程
```

6.5 经典习题

1. 使用Transact-SQL语句管理表中的数据，插入语句，修改语句和删除语句分别是什么？
2. 向表中插入数据一共有几种方法？
3. 删除表中的数据可以使用哪几种语句？它们之间有什么区别？

第7章

数据完整性

本章主要内容：

- 理解数据完整性的概念和控制机制
- 掌握使用规则、默认值及约束来实现数据的完整性

数据库的完整性约束机制能够保护其中数据的正确性和有效性，防止不符合语义约束的数据对数据库造成破坏，并且保证数据是完整的、可用的和有效的。在 SQL Server 2014 中，可以通过规则、默认值及约束来实现数据的完整性机制。本章主要介绍规则对象的基本操作、默认值对象的基本操作、PRIMARY KEY 约束、FOREIGN KEY(外键)约束、UNIQUE 约束、CHECK 约束、DEFAULT 约束和 NOT NULL 约束。

7.1 工作场景导入

如何规定插入的学生的年龄值在 1~120 之间？如何限制“性别”列只能输入“男”或“女”？如果入学学生中男生占大多数，如何在“性别”列设置默认值为“男”，从而削减批量插入的数据量。

实现数据完整性能够保证数据库中数据的质量。例如，如果输入了员工 ID 值为 214 的员工，则数据库不允许其他员工拥有相同的 ID 值。如果某一列的取值范围是 1 到 10，则数据库将不接受插入此范围之外的值。如果表中有一个存储公司部门编号的 department_id 列，则该列应当只能够插入有效的公司部门编号值。

引导问题：

(1) 如何使用“规则”限定输入的年龄值在 1~120 之间？

(2) 如何为“性别”列设置默认值“男”，以减少插入的数据量？

(3) 如何实现数据完整性？

7.2 如何实现数据完整性

数据完整性(Data Integrity)指的是存储在数据库中的所有数据值均为正确合理的状态。如果数据库中含有不正确的数据值，则称该数据库丧失了数据完整性。数据完整性分为以下 4 个类别：

- 实体完整性(Entity Integrity)
- 域完整性(Domain Integrity)
- 引用完整性(Referential Integrity)
- 用户定义的完整性(User-Defined Integrity)

(1) 实体完整性

实体完整性将特定表中的每一个数据行(row)都定义为唯一实体(entity)，即它要求表中的每一条记录(每一行数据)是唯一的，每一数据行必须至少拥有一个唯一标识以区分其他数据行。实体完整性通过唯一性索引(UNIQUE index)、唯一值约束(UNIQUE constraint)、标识 IDENTITY 或主键约束(PRIMARY KEY constraint)来强制表的标识符列或主键的完整性。

(2) 域完整性

域完整性是指特定列的值的有效性。可以通过域完整性限制类型(通过使用数据类型)、限制格式(通过使用 CHECK 约束和规则)或限制可能值的范围(通过使用 FOREIGN KEY 约束、CHECK 约束、DEFAULT 定义、NOT NULL 定义和规则)。

(3) 引用完整性

引用完整性又称参照完整性，它定义外键码和主键码之间的引用规则(外键码要么和相对应的主键码取值相同，要么为空值)。输入或删除行时，引用完整性保留表之间定义的引用关系。在 SQL Server 中，引用完整性通过 FOREIGN KEY 和 CHECK 约束、触发器 TRIGGER、存储过程 PROCEDURE 来实现，以外键与主键之间或外键与唯一键之间的关系为基础。引用完整性确保键值在所有表中一致。这类一致性要求不引用不存在的值，如果一个键值被改变，那么整个数据库中，对该键值的所有引用都要进行同样的更改。

强制引用完整性时，SQL Server 将防止用户执行下列操作：

- 在主表中没有关联行的情况下在相关表中添加或更改行。
- 在主表中更改值(可导致相关表中出现孤立行)。
- 在有匹配的相关行的情况下删除主表中的行。

【例 7-1】 例如，对于 AdventureWorks 2008 R2 数据库中的 Sales.SalesOrderDetail 表和 Production.Product 表，引用完整性基于 Sales.SalesOrderDetail 表中的外键(ProductID)与 Production.Product 表中的主键(ProductID)之间的关系。此关系能够保证销售订单从不引用 Production.Product 表中不存在的产品，如图 7-1 所示。

【例 7-2】 学生、课程、学生与课程之间的多对多关系可以用下述关系模式来表示：

学生(<u>学号</u>，姓名，性别，专业，年龄)

课程(<u>课程号</u>，课程名，学分)

选修(<u>学号，课程号</u>，成绩)

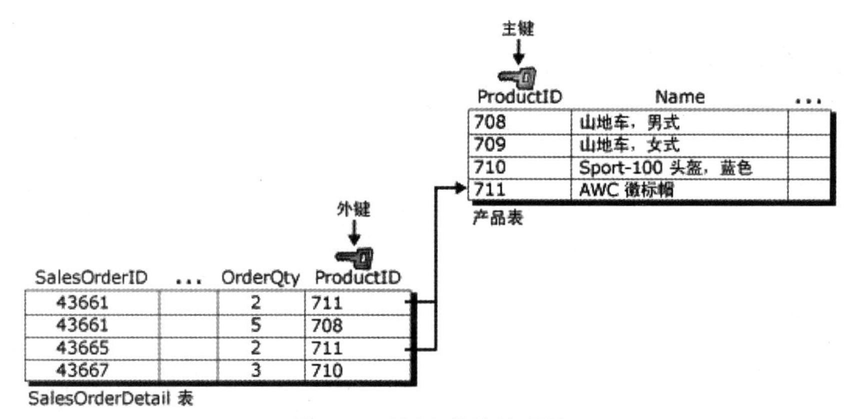

图 7-1　引用完整性关系图

这 3 个关系之间存在属性的引用，经过分析后发现，“选修”关系中的“学号”和“课程号”属性的取值分别需要依据“学生”表中的“学号”属性和“课程”表中的“课程号”属性的取值。

(4) 用户自定义的完整性

用户自定义的完整性是根据应用环境的需求和实际需求，对某个应用所涉及的数据提出的约束性条件。实现方法有：CHECK 约束、规则 RULE、默认值 DEFAULT，还包括在创建表、存储过程以及触发器时创建的所有的列级(column-level)约束和表级(table-level)约束。

7.3 规则对象的基本操作

规则和默认值都是数据库内的对象，可以将它们绑定到多个数据库表的列上，也可以绑定到用户自定义的数据类型上，在数据库内可以共享使用。

7.3.1 创建规则对象

创建规则对象的基本语法格式如下：

```
CREATE RULE [ schema_name ] rule_name
AS condition_expression [ ; ]
```

各参数的含义如下：

- schema_name：规则所属架构的名称。
- rule_name：新规则的名称。规则名称必须符合标识符规则。可以根据需要，指定规则所有者的名称。
- condition_expression：定义规则的条件。规则可以是 WHERE 子句中任何有效的表达式，并且可以包括诸如算术运算符、关系运算符和谓词(如 IN、LIKE、BETWEEN)这样的元素。规则不能引用列或其他数据库对象，可以包括不引用数据库对象的内置函数，不能使用用户定义的函数。condition_expression 包括一个变量。每个局部变量的前面都有一个@符号。该表达式引用通过 UPDATE 或 INSERT 语句输入的值。在创建规则时，可以使用任何名称或符号来表示值，但第一个字符必须是@符号。

【例7-3】创建一个名为sex_rule的规则对象，该规则要求“性别”只取“男”或“女”。

```
CREATE RULE sex_rule
    As @sex in ('男','女')
```

在“对象资源管理器”窗口中可以看到所创建的规则，如图7-2所示。

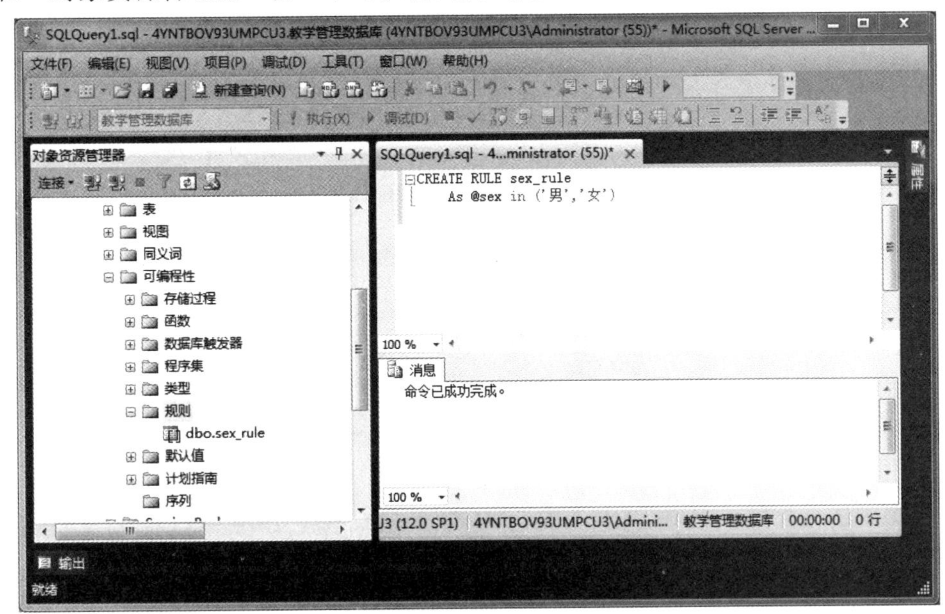

图7-2　查看创建的规则

【例7-4】创建一个名为age_rule的规则对象，该规则要求数据值范围为1~120。

```
CREATE RULE age_rule
    As @age>=1 and @age<=120
```

7.3.2　绑定规则对象

将创建好的规则对象绑定到某个数据表的列上，规则对象才会起约束作用。

绑定规则对象的语法格式如下：

```
Exec Sp_bindrule '规则对象名', '表名.列名'
```

【例7-5】建立数据表“学生”，包括“姓名”“性别”和“年龄”字段，要求“年龄”字段的值为1~120。

```
CREATE TABLE 学生
( 姓名 nvarchar(4),
 性别 nvarchar(1),
年龄 tinyint)
Exec Sp_bindrule 'age_rule','学生.年龄'
```

说明：

可以多次将不同的规则对象绑定到同一列，但只有最近一次绑定的规则对象才会生效。亦即对同一列，每绑定一次新规则对象，以前所绑定的旧规则对象将自动失效，一列只有一个规则对象生效。

7.3.3 验证规则对象

【例 7-6】向“学生”表中插入一条记录，该学生的年龄为 215。

```
INSERT INTO 学生 values('刘星',215)
```

执行上述插入语句后，结果如图 7-3 所示。

消息 513,级别 16,状态 0,第 1 行
列的插入或更新与先前的 create rule 语句所指定的规则发生冲突，该语句已终止。
该语句已终止。

图 7-3 例 7-6 INSERT INTO 命令的执行结果

从上图执行结果可以看出，由于存在 age_rule 规则约束，该条记录不能插入数据表中。

7.3.4 解除规则对象绑定

如果表中的列不再需要规则对象，可以将规则对象解除绑定。在删除规则对象前，规则对象仍然存储在数据库中，还可以再绑定到其他列上。

解除规则对象绑定的命令格式如下：

```
Sp_unbindrule '表名.列名'
```

【例 7-7】解除“学生”表中的规则对象绑定。

```
EXEC Sp_unbindrule '学生.年龄'
```

7.3.5 删除规则对象

如果需要删除规则对象，必须先解除对该规则对象的所有绑定，然后从数据库中清除。

删除规则对象的语法格式如下：

```
DROP RULE 规则对象名组
```

【例 7-8】删除规则对象 age_rule 和 sex_rule。

```
DROP RULE age_rule, sex_rule
```

说明：可以同时删除多个规则对象，规则对象名之间用“,”分隔。

重要提示：

后续版本的 Microsoft SQL Server 将删除该功能。请避免在新的开发工作中使用该功能，并着手修改当前还在使用该功能的应用程序，建议改用 CHECK 约束。

7.4 默认值对象的基本操作

7.4.1 创建默认值对象

创建默认值对象的语法格式如下：

```
CREATE DEFAULT default_name
  AS condition_expression [;]
```

其中，AS 子句后面的表达式主要是对定义的默认值对象赋值。

【例 7-9】创建一个名为 sex_default 的默认值对象，默认值为“男”。

```
CREATE DEFAULT sex_default As '男'
```

7.4.2 默认值对象绑定

默认值对象必须绑定到数据列或用户定义的数据类型中才能得到应用。绑定默认值对象需要使用系统存储过程 Sp_bindefault，其语法格式如下：

```
EXEC Sp_bindefault '默认值对象名', '表名.列名'
```

【例 7-10】将默认值对象 sex_default 绑定到“学生”表的“性别”列上。

```
EXEC Sp_bindefault 'sex_default', '学生.性别'
```

7.4.3 解除默认值对象绑定

解除默认值对象绑定就是将默认值对象从表的列上分离开来，只要不删除默认值对象，则该默认值对象就会一直存储在数据库中，还可再绑定到其他数据列上。

解除默认值对象需要使用系统存储过程 Sp_unbindefault，其语法格式如下：

```
Sp_unbindefault '表名.列名'
```

【例 7-11】将 sex_default 默认值对象从“学生”表的“性别”列中分离。

```
EXEC Sp_unbindefault '学生.性别'
```

7.4.4 删除默认值对象

删除默认值对象就是从数据库中清除默认值对象的定义，该默认值对象不能再绑定到任何数据表的列上。删除默认值对象之前，必须先解除对其所有的绑定。

删除默认值对象的语法格式如下：

```
DROP DEFAULT 默认值对象名组
```

【例 7-12】删除默认值对象 sex_default。

```
DROP DEFAULT sex_default
```

重要提示：

后续版本的 Microsoft SQL Server 将删除该功能，所以请避免在新的开发工作中使用该功能，并着手修改当前还在使用该功能的应用程序。可通过 ALTER TABLE 或 CREATE TABLE 的 DEFAULT 关键字创建默认值对象。

7.5 完整性约束

SQL Server 2014 中提供了下列完整性约束机制来强制数据表中列数据的完整性：

- PRIMARY KEY 约束
- FOREIGN KEY 约束
- UNIQUE 约束
- CHECK 约束
- DEFAULT 定义
- 允许空值

7.5.1 PRIMARY KEY 约束

PRIMARY KEY (主键)约束用于定义基本表的主键，即一个列或多个列组合的数据值唯一标识表中的一条记录，其值不能为 NULL，也不能重复，以此来保证实体的完整性。主键可以通过两种方法来创建：第一种是使用 SSMS 图形化界面创建；第二种是使用 Transact-SQL 语句创建。

1. 创建主键

(1) 使用 SSMS 图形化界面创建主键约束

在“对象资源管理器”窗口中，单击“数据库”节点下的某一具体数据库，然后展开“表”节点，右击要创建主键的表，从弹出的快捷菜单中选择“设计”命令，打开“表设计器”，可以对表进行进一步的定义。选中表中的某列并右击，从弹出的快捷菜单中选择“设置主键”命令，即可为表设置主键，如图 7-4 所示。

(2) 使用 Transact-SQL 语句创建表时定义主键约束

定义列级主键的命令格式如下：

```
CREATE TABLE table_name
  ( column_name    data_type
    [ DEFAULT default_expression ] | [ IDENTITY [ ( seed， increment ) ] ]
    [   [ CONSTRAINT constraint_name    ]
        PRIMARY KEY    [ CLUSTERED | NONCLUSTERED ]
    ] [,... n]
  )
```

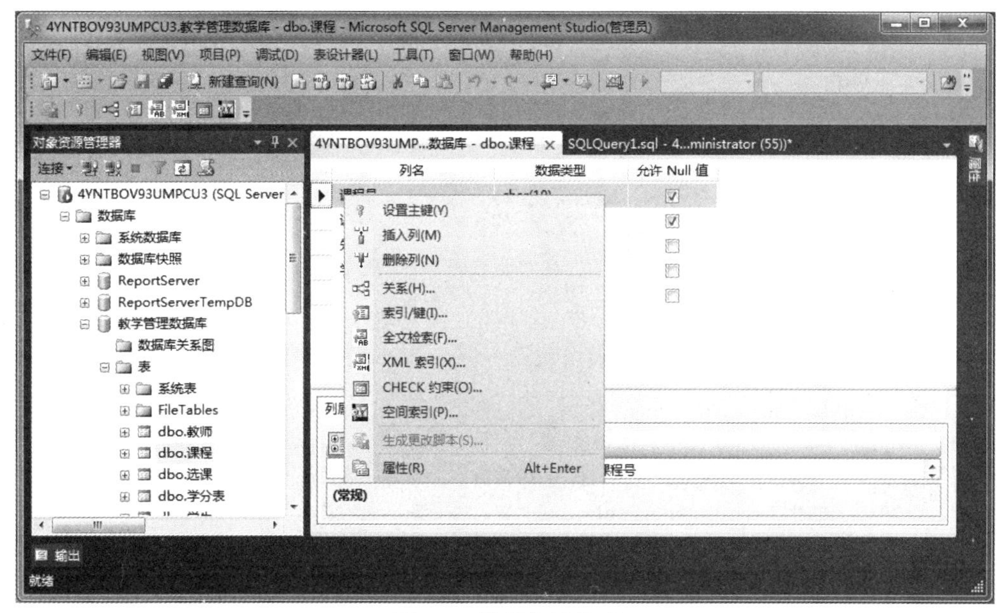

图 7-4　设置主键约束

各参数的说明如下：

- DEFAULT 为默认值约束的关键字，用于指定其后的 default_expression 为默认值表达式。
- IDENTITY [(seed,increment)]表示该列为标识列或自动编号列。
- CONSTRAINT constraint_name 为可选项，关键字 CONSTRAINT 用于指定其后的约束名称 constraint_name。若省略本选项，则系统会自动给出一个约束名。建议选择约束名以便于识别。
- PRIMARY KEY 表示该列具有主键约束。CLUSTERED| NONCLUSTERED 表示建立聚簇索引或非聚簇索引，省略此项则系统默认为聚簇索引。如果没有特别指定本选项，且没有为其他 UNIQUE 唯一约束指定聚簇索引，则默认对该 PRIMARY KEY 约束使用 CLUSTERED。

【例 7-13】将 student 表的学号列 snm 设置为主键。

```
CREATE TABLE student
(snm char(15) primary key,
sname nvarchar(6),
...)
```

定义表级主键的命令格式如下：

```
CREATE   TABLE   table_name
  (   column_name   data_type   [,... n ]
  [[ CONSTRAINT   constraint_name ]
     PRIMARY KEY [ CLUSTERED | NONCLUSTERED ]( column_name [ ,... n ] )]
  )
```

其中，column_name [,...n]表示该表级主键可以是多个列组合在一起的联合主键。

【例 7-14】创建选课表 sc，同时设置学号 snm、课程号 cnm 为联合主键。

```
CREATE TABLE sc
(snm char(15),
cnm char(6),
grade int,
primary key (snm,cnm))
```

2. 更改表的主键约束

(1) 在现有表中添加一列，同时将其设置为主键， 要求表中原先没有主键，语法格式如下：

```
ALTER   TABLE   table_name
ADD   column_name   data_type
      [DEFAULT default__expression]   | [ IDENTITY   [   ( seed , increment ) ] ]
      [ CONSTRAINT constraint_name]
      PRIMARY   KEY   [ CLUSTERED | NONCLUSTERED ]
```

ALTER TABLE 只允许添加可包含空值或指定了 DEFAULT 定义的列。因为主键不能包含空值，所以需要指定 DEFAULT 定义，或指定 IDENTITY。其他说明与创建主键约束相同。

【例 7-15】为学生表 student 添加学号 snm 列，同时设置其为主键。

```
ALTER TABLE student
ADD snm char(15)
CONSTRAINT pk_snm
primary key
```

(2) 将表中现有的一列(或列组合)设置为主键，要求表中原先没有主键，且备选主键列中的已有数据不得重复或为空，语法格式如下：

```
ALTER   TABLE   table_name
[ WITH   CHECK | WITH   NONCHECK ]
ADD [ CONSTRAINT constraint_name ]
      PRIMARY   KEY   [CLUSTERED | NONCLUSTERED] (column_name [,... n])
```

各参数的说明如下：

- WITH CHECK 为默认选项，该选项表示将使用新的主键约束来检查表中的已有数据是否符合主键条件。如果使用了 WITH NOCHECK 选项，将不进行检查。
- ADD 指定要添加的约束。
- 将表的主键由当前列换到另一列。一般先删除主键，然后在另一列上添加主键。

【例 7-16】为选课表 sc 添加学号 snm 与课程号 cnm 为联合主键。

```
ALTER TABLE student
ADD CONSTRAINT pk_snm_cnm
Primary key(snm,cnm)
```

3. 删除主键约束

删除主键约束的命令格式如下：

```
ALTER  TABLE  table_name
DROP  [CONSTRAINT ]  primarykey_name
```

其中，primarykey_name 表示要删除的主键名称，该名称是建立主键时定义的。如果建立主键时没有指定名称，则这里必须输入建立主键时系统自动给出的随机名称。

【例 7-17】删除学生表 student 中的学号 snm 主键。

```
ALTER TABLE student
DROP CONSTRAINT pk_snm
```

7.5.2　FOREIGN KEY 约束

外键约束可确保数据的引用完整性。当外键表中的 FOREIGN KEY 外键引用主键表中的 PRIMARY KEY 主键时，外键表与主键表就建立了关系，并成功加入数据库中，外键约束定义一个或多个列，这些列可以引用同一个表或另外一个表中的主键约束列或 UNIQUE 约束列。

1. 创建外键约束

创建外键约束常用的操作方法有如下两种。

(1) 使用 SSMS 图形化界面添加外键约束

在 SC 表中选中一列，如学号列。右击该列，从弹出的快捷菜单中选择“关系”命令，如图 7-5 所示，将会弹出“外键关系”对话框，如图 7-6 所示。单击“添加”按钮即可添加新的约束关系；设置“在创建或重新启用时检查现有数据”为“是”；设置外键名称、“强制外键约束”和“强制用于复制”选项；在“表和列规范”中设置表和列之间的引用关系，如图 7-7 所示。

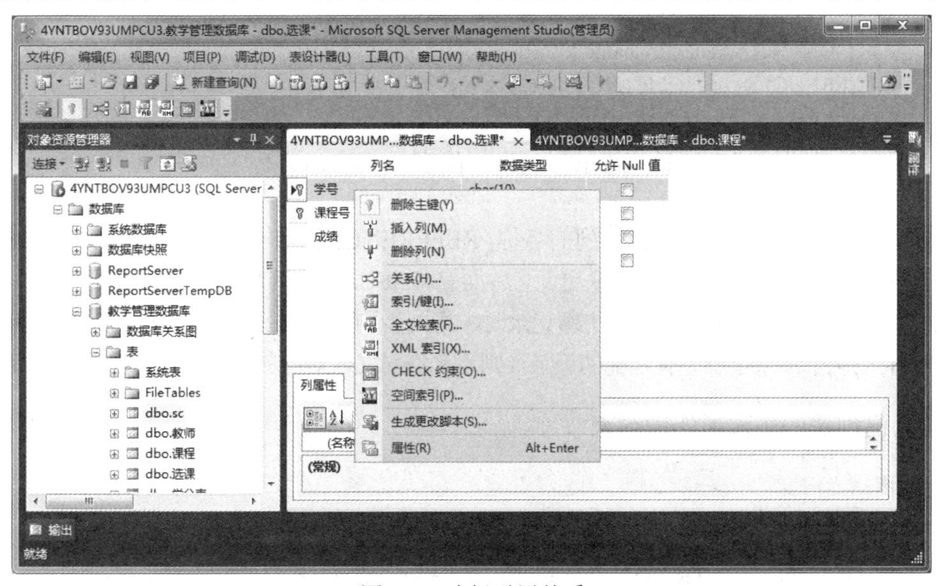

图 7-5　选择引用关系

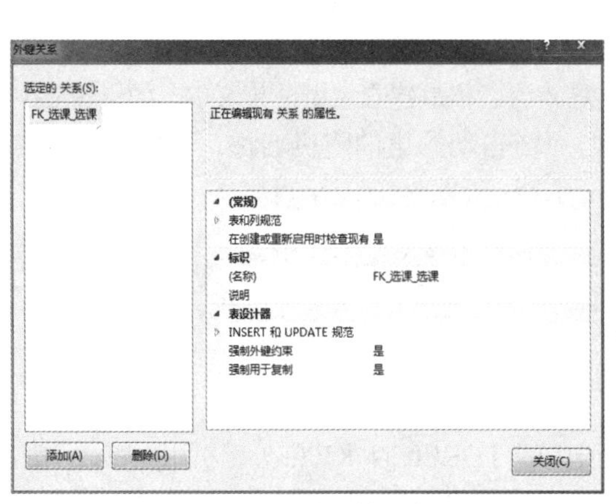

图 7-6　设置外键约束

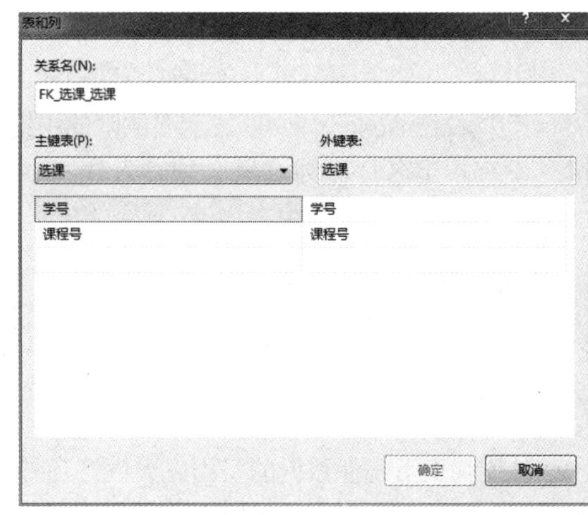

图 7-7　设置表和列

提示：

若“强制外键约束”和“强制用于复制”选项都设置为“是”，则能保证任何数据的添加、修改或删除都不会违背引用关系。

(2) 使用 Transact-SQL 语句创建外键约束

命令格式如下：

```
CREATE   TABLE   table_name
 ( column_name   data_type
 [ CONSTRAINT constraint_name ]
FOREIGN   KEY (column_name [,.. n])
 REFERENCES   ref_table (ref_column[,... n])
 [ ON   DELETE { CASCADE | NO   ACTION }]
 [ ON   UPDATE { CASCADE | NO   ACTION }]
 )
```

其中，FOREIGN KEY 定义外键列的名称，REFERENCES 指向含有主键的表。ON DELETE 和 ON UPDATE 表示级联删除和级联更新，后面有 CASCADE 和 NO ACTION 两个选项，选择 CASCADE 的情况下在父表上删除或更新记录时，将同步删除或更新子表中的匹配记录；选择 NO ACTION 的情况下如果子表中有匹配的记录，则不允许对父表对应的候选键进行删除或更新操作。

2. 为已创建的表添加外键约束

命令格式如下：

```
ALTER   TABLE   table_name
[WITH CHECK | WITH NOCHECK]
 ADD   [ CONSTRAINT constraint_name ]
    FOREIGN   KEY (column_name [,... n] )
    REFERENCES   ref_table (ref_column [,... n] )
    [ ON   DELETE { CASCADE | NO ACTION }]
    [ ON   UPDATE { CASCADE | NO ACTION } ]
```

【例 7-18】为已创建的选课表 sc 添加 snm 外键约束，引用学生表 student 的主键 snm。

```
ALTER TABLE sc
ADD
CONSTRAINT fk_snm
FOREIGN  KEY (snm) REFERENCES student(snm)
```

3. 删除外键约束

删除外键约束的命令格式如下：

```
ALTER  TABLE  table_name
DROP   [ CONSTRAINT constraint_name ]
```

【例 7-19】删除选课表 sc 中的 snm 外键约束。

```
ALTER TABLE sc
DROP CONSTRAINT fk_snm
```

7.5.3 UNIQUE 约束

UNIQUE 约束指定表中的某列或多个列组合的数据取值不能重复。UNIQUE 约束所作用的列不是表的主键列。

PRIMARY KEY 约束与 UNIQUE 约束的区别如下：

- 一个表中只能有一个 PRIMARY KEY 约束，但可以有多个 UNIQUE 约束。
- UNIQUE 约束所在的列允许空值，只能出现一个空值，但是 PRIMARY KEY 约束所在的列不允许空值。
- 在默认情况下，PRIMARY KEY 约束强制在指定的列上创建一个唯一性的聚簇索引；UNIQUE 约束强制在指定的列上创建一个唯一性的非聚簇索引。

创建 UNIQUE 约束的语法格式如下：

```
CONSTRAINT constraint_name
Unique [clustered | nonclustered] [column_name] [,...n]
```

【例 7-20】创建部门表 depart，定义部门编号 departnm 为主键约束，部门名称 departname 为唯一键约束。

```
CREATE TABLE depart
(departnm char(10) primary key,
 departname nvarchar(15) unique,
location nvarchar(20))
```

7.5.4 CHECK 约束

CHECK 约束通过逻辑表达式作用于表中的某些列，用于限制列的取值范围，以保证数据库数据的有效性，从而实施域完整性约束。CHECK 约束有两种基本语法格式，分别为建表时添加 CHECK 约束和建表后添加 CHECK 约束，下面分别进行介绍。

1. 创建表时添加 CHECK 约束

Transact-SQL 语句创建检查约束的语法格式如下：

```
CREATE TABLE table_name
( column_name    data_type
  [CONSTRAINT constraint_name ]
  CHECK (logical_expression)
)
```

【例 7-21】创建学生表 student，同时设置性别 sex 只取“男”或“女”的 CHECK 约束。

```
CREATE TABLE student
(snm char(15),
sname nvarchar(6),
sex nvarchar(1) check (sex='男' or sex='女')
)
```

2. 创建表后添加 CHECK 约束

Transact-SQL 语句的语法格式如下：

```
ALTER TABLE table_name
     ADD    [ CONSTRAINT constraint_name ]
     CHECK (logical_expression)
```

【例 7-22】为已创建的学生表 student 添加性别 sex 只取“男”或“女”的 CHECK 约束。

```
ALTER TABLE student
ADD CONSTRAINT ck_sex
CHECK (sex='男' or    sex='女')
```

7.5.5 DEFAULT 约束

DEFAULT 约束用于向列中插入默认值。用户在表的插入操作中如果没有输入列值，则 SQL Server 系统会自动为该列指定一个默认值。创建默认约束常用的操作方法有如下两种：使用 SSMS 图形化界面创建默认约束和使用 Transact-SQL 语句创建默认约束。

在创建表时和创建表后，都可以对表中的列使用 DEFAULT 约束。

1. 创建表时定义默认值约束

命令格式如下：

```
CREATE TABLE table_name
(   column_name data_type
    [CONSTRAINT constraint_name]
   DEFAULT constant_expression
)
```

【例 7-23】为 student 表中的 sex 字段创建 DEFAULT 约束。

```
CREATE TABLE  student
(snm char(6)  primary key ,
sname nvar char(15) not  null,
sex  nvar char(1) DEFAULT  ('男'))
```

2. 对已创建的表添加 DEFAULT 约束

命令格式如下：

```
ALTER  TABLE  table_name
ADD [CONSTRAINT constraint_name]
    DEFAULT  constant_expression  FOR  column_name
```

【例 7-24】为已创建的学生表 student 的 sex 列添加 DEFAULT 约束。

```
ALTER TABLE student
ADD CONSTRAINT defa_sex
Default ('男') for sex
```

7.5.6　NOT NULL 约束

NOT NULL 约束强制作用列不能取空值。NOT NULL 约束只能定义列约束。创建空值(NULL)约束常用的操作方法有如下两种，分别为使用 SSMS 图形化界面创建空值约束和使用 Transact-SQL 语句创建空值约束。使用 Transact-SQL 语句创建空值约束的语法格式如下：

```
column_name  data_type  NOT NULL
```

7.6　经典习题

1. 唯一约束和主键约束的区别是什么？
2. 规则对象与 CHECK 约束有什么区别？
3. 什么是数据库的完整性？完整性有哪些类型？
4. 创建一个“职工”数据表，包含职工号 char(6)、姓名 nvarchar(4)、性别 nchar(1)和部门 nvarchar(10)字段。设置“职工号”为主键，“姓名”字段设置唯一约束，“性别”字段设置为只能取值“男”或“女”，“部门”字段设置默认值为“销售处”。

第8章

数据库索引

本章主要内容：

- SQL Server 2014 及以前版本中提供的与索引相关的功能
- 如何借助分区表和索引使数据库更易于管理和扩展
- 实现分区表和索引
- 维护和调优索引

生产 DBA 最重要的职责之一是确保查询时间与服务级别协议(Service-Level Agreement, SLA)保持一致或者符合用户的预期。改进查询性能的一种最有效的技术就是创建索引。

通常以查询运行所花费的时间以及查询使用的工作负载和资源来度量查询性能。长期运行的、代价昂贵的查询会在很长一段时间内占用资源，可能会使应用程序、报表和其他数据库操作的执行速度降低或暂停。

因此，任何生产 DBA 都必须理解 SQL Server 2014 中提供了哪些索引功能以及如何实现这些功能。

本章将概述 SQL Server 2014 中提供的索引相关功能，包括为列存储索引引入的两种最新功能：聚集列存储索引和更新现有聚集列存储索引，这些功能能够极大地增强 SQL Server 2012 中引入的功能。

注意：
本章不介绍用于内存表优化的索引功能，包括新的 HASH 索引类型。

8.1 SQL Server 2014 中新增的索引

列存储索引(columnstore index)是 SQL Server 2012 中首次引入的索引类型，是基于列的非聚集索引，用于为涉及大量数据的工作负载提高查询性能，通常在数据仓库事实表中使用。

SQL Server 2014 为列存储索引引入了两种新功能：聚集列存储索引功能和更新现有聚集列存储索引功能。

SQL Server 2012 引入列存储索引时，只能创建非聚集的列存储索引，并且在创建之后就不能更新。而在 SQL Server 2014 中，可以创建一个聚集列存储索引(就是表)，并且这个表/列存储索引之后是可以更新的。

SQL Server 2014 还针对联机索引做了重大改进。在 SQL Server 2014 中，现在可以重构单个分区，在以前版本的 SQL Server 中是不允许这么做的。对于有非常大的表并且需要把这些表的维护工作分散到几天中的公司，这是一种非常重要的改进。

SQL Server 2014 中的另外一个新功能是能够在 SHOWPLAN 查询计划中显示列存储索引。SHOWPLAN 的 EstimatedExecutionMode 和 ActualExecutionMode 属性有两种可能的值：Batch 或 Row。其 Storage 属性也有两个可能的值：RowStore 和 ColumnStore。

虽然核心的索引功能没有改变，但是早期的几个 SQL Server 版本中对索引功能仍做了一些改进。表 8-1 列出了 SQL Server 早期版本中引入的与索引相关的许多功能，现在它们都包含在 SQL Server 2014 中。

表 8-1　索引功能的演化

功　　能	引入该功能的版本	说明(最初发布时)
列存储索引	SQL Server 2012	列存储索引是基于列的非聚集索引，用于为涉及大量数据的工作负载提高查询性能，通常在数据仓库事实表中使用。在一个表中，只能有一个列存储索引，并且这个索引是不可更新的。列存储索引对于某些类型的查询更加高效，特别适用于读取密集的查询，如数据仓库查询。列存储索引有一些限制。一个表上只能创建一个列存储索引。列存储索引可以分区，但是只能作为分区对齐的索引(分区与表对齐)。有些数据类型不包括在内，包括 binary、varbinary、text、image、varchar(max)、nvarchar(max)等
选择性 XML 索引	SQL Server 2012	引入这个功能是为了让开发人员能够设计采用特定路径的 XML 索引，而不是索引整个 XML 文档
联机索引操作	SQL Server 2012	此功能包含大对象(LOB)数据类型的联机索引操作，这些数据类型包括 image、text、ntext、varchar(max)、nvarchar(max)和 XML
支持最多 15 000 个分区	SQL Server 2008	在 SQL Server 2008 Service Pack 2 和 SQL Server 2008 R2 Service Pack 1 中，999 个表分区的限制增加到了 15 000 个表分区
过滤索引和统计数据	SQL Server 2008	可以使用谓词在表中行的子集上创建过滤索引与统计数据。在 SQL Server 2008 出现之前，是在表的所有行上创建索引与统计数据。SQL Server 2008 发布后，可以在创建的索引与统计数据上使用 WHERE 谓词来限制在索引或统计数据中的行的数量。过滤索引与统计数据特别适用于需要从定义良好的数据子集、具有异类值的列或具有不同值范围的列中进行选择的查询
表与索引的压缩存储	SQL Server 2008	支持表、索引及索引视图的行和页格式的磁盘压缩存储。同时可以为每个分区独立配置分区表和分区索引的压缩
空间索引	SQL Server 2008	引入了对空间数据和空间索引的支持。这里的空间数据表示几何对象或物理位置。SQL Server 支持两种空间数据类型：地理和几何。空间列是表中的一列，该列中包含某种空间数据类型的数据，如 geometry 或 geography。空间索引是一种扩展索引，利用它可以索引空间列。SQL Server 使用.NET CLR(公共语言运行时)来实现这种数据类型。详细信息请参见 SQL Server 联机丛书的“使用空间索引(数据库引擎)”主题

(续表)

功　　能	引入该功能的版本	说明(最初发布时)
分区表和分区索引	SQL Server 2005	从SQL Server 2005开始就可以在多个分区上创建表，同时在每个分区上都可以创建索引。这样就可以使管理大型数据集上的操作(比如在加载和卸载新数据集时)更加高效，因为只需要为新分区创建索引，而不需要为整个表重新创建索引
联机索引操作	SQL Server 2005	联机索引操作是作为一项可用性功能加入SQL Server 2005中的。它使用户可以在构建或重新构建索引时继续对表进行查询。主要是在正常的操作过程中需要对索引进行修改时使用这一新功能。使用联机索引操作的新语法是在CREATE INDEX、ALTER INDEX、DROP INDEX和ALTER TABLE操作中添加ONLINE=ON选项
并行索引操作	SQL Server 2005	并行索引操作是SQL Server 2005中的另一项有用功能。只有企业版提供这个功能，并且该功能只能应用于运行在多处理器计算机上的系统。主要是在需要限制索引操作占用的CPU资源量时使用该功能。这种情况可能是多个索引操作同时存在，或者更可能的情况是需要在执行索引操作时允许完成其他任务。该功能让DBA可以指定索引操作的MAXDOP。在大型系统上该功能十分有用，可以限制用于索引操作的处理器的最大数量。它实际上是针对索引操作的MAXDOP，能与服务端配置的MAXDOP设置共同起作用。并行索引操作的新语法是MAXDOP=n选项，可在CREATE INDEX、ALTER INDEX、DROP INDEX(仅适用于聚集索引)、ALTER TABLE ADD(约束)、ALTER TABLE DROP(聚集索引)以及CONSTRANT操作中指定
异步统计数据更新	SQL Server 2005	这是一个性能设置选项——AUTO_UPDATE_STATISTICS_ASYNC。当设置该选项后，会在队列中保存过时的统计数据，随后工作线程将自动更新这个队列。生成自动更新请求的查询将在更新统计数据前继续执行。如果同一事务中存在任何数据定义语言(DDL)语句，如CREATE、ALTER或DROP，那么将无法进行异步统计数据更新
全文索引	SQL Server 2005	从SQL Server 2005开始，全文搜索支持在XML列上创建索引。此外，这个功能已经升级到使用MSSearch 3.0，MSSearch 3.0包含了针对全文索引填充的额外性能改进。这同时意味着现在每个SQL Server实例中将包含一个MSSearch实例
非聚集索引中的非关键列	SQL Server 2005	在SQL Server 2005和SQL Server 2008中，可以在非聚集索引中添加非关键列，这将带来几个好处。首先是使查询能够更快速地检索数据，因为现在查询可以在索引页上检索它所需要的任何信息，而不需要在表中标记书签来读取数据行。在非聚集索引的列数限制(16列)或关键字长度限制(900字节)方面，非关键列是不计入限制的。这个选项的新语法是INCLUDE(Column Name,...)，用在CREATE INDEX语句中

(续表)

功　能	引入该功能的版本	说明(最初发布时)
索引锁粒度变更	SQL Server 2005	在SQL Server 2005中，增强了CREATE INDEX和ALTER INDEX等Transact-SQL语句，因为其中增加了新选项来控制索引过程中产生的锁。ALLOW_ ROW_LOCKS和ALLOW_PAGE_LOCKS指定了索引过程中采用的锁的粒度
在XML列上创建索引	SQL Server 2005	这种针对列中XML数据的索引使数据库引擎可以找到XML数据中的元素，而不需要每次都检查XML
删除并重建大型索引	SQL Server 2005	在SQL Server 2005中，已修改了数据库引擎，以一种全新的、扩展性更好的方式来处理占用超过128个区段的索引。如果需要在区段大于128的索引上执行删除或重建操作，那么这个过程将会被分解为逻辑和物理阶段。在逻辑阶段只是简单地把页标记为释放，一旦提交事务，页释放的物理阶段便开始了。页释放过程是以批处理的形式在后台进行的，因此避免了长时间的锁定
索引视图增强	SQL Server 2005	索引视图在几个方面进行了增强。现在它们可以包含标量聚集以及一些用户自定义的函数(有一些限制)。此外，现在如果查询使用标量表达式、标量聚集、用户自定义的函数、间隔表达式以及等价条件，那么查询优化器可以匹配更多的查询与索引视图
版本存储	SQL Server 2005	版本存储提供行版本控制框架的基础，联机索引、MARS(多活动结果集)、触发器以及新增的基于行版本控制的隔离级别等都使用行版本控制框架
数据库优化顾问	SQL Server 2005	数据库优化顾问(Database Tuning Advisor，DTA)取代了SQL Server 2000中的索引调优向导(Index Tuning Wizard，ITW)。DTA提供的新功能包括有时间限制的调优、跨越多个数据库的调优、对类别更宽泛的事件和触发器进行调优、日志调优、what-if分析、对调优选项的更多控制、XML文件支持、分区支持、可采用低规格硬件进行调优以及由数据库所有者执行

注意：

本章使用的示例数据库AdventureWorks和AdventureWorksDW可以从以下网址下载：http://msftdbprodsamples.codeplex.com/。

8.2 索引和分区表

本节将概述如何创建索引，以及如何结合使用索引和分区表来管理大型表和进行扩展。

8.2.1 理解索引

为了实现良好的索引设计，首先需要很好地理解索引提供的优点。在各种书籍中，目录(内容表)可以帮助读者定位感兴趣的章节或页。SQL Server中的索引与书中的目录具有相同的功能，让 SQL Server 能够尽快定位和检索查询中请求的数据。

考虑一本篇幅为 500 页的书，其中包含大量章节，但是没有目录。要找到书中的某一小节，读者需要翻页并依次浏览每一页，直至找到感兴趣的节。设想需要为本书的多个小节执行此操作，这会是一项非常耗时的任务。

这个类比也适用于 SQL Server 数据库表。如果没有适当的索引，SQL Server 就必须扫描包含表中数据的所有数据页。对于包含大量数据的表而言，这会是非常耗时的、资源密集型的操作。这就是索引如此重要的原因所在。

根据索引存储数据的方式以及索引的内部结构、作用和定义方式，可以采用多种方式对索引进行分类。下面将简要描述这些索引类型。

1. 基于行的索引

基于行(或行存储)的索引是传统的索引，将数据存储为数据页中的行。从列的聚集程度来讲，可以将索引分为聚集索引和非聚集索引两大类。

1) 聚集索引

聚集索引基于键列存储和排序表的叶级数据。实际的存储页链接在一起，所以可以按照聚集键的顺序依次读取表，导致的 I/O 开销极小。每个表只可以有一个聚集索引，因为只可以按照一种顺序排序数据，而且聚集索引代表了实际的表数据。

让实际数据聚集起来，有助于提高顺序读取的性能。一个数据页可能包含已经排序好的几行到许多行的实际数据。

所有非聚集索引中都会包含聚集键字段，以便引用回聚集索引的叶级行。如果选择了一个大聚集索引键，这会影响非聚集索引的大小。

当表定义中包括主键约束时，就会默认创建聚集索引。好的聚集索引与好的主键有一些相同的属性：字段不会改变，并且总是递增。添加新记录时，这种类型的聚集索引键有助于减少页拆分。

2) 非聚集索引

非聚集索引包含索引键值和行定位器，行定位器指向实际的数据行。如果没有聚集索引，行定位器就是实际数据行的 RowID 指针。如果存在聚集索引，行定位器就是该行的聚集索引键。

可以优化非聚集索引以满足更多的查询，降低查询的响应时间，减少索引大小。下面将描述最重要的两种经过优化的非聚集索引。

(1) 覆盖索引

覆盖索引是满足(覆盖)特定查询的所有字段需求的索引。通过在 CREATE INDEX 语句中使用 INCLUDE 短语，非聚集索引在叶级可以包含非键列，以帮助覆盖查询。这些索引类型可以改进查询性能，并减少 I/O 操作，因为满足查询所需要的列作为键列或非键列包括在索引自身中，不需要再读取实际的数据行。

INCLUDE 短语使非聚集索引更加灵活，因为键中包含的字段可以具有键中原本不允许的数据类型，并且在计算索引大小或键列的数量时，也不会考虑它们。

(2) 过滤索引

过滤索引使用 WHERE 子句指示将要索引哪些行。因为只是索引表中的部分行，所以可以创建较小的数据集存储到索引中。过滤索引总是非聚集索引，因为它们选择总记录集的一个子集，而总记录集用表上的聚集索引表示。如果查询的 WHERE 子句可用过滤索引的 WHERE 子句中的行满足，就会在查询计划中选择过滤索引。

为什么需要使用非聚集索引来引用表中的数据子集？良好设计的过滤索引可以加快读取表中选定的行组，因为要读取的索引页更少。例如，如果有一个大型表，那么完整的表索引也会很大。如果该表中有一个比较小的、定义良好的行组，并且这个行组被大量访问，那么只选择这些被大量访问的行的过滤索引则有助于这类查询更快地运行，因为要读取的索引页少了(索引深度更浅，索引中的行数更少)。另外，过滤索引的统计数据更加可靠，因为它们分析较小的数据集，更可能代表较小的一组行中值的分布情况。具有更好的统计数据和更小的数据集几乎总是可以得到更高效的查询计划和更高的性能。

另外，更小的索引还有一些管理优势。索引的重构更快，统计数据的生成更快、更准确，并且占据的空间更小。

2. 基于列的索引

基于列的索引是指在单独列上创建的索引。基于列的索引有两种主要类型：列存储索引(SQL Server 2012 中首次引入)和 XML 索引(提供了 XML 列中的值的索引)。

列存储索引

列存储索引在 SQL Server 2012 中首次引入。在这种基于列的索引中，为每个列创建行值的一个索引，然后所有的索引连接起来，表示表的基本数据存储。这些索引基于 Vertipaq 引擎实现，能够实现高压缩比，处理大型数据集。在 SQL Server 2012 中，这些索引是不可更新的——要在索引中添加值，就需要重新构建索引。

非聚集列存储索引具有以下限制：

- 可以索引表中列的子集(聚集表或堆表)。
- 只能通过重新构建索引来更新。
- 可以与表上的其他索引合并。
- 需要额外的空间，以便在索引中独立于行值存储列的副本。

在 SQL Server 2014 中，聚集列存储索引是可以更新的，但是具有如下限制：

- 聚集列存储索引不能有任何非聚集索引，它是表上唯一的索引。
- 存储为聚集列存储索引的表不能用在数据的复制中。
- 存储为聚集列存储索引的表不能使用变更数据捕捉。
- 存储为聚集列存储索引的表不能关联任何 FILESTREAM 列。
- 聚集列存储索引功能只能在 SQL Server 2014 的企业版、开发版和评估版中使用。
- 在聚集列存储索引上不能创建主键，也不能创建引用完整性约束。

SQL Server 还为列存储索引提供了一个额外的压缩选项(COLUMSTORE_ARCHIVE)，该选项提供了额外的一级压缩。该功能可以应用到聚集和非聚集列存储索引，可以进一步压缩索引或分区索引。当必须把数据存储到最少量的空间，并且可以承受解压缩造成的额外 CPU 开销时，这是一个非常有用的选项。

聚集列存储索引包含表中的所有字段，但是不需要使用唯一键。因为所有的列都在列存储中索引，没有对应行的键，所以也就没有“键”列的概念。创建一个聚集列存储索引后，就可以使用标准的 Transact-SQL 数据加载语句来加载表，包括批量加载。在数据上不能创建其他索引。修改或删除的数据被标记为删除，重新构建索引时将回收其空间。

如果表是行存储风格的表(即传统存储)，那么使用表中列的子集可以创建一个非聚集列存储索引。行存储表可以同时有非聚集列存储索引和其他索引，但是列存储索引是不可更新的，只能通过重新构建索引更改。而且，非聚集列存储索引不能用作主键或外键索引，不能被定义为“唯一”，不能包含 SPARSE 或 FILESTREAM 列，也不能存储统计数据。

列存储索引被设计为用在数据仓库应用程序而不是 OLTP 应用程序中，这是因为在数据仓库应用程序中，传统上表不会(经常)更新，要求具有引用完整性，并常被分区。一些查询在使用列存储索引时性能可能很差。一个提高性能的提示是在最近更新的分区上重新创建列存储索引，而不是在整个表上重新创建，以提高可用性并限制问题。

通过删除和重新创建索引，可以在列存储和行存储格式之间转换表。通过删除列存储索引，可以把列存储表转换为堆表。然后，如果有需要，可以创建聚集行存储索引。通过删除所有索引，然后添加聚集列存储索引，可以把行存储表转换为列存储表。

3. 内存优化索引

SQL Server 2014 创建了新的索引来支持内存优化表。HASH 索引保存在内存中，用于访问内存优化(Hekaton)表中的数据。所需要的内存量与 HASH 索引使用的统计数有关。

内存优化的非聚集索引将对从内存优化表中访问的数据进行排序。这些索引只能使用 CREATE TABLE 和 CREATE INDEX 语句创建，并且是为范围排序扫描(按照排序顺序读取大量数据)创建的。当内存表加载到内存中时会创建这些索引，它们不会被持久化到物理表。

4. 其他索引类型

SQL Server 中还有其他一些类型的索引，用于支持具体的开发主题。本节将介绍这些类型的基本知识，要详细了解这些索引，请阅读联机丛书中的“索引”小节。

1) XML 索引

XML 索引是一种特殊的索引类型，用于索引存储在 XML 列中的值。这些索引拆分 XML 列并存储详细信息，供在 SQL 查询中快速检索。XML 列可能很大，在运行时将 XML 数据拆分成可读的数据元素会减缓大型 XML 查询的速度。通过使用 XML 索引，这种拆分是提前完成的，在运行时读取很快。

XML 索引有两种类型：主索引和辅助索引。主索引必须是在 XML 列上创建的第一个索引。主索引对 XML 列中的所有标记、值和路径进行索引。对于每个 XML 对象，索引会为每个拆分的元素创建一个数据行。创建的行数大致与 XML 对象中的节点数相同。创建的每行都会存储标记名、节点值、节点类型、文档顺序信息、路径和基表的主键(RowID)。

在 XML 列上可以创建辅助索引，为主索引中的 PATH、VALUE 和 PROPERTY 值提供额外的索引。

2) 全文索引

创建全文索引是为了支持 SQL Server 中的全文搜索功能。全文索引让用户和应用程序能够在 SQL Server 表中查询基于字符的数据。必须先在表上创建全文索引，然后才能在全文搜索中包含它。

可以为定义为 char、varchar、nchar、nvarchar、text、ntext、image、xml 或 varbinary(max)的列和 FILESTREAM 建立索引来进行全文搜索。全文搜索可以对存储在这些列中的单词和短语执行语言搜索。每个全文索引都可以索引表中的一个或更多个列，并且每个列都可被定义为在搜索中使用不同的语言。

全文搜索是 SQL Server 中的一项可选功能，在使用前必须先打开。全文搜索根据在列中定义的语言的规则，对单词或短语执行语言搜索，进行基本匹配。全文索引有助于加快这些搜索。

3) 空间索引

空间索引对空间数据列进行索引。空间数据列包含 GEOMETRY 或 GEOGRAPHY 类型的值。空间索引支持处理空间数据的操作，如内置的地理方法(STContains()、STDistance()、STEquals()、STIntersects()等)。为了让优化器能够选择查询，必须在查询的 JOIN 或 WHERE 子句中使用这些方法。

5. SQL Server 使用索引的方式

为了实现优秀的索引设计，很重要的一点是应该深入了解 SQL Server 使用索引的方式。在 SQL Server 中，查询优化器组件确定用于执行查询的最符合成本效益的选项。查询优化器评估大量查询执行计划并选择具有最低成本的执行计划。第 13 章解释了在查询执行和性能调优中如何使用索引。

8.2.2　创建索引

到目前为止，读者应该已经熟悉不同类型的索引以及在执行计划中如何使用它们。理解这些内容对于设计和微调索引以改进查询性能来说至关重要。

使用 Transact-SQL 命令或图形用户界面(如 SQL Server Management Studio)可以手动创建索引。SQL Server 2005 引入的 Database Engine Tuning Advisor(DTA)工具建议并自动生成遗漏的索引。本章后面将讨论该工具。

索引键可由表中的一个或多个字段构成。如前所述，索引可被创建为聚集或非聚集索引。聚集索引的叶级包含了实际的数据页，这些数据页包含每个数据行的所有列，但是非聚集索引的叶级数据只包含索引中指定的字段和定义的任何 INCLUDE 列。CREATE INDEX 语句默认创建非聚集索引。

可以将索引定义为唯一索引，或者包含重复值。定义唯一索引意味着按照索引键的描述，任意两个行都不能包含相同的值集合。可以使用多个字段来定义唯一性，单独的值可以为 NULL，但如果多个行在键中具有相同的 NULL 值，那么将认为它们是重复值。主键约束将创建一个不允许 NULL 值的唯一索引。唯一约束也将创建一个唯一的非聚集索引。每个表可以包含多达 999 个非聚集索引，包括约束创建的索引。

索引可被启用和禁用。启用索引时，用户能够访问索引。禁用索引则让索引对用户不可用，所以如果禁用了一个聚集索引，基础表将变得对用户不可用。用户不能使用禁用的索引，除非重新构建索引。

要使用 Transact-SQL 命令创建索引，可执行如下步骤：

(1) 打开 SQL Server Management Studio 并连接到 SQL Server 实例。

(2) 确保安装了 http://msftdbprodsamples.codeplex.com/网站上的 AdventureWorks 数据库的副本。该数据库有几个版本，所以如果你的版本与示例不同，就修改下面的语法，使其适合你的 AdventureWorks 版本。

(3) 打开新的查询窗口并遵循如下列表中提供的一种示例查询语法。

首先创建一个表的副本。在本例中，使用下面的脚本创建 HumanResources.Employee 表的一个副本，此脚本将删除这些例子中不需要的字段：

```
SELECT BusinessEntityID, NationalIDNumber,
        LoginID, OrganizationLevel,
        JobTitle, BirthDate, MaritalStatus,
        Gender, HireDate, SalariedFlag,
        VacationHours, SickLeaveHours,
        CurrentFlag, rowguid, ModifiedDate
INTO HumanResources.EmployeeNew
FROM HumanResources.Employee
```

- 要在刚才创建的表上创建聚集索引，可使用如下所示的 CREATE CLUSTERED INDEX Transact-SQL 命令：

```
CREATE CLUSTERED INDEX cix_BusinessEntityID
ON HumanResources.EmployeeNew(BusinessEntityID)
```

- 要创建非聚集索引，可使用 Transact-SQL 命令 CREATE NONCLUSTERED INDEX。NONCLUSTERED 是默认索引类型，可以省略：

```
CREATE NONCLUSTERED INDEX idx_BirthDate
ON HumanResources.EmployeeNew (BirthDate)
```

或：

```
CREATE INDEX idx_BirthDate
ON HumanResources.EmployeeNew (BirthDate)
```

- 要创建覆盖索引，可以使用 Transact-SQL 命令 CREATE NONCLUSTERED INDEX 以及 INCLUDE 关键字，如下所示：

```
CREATE NONCLUSTERED INDEX cidx_HireDate
ON HumanResources.EmployeeNew (HireDate)
INCLUDE (MaritalStatus, Gender, JobTitle)
```

- 要创建过滤索引，可以使用 Transact-SQL 命令 CREATE NONCLUSTERED INDEX 以及 WHERE 关键字，如下所示：

```
CREATE NONCLUSTERED INDEX idx_GenderFemale
```

```
ON HumanResources.EmployeeNew (Gender)
WHERE Gender = 'Female'
```

- 要创建聚集列存储索引，首先应该删除表上的其他所有索引。然后，像下面这样使用 Transact-SQL 命令 CREATE COLUMNSTORE INDEX：

```
CREATE CLUSTERED COLUMNSTORE INDEX idx_EmployeeNew ON HumanResources.
EmployeeNew
```

- 通过删除聚集索引，将该聚集列存储索引转换回一个行存储表：

```
DROP INDEX idx_EmployeeNew ON HumanResources.EmployeeNew
```

- 要创建非聚集列存储索引，需要使用 Transact-SQL 命令 CREATE COLUMNSTORE INDEX，如下所示：

```
CREATE NONCLUSTERED COLUMNSTORE INDEX idx_EmployeeNew
ON HumanResources.Employee (FirstName, LastName, MaritalStatus, Gender)
```

8.2.3　使用分区表和索引

分区表可以帮助优化系统。分区表是将单张表分布到多个单元上的一种方式，其中每个单元都可以建立在独立的文件组中。若合理使用，分区和索引可以帮助管理大量数据，并以更快的速度将信息返回给查询。

创建分区是为了帮助把表分解为更小的单元，并给 SQL 查询引擎提供更好的技术来优化查询，包括并行和分区清除。索引和分区进一步为查询引擎提供帮助，通过添加一层数据访问来帮助标识和定位满足查询所需要的行。

每个分区不只包含聚集索引的键字段，还在每行中包含分区键。分区内的行根据分区键物理存储在一起。在分区表上构建的索引可以使用与分区表相同的分区函数/模式进行分区，也可以使用自己的分区函数和模式，还可以不分区。当非聚集索引使用与基础表相同的分区键(聚集索引键)分区时，就称为分区对齐索引。对于“滑动窗口”分区应用程序，必须具有分区对齐索引。通过将分区与基础聚集索引对齐，可以换入或换出单独的分区与它们的索引，也可以单独维护它们。

但你可能会发现，添加其他非分区对齐的索引可以提高性能。如果许多查询中都没有分区键，查询性能可能会降低。此时，创建非聚集、非分区对齐的索引应该可以提高性能。如果需要添加非分区对齐的索引，并且也要处理分区切换的场景，就要在分区切换前删除非分区对齐的索引，然后在完成切换后重新构建这些索引。

除非索引是唯一索引，否则分区键不必是索引键的一部分。

8.3　索引维护

生产 DBA 的一项重要任务是监控现有索引的健康状况，标识在何处需要新索引。每次在 SQL Server 表中插入、更新或删除数据时，都会相应地更新索引。更新索引时，叶级页的数据将被移动，以支持索引的排序顺序，这可能导致索引碎片。

在行存储索引中，被删除或修改的行可以重用空闲空间，但是页分割可能导致出现碎片。在列存储索引中，应该定期重新构建索引以回收删除或更新操作导致的空闲空间，以及更新所有非聚集列存储索引，这是非常重要的。

随着时间的推移，数据页中的数据分布可能会变得不再平衡。一些数据页中数据的填充可能非常稀疏，而其他数据页则被填满。过多稀疏填充的数据页会带来性能问题，因为需要读取更多的数据页来检索请求的数据。

另外，接近填满的页可能会在插入或更新数据时产生页分割。当发生页分割时，会将大约一半的数据移动到新创建的数据页中。这种经常执行的重新组织操作会消耗资源并创建数据页碎片。

我们的目标是将尽可能多的数据存储到最少量的数据页中，同时为数据增长留出一定的空间，从而防止过多的页分割。可以通过微调索引填充因子来实现这种微妙的平衡。

注意：

关于微调索引填充因子的更多信息，请参考联机丛书：http://msdn.microsoft.com/en-us/library/ms177459(v=SQL.110).aspx。

8.3.1 监控索引碎片

在 SQL Server 2014 中可以使用提供的 Data Management Views(数据管理视图，DMV)来监控索引碎片(包括列存储索引)。最有用的 DMV 之一是 sys.dm_db_index_physical_stats，它提供每个索引的平均碎片信息。

例如，可以按照如下所示的命令查询 sys.dm_db_index_physical_stats DMV：

```
SELECT index_id,avg_fragmentation_in_percent
FROM sys.dm_db_index_physical_stats
(
DB_ID('AdventureWorks'),
OBJECT_ID('AdventureWorks'),
NULL, NULL, 'DETAILED'
) ORDER BY avg_fragmentation_in_percent desc
```

图 8-1 显示了此查询的结果。

在此 DMV 的执行结果中可以观察到具有较多碎片的索引。具有较高碎片百分比的索引必须进行碎片整理以避免产生性能问题。根据碎片的类型(内部或外部)，SQL Server 会以无效率的方式存储和访问碎片较多的索引。外部碎片意味着没有以逻辑顺序存储数据页。内部碎片意味着页存储的数据量少于可以容纳的数据量。这两种碎片都会导致延长查询时间。进一步的 DMV 查询可以标识需要整理碎片的具体索引。

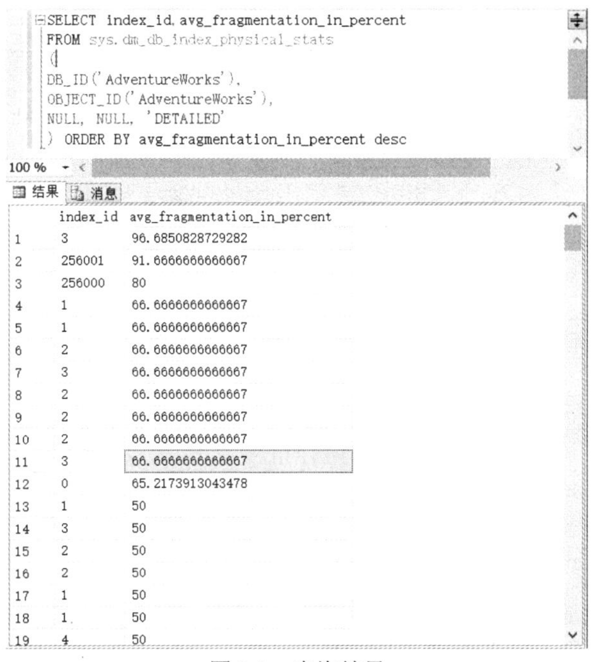

图 8-1　查询结果

SQL Server 2014 中的一个新功能允许清理分区索引内的单独分区，并对其进行碎片整理，这在帮助 DBA 的同时，只对性能产生了最小的影响，并且降低了维护活动的停机时间。

8.3.2　清理索引

索引清理应该始终是所有数据库维护操作的一部分。由于创建了索引，随着索引区数据的改变会产生碎片，需要定期对这些索引执行清理任务。如果索引包含过多的碎片，就可以通过重新组织或重新构建索引来对索引进行碎片清理。

- 重新组织索引：
  - ◆ 重新排序和压缩叶级页
  - ◆ 联机执行索引重新排序(不使用任何长期锁)
  - ◆ 适合于具有较低碎片百分比的索引
- 重新构建索引：
  - ◆ 重新创建新索引，然后删除原索引
  - ◆ 回收磁盘空间
  - ◆ 重新排序和压缩邻近页中的行
  - ◆ 使用企业版中提供的联机索引重新构建选项
  - ◆ 更加适合于具有较多碎片的索引

表 8-2 列出了 DimCustomer 表的索引操作的一般性语法。

表 8-2　DimCustomer 表的索引操作语法

操　　作	语　　法
创建索引	CREATE INDEX IX_DimCustomer_CustomerAlternateKey ON DimCustomer (CustomerAlternateKey)
重新组织索引	ALTER INDEX IX_DimCustomer_CustomerAlternateKey ON DimCustomer REORGANIZE
在单个分区上重新组织索引	ALTER INDEX IX_DimCustomer_CustomerAlternateKey ON DimCustomer REORGANIZE PARTITION = 1
在所有分区上重新组织索引	ALTER INDEX IX_DimCustomer_CustomerAlternateKey ON DimCustomer REORGANIZE PARTITION = ALL
重新构建索引	ALTER INDEX IX_DimCustomer_CustomerAlternateKey ON DimCustomer REBUILD
在单个分区上重新构建索引	ALTER INDEX IX_DimCustomer_CustomerAlternateKey ON DimCustomer REBUILD PARTITION = 1
在所有分区上重新构建索引	ALTER INDEX IX_DimCustomer_CustomerAlternateKey ON DimCustomer REBUILD PARTITION = ALL
删除索引	DROP INDEX IX_DimCustomer_CustomerAlternateKey ON DimCustomer

索引会随着时间的推移而变得具有很多碎片。决定是重新组织索引还是重新构建索引取决于索引的碎片级别以及维护窗口。对于重新构建索引来说，人们通常接受的碎片量阈值是20%~30%。如果索引碎片级别低于这个阈值，执行重新组织索引操作即可。

但是，为什么不是每次都重新构建索引？确实可以，前提是维护窗口允许这样做。注意，重新构建索引操作需要花费较长的时间才能完成，在此期间会设置锁，并且所有插入、更新和删除操作必须等待。如果正在运行 SQL Server 2005 或更高版本的企业版，那么可以利用联机索引重新构建操作。与标准的重新构建索引操作不同的是，联机索引操作允许在重新构建索引期间执行插入、更新和删除操作。使用 SQL Server 2014 中的单个分区索引重新构建/重新组织(Single Partition Index Rebuild/Reorganize)，可以将对表的整理工作分散到几天中，从而可以进一步限制维护活动。

8.4 使用索引改进查询性能

SQL Server 2014 包含一些 DMV，可以用于微调查询。DMV 可用于显示特定查询的表面执行统计数据，如查询执行的次数、执行的读写次数、消耗的 CPU 时间量、索引查询使用情况统计数据等。

可以使用通过 DMV 获得的执行统计数据来微调查询，例如，可以重构 Transact-SQL 代码来利用并行性和现有的索引，还可以使用这些 DMV 来标识遗漏的索引、未利用的索引，以及标识需要执行碎片整理的索引。

例如，研究 AdventureWorksDW 数据库的 FactInternetSales 表中的现有索引，可以发现如图

8-2 所示，FactInternetSales 表已经有了良好构建的索引。

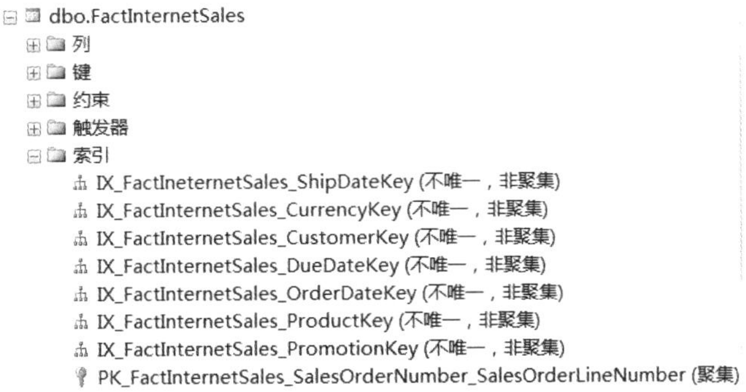

dbo.FactInternetSales
列
键
约束
触发器
索引
IX_FactIneternetSales_ShipDateKey (不唯一，非聚集)
IX_FactInternetSales_CurrencyKey (不唯一，非聚集)
IX_FactInternetSales_CustomerKey (不唯一，非聚集)
IX_FactInternetSales_DueDateKey (不唯一，非聚集)
IX_FactInternetSales_OrderDateKey (不唯一，非聚集)
IX_FactInternetSales_ProductKey (不唯一，非聚集)
IX_FactInternetSales_PromotionKey (不唯一，非聚集)
PK_FactInternetSales_SalesOrderNumber_SalesOrderLineNumber (聚集)

图 8-2　AdventureWorksDW 数据库的 FactInternetSales 表中的索引

为了说明查询调优过程，依次运行一系列步骤，生成可以通过 DMV显示的执行统计数据。

(1) 删除 FactInternetSales 表中的现有索引 ProductKey 和 OrderDateKey，如下所示：

```
USE [AdventureWorksDW]
GO
-- Drop ProductKey index
IF EXISTS (SELECT * FROM sys.indexes
WHERE object_id = OBJECT_ID(N'[dbo].[FactInternetSales]') AND
name = N'IX_FactInternetSales_ProductKey')
DROP INDEX [IX_FactInternetSales_ProductKey] ON [dbo].[FactInternetSales]
GO
-- Drop OrderDateKeyIndex
IF EXISTS (SELECT * FROM sys.indexes WHERE object_id =
OBJECT_ID(N'[dbo].[FactInternetSales]')
AND name = N'IX_FactInternetSales_OrderDateKey')
DROP INDEX [IX_FactInternetSales_OrderDateKey] ON [dbo].[FactInternetSales]
GO
```

(2) 执行如下脚本 3 次：

```
/*** Internet_ResellerProductSales ***/
SELECT
   D.[ProductKey],
   D.EnglishProductName,
   Color,
   Size,
   Style,
ProductAlternateKey,
   sum(FI.[OrderQuantity]) InternetOrderQuantity,
   sum(FR.[OrderQuantity]) ResellerOrderQuantity,
   sum(FI.[SalesAmount]) InternetSalesAmount,
   sum(FR.[SalesAmount]) ResellerSalesAmount
FROM [FactInternetSales] FI
   INNER JOIN DimProduct D
   ON FI.ProductKey = D.ProductKey
```

```
    INNER JOIN FactResellerSales FR
    ON FR.ProductKey = D.ProductKey
  GROUP BY
    D.[ProductKey],
    D.EnglishProductName,
    Color,
    Size,
    Style,
    ProductAlternateKey
```

图 8-3 显示了执行的 Transact-SQL 脚本和结果。根据计算机上的可用资源不同，执行结果可能有所不同。

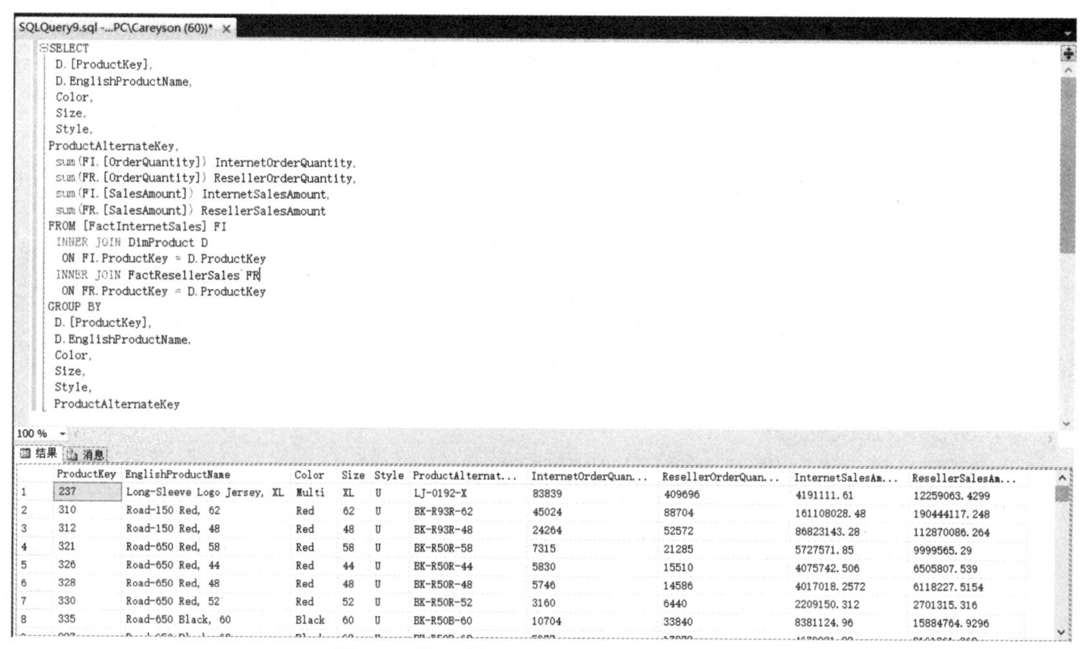

图 8-3　执行的 Transact-SQL 脚本和结果

(3) 运行如下脚本，分析上述查询的执行统计数据：

```
SELECT TOP 10
SUBSTRING(qt.TEXT, (qs.statement_start_offset/2)+1,
((CASE qs.statement_end_offset WHEN -1 THEN DATALENGTH(qt.TEXT)
ELSE qs.statement_end_offset
END - qs.statement_start_offset)/2)+1) QueryText,
qs.last_execution_time,
qs.execution_count,
qs.last_logical_reads,
qs.last_logical_writes,
qs.last_worker_time,
qs.total_logical_reads,
qs.total_logical_writes,
qs.total_worker_time,
```

```
qs.last_elapsed_time/1000000 last_elapsed_time_in_S,
qs.total_elapsed_time/1000000 total_elapsed_time_in_S,
qp.query_plan
FROM
sys.dm_exec_query_stats qs
CROSS APPLY sys.dm_exec_sql_text(qs.sql_handle) qt
CROSS APPLY sys.dm_exec_query_plan(qs.plan_handle) qp
ORDER BY
qs.last_execution_time DESC,
qs.total_logical_reads DESC
```

图 8-4 显示了主要由 sys.dm_exec_query_stats DMV 报告的执行统计数据。

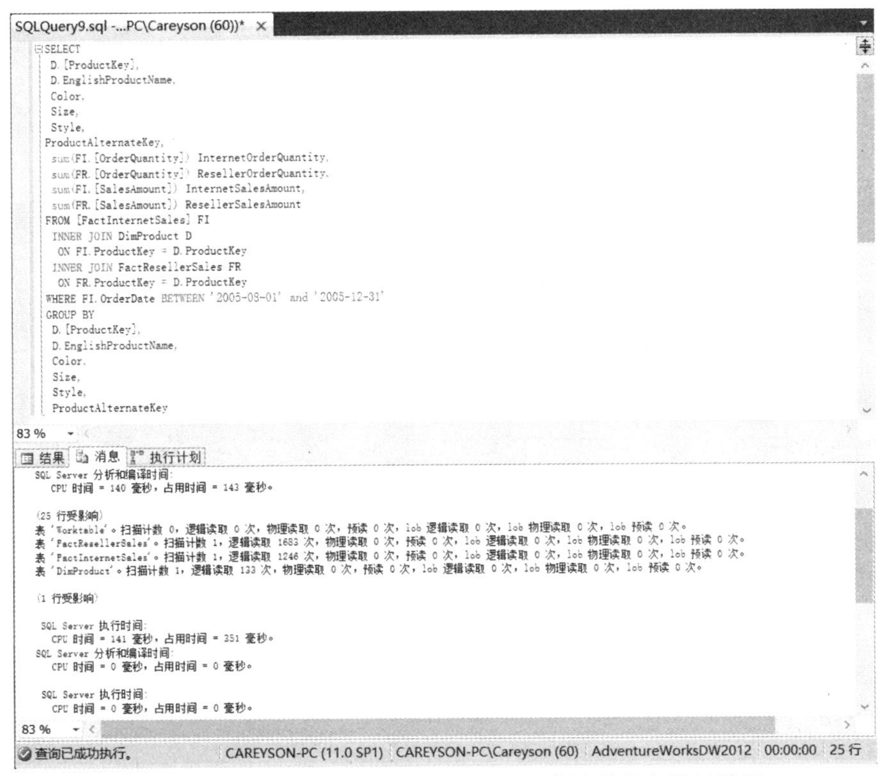

图 8-4　由 sys.dm_exec_query_stats DMV 报告的执行统计数据

从这个 DMV 中可以观察到有大量读取操作，并且处理器花费了大量时间来执行该查询。注意观察这些基准数字。在结束该示例时，将可以降低这些数字的值。

(4) 查询 sys.dm_db_missing_index_details DMV，检查是否报告了遗漏的索引，如下所示：

```
SELECT * FROM sys.dm_db_missing_index_details
```

图 8-5 显示了 sys.dm_db_missing_index_details DMV 的结果。使用 sys.dm_db_missing_index_details DMV 可以快速标识是否需要索引。数据库引擎优化顾问(Database Engine Tuning Advisor，DTA)是标识遗漏索引的另一种方式，并且有一个向导来帮助完成标识遗漏索引的过程。从 SQL Server Management Studio 的“工具”菜单中可以执行 DTA。

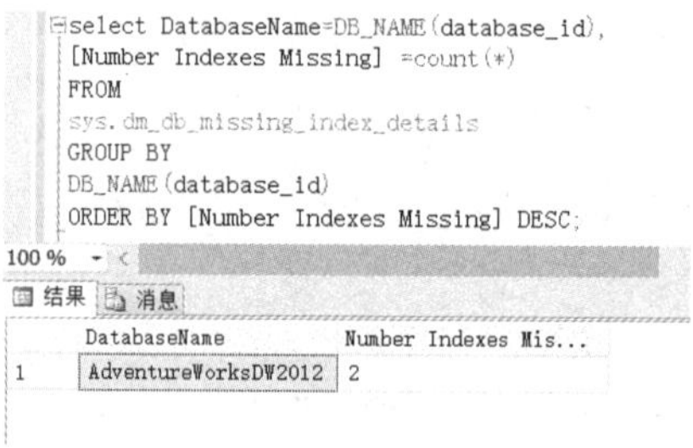

```
select DatabaseName=DB_NAME(database_id),
[Number Indexes Missing] =count(*)
FROM
sys.dm_db_missing_index_details
GROUP BY
DB_NAME(database_id)
ORDER BY [Number Indexes Missing] DESC;
```

100 %

结果 消息

	DatabaseName	Number Indexes Mis...
1	AdventureWorksDW2012	2

图 8-5 sys.dm_db_missing_index_details DMV 的结果

注意：

还可以尝试标识需要哪些索引，方法是分析 sys.dm_exec_sql_text 捕获的查询文本(参阅图 8-5)。

(5) 继续进行查询调优，在 FactInternetSales 表上创建 ProductKey 和 OrderDateKey 索引，如下所示：

```
USE [AdventureWorksDW]
GO
IF EXISTS
(SELECT * FROM sys.indexes
WHERE object_id = OBJECT_ID(N'FactInternetSales')
AND name = N'IX_FactInternetSales_OrderDateKey')
DROP INDEX IX_FactInternetSales_OrderDateKey ON
FactInternetSales
GO
IF NOT EXISTS
(SELECT * FROM sys.indexes
WHERE object_id = OBJECT_ID(N'[dbo].[FactInternetSales]') AND
name = N'IX_FactInternetSales_ProductKey')
CREATE NONCLUSTERED INDEX IX_FactInternetSales_ProductKey ON
FactInternetSales
(ProductKey ASC)
WITH
(PAD_INDEX = OFF,
STATISTICS_NORECOMPUTE = OFF,
SORT_IN_TEMPDB = OFF,
DROP_EXISTING = OFF,
ONLINE = OFF,
ALLOW_ROW_LOCKS = ON,
ALLOW_PAGE_LOCKS = ON
) ON [PRIMARY]
GO
```

(6) 再次执行第(2)步中定义的 Internet_ResellerProductSales 查询 3 次。图 8-6 显示这个查询的读取次数显著改善，这也将改善这个查询的整体执行时间。

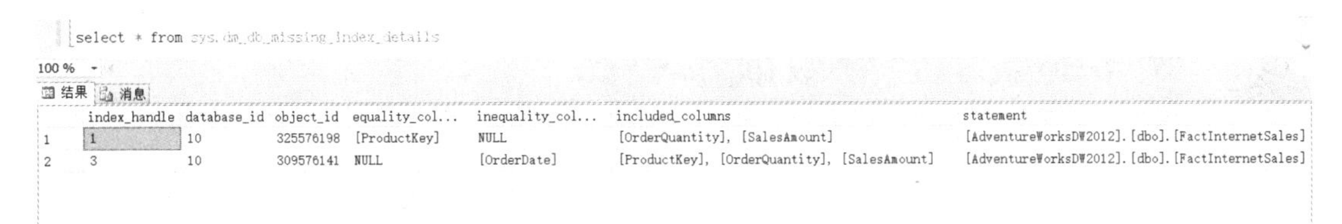

图 8-6　查询的读取次数

8.5　数据库引擎优化顾问

自 SQL Server 2005 以来，提供给数据库管理员的一款比较有用的工具是数据库引擎优化顾问(DTA)。在本章中已经看到，使用 DTA 可以分析数据库以查找遗漏的索引并给出其他性能调优建议，如分区和索引视图。DTA 接受如下类型的工作负载：

- SQL 脚本文件(*.sql)
- 跟踪文件(*.trc)
- XML 文件(*.xml)
- 跟踪表
- 计划缓存

图 8-7 显示了 DTA 的工作负载选择界面，包括新的 Plan Cache 选项。DTA 带给 DBA 和 SQL Server 开发人员的显著优点是能够快速生成数据库性能改进建议，而不需要知道底层的数据库架构、数据结构、使用模式甚至是 SQL Server 查询优化器的内部工作原理。

此外，从 SQL Server 2012 开始，还可以使用计划缓存作为 DTA 工作负载的一部分。这个新的工作负载选项使得不再需要手动生成用于分析的工作负载，如跟踪文件。

图 8-7　DTA 的工作负载选择界面

8.6 太多的索引会导致成本更高

太多的索引会产生与大量额外数据页关联的附加系统开销，查询优化器需要遍历这些数据页。同样，过多的索引需要更多的磁盘空间，并且需要花费更多的时间来完成维护任务。

DTA通常会推荐大量的索引，特别是在对许多查询分析工作负载时。隐藏在背后的原因是需要分析每个查询。较好的做法是根据需要逐渐增加所应用的索引，同时保持基准以比较新的索引是否改进了查询性能。

SQL Server 2014提供了DMV来获得索引的使用信息，下面给出了其中一部分：

- sys.dm_db_missing_index_details——返回关于遗漏索引的详细信息。
- sys.dm_db_missing_index_columns——返回遗漏索引的表列的相关详细信息。
- sys.dm_db_missing_index_groups——返回特定遗漏索引组的相关详细信息。
- sys.dm_db_missing_index_group_stats——返回遗漏索引组的相关概要信息。
- sys.dm_db_index_usage_stats——返回不同类型索引操作和计数以及最近一次执行每种索引操作的时间。
- sys.dm_db_index_operational_stats——返回数据库中表或索引的每个分区的当前低级I/O、闩锁、锁存和访问方法活动。
- sys.dm_db_index_physical_stats：返回指定表或视图的数据和索引的大小及碎片信息。

例如，要获得用户查询已经使用以及尚未使用的索引的列表，可以查询DMV sys.dm_db_index_usage_stats。从已经使用的索引列表中，可以获得重要的统计信息，借助这些统计信息可以微调索引。这些信息包括索引访问模式(如索引扫描)、索引查找和索引书签查询。记住，重新构建索引将改变查询的结果，所以一定要经常运行查询。

要获得用户查询已经使用的索引的列表，可以执行如下脚本：

```
SELECT
SO.name Object_Name,
SCHEMA_NAME(SO.schema_id) Schema_name,
SI.name Index_name,
SI.Type_Desc,
US.user_seeks,
US.user_scans,
US.user_lookups,
US.user_updates
FROM sys.objects AS SO
JOIN sys.indexes AS SI
ON SO.object_id = SI.object_id
INNER JOIN sys.dm_db_index_usage_stats AS US
ON SI.object_id = SI.object_id
AND SI.index_id = SI.index_id
WHERE
database_id=DB_ID('AdventureWorks')
AND SO.type = 'u'
```

```
AND SI.type IN (1, 2)
AND (US.user_seeks > 0 OR US.user_scans > 0 OR US.user_lookups > 0 );
```

要获得用户查询尚未使用的索引的列表，可以执行如下脚本：

```
SELECT
SO.Name TableName,
SI.name IndexName,
SI.Type_Desc IndexType,
US.user_updates
FROM sys.objects AS SO
INNER JOIN sys.indexes AS SI
ON SO.object_id = SI.object_id
LEFT OUTER JOIN sys.dm_db_index_usage_stats AS US
ON SI.object_id = US.object_id
AND SI.index_id = US.index_id
WHERE
database_id=DB_ID('AdventureWorks')
AND SO.type = 'u'
AND SI.type IN (1, 2)
AND (US.index_id IS NULL)
OR (US.user_seeks = 0 AND US.user_scans = 0 AND US.user_lookups = 0 );
```

应该删除未被用户查询使用的索引，除非添加这些索引的目的是支持在特定时间点内发生的任务关键型工作，例如每个月或每个季度的数据提取和报告。未使用的索引会给插入、删除、更新操作以及索引维护操作增加系统开销。

只有当索引(或堆)元数据位于元数据缓存中时，索引使用情况统计数据才可用。当删除缓存对象时，将把使用情况统计数据初始化为空。例如，当 SQL Server 重新启动时，或者当打开 AUTO_CLOSE 属性时，会分离或关闭数据库。

8.7 小结

本章介绍了 SQL Server 中可用的索引类型，包括行存储索引、列存储索引和其他一些索引类型(XML、全文和空间索引)。

行存储索引是以排序顺序存储的列的组合，为表的叶级数据提供了指针。

列存储索引是基于列的非聚集索引，基于列中的离散值存储数据。相比于常规的基于行的索引，这种类型的索引具有更多的优点，包括较小规模的索引和更快的数据检索速度。在 SQL Server 2014 中，列存储索引可更新，并且有一个新的压缩选项 COLUMNSTORE_ARCHIVE。

索引数据库的重要组成部分包括创建分区和索引，以及高级的索引技术，如过滤索引和覆盖索引。重新组织索引和重新构建索引是重要的维护操作，可以用于减少和消除索引碎片。SQL Server 2014 数据库引擎优化顾问(DTA)已经得到增强，现在可以帮助你基于计划缓存来优化数据库。

通过使用索引优化查询，可使数据库优化锦上添花，通过利用来自DMV的数据即可实现这一点。还要记住执行如下操作所带来的优势：查找未被用户查询使用的索引并删除这些索引。

8.8 经典习题

1. 简答题

(1) 本章介绍了哪几种索引，分别描述每种索引的主要特征。
(2) 索引数据库的重要组成部分包括哪些？
(3) 列存储索引的主要特征是什么？
(4) 聚集索引和其他索引有什么本质区别？

2. 上机操作题

按照教材中提到的方法创建聚集索引、非聚集索引和列存储索引。

第9章

事务、锁和游标

SQL Server 提供了多种数据完整性的保证机制，如约束、触发器、事务和锁管理等。事务管理主要是为了保证一批相关数据库中数据的操作能够全部完成，从而保证数据的完整性。锁机制主要是对多个事务的执行进行并发控制，保证数据的一致性与完整性。当查询语句返回多条记录时，如果数据量非常大，则需要使用游标来逐条读取查询结果中的记录。应用程序可以根据需要滚动或浏览其中的数据。

本章将介绍事务、锁及游标相关的内容，包括事务的原理与事务管理的常用语句，事务的类型和应用，锁的内涵与类型、锁的应用，游标的概念、分类以及基本操作等内容。

本章主要内容：

- 了解事务处理的概念和方法
- 掌握事务的执行、撤销和回滚
- 了解引入锁的原因和锁的类型
- 掌握如何设置事务和锁的相关操作
- 了解游标的概念与分类
- 掌握游标的基本操作

9.1 工作场景导入

学校财务让出纳员小李和小王去银行办理出纳业务，对于学校的银行账户 A(余额为 200 元)，小李准备提取现金 100 元，而小王准备从 A 账户转出 100 元到 B 账户，如果事务没有进行隔离，会并发如下问题：

(1) 第一类丢失更新：首先小李提款时账户内有 200 元，同时小王转账时也是 200 元，然后小李小王同时操作，小李操作成功取走 100 元，小王操作失败回滚，账户内最终为 200 元，这样小李的操作被覆盖掉了，银行损失 100 元。

(2) 脏读：小李取款 100 元未提交，小王进行转账查到账户内剩有 100 元，这时，小李放弃操作回滚，小王正常操作提交，账户内最终为 0 元，小王读取了小李的脏数据，客户损失 100 元。

(3) 虚读：和脏读类似，是针对插入操作过程中的读取问题，如丙存款 100 元未提交，这时，银行做报表进行统计查询账户为 200 元，然后丙提交了，这时银行再统计发现账户为 300 元了，无法判断到底以哪个为准？

(4) 不可重复读：小李、小王同时开始，都查到账户内为 200 元，小李先开始取款 100 元提交，这时小王在准备最后更新的时候又进行了一次查询，发现结果是 100 元，这时小王就会很困惑，不知道该将账户改为 100 还是 0。

(5) 第二类丢失更新：这是不可重复读的一种特例，如上，小王不做第二次查询而是直接操作完成，账户内最终为 100 元，小李的操作被覆盖掉了，银行损失 100 元。感觉和第一类丢失更新类似。

事务是所有数据库管理系统中一个非常重要的概念，不管是数据库管理人员还是数据库开发人员，都应该对事务有较深刻的理解。

引导问题：

(1) 如何防止丢失更新？

(2) 如何防止脏读和虚读？

(3) 如何实现可重复读？

9.2 事务管理

9.2.1 事务的原理

在 SQL Server 2014 中，使用 DELETE 或 UPDATE 语句对数据库进行更新时，一次只能操作一个表，但 SQL Server 2014 又允许多个用户并发使用数据库，因此，可能会带来数据库的数据不一致问题。

如现实中的转账过程，它需要两条 UPDATE 语句来完成业务流程：

- 从转出账户 A 中减掉需转账的金额；
- 在转入账户 B 中加上转账的金额。

这两个过程必须全部完成，整个转账过程才完成。否则，款项从 A 账户扣除了，正好此时因为其他原因导致程序中断，这样，B 账户没有收到款项，而 A 账户的钱也没有了，这明显是错误的。

为了解决这类问题，数据库管理系统提出了事务的概念：将一组相关操作绑定在一个事务中，为了使事务成功，必须成功完成该事务中的所有操作。

事务对上面转账问题的解决方法是：把转出和转入作为一个整体，形成一个操作集合，这个集合中的操作要么都不执行，要么都执行。

9.2.2 事务的概念

事务(Transaction)是由对数据库的若干操作组成的一个逻辑工作单元，这些操作要么都执行，要么都不执行，是一个不可分割的整体。事务用这种方式保证数据满足并发性和完整性的要求。使用事务可以避免发生有的语句被执行，而另外一些语句没有被执行，从而造成数据不一致问题。

9.2.3　事务的特性

事务的处理必须满足四个原则，即原子性(A)、一致性(C)、隔离性(I)和持久性(D)，简称 ACID 原则。

- 原子性(Atomicity)：事务必须是原子工作单元，事务中的操作要么全部执行，要么全都不执行，不能只完成部分操作。原子性在数据库系统中，由恢复机制来实现。
- 一致性(Consistency)：事务开始之前，数据库处于一致性的状态；事务结束后，数据库必须仍处于一致性状态。数据库一致性的定义是由用户负责的，如前面所述的银行转账，用户可以定义转账前后两个账户的金额之和应该保持不变。
- 隔离性(Isolation)：系统必须保证事务不受其他并发执行事务的影响，即当多个事务同时运行时，各事务之间相互隔离，不可互相干扰。事务查看数据时数据所处的状态，要么是另一个并发事务修改它之前的状态，要么是另一个并发事务修改它之后的状态，事务不会查看中间状态的数据。隔离性通过系统的并发控制机制实现。
- 持久性(Durability)：一个已完成的事务对数据所做的任何变动在系统中是永久有效的，即使该事务产生的修改是不正确的也将一直保持。持久性通过恢复机制实现，发生故障时，可以通过日志等手段恢复数据库信息。

事务四原则保证了一个事务或者成功提交，或者失败回滚，二者必居其一，因此，它对数据的修改具有可恢复性。即当事务失败时，它对数据的修改都会恢复到该事务执行前的状态。

9.2.4　事务的工作原理

事务以 BEGIN TRANSACTION 开始，以 COMMIT TRANSACTION 或 ROLLBACK TRANSACTION 结束。

其中，COMMIT TRANSACTION 表示事务正常结束，提交给数据库，而 ROLLBACK TRANSACTION 表示事务非正常结束，撤销事务已经做的操作，回滚到事务开始时的状态。

9.2.5　事务的执行模式

SQL Server 的事务可以分为两类：隐性事务和显式事务。

1. 隐性事务

一条 Transact-SQL 语句就是一个隐性事务，也称为系统提供的事务。例如，执行如下的建表语句：

```
CREATE TABLE aa (f1 int not null, f2 char(10), f3 varchar(30))
```

这条语句本身就构成了一个事务，它要么建立包含 3 列的表，要么对数据库没有任何影响。不会出现建立只含 1 列或者 2 列的表的情况。

2. 显式事务

显式事务又称为用户定义的事务。事务有一个开头和一个结尾，它们指定了操作的边界。边界内的所有资源都参与同一个事务。当事务执行遇到错误时，将取消事务对数据库所做的修改。因此，我们需要把参与事务的语句封装在一个 BEGIN TRAN/COMMIT TRAN 块中。

一个显式事务的语句以 BEGIN TRANSACTION 开始，以 COMMIT TRANSACTION 或 ROLLBACK TRANSACTION 结束。事务的定义是一个完整的过程，指定事务的开始和表明事务的结束两者缺一不可。下面详细说明它们的用法。

(1) BEGIN TRANSACTION 语句定义事务的起始点

语法格式如下：

```
BEGIN TRAN[SACTION] 事务名称|@事务变量名称
```

说明：

- @事务变量名称是由用户定义的变量，必须用 char、varchar、nchar 或 nvarchar 数据类型来声明该变量。
- BEGIN TRANSACTION 语句的执行使全局变量@@TRANCOUNT 的值加 1。

(2) COMMIT TRANSACTION 提交事务

提交事务，意味着将事务开始以来所执行的所有数据修改成为数据库的永久部分，因此也标志着一个事务的结束。一旦执行了该命令，将不能回滚事务。只有在所有修改都准备好提交给数据库时，才执行这一操作。

语法格式如下：

```
COMMIT   [TRAN[SACTION]] 事务名称|@事务变量名称
```

说明：

COMMIT TRANSACTION 语句的执行会使全局变量@@TRANCOUNT 的值减 1。

(3) ROLLBACK TRANSACTION 回滚事务

当事务执行过程中遇到错误时，使用 ROLLBACK TRANSACTION 语句可使事务回滚到起点或指定的保持点处。同时系统将清除自事务起点或到某个保存点所做的所有的数据修改，并且释放由事务控制的资源。因此，这条语句也标志着事务的结束。

语法格式如下：

```
ROLLBACK   [TRAN[SACTION]] [事务名称|@事务变量名称|存储点名称|@含有存储点名称的变量名]
```

说明：

- 当条件回滚只影响事务的一部分时，事务不需要全部撤销已执行的操作。可以让事务回滚到指定位置，此时，需要在事务中设定保存点。保存点所在位置之前的事务语句不用回滚，即保存点之前的操作被视为有效。保存点的创建通过“SAVE TRANSACTION 保存点名称”语句来实现，然后再执行“ROLLBACK TRANSACTION 保存点名称”语句回滚到该保存点。
- 若事务回滚到起点，则全局变量@@TRANCOUNT 的值减 1；若事务回滚到指定的保存点，则全局变量@@TRANCOUNT 的值不变。

9.2.6　事务的应用案例

【例 9-1】事务的显式开始和显式回滚。

在 SQL Server Management Studio 的“标准”工具栏上，单击“新建查询”按钮。此时将使用当前连接打开一个查询编辑器窗口。输入如下代码，单击“SQL 编辑器”工具栏中的“执行”按钮，在“结果/消息”窗格中查看结果。

```
USE TempDB;/*使用 TempDB 作为当前数据库*/
GO
--TempDB 数据库中若存在用户创建的表 TestTable，则删除之。
IF OBJECT_ID(N'TempDB..TestTable', N'U')IS NOT NULL
  DROP TABLE TestTable;
GO

CREATE TABLE TestTable([ID] int,[name] nchar(10))
GO
DECLARE @TransactionName varchar(20);/*声明局部变量*/
set @TransactionName    = 'Transaction1';/*给局部变量赋初值*/

PRINT @@TRANCOUNT/*向客户端返回当前连接上已发生的 BEGIN TRANSACTION 语句数*/
BEGIN TRAN @TransactionName/*显式开始事务*/
  PRINT @@TRANCOUNT
  INSERT INTO TestTable VALUES(1,'李伟')/*插入记录到表*/
  INSERT INTO TestTable VALUES(2,'李强')/*插入记录到表*/
  ROLLBACK TRAN @TransactionName/*显式回滚事务，取消插入操作，将表中数据恢复到初始状态*/
PRINT @@TRANCOUNT

BEGIN TRAN @TransactionName
  PRINT @@TRANCOUNT
  INSERT INTO TestTable VALUES(3,'王力')
  INSERT INTO TestTable VALUES(4,'王为')
  If @@error>0 --如果系统出现意外
     ROLLBACK TRAN @TransactionName     --则进行回滚操作
  Else
     COMMIT TRAN @TransactionName/*显式提交事务*/
PRINT @@TRANCOUNT

SELECT * FROM TestTable/*查询表的所有记录*/
--结果
--ID name
-------------
--3  王力
--4  王为

DROP TABLE TestTable/*删除表*/
```

【例 9-2】向教师表中插入一名教师的信息，如果正常运行则插入数据表中，反之则回滚。此例主要介绍 SAVE TRANSACTION 语句。

```
USE TempDB;/*使用 TempDB 作为当前数据库*/
```

```
GO
--TempDB 数据库中若存在用户创建的表 Teacher，则删除之。
IF OBJECT_ID(N'TempDB..Teacher', N'U')IS NOT NULL
  DROP TABLE Teacher;
GO

CREATE TABLE Teacher([ID] int,[name] nchar(10),[birthday]datetime,depatrment nchar(4),salary int null)
GO

begin transaction
insert into teacher values('101','周健',1990-03-22,'计算机学院',1000)
insert into teacher values('102','黎明',1980-08-28,'计算机学院',1000)
select * from Teacher;

update teacher set salary=salary+100     --给每名教师的薪水加 100 元
save transaction savepoint1
insert into teacher values('105','陈红',1975-03-22,'计算机学院',null)
If @@error>0
     rollback transaction savepoint1
If @@error>0
     rollback transaction
Else
     commit transaction
select * from Teacher;
```

注意：save transaction 命令后面有一个名字，这就是在事务内设置的保存点的名字，这样在第一次回滚时，就可以回滚到这个保存点，就是 savepoint1，而不是回滚整个事务。insert into teacher 会被取消，但是事务本身仍将继续。也就是插入的教师信息将从事务中除去，数据表撤销该教师信息的插入，但是给每名教师的薪水加 100 元的操作正常被保存到数据库中；到了后一个回滚，由于没有给出回滚到的保存点名字，rollback transaction 将回滚到 begin transaction 前的状态，即修改和插入操作都被撤销，就像没有发生任何事情一样。

【例 9-3】删除“工业工程”系，将“工业工程”系的学生划归到“企业管理”系。

```
USE 教学管理
GO
begin transaction my_transaction_delete
use 教学管理 /*使用数据库“教学管理”*/
GO
delete from 系部   where   系别 ='工业工程'

save transaction after_delete      /*设置事务恢复断点*/

update 学生
set 系别 ='企业管理'   where   系别 ='工业工程'
/*“工业工程”系学生的系别编号改为“企业管理”系的系别编号*/
if @@error<>0 or @@rowcount=0 then
```

```
/*检测是否成功更新，@@ERROR 返回上一个 SQL 语句状态，非零即说明出错，错则回滚之*/
begin
rollback tran after_delete
/*回滚到保存点 after_delete，如果使用 rollback my_transaction_delete，则会回滚到事务开始前*/
commit tran
print '更新学生表时产生错误'
return
end

commit transaction my_transaction_delete
GO
```

说明：

如果不指定回滚的事务名称或保存点，则 ROLLBACK TRANSACTION 命令会将事务回滚到事务执行前，如果事务是嵌套的，则会回滚到最靠近的 BEGIN TRANSACTION 命令前。

下面介绍如何使用 SQL Server 2014 的存储过程实现银行转账这样的事务处理。

【例 9-4】使用 SQL Server 2014 的存储过程实现银行转账业务的事务处理。

具体操作如下：

```
USE master;
GO
IF DB_ID('BankDB')
  IS NOT NULL
  DROP DATABASE BankDB;
GO
--创建数据库 BankDB
CREATE DATABASE BankDB;
GO
--选择当前数据库为 BankDB
USE BankDB;
GO
--创建表 account
IF OBJECT_ID ( 'account', 'U' ) IS NOT NULL
     DROP TABLE account;
GO

CREATE TABLE account(
  id INT IDENTITY(1,1) PRIMARY KEY,--设置主键
  cardno CHAR(20) UNIQUE NOT NULL,--创建非空唯一值索引
  balance NUMERIC(18,2)
)

--插入记录到表 account
INSERT INTO account VALUES('01',100.0)
INSERT INTO account VALUES('02',200.0)
```

```
GO

--创建存储过程以演示转账事务
IF EXISTS (SELECT name FROM sys.objects
            WHERE name = N'sp_transfer_money')
    DROP PROCEDURE sp_transfer_money;
GO

CREATE PROCEDURE sp_transfer_money--创建存储过程
  @out_cardno CHAR(20),--转出账户
  @in_cardno CHAR(20),--转入账户
  @money NUMERIC(18,2)--转账金额
AS
BEGIN
  DECLARE @remain NUMERIC(18,2)
  SELECT @remain=balance FROM account WHERE cardno=@out_cardno
  IF @money>0
    IF @remain>=@money
      BEGIN
        BEGIN TRANSACTION T1 --开始执行事务
        --执行第一个操作，转账后减去转出的金额
        UPDATE account SET balance = balance-@money WHERE cardno=@out_cardno
        --执行第二个操作，接受转账的金额，余额增加
        UPDATE account SET balance = balance+@money WHERE cardno=@in_cardno

        IF @@error>0 --如果系统出现意外
          BEGIN
            ROLLBACK TRAN T1    --则进行回滚操作，恢复到转账开始之前的状态
            RETURN 0
          END
        ELSE
          BEGIN
            COMMIT TRANSACTION T1/*显式提交事务*/
            PRINT '转账成功.'
          END
        END
    ELSE
      BEGIN
      PRINT '余额不足.'
      END
  ELSE
    PRINT '转账金额应大于.'
END
GO
```

```
--执行存储过程
EXEC sp_transfer_money '01','02',50
```

【例 9-5】某学籍管理系统中需要将某学生的学号由 2010066103 改为 2010066200，这一修改涉及“选课”表和“学生”表两个表。本例中的事务就是为了保证这两个表的数据一致性。

```
USE 教学管理
GO
BEGIN TRAN MyTran                   /*开始一个事务*/
      UPDATE 选课                    /*更新选课表*/
          SET 学号='2010066200'    WHERE 学号='2010066103'
      IF @@ERROR<>0
   /*检测是否成功更新，@@ERROR 返回上一个 SQL 语句的状态，非零即说明出错，错则回滚之*/
      BEGIN
           PRINT '更新选课表时出现错误'
           ROLLBACK TRAN            /*回滚*/
           RETURN
      END

      UPDATE 学生                    /*更新学生表*/
           SET 学号='2010066200'    WHERE 学号='2010066103'
      IF @@ERROR<>0
      BEGIN
           PRINT '更新学生表时出现错误'
           ROLLBACK TRAN            /*回滚*/
           RETURN
      END
COMMIT TRAN MyTran                  /*提交事务*/
```

9.2.7　使用事务时的考虑

在使用事务时，用户不可以随意定义事务，它有一些考虑和限制。

1. 事务应该尽可能短

较长的事务占用数据的时间较长，会使其他必须等待访问相关数据的事务等待较长时间，从而降低系统的并发性，因此应该使事务尽可能短，可以考虑采取如下一些方法：

- 事务在使用过程控制语句改变程序运行顺序时，一定要非常小心。例如，当使用循环语句 WHILE 时，一定要事先确认循环的长度和占用的时间，要确保循环尽可能短。
- 在开始事务之前，一定要了解需要用户交互式操作才能得到的信息，以便在事务执行过程中，可以避免进行一些耗时的交互式操作，从而缩短事务进程的时间。
- 应该尽可能地使用一些数据操纵语言，例如 INSERT、UPDATE 和 DELETE 语句，因为这些语句主要是操纵数据库中的数据。而对于一些数据定义语言，应该尽可能地少用或者不用，因为数据定义语言的操作既占用比较长的时间，又占用比较多的资源，并且数据定义语言的操作通常不涉及数据，所以应该在事务中尽可能地少用或者不用。

- 在使用数据操纵语言时，一定要在这些语句中使用条件判断语句，使得数据操纵语言涉及尽可能少的记录，从而缩短事务的处理时间。

2. 避免事务嵌套

虽然系统允许在事务中间嵌套事务，但实际上使用嵌套事务，除了会把事务搞得更复杂之外，并没有什么明显的好处。因此，不建议使用嵌套事务。

9.3 锁

有关锁定数据的讨论(包含如何持有锁，以及如何避免与锁有关的问题)，是一个非常复杂的领域，掌握并使用锁对数据库初学者来说是比较困难的。但知道锁的概念，了解关于锁的背景知识是非常必要的，这样才能避免在设计查询时出现问题。

9.3.1 事务的缺陷

为了提高系统效率，满足实际应用的需求，系统允许多个事务并发执行，即允许多个用户同时对数据库进行操作。但由于并发事务对数据的操作不同，可能会带来丢失更新、脏读、不可重复读和幻读等数据不一致的问题。

1. 丢失更新(lose update)

一个进程读取了数据，并对数据执行了一些计算，然后根据这些计算更新数据。如果两个进程都是先读取数据，然后再根据它们所读取的数据进行更新，那么由于每个进程都不知道其他进程的存在，其中一个进程可能就会覆盖另一个进程的更新。

例如，在火车订票系统中，出现以下事务并发操作时，就会出现“丢失更新”的情况。

(1) 售票窗口 1 中的售票员查询一行数据，系统将数据放入内存，并显示票务信息给售票员 1；

(2) 售票窗口 2 中的另一个售票员也查询这一行数据，系统将相同的票务信息显示给售票员 2；

(3) 售票员 1 售出车票，修改了这一行的票务信息，更新数据库并提交。售票员 1 售票过程完成；

(4) 售票员 2 也修改这一行的票务信息，更新数据库并提交。售票员 2 的售票过程完成。

这个过程中第(3)步所做的修改将全部丢失，即产生了“丢失更新”。

2. 脏读(dirty read)

脏读是指读取未提交的数据。一个进程更新了数据但在另一个进程读取相同的数据之前未提交该更新。这样，第二个进程所读取的数据处于不一致状态。

具体来说，以下情况属于“脏读”错误：A 事务正在修改数据，在修改的过程中 B 事务读出该数据。但 A 事务因为某些原因取消了对数据的修改，A 事务回滚，数据恢复原值。此时，B 事务得到的数据就与数据库内的数据不一致。B 事务所读取的数据就是“脏”数据(不正确的数据)。

3. 不可重复读(unrepeatable read)

A 事务读取数据，随后 B 事务读取该数据并修改，此时，A 事务再次读取该数据时就会发现数据前后两次的值不一致。这就是不可重复读，也称为不一致的分析。是指在同一个事务的两次读取中，进程读取相同的资源得到不同的值。

它与脏读有相似之处，也是由于事务读取了其他事务正在操作的数据而造成的错误。

4. 幻读(phantom read)

当一个进程对一定范围内的行执行操作，而另一个进程对该范围内的行执行不兼容的操作时，就会发生幻读。幻读是当事务不是独立执行时发生的一种现象。

例如，A 事务对一个表中的数据进行了修改，这种修改涉及表中的全部数据行。同时，B 事务也修改这个表中的数据，这种修改是向表中插入一行新数据。那么，事务提交以后，A 事务的用户发现表中还有没被修改的数据行，就好像发生了幻觉一样。

为了防止出现这些问题，引入数据库并发控制技术：在允许多个应用程序同时访问同一数据的同时，采用锁的概念，保证数据库一致性和数据完整性。

9.3.2　锁的概念

在单用户数据库中，由于只有一个用户在修改信息，不会产生数据不一致的情况，因此并不需要锁。当允许多个用户同时访问和修改数据时，就需要使用锁来防止对同一数据的并发修改，避免产生丢失更新、脏读、不可重复读和幻读等问题。

锁的基本原则是事务 T 对某个数据对象进行操作之前，先向系统申请对该数据加锁，加锁后事务 T 对该数据具有一定的控制，在事务 T 释放锁之前，其他事务不能更新该数据。如果该事务因为某些原因更新失败，则必须回滚所有的修改操作，即恢复至添加锁之前的状态，这样锁机制就保证了事务的隔离性。如果其他事务 T1 尝试访问该数据资源，需要查看该事务的操作方式与事务 T 所持有的锁是否兼容，若兼容则可以并发执行，否则事务 T1 必须暂停执行，直到事务 T 终止、释放该数据对象的锁之后，事务 T1 才能对该数据对象添加新锁。在 SQL Server 2014 中，系统能够自动处理锁的行为。

9.3.3　隔离性的级别

由于多个进程可能会并发运行，因此 SQL Server 2014 使用了隔离级别允许用户控制操作数据时的一致性级别。一个隔离级别决定当数据被访问时，如何锁定数据或让数据与其他进程隔离。用户通过设置不同的事务隔离级别来控制锁的使用，为事务锁定资源。

1. 隔离的级别

SQL Server 2000 提供了 4 种隔离级别：未提交读、已提交读、可重复读和可串行读。SQL Server 2005 后的版本又增加了两个隔离级别：快照和已提交读快照。

不同隔离级别主要通过控制读取器的行为来控制操作数据时得到的一致性级别，用户可以牺牲并发性以提高一致性，反之亦然。技术上，隔离级别通过增加锁持续时间来提高一致性。

下面主要讨论各种隔离级别，以及每种隔离级别所导致的并发性问题。

(1) 未提交读(read uncommitted)

使用未提交读隔离级别时，读取器不请求共享锁。因此它可以读取被排他方式锁定的数据，不会干扰修改数据的进程，通常用于那些访问只读表的事务或某些执行 SELECT 语句的事务。在该级别下，读取器可能会得到未提交的更新，即可能发生脏读和我们前面介绍的所有并发相关的问题。

未提交读是一致性最差的隔离级别，但它的并发性最好。

(2) 已提交读(read committed)

已提交读是 SQL Server 的默认隔离级别。在这种隔离级别下，进程请求一个共享锁以读取数据，一旦数据读取完成后便立即释放，而不管事务什么时候结束。这就意味着不会发生脏读，用户所读取的更新都是那些已经被提交过的更新。但除此之外的所有并发问题都有可能在这个隔离级别下发生。

(3) 可重复读(repeatable read)

使用可重复读隔离级别的进程在读取数据时会请求共享锁，这意味着在该级别上不会发生脏读。与已提交读不同的是，事务保持共享锁直到事务被终止。由于在事务的多次读取之间没有其他进程可以获得排他锁，因此可以避免不可重复读。

在这个隔离级别下，如果读取数据的两个进程保持共享锁直到事务结束，当这两个进程尝试修改数据时，由于每个进程都请求排它锁，而排它锁被另一个进程锁阻塞，因而会导致死锁。所以，丢失更新也不会发生在这个隔离级别上。尽管丢失更新不会发生，但是可重复读隔离级别还是不能避免幻读。

从性能上来分析，可重复读隔离级别锁定了隔离事务所引用的每个行，而不是仅锁定被实际检索或修改的那些行。因此，尽管一个事务扫描了 5000 行数据，但实际可能只修改 10 行，系统也会在事务提交完成前锁定全部被扫描的 5000 行数据。

(4) 可串行读(serializable)

可串行读隔离级别与可重复读类似，唯一不同的是，活动事务根据查询条件在索引上请求键范围锁。获取键范围锁类似于在逻辑上锁定所有满足查询条件的数据。在读取数据时，用户不仅锁定物理上存在的数据，还会锁定物理上不存在但满足条件的数据。

这个隔离级别在可重复读级别的基础上还可以防止幻读。

(5) 快照(snapshot)和已提交读快照(read committed snapshot)

这两种隔离级别是 SQL Server 2005 中引入的隔离级别，利用了新的行版本控制(row versioning)技术。在这两种隔离级别下，进程在读取数据时不请求共享锁，而且永远不会与修改数据的进程发生冲突。

当读取数据时，如果请求的行被锁定，SQL Server 将从行版本存储区返回该行的早期状态。这两种与快照相关的隔离级别提供了新的处理并发问题的模型。

2. 隔离级别的选择

合理选择用于事务的隔离级别是非常重要的。由于获取和释放锁所需的资源因隔离级别不同而不同，因此，隔离级别不仅影响数据库的并发性实现，而且还影响包含该事务的应用程序的整体性能。

通常，使用的隔离级别越严格，要获取并占有的资源就越多，因而对并发性提供的支持就越少，而整体性能也会越低。

3. 隔离级别的设定

尽管隔离级别是为事务锁定资源服务的，但隔离级别是在应用程序级别指定的。当没有指定隔离级别时，系统默认使用“游标稳定性”隔离级别。

对于嵌入式SQL应用程序，隔离级别在预编译或将应用程序绑定到数据库时指定。

大多数情况下，隔离级别是用受支持的编译语言(如C或C++)编写，通过PRECOMPILE PROGRAM、BIND命令或API的ISOLATION选项来设置。

9.3.4　锁的空间管理及粒度

当一个事务锁定特定资源时，在事务终止之前，其他事务对该资源的访问都可能被拒绝。锁保证了事务运行的正确性，但也牺牲了系统的一部分并发性。为了获取最大并发性，我们引入了锁的管理空间及粒度的概念。

锁的粒度是指被锁定目标的大小。锁定粒度和数据库并发访问度是一对矛盾，锁定粒度大，系统的开销小但并发度会降低；锁定粒度小，系统开销大但并发度会提高。在SQL Server中，可被锁定的资源从小到大分别是行、页、扩展盘区、表和数据库。

9.3.5　锁的类别

SQL Server 2014使用不同类型的锁来锁定资源，也叫锁的模式，锁的类别决定了并发事务如何访问资源。也就是说，如果进程在资源上设置了某种模式的锁，其他进程尝试获取同一资源上的互斥的锁模式时将被阻塞。从数据库系统的角度来看，共有6种锁，分别是：共享锁、更新锁、排他锁、意向锁、架构锁和大容量更新锁。

1. 共享锁(shared lock，S)

共享锁用于不更改数据的操作(只读操作)，如事务使用SELECT语句读取资源的操作。

共享锁锁定的资源可以被其他用户读取，但无法被其他用户修改。除非将事务隔离级别设置为可重复读，或在事务生存周期内用锁定提示保留共享锁，否则当事务读完数据后，系统便立即释放资源上的共享锁。

2. 更新锁(update lock，U)

更新锁用于可能被更新的资源中，防止多个事务在读取、锁定以及随后可能进行的更新操作时发生死锁。

同一时刻只能有一个事务可以获得资源的更新锁。当系统准备更新数据时，SQL Server会自动将资源用更新锁锁定，这样数据将不能被修改，但可以被读取。等到系统确定要进行数据更新操作时，自动将更新锁转换为排他锁。但当资源上有其他锁存在时，则无法使用更新锁。

3. 排他锁(exclusive lock，X)

排他锁与所有锁模式互斥，以确保不会同时对同一资源进行多重更新。用于数据修改操作

(如 INSERT、UPDATE 或 DELETE)时，可以确保并发事务不读取或修改排他锁锁定的数据。

4. 意向锁(intent lock)

意向锁用于建立锁的层次结构，表示系统需要在层次结构中的某些底层资源上获取共享(S)锁或排他(X)锁。

意向锁的类型包括：意向共享锁、意向排他锁以及意向排他共享锁。

- 意向共享锁(intent share，IS)：通过在各资源上放置 S 锁，表明事务的意向是读取表中的部分(而不是全部)数据。当事务不传达更新的意图时，就获取这种锁。
- 意向排他锁(intent exclusive，IX)：IX 是 IS 的超集，通过在各资源上放置 X 锁，表明事务的意向是读取和修改表中的部分(而不是全部)数据。当事务传达更新表中行的意图时，就获取这种锁。
- 意向排他共享锁(share with intent exclusive，SIX)：通过在各资源上放置 IX 锁，表明事务的意向是读取表中的全部数据并修改部分(而不是全部)数据。

5. 架构锁(schema lock)

架构锁在执行依赖于表架构的操作时使用。

架构锁的类型包括：架构修改锁(Sch-M)和架构稳定性锁(Sch-S)。

- 架构修改锁(Sch-M)：在执行表的数据定义语言操作(如增加列或删除表)时使用 Sch-M。
- 架构稳定性锁(Sch-S)：Sch-S 不阻塞任何事务锁，因此在编译查询时，其他事务都能继续运行。因此在编译查询时，使用 Sch-S。

6. 大容量更新锁(bulk update lock，BU)

大容量更新锁(BU)允许多个会话向表中大容量加载数据，同时阻塞进程对该表执行大容量加载以外的操作。

如果数据资源上的一种锁允许在同一资源上放置另一种锁，就认为这两种锁是兼容的。

当一个事务持有数据资源上的锁，而第二个事务又请求同一资源上的锁时，系统将检查两种锁状态以确定它们是否兼容。如果锁是兼容的，则将锁授予第二个事务；如果锁不兼容，则第二个事务必须等待，直到第一个事务释放锁后，才可以获取对资源的访问权并处理资源。表 9-1 给出了各种锁之间的兼容性。

表 9-1 各种锁之间的兼容性

锁模式	IS	S	U	IX	SIX	X
IS	兼容	兼容	兼容	兼容	兼容	不兼容
S	兼容	兼容	兼容	不兼容	不兼容	不兼容
U	兼容	兼容	不兼容	不兼容	不兼容	不兼容
IX	兼容	不兼容	不兼容	兼容	不兼容	不兼容
SIX	兼容	不兼容	不兼容	不兼容	不兼容	不兼容
X	不兼容	不兼容	不兼容	不兼容	不兼容	不兼容

9.3.6　如何在 SQL Server 中查看数据库中的锁

可以使用快捷键“Ctrl+2”来查看锁的信息，也可以通过系统存储过程 sp_lock 来查看数据库中的锁。

1. 使用 SSMS 查看锁的信息

打开 SQL Server 2014 的 SSMS，在查询分析器中使用快捷键“Ctrl+2”，即可查看到进程、锁以及对象等信息，如图 9-1 所示。

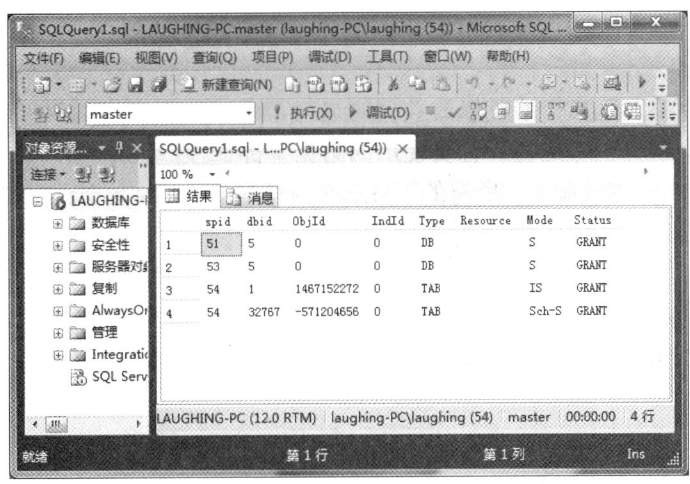

	spid	dbid	ObjId	IndId	Type	Resource	Mode	Status
1	51	5	0	0	DB		S	GRANT
2	53	5	0	0	DB		S	GRANT
3	54	1	1467152272	0	TAB		IS	GRANT
4	54	32767	-571204656	0	TAB		Sch-S	GRANT

图 9-1　查看锁的信息

2. 使用系统存储过程 sp_lock 查看锁的信息

SQL Server 2014 提供了系统存储过程 sp_lock 帮助我们查看锁的信息，语法格式如下：

```
EXECUTE sp_lock
```

执行结果如图 9-2 所示。

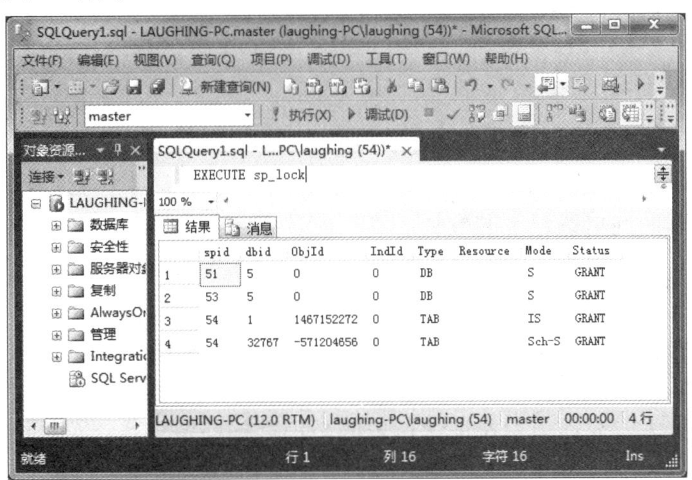

	spid	dbid	ObjId	IndId	Type	Resource	Mode	Status
1	51	5	0	0	DB		S	GRANT
2	53	5	0	0	DB		S	GRANT
3	54	1	1467152272	0	TAB		IS	GRANT
4	54	32767	-571204656	0	TAB		Sch-S	GRANT

图 9-2　使用系统存储过程查看锁的信息

9.3.7 死锁及其防止

在数据库并发执行中，两个或更多个事务对锁的争用会引起死锁。通俗地讲，死锁就是两个事务各对一个资源加锁，都想使用对方的资源，但同时又不愿放弃自己的资源，于是一直处于永远等待对方放弃资源的状态。如果不进行外部干涉，死锁将一直持续。死锁会造成资源的大量浪费，甚至会使系统崩溃。

在 SQL Server 2014 中，解决死锁的方法是：系统自动进行死锁检测，终止操作较少的事务以打断死锁，并向作为死锁牺牲品的事务发送错误信息。

处理死锁最好的方法就是防止死锁的发生，即不让满足死锁条件的情况发生。为此，用户需要遵循以下原则：

(1) 尽量避免并发地执行涉及修改数据的语句。

(2) 要求每个事务一次就将所有要使用的数据全部加锁，否则就不予执行。

(3) 预先规定一个加锁顺序。所有的事务都必须按这个顺序对数据进行加锁。例如，不同的过程在事务内部对对象的更新执行顺序应尽量保持一致。

(4) 每个事务的执行时间不可太长，尽量缩短事务的逻辑处理过程，及早提交或回滚事务。对程序段长的事务可以考虑将其分割为几个事务。

(5) 一般不要修改 SQL Server 事务的默认级别，不推荐强行加锁。

9.4 游标

关系数据库中的操作会对整个行集起作用。由 SELECT 语句返回的行集包括满足该语句的 WHERE 子句的所有行，这种由 SELECT 语句返回的完整行集称为结果集。应用程序，特别是交互式联机应用程序，并不总能将整个结果集作为一个单元来有效地处理。这些应用程序往往采用非数据库语言(如 C、VB、ASP 或其他开发工具)内嵌 Transact-SQL 的形式来开发，而这些非数据库语言无法将表作为一个单元来处理，因此，这些应用程序需要一种机制以便每次处理一行或一部分行。游标(Cursor)就是提供这种机制的对结果集的一种扩展。

9.4.1 游标概述

除了在 SELECT 查询中使用 WHERE 子句来限制只有一条记录被选中外，Transact-SQL 语言并没有提供查询表中单条记录的方法，但是我们常常会遇到需要逐行读取记录的情况。因此引入了游标来处理面向单条记录的数据。

1. 游标的概念

游标是一种处理数据的方法，具有对结果集进行逐行处理的能力。可以把游标看作一种特殊的指针，它与某个查询结果相关联，可以指向结果集的任意位置，可以将数据放在数组、应用程序中或其他地方，允许用户对指定位置的数据进行处理。

使用游标，可以实现如下功能：

- 允许对 SELECT 返回的表中的每一行进行相同或不同的操作，而不是一次对整个结果集进行同一种操作。
- 从表中的当前位置检索一行或多行数据。
- 允许应用程序提供对当前位置的数据进行修改、删除的能力。
- 对于其他用户对结果集包含的数据所做的修改，支持不同的可见性级别。
- 提供脚本、存储过程和触发器中用于访问结果集中的数据的语句。

在实现上，游标总是与一条 SQL 语句相关联。因为游标由结果集和结果集中指向特定记录的游标位置组成。当决定对结果集进行处理时，必须声明一个指向该结果集的游标。

2. 游标的使用步骤

在 SQL Server 中对游标的使用要遵循如下顺序：

(1) 声明游标(DECLARE)：将游标与 Transact-SQL 语句的结果集相关联，并定义游标的名称、类型和属性，如游标中的记录是否可以更新、删除。

(2) 打开游标(OPEN)：执行 Transact-SQL 语句以填充数据。

(3) 读取数据(FETCH)：从游标的结果集中检索想要查看的行，进行逐行操作。

(4) 关闭游标(CLOSE)：停止游标使用的查询，但并不删除游标定义，可以使用 OPEN 语句再次打开。

(5) 释放游标(DEALLOCATE)：删除游标并释放其占用的所有资源。

在上面的 5 个步骤中，前面 4 个步骤是必需的。

9.4.2　声明游标

声明游标是指用 DECLARE 语句声明或创建一个游标。声明游标主要包括以下内容：游标名称、数据来源、选取条件和属性。

声明游标的 DECLARE 语法格式如下：

```
DECLARE 游标名称 CURSOR
[LOCAL|GLOBAL]                                    --游标的作用域
[FORWORD_ONLY|SCROLL]                             --游标的移动方向
[STATIC|KEYSET|DYNAMIC|FAST_FORWARD]              --游标的类型
[READ_ONLY|SCROLL_LOCKS|OPTIMISTIC]               --游标的访问类型
[TYPE_WARNING]                                    --类型转换警告信息
FOR SELECT 查询语句                               --SELECT 查询语句
[FOR {READ ONLY|UPDATE[OF 列名称]}][,...n]        --可修改的列
```

各参数的含义说明如下：

(1) 游标的作用域有两个可选项：LOCAL 和 GLOBAL。

- LOCAL 限定游标的作用域为其所在的存储过程、触发器或批处理中，当创建游标的存储过程执行结束后，游标就会被自动释放。LOCAL 为系统的默认选项。
- GLOBAL 定义游标的作用域为整个用户的连接时间，它包括从用户登录到 SQL Server 中到脱离数据库的整段时间。只有当用户脱离数据库时，游标才会被自动释放。

(2) 游标的移动方向有两个选项：FORWORD_ONLY 和 SCROLL。

- FORWORD_ONLY 选项指明在游标中提取数据记录时，只能按照从第一行到最后一行的顺序，此时提取操作只能使用 NEXT 操作。FORWORD_ONLY 为系统的默认选项。
- SCROLL 选项表明所有的 FETCH 操作(NEXT、PRIOR、FIRST、LAST、ABSOLUTE 和 RELATIVE)都可以使用。

(3) 游标的类型有 4 个可选项：STATIC、KEYSET、DYNAMIC 和 FAST_FORWARD。

- STATIC 选项规定系统将把基于游标定义所选取出来的数据记录存放在一临时表中(建立在 tempdb 数据库下)。对该游标的读取操作皆由临时表来应答。因此，对基本表的修改并不影响根据游标提取的数据，即游标不会随着基本表内容的更改而更改，也无法通过游标来更新基本表。若省略该关键字，那么对基本表的更新和删除操作都会反映到游标中。
- KEYSET 选项指出当游标被打开时，游标中列的顺序是固定的。
- DYNAMIC 选项指明基本表的变化将反映到游标中，使用这个选项会很大程度上保证数据的一致性。
- FAST_FORWARD 选项指明游标为 FORWARD_ONLY 和 READ_ONLY 类型。

(4) 游标的访问类型有 3 种：READ_ONLY、SCROLL_LOCKS 和 OPTIMISTIC。

- READ_ONLY 表示只读型。
- SCROLL_LOCKS 类型指明锁被放置在游标结果集所使用的数据上，当数据被读入游标中时，就会出现锁。该选项保证对游标进行的更新和删除操作总能被成功执行。
- OPTIMISTIC 类型指明在数据被读入游标后，如果游标中的某行数据已经发生变化，那么对游标数据进行更新或删除可能会导致失败。

(5) TYPE_WARNING 选项指明若游标类型被修改成不同于用户定义的类型时，系统将发送一个警告信息给客户端。

(6) SELECT 查询语句中必须有 FROM 子句。

(7) FOR READ ONLY 指明游标设计的表只允许读取，不能被修改。

(8) FOR UPDATE 表示允许更新或删除游标涉及的表中的行。这通常为默认方式。

声明游标后，除了可以使用游标名称来引用游标外，还可以使用游标变量来引用游标。游标变量的声明格式如下：

```
DECLARE @ 变量名 CURSOR
```

声明变量后，变量必须和某个游标相关联才可以实现游标操作，即使用 SET 赋值语句，将游标与变量相关联。

【例9-6】创建游标cur1，使cur1可以对student表所有的数据行进行操作，并将游标变量@var_cur1与cur1相关联。

对应的Transact-SQL语句如下：

```
DECLARE cur1 CURSOR
FOR SELECT * FROM student
DECLARE @var_cur1 CURSOR
SET @var_cur1=cur1
```

9.4.3　打开游标

游标声明后，如果要从游标中读取数据必须要打开游标。打开游标是指打开已经声明但尚未打开的游标，并执行游标中定义的查询。

语法格式如下：

```
OPEN 游标名称
```

如果游标声明语句中使用了 STATIC 关键字，则打开游标时会产生一个临时表来存放结果集；如果声明游标时使用了 KEYSET 选项，则 OPEN 会产生一个临时表来存放键值。所有的临时表都存放在 tempdb 数据库中。

在游标被成功打开后，全局变量@@CURSOR_ROWS 用来记录游标内的数据行数。@@CURSOR_ROWS 的返回值有 4 个，如表 9-2 所示。

表 9-2　@@CURSOR_ROWS 的返回值

返回值	描　述
-m	表示仍在从基本表向游标读入数据，m 表示当前在游标中的数据行数
-1	该游标是一个动态游标，其返回值无法确定
0	无符合调剂的记录或游标已经被关闭
n	从基本表向游标读入数据已结束，n 为游标中已有的数据记录的行数

【例 9-7】创建游标 cur1，使 cur1 可以对 student 表中所有的数据行进行操作，然后打开该游标，输出游标中的行数。

对应的Transact-SQL语句如下：

```
USE stuInfo
go
DECLARE cur1 CURSOR
FOR SELECT * FROM student
go
OPEN cur1
SELECT '游标 cur1 数据行数'=@@CURSOR_ROWS
```

执行结果如图 9-3 所示，结果为-1，说明该游标是一个动态游标，其值无法确定。

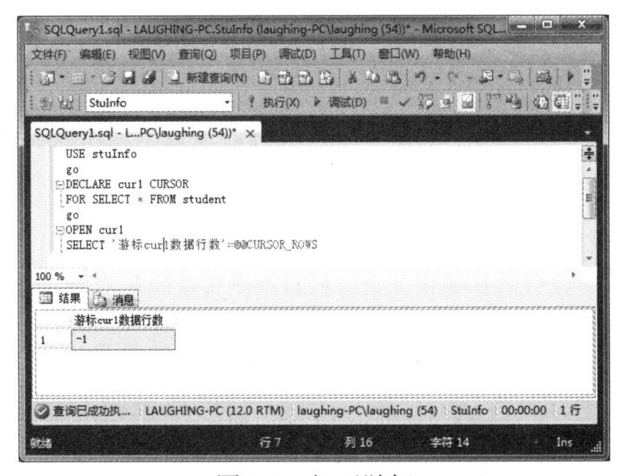

图 9-3　打开游标

9.4.4 读取游标

当游标被成功打开后，就可以使用 FETCH 命令从游标中逐行地读取数据，以进行相关处理。其语法规则如下：

```
FETCH
[[NEXT | PRIOR | FIRST | LAST | ABSOLUTE{n|@nvar}| RELATIVE {n|@nvar}]
  FROM]                              --读取数据的位置
{{[GLOBAL] 游标名称} | @游标变量名称}
[INTO  @游标变量名称] [,…n]       --将读取的游标数据存放到指定变量中
```

读取数据位置的参数说明如下：

(1) NEXT 说明读取当前行的下一行，并增加当前行数为返回行行数。如果 FETCH NEXT 是第一次读取游标中的数据，则返回结果集中的是第一行而不是第二行。NEXT 是默认的游标提取选项。

(2) PRIOR 读取当前行的前一行，并将其作为当前行，减少当前行数为返回行行数。如果 FETCH PRIOR 是第一次读取游标中的数据，则无数据记录返回，并把游标位置设为第一行。

(3) FIRST 读取游标中的第一行并将其作为当前行。

(4) LAST 返回游标中的最后一行并将其作为当前行。

(5) ABSOLUTE{n|@nvar}：给出读取数据位置与游标头位置的关系，即按绝对位置读取数据，其中：

- n 或@nvar 为正数，则表示读取从游标头开始的第 n 行并将读取的行变成新的当前行。
- n 或@nvar 为负数，则返回游标尾之前的第 n 行并将读取的行变为新的当前行。
- n 或@nvar 为 0，则没有行返回。

(6) RELATIVE{n|@nvar}：给出读取数据位置与当前位置的关系，即按相对位置读取数据。

- n 或@nvar 为正数，则表示读取当前行之后的第 n 行并将读取的行变成新的当前行。
- n 或@nvar 为负数，则返回当前行之前的第 n 行并将读取的行变为新的当前行。
- n 或@nvar 为 0，则读取当前行。若游标第一次读取时将 n 或@nvar 指定为负数或 0，则没有行返回。

FETCH 语句执行时，可以使用全局变量@@FETCH_STATUS 返回上次执行 FETCH 命令的状态。在每次用 FETCH 从游标中读取数据时，都应检查该变量，以确定上次的 FETCH 操作是否成功，从而决定如何进行下一步处理。@@FETCH_STATUS 变量有 3 个不同的返回值，如表 9-3 所示。

表 9-3 @@FETCH_STATUS 的返回值

返回值	描 述
0	FETCH 命令被成功执行
−1	FETCH 命令失败或者行数据超过游标数据结果集的范围
−2	所读取的数据已不存在

【例9-8】打开游标cur1，从游标中读取数据，并查看FETCH命令的执行状态。

对应的Transact-SQL语句如下：

```
OPEN cur1
FETCH NEXT FROM cur1
SELECT 'NEXT_FETCH 执行情况'=@@FETCH_STATUS
```

执行结果如图9-4所示。可以看到，返回了student表第一条学生记录，@@FETCH_ STATUS的返回值为 0，这说明执行成功。

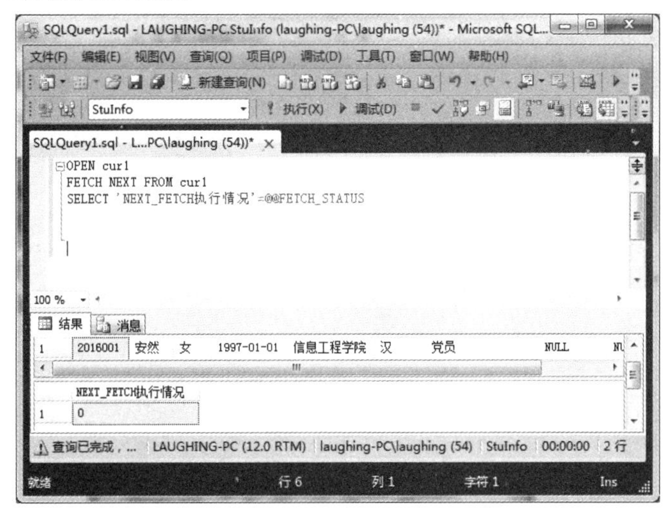

图 9-4　读取游标

9.4.5　关闭游标

游标使用完后要及时关闭。关闭游标使用 CLOSE 语句，但不释放游标占用的数据结构。其语法规则如下：

```
CLOSE{{[GLOBAL]游标名称}|@游标变量名称}
```

【例9-9】关闭游标cur1。

对应的Transact-SQL语句如下：

```
CLOSE cur1
```

9.4.6　删除游标

游标关闭后，其定义仍在，需要时可以再用 OPEN 语句打开继续使用。若确认游标不再使用，可以删除游标，释放其所占用的系统空间。删除游标用 DEALLOCATE 语句，其语法格式如下：

```
DEALLOCATE { { [GLOBAL] 游标名称} | @游标变量名称}
```

【例9-10】删除游标cur1。

对应的Transact-SQL语句如下：

```
DEALLOCATE cur1
```

9.5 经典习题

1. 什么是事务？简述事务 ACID 原则的含义。
2. 为什么要使用锁？SQL Server 2014 提供了哪几种锁的模式。
3. 什么是死锁？如何预防死锁？如何解决死锁？
4. 试说明使用游标的步骤和方法。

第 10 章 存储过程和触发器

存储过程和触发器是 SQL Server 数据库的两个重要组成部分，SQL Server 2014 使用它们从不同方面提高数据处理能力。

在 SQL Server 2014 中，可以像其他程序设计语言一样定义子程序，称为存储过程。存储过程是 SQL Server 2014 提供的最强大的工具之一。理解并运用它，可以创建出健壮、安全且具有良好性能的数据库，可以为用户实现最复杂的商业事务。

触发器是一种特殊类型的存储过程：它通过触发事件而被自动执行。自动执行意味着更少的手工操作以及更小的出错概率。触发器用于强制实现复杂的完整性检查、审核更改、不规范的数据的维护等操作。SQL Server 2014 允许使用 DML 语句和 DDL 语句创建触发器，可以引发 AFTER 或者 INSTEAD OF 触发事件。

本章主要内容：

- 了解存储过程、触发器的基本概念与特点
- 掌握存储过程的基本类型与相关操作
- 掌握触发器的类型与相关操作

10.1 存储过程

通过前面的学习，我们已能够编写并运行 Transact-SQL 程序以完成各种不同的应用。保存 Transact-SQL 程序的方法有两种：一种是在本地保存程序的源文件，在运行时先打开源文件再执行程序；另一种就是将程序存储为存储过程，在运行时调用存储过程。

因为存储过程是由一组 Transact-SQL 语句构成的，所以要使用存储过程，我们必须熟悉前面章节学习的基本 Transact-SQL 语句，并且需要掌握一些关于函数、过程的概念。

10.1.1 存储过程的基本概念

存储过程是事先编好的、存储在数据库中的一组被编译了的 Transact-SQL 命令集合，这些命令用来完成对数据库的指定操作。存储过程可以接收用户的输入参数、向客户端返回表格或标量结果和消息、调用数据定义语言(DDL)和数据操作语言(DML)语句，然后返回输出参数。

通过定义可以看出，存储过程起到了其他语言中子程序的作用，因此，我们可以将经常执行的管理任务或者复杂的业务规则，预先用 Transact-SQL 语句写好并保存为存储过程，当需要

数据库提供与该存储过程的功能相同的服务时，只需要使用 EXECUTE 命令来调用该存储过程即可。

存储过程的优点体现在以下几个方面。

1. 减少网络流量

存储过程在数据库服务器端执行，只向客户端返回执行结果。因此，可以将在网络中要发送的数百行代码，编写为一条存储过程，这样客户端只需要提交存储过程的名称和参数，即可实现相应功能，从而节省网络流量，提高执行的效率。此外，由于所有的操作都在服务器端完成，也就避免了在客户端和服务器端之间的多次往返。存储过程只需要将最终结果通过网络传输到客户端。

2. 提高系统性能

一般 Transact-SQL 语句每执行一次就需要编译一次，而存储过程只在创建时进行编译，被编译后存放在数据库服务器的过程高速缓存中，使用时，服务器不必再重新分析和编译它们。因此，当对数据库进行复杂操作时(如对多个表进行 UPDATE、INSERT 或 DELETE 操作时)，可以将这些复杂操作用存储过程封装起来与数据库提供的事务处理结合使用，这节省了分析、解析和优化代码所需的 CPU 资源和时间。

3. 安全性高

使用存储过程可以完成所有的数据库操作，并且对于没有直接执行存储过程中语句的权限的用户，也可授予他们执行该存储过程的权限。另外，可以防止用户直接访问表，强制用户使用存储过程执行特定的任务。

4. 具有可重用性

存储过程只需创建并存储在数据库中，以后即可在程序中的任何地方调用该过程。存储过程可独立于程序源代码而单独修改，这减少了数据库开发人员的工作量。

5. 可自动完成需要预先执行的任务

存储过程可以在系统启动时自动执行，完成一些需要预先执行的任务，而不必在系统启动后再进行人工操作。

10.1.2 存储过程的类型

SQL Server 2014 支持不同类型的存储过程：系统存储过程、扩展存储过程和用户存储过程，以满足不同的需要。本节将简要介绍这些存储过程。

1. 系统存储过程

系统存储过程是微软内置在 SQL Server 中的存储过程。在 SQL Server 2000 中，系统存储过程位于 master 数据库中，以 sp_为前缀，并标记为“system”。SQL Server 2005 以后的版本对其进行了改进，将系统存储过程存储于一个内部隐藏的资源数据库中，逻辑上存在于每个数据库中，即系统存储过程可以在任意一个数据库中执行。

系统存储过程能够方便地从系统表中查询信息，或者完成与更新数据库表相关的管理等系统管理任务。例如，常用的系统存储过程 sp_help 用于显示系统对象的信息; sp_stored_procedures 用于列出当前环境中的所有存储过程。

2. 扩展存储过程

扩展存储过程可以通过 SQL Server 环境外执行的动态链接库(Dynamic-Link Libraries，DDL)来实现，名称以 xp_为前缀。

SQL Server 在早期版本中使用扩展存储过程来扩展产品的功能：先使用 API 编写扩展程序，然后编译成.dll 文件，再在 SQL Server 中注册为扩展存储过程。使用时需要先加载到 SQL Server 系统中，并按照使用存储过程的方法执行。

SQL Server 2014 支持扩展存储过程只是为了向后兼容，在 SQL Server 的后续版本中将不再支持。SQL Server 2014 支持使用.NET 集成开发 CLR 存储过程，以及其他类型的程序。

3. 用户存储过程

用户存储过程在用户数据库中创建，通常与数据库对象进行交互，用于完成特定的数据库操作任务，可以接收和返回用户提供的参数，名称不能以 sp_为前缀。

在 SQL Server 2014 中，用户存储过程有两种类型：Transact-SQL 存储过程和 CLR 存储过程。

- Transact-SQL 存储过程保存 Transact-SQL 语句的集合，可以接收和返回用户提供的参数，也可以从数据库向客户端应用程序返回数据。
- CLR 存储过程是指对 Microsoft .NET Framework 公共语言运行时方法的引用，可以接收和返回用户提供的参数。它们在.NET Framework 程序集中是作为类的公共静态方法实现的。

本章主要介绍 Transact-SQL 用户存储过程的创建和使用方法。

10.1.3　用户存储过程的创建与执行

Transact-SQL 用户存储过程只能定义在当前数据库中，默认情况下，归数据库所有者拥有，数据库所有者可以把许可授权给其他用户。

1. 创建和执行用户存储过程实例

创建用户存储过程是通过编辑代码实现的。下面通过一个实例来介绍创建用户存储过程的一般步骤。

【例 10-1】创建名为 sidQuery 的存储过程：通过用户输入的学生学号来查询学生的姓名、年龄、性别和所属院系。

(1) 启动 SSMS，展开服务器。

(2) 复制并粘贴以下代码到“新建查询”窗口，然后执行，以便创建数据库 StuInfo 和数据表 student。

```
--先在 E:盘创建文件夹 E:\application
USE master
GO
IF EXISTS(SELECT  * FROM sysdatabases WHERE name='StuInfo')
   DROP DATABASE StuInfo
GO

CREATE DATABASE StuInfo
ON
 ( NAME=StuInfo,
  FILENAME='E:\application\StuInfo.mdf',
  SIZE=3MB,
  MAXSIZE=UNLIMITED,
  FILEGROWTH=10% )
LOG ON
( NAME=StuInfo_log,
  FILENAME='E:\application\StuInfo_log.ldf',
  SIZE=1MB,
  MAXSIZE=100MB,
  FILEGROWTH=10% )
  GO
--创建表 student
USE StuInfo
GO
CREATE TABLE [dbo].[student](
  [s_id] [char](10) NOT NULL,
  [sname] [nvarchar](5) NULL,
  [ssex] [nvarchar](1) NULL,
  [sbirthday] [date] NULL,
  [sdepartment] [nvarchar](10) NULL,
  [smajor] [nvarchar](10) NULL,
  [spoliticalStatus] [nvarchar](4) NULL,
  [photoName] [varchar](100) NULL,
  [photo] [varbinary](max) NULL,
  [smemo] [nvarchar](max) NULL,
 CONSTRAINT [PK_student] PRIMARY KEY CLUSTERED
(
  [s_id] ASC
)) ON [PRIMARY]
GO
--插入记录
USE StuInfo
INSERT INTO student(s_id,sname,ssex,sbirthday ,sdepartment ,smajor,spoliticalStatus ,photo ,smemo )
  VALUES('20070101', N'张莉', N'女', '1/30/1980', N'信息工程学院', N'计算机' ,N'党员', NULL,NULL)
INSERT INTO student(s_id,sname,ssex,sbirthday ,sdepartment ,smajor,spoliticalStatus ,photo ,smemo )
```

```
  VALUES('20070102', N'张建', N'男', '1/30/1980', N'信息工程学院', N'计算机' ,N'党员', NULL,NULL)
GO

CREATE TABLE [dbo].[grade](
  [s_id] [char](10) NOT NULL,
  [c_id] [char](3) NOT NULL,
  [grade] [int] NULL,
 CONSTRAINT [PK_grade] PRIMARY KEY CLUSTERED
(
  [s_id] ASC,
  [c_id] ASC
)
) ON [PRIMARY]
GO
--修改 grade 表的外键约束,其外键 s_id 引用 student 表的主键,并设置级联更新和级联删除
ALTER TABLE [dbo].[grade]  WITH CHECK ADD  CONSTRAINT [FK_student_grade] FOREIGN
  KEY([s_id])
REFERENCES [dbo].[student] ([s_id])
ON UPDATE CASCADE
ON DELETE CASCADE
GO
ALTER TABLE [dbo].[grade] CHECK CONSTRAINT [FK_student_grade]
GO
--插入记录
INSERT INTO grade(s_id,c_id,grade) VALUES(20070102,02,88)
INSERT INTO grade(s_id,c_id,grade) VALUES(20070102,03,99)
INSERT INTO grade(s_id,c_id,grade) VALUES(20070102,04,100)
GO
```

(3) 展开所需的“数据库”文件夹，然后展开要在其中创建存储过程的数据库。本例中，我们展开 StuInfo 数据库。

(4) 展开“可编程性”节点，在“存储过程”上右击，从弹出的快捷菜单中选择“新建存储过程”命令。

(5) 系统弹出 Transact-SQL 语句编写窗口，其中的代码是创建存储过程的格式说明。在此输入如下 Transact-SQL 代码：

```
USE [StuInfo]
GO
SET ANSI_NULLS ON
GO
SET QUOTED_IDENTIFIER ON
GO
CREATE PROCEDURE [dbo].[sp_sidQuery]
  @xuehao char(10)
AS
  SELECT s_id 学号,sname 学生姓名,sbirthday 出生日期,ssex 性别,sdepartment 所属院系
```

```
    FROM student
    WHERE s_id=@xuehao
GO
```

(6) 输入代码后，只要将以上代码在“查询分析器”中执行一次，系统就会在当前数据库中创建一个名为sp_sidQuery的存储过程。单击刷新按钮，选择StuInfo数据库，在左边的树型列表中选择“存储过程”，就可以看到属于dbo(数据库所有者)的存储过程dbo.sp_sidQuery，如图10-1所示。

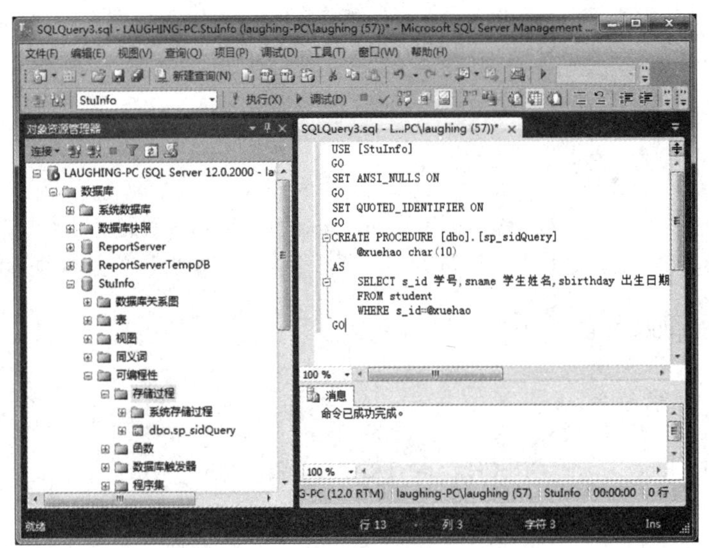

图10-1　创建存储过程sp_sidQuery

【例10-2】使用存储过程sp_sidQuery查询学号为“20070102”的学生信息。

Transact-SQL语句如下：

```
EXECUTE sp_sidQuery '20070102'
```

这样就可以得到满足条件的学生信息，查询结果如图10-2所示。

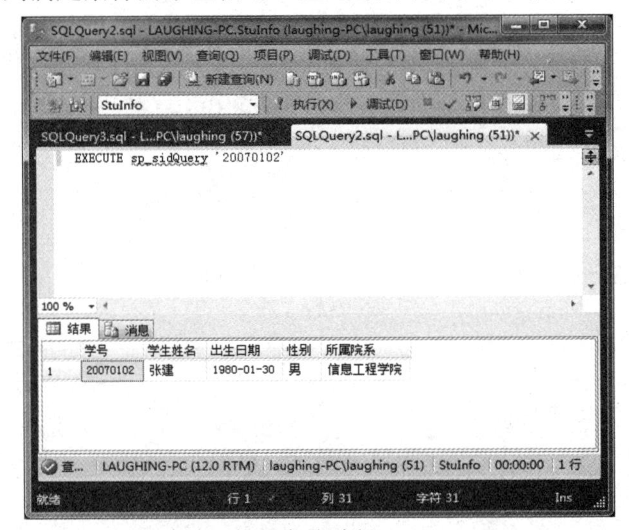

图10-2　执行存储过程sp_sidQuery

通过以上例子我们了解了用户存储过程的创建和使用方法，下面介绍创建用户存储过程相关的语法格式。

2. 创建存储过程的 Transact-SQL 语句

基本语法格式如下：

```
CREATE PROC[EDURE] <存储过程名称>    -- 定义存储过程名称
[@参数名称 数据类型]                 --定义参数及其数据类型
[=default][OUTPUT] [,…n1]            --定义参数的属性
AS
SQL 语句[,…n2]                       --执行的操作
```

各参数的含义说明如下：

(1) 一些存储过程在执行时，需要用户为之提供信息，这可以通过参数传递来完成：

- 创建存储过程时，可以声明一个或多个形参，形参以@符号作为第一个字符，名称必须符合标识符命名规则。
- 在调用存储过程时，必须为参数提供值，可以为默认值。default 用于指定存储过程输入参数的默认值，默认值必须为常量或 NULL，可以包含通配符。如果定义了默认值，执行存储过程时根据情况可以不提供实参。

(2) OUTPUT 关键字用于指定参数从存储过程返回信息。

(3) SQL 语句：存储过程所要执行的 Transact-SQL 语句，为存储过程的主体。它可以是一组 SQL 语句，也可以包含流程控制语句等。

(4) 存储过程一般用来完成数据查询和数据处理操作，所以在存储过程中不可以使用创建数据库对象的语句。即在存储过程中一般不能含有如下语句：CREATE TABLE、CREATE VIEW、CREATE DEFAULT、CREATE RULE、CREATE TRIGGER 和 CREATE PROCEDURE。

3. 运行存储过程的 Transact-SQL 语句

存储过程创建完成后，可以使用 EXECUTE 语句来调用它。

基本语法格式如下：

```
EXEC[UTE]{存储过程名称}
  [[@参数名称=] value| @variable [OUTPUT]| [DEFAULT]][,…n1]}
```

其中，使用 value 作为实参，传递参数的值，格式为：@参数名称=value；使用@variable 作为保存 OUTPUT 返回值的变量；DEFAULT 关键字不提供实参，表示使用对应的默认值。

10.1.4　存储过程的查看、修改和删除

在实际应用中，常会查看已经创建的存储过程并进行修改和删除。这些操作要用不同的方法来实现。

1. 查看存储过程

查看存储过程有两种方法：

(1) 一种是在 SSMS 中查看已经存在的存储过程。如例 10-1 中，展开所选数据库 |“可编程性”|“存储过程”节点，即可看到数据库中的系统存储过程和用户存储过程。

(2) 一种是使用系统存储过程：SQL Server 2014 提供了几个系统存储过程，方便用户管理数据库的有关对象。

- sp_help：用于查看有关存储过程的名称列表。向用户报告有关数据库对象、用户定义数据类型或 SQL Server 2014 所提供的数据类型的摘要信息。
- sp_helptext：用于显示规则、默认值、未加密的存储过程、用户定义函数、触发器或视图的过程定义代码。

我们可以利用下面的语句来查看存储过程的信息：

```
EXECUTE sp_help 存储过程名称          --用于查看存储过程的对象信息
EXECUTE sp_helptext 存储过程名称      --用于查看存储过程的代码文本信息
```

【例 10-3】查看存储过程 sp_sidQuery 的对象信息和代码信息。

查看对象信息的 Transact-SQL 语句如下：

```
USE stuInfo
EXECUTE sp_help sp_sidQuery
```

待查看的存储过程必须在当前数据库中，因此，需要使用 USE stuInfo 语句打开数据库。查询结果如图 10-3 所示，可以看到存储过程的相关信息及其中的参数信息。

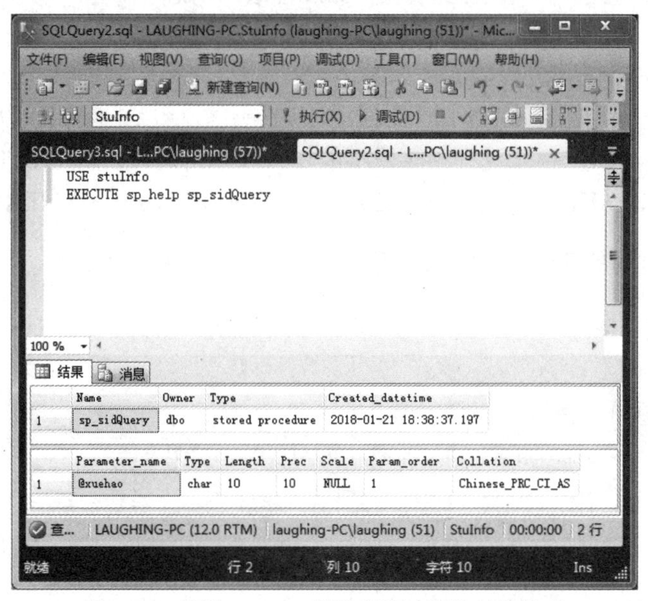

图 10-3　使用 sp_help 查看存储过程的对象信息

查看代码信息的 Transact-SQL 语句如下：

```
USE stuInfo
EXECUTE sp_helptext sp_sidQuery
```

查询结果如图 10-4 所示，可以看到存储过程 sp_sidQuery 的详细 Transact-SQL 代码。

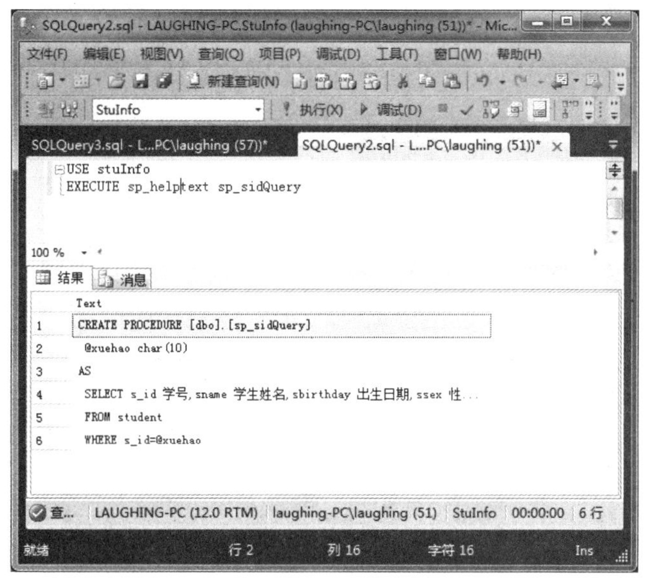

图 10-4　使用 sp_helptext 查看存储过程的代码信息

2. 修改存储过程

使用 ALTER PROCEDURE 命令可以修改已经存在的存储过程。在修改存储过程时，首先要考虑需要修改的字段，根据这些字段在存储过程中定义相应的参数，通过参数来传递需要修改的数据。

基本语法格式如下：

```
ALTER PROC[EDURE] <存储过程名称>
[@参数名称  数据类型]
[=default][OUTPUT] [,…n1]
AS
SQL 语句[,…n2]
```

各参数的操作与创建存储过程中的相同。

【例 10-4】 修改存储过程 sp_sidQuery：通过用户输入学生姓名来查询学生的姓名、年龄、性别和所属院系。修改完成后查询学生张建的信息。

Transact-SQL 语句如下：

```
ALTER PROCEDURE sp_sidQuery
  @name nchar(10)
AS
  SELECT s_id  学号,sname  学生姓名,sbirthday  出生日期,ssex  性别,sdepartment   所属院系
  FROM student
  WHERE sname=@name
GO
EXECUTE sp_sidQuery N'张建'
```

执行结果如图 10-5 所示。

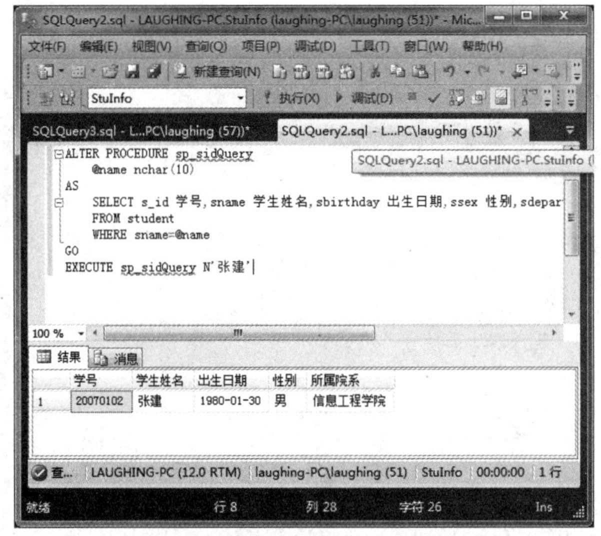

图 10-5　修改存储过程

3. 删除存储过程

当不再使用存储过程时，可以在 SSMS 中选择对应的数据库和存储过程，单击“删除”按钮进行删除，也可以使用 DROP PROCEDURE 语句将其从数据库中永久删除。在删除之前，需要确认该存储过程没有任何函数依赖关系。

语法格式如下：

```
DROP PROCEDURE <存储过程名称> [,…n]
```

【例 10-5】删除存储过程 sp_sidQuery。

Transact-SQL 语句如下：

```
USE stuInfo
DROP PROCEDURE sp_sidQuery
```

10.2 触发器

SQL Server 2014 提供了两种主要机制来强制使用业务规则和数据完整性：约束和触发器。

我们使用 ALTER TABLE 和 CREATE TABLE 语句声明字段的域完整性，使用 PRIMARY KEY 和 FOREIGN KEY 约束实现表之间的参照完整性。对于数据库中约束所不能保证的复杂的参照完整性和数据的一致性就需要使用触发器来实现。

10.2.1 触发器概述

1. 触发器的功能

在 SQL Server 内部，触发器被看作存储过程，它与存储过程所经历的处理过程类似。但是触发器没有输入和输出参数，因而不能被显式地调用。它作为语句的执行结果自动引发，而存储过程则是通过存储过程名称被直接调用。

触发器与表格紧密相连，当用户对表进行诸如 UPDATE、INSERT 和 DELETE 操作时，系统会自动执行触发器所定义的 SQL 语句，从而确保对数据的处理符合由这些 SQL 语句所定义的规则。

除此之外，触发器还有其他许多不同的功能。

(1) 强化约束：触发器能够实现比 CHECK 语句更为复杂的约束。

- 触发器可以很方便地引用其他表的列，进行逻辑上的检查。
- 触发器是在 CHECK 之后执行的。
- 触发器可以插入、删除和更新多行。

(2) 跟踪变化：触发器可以侦测数据库内的操作，从而禁止数据库中未经许可的更新和变化，确保输入表中的数据的有效性。例如，在库存系统中，触发器可以检测到当实际库存下降到了需要再进货的临界值时，就给管理员相应的提示信息或自动生成给供应商的订单。

(3) 级联运行：触发器可以侦测数据库内的操作，并自动地级联影响整个数据库的不同表中的各项内容。例如，设置一个触发器，当 student 表中删除一个学号信息时，对应的 sc 表中相应的学号信息也被改为 NULL 或删除相关学生的记录。

(4) 调用存储过程：为了响应数据库更新，触发器可以调用一个或多个存储过程。

2. 触发器的种类

SQL Server 2014 支持两种类型的触发器：DML 触发器和 DDL 触发器。

(1) DML 触发器：如果用户要通过数据操做纵语言(DML)编辑数据，则执行 DML 触发器。DML 事件是针对表或视图的 INSERT、UPDATE 和 DELETE 语句，即 DML 触发器在数据修改时被执行。系统将触发器和触发它的语句作为可在触发器内回滚的单个事务对待。如果检测到错误(例如，磁盘空间不足)，则整个事务自动回滚。

(2) DDL 触发器：为了响应各种数据定义语言(DDL)事件而激发。DDL 事件主要对应于以关键字 CREATE、ALTER 和 DROP 开头的 Transact-SQL 语句。它们可以用于在数据库中执行管理任务，例如，审核以及规范数据库操作。

10.2.2　DML 触发器的创建和应用

1. DML 触发器的分类

触发器有很多用途，对于 DML 触发器来说，最常见的用途就是强制业务规则。例如，当客户下订单时，DML 触发器可用于检查是否有充足的资金。如果检查完成，就可以完成进一步的操作，或者返回错误信息，对更新进行回滚。

在实际应用中，DML 触发器分为两类：

(1) AFTER 触发器：这类触发器在记录已经被修改，相关事务提交之后，才会被触发执行。主要是用于记录变更后的处理或检查，一旦发现错误，可以用 ROLLBACK TRANSACTION 语句来回滚本次操作。对同一个表的操作，可以定义多个 AFTER 触发器，并定义各触发器执行的先后顺序。

(2) INSTEAD OF 触发器：这类触发器并不执行其所定义的操作(INSERT、UPDATE 和 DELETE)，而是执行触发器本身所定义的操作。这类触发器一般用来取代原本的操作，在记录变更之前被触发。

2. 触发器中的逻辑(虚拟)表

当表被修改时，无论是插入、修改还是删除，在数据行中所操作的记录，都保存在两个系统的逻辑表中，这两个逻辑表是 inserted(插入)表和 deleted(删除)表。

这两个表位于数据库服务器的内存中，是由系统管理的逻辑表，而不是真正存储在数据库中的物理表。对于这两个表，用户只有读取的权限，没有修改的权限。当触发器的工作完成后，这两个表将会从内存中删除。

inserted 表中存放的是更新前的记录：对于 INSERT 操作来说，INSERT 触发器执行后，新的记录被插入触发器表和 inserted 表中。很显然，只有在执行 INSERT 和 UPDATE 触发器时，inserted 表中才有数据，而在 DELETE 触发器中 inserted 表是空的。

deleted 表中存放的是已从表中删除的记录：对于 DELETE 操作来说，DELETE 触发器执行后，被删除的旧记录存放到 deleted 表中。

UPDATE 操作等价于插入一条新记录，同时删除旧记录。对于 UPDATE 操作来说，UPDATE 触发器执行后，表中的原记录被移动到 deleted 表中(更新完后即被删除)，修改过的记录插入 inserted 表中。

inserted 和 deleted 表的结构与触发器所在数据表的结构是完全一致的。它们的操作和普通表的操作也一样。例如，若要检索 deleted 表中的所有记录，则使用如下语句：

```
SELECT *   FROM deleted
```

3. 创建 DML 触发器的语法规则

创建 DML 触发器的语法规则如下：

```
CREATE TRIGGER  触发器名称
ON   { table | view }--指定操作的对象为表或视图，视图只能被 INSTEAD OF 触发器引用
{ FOR |AFTER | INSTEAD OF }                          --触发器的类型
{ [ INSERT ] [ , ] [ UPDATE ] [ , ] [ DELETE ] }      --指定数据修改操作
AS
SQL 语句[,…n]
```

各参数的含义说明如下：

- CREATE TRIGGER 语句必须是批处理中的第一个语句，该语句后面的所有其他语句被解释为 CREATE TRIGGER 语句定义的一部分。
- 只能在当前数据库中创建 DML 触发器，但触发器可以引用当前数据库外的对象。
- 触发器类型可以选择 FOR|AFTER|INSTEAD OF。如果仅指定 FOR 关键字，则 AFTER 为默认值，不能对视图定义 AFTER 触发器。
- DML 支持 INSERT、UPDATE 或 DELETE 操作。这些语句可以在 DML 触发器对表或视图进行相应操作时激活该触发器。必须至少指定一个操作，也可以指定多个操作，

这时，操作的顺序任意。

- SQL 语句含有触发条件和相应操作。触发器条件用于确定尝试的 DML 事件是否导致执行触发器操作。
- 对于含有用 DELETE 或 UPDATE 操作定义的外键的表，不能定义 INSTEAD OF DELETE 和 INSTEAD OF UPDATE 触发器。

4. 创建触发器实例

【例 10-6】创建触发器 trigger_stu_delete，实现如下功能：当按照学号删除 student 表中的某个学生记录后，该学生在 sc 表中的对应记录也被自动删除。

Transact-SQL 语句如下：

```
USE stuInfo
GO
CREATE TRIGGER trigger_stu_delete ON student
FOR DELETE
AS
  DELETE FROM GRADE WHERE s_id=(SELECT s_id FROM deleted)
```

执行以上语句后，我们查询 student 表和 grade 表：

```
SELECT * FROM STUDENT
SELECT * FROM GRADE
GO
```

如图 10-6 所示，可以看到两个表中均存在学号为 20070102 的学生记录。

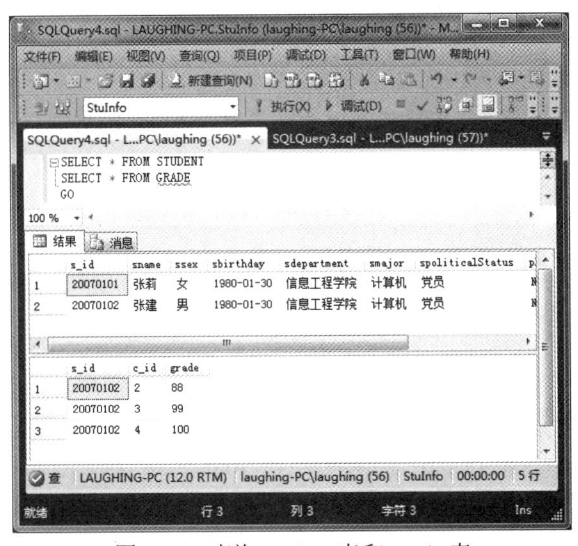

图 10-6　查询 student 表和 grade 表

在 student 表中执行数据删除语句，然后再查询两个表：

```
DELETE FROM student WHERE s_id='20070102'
SELECT * FROM STUDENT
SELECT * FROM GRADE
```

执行结果如图 10-7 所示，student 表中有一行受影响而 grade 表中有三行数据受影响。这说明设定的触发器被触发，grade 表中的相应数据被自动删除。

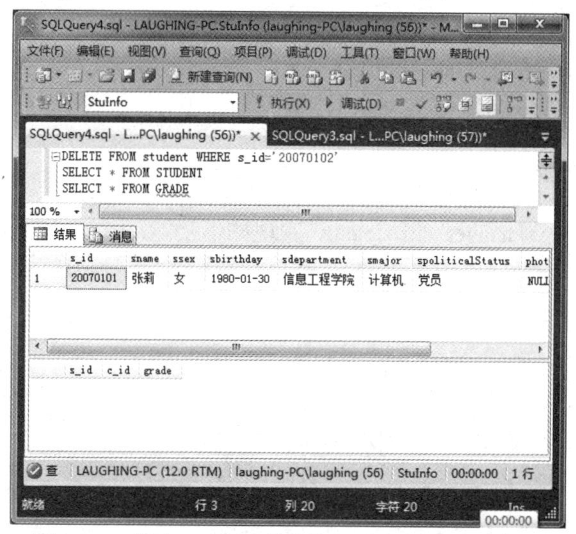

图 10-7　查看 DML 触发器执行后的相关表的内容

通过以上 AFTER 触发器的例子可以验证，只有在成功执行 Transact-SQL 语句之后，才会激活 AFTER 触发器。判断执行成功的标准是：执行了所有与已更新对象或已删除对象相关联的引用级联操作和约束检查。

以删除表中的记录为例，整个执行过程分为如下步骤：

(1) 当系统接收到一个要执行删除 student 表中记录的 Transact-SQL 语句时，系统将要删除的记录存放在删除表 deleted 中。

(2) 把数据表 student 中的相应记录删除。

(3) 删除操作激活了事先编制的 AFTER 触发器，系统执行 AFTER 触发器中 AS 定义后的 Transact-SQL 语句。

(4) 触发器执行完毕后，删除内存中的 deleted 表，退出整个操作。若触发器语句执行失败，则整个过程回滚，恢复到初始状态。

10.2.3　DDL 触发器的创建和应用

DDL 触发器可用于回滚违反规则的结构更改、审核结构更改或以合适的形式响应结构更改。DDL 触发器同 DML 触发器一样，在响应事件时执行。

可以使用与 DML 触发器相似的 Transact-SQL 语法创建 DDL 触发器，二者的区别如下：

- DML 触发器响应 INSERT、UPDATE 和 DELETE 语句的操作，而 DDL 触发器响应 CREATE、ALTER 和 DROP 语句的操作。
- 只有在执行完 Transact-SQL 语句后，才会触发 DDL 触发器，即 SQL Server 仅支持 AFTER 类型的 DDL 触发器。
- 系统不会为 DDL 触发器创建 inserted 表和 deleted 表。

1. 创建 DDL 触发器的语法规则

基本语法格式如下：

```
CREATE TRIGGER 触发器名称
ON {ALL SERVER| DATABASE}     --指定触发器的作用域
{ FOR |AFTER }                --触发器的类型
{事件类型|事件组}  [,…n]       --指定数据修改操作
AS
SQL 语句[,…n]
```

各参数的含义说明如下：

- ALL SERVER|DATABASE：将 DDL 的作用域指明为服务器范围或数据库范围。选定此参数后，只要选定范围中的任何位置上出现符合条件的事件，就会触发该触发器。数据库范围内的 DDL 触发器作为对象存储在常见的数据库中；服务器范围内的 DDL 触发器则存储在 master 数据库中。
- 事件类型：指可以激发 DDL 触发器的事件，主要是以 CREATE、ALTER 和 DROP 开头的 Transact-SQL 语句，同时，执行 DDL 式操作的系统存储过程也可以激发 DDL 触发器。

2. DDL 触发器的应用

【例10-7】创建服务器范围的DDL触发器，当创建数据库时，系统返回提示信息："DATABASE CREATED"。

Transact-SQL 语句如下：

```
CREATE TRIGGER trig_create
ON ALL SERVER
FOR CREATE_DATABASE
AS
  PRINT 'DATABASE CREATED'
```

创建触发器后，如图 10-8 所示，在服务器级的"服务器对象"节点下的"触发器"节点中，可以看到刚创建的 trig_create 触发器。执行如下测试语句：

```
CREATE DATABASE demo
```

运行结果如图 10-8 所示，消息栏内会出现我们设定的"DATABASE CREATED"提示信息。

10.2.4　查看、修改和删除触发器

1. 查看数据库中已有的触发器

要查看表中已有哪些触发器，这些触发器究竟对表有哪些操作，我们需要能够查看触发器信息。查看触发器信息有以下两种常用方法：

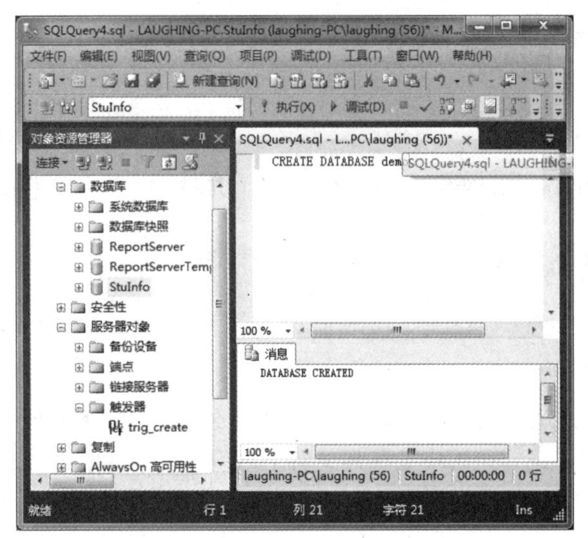

图 10-8　服务器范围的 DDL 触发器

(1) 使用 SQL Server 2014 的 SSMS 查看触发器信息

在 SQL Server 2014 中，展开服务器和数据库节点，此处我们选择展开 StuInfo 数据库。选择表 student，展开“触发器”选项，即可看到我们在例 10-6 中创建的触发器 trigger_stu_delete。右击触发器 trigger_stu_delete，从弹出的快捷菜单中选择“修改”命令，即可看到触发器的源代码，如图 10-9 所示。

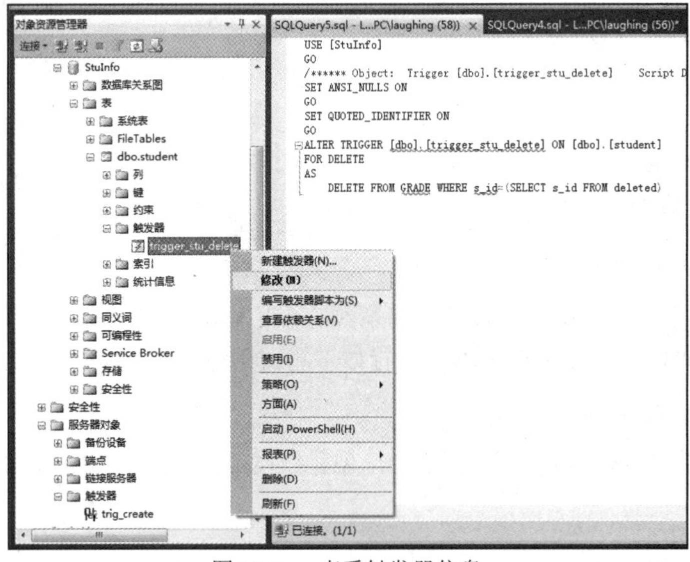

图 10-9　查看触发器信息

(2) 使用系统存储过程查看触发器

由于触发器是一种特殊的存储过程，因此，我们可以使用前面介绍的系统存储过程 sp_help 和 sp_helptext 来查看触发器信息。

- sp_help：用于查看触发器的一般信息，如触发器的名称、属性、类型和创建时间等。格式为：EXECUTE sp_help 触发器名称。

- sp_helptext：用于查看触发器的 Transact-SQL 代码信息。格式为：EXECUTE sp_helptext 触发器名称。

若要查看数据库中的所有触发器信息，则要使用 sysobjects 表来辅助完成，语句如下：

```
SELECT * FROM sysobjects WHERE xtype='TR'
```

2. 修改数据库中已有的触发器

修改触发器也可以在 SQL Server 2014 的 SSMS 中完成，步骤与查看触发器信息一样。

使用 Transact-SQL 语句修改触发器要区分是 DML 类触发器还是 DDL 类触发器，下面分别进行介绍。

(1) 修改 DML 触发器

语法格式如下：

```
ALTER TRIGGER 触发器名称
ON {table | view }
{FOR |AFTER | INSTEAD OF}
{ [ INSERT ] [ , ] [ UPDATE ] [ , ] [ DELETE ] }
AS
SQL 语句[,…n]
```

(2) 修改 DDL 触发器

语法格式如下：

```
ALTER TRIGGER 触发器名称
ON {ALL SERVER| DATABASE}
{ FOR |AFTER }
{事件类型|事件组}[,…n]
AS
SQL 语句[,…n]
```

3. 删除触发器

系统提供了 3 种删除触发器的方法。

(1) 在 SQL Server 2014 的 SSMS 中完成，右击要删除的触发器，从弹出的快捷菜单中选择“删除”命令。

(2) 删除触发器所在的表。在删除表时，系统会自动删除与该表相关的触发器。

(3) 使用 Transact-SQL 语句 DROP TRIGGER 删除触发器。

基本语法格式如下：

```
DROP TRIGGER 触发器名称[,…n]
```

10.3 经典习题

1. 试说明存储过程的特点及分类。

2. 创建一个存储过程，显示所有价格在15美元以下的书的书名、类型和价格。

3. 把价格作为参数，创建一个存储过程，显示在某两个指定价格之间的书的书名、类型和价格。

4. 使用OUTPUT参数，创建一个计算圆柱体体积的存储过程，并执行它。

5. a) 创建price_change表，用来存放书的价格变化信息，该表包含以下几列：title_id、type、old_price、new_price、change_date和operator。

b) 创建一个更新触发器，一旦titles表发生更新，就立即将相关信息存放到price_change表中。

6. 修改习题5，使得只有当price列被更新时，才会触发触发器。

7. 创建一个视图，用于存放书的编号、书名、类型、价格，对应作者的编号、姓名、电话和住址。为这个视图创建一个Instead of更新触发器，将对视图的更新放到触发器中完成。(假设只允许更新这个视图的price、phone和address列)。添加测试数据。更新v_titledetail，将编号为LI1234的书的价格改为200，该书作者的电话改为02512345678。

第 11 章 视　图

视图是一种常用的数据库对象，常用于集中、简化和定制显示数据库中的数据信息，为用户以多种角度观察数据库中的数据提供方便。使用视图还可以实现强化安全、隐藏复杂性和定制数据显示等好处。与表相比，数据库中只存放了视图的定义，而不存放与视图对应的数据。视图可以看作虚拟表或存储查询。视图是从一张或多张表或视图中导出的虚拟表，其结构和数据建立在对表查询的基础之上。本章主要介绍视图的基本概念以及视图的创建、修改、更新、查看和删除等操作。

本章主要内容：

- 掌握视图的概念及分类
- 掌握创建、修改、删除和使用视图的方法
- 了解视图的作用

11.1 视图概述

通常将用 CREATE TABLE 语句创建的表叫基本表。基本表中的数据是物理地存储在磁盘上的。在关系模型中有一个重要的特点，那就是由 SELECT 语句得到的结果仍然是二维表，由此引出了视图的概念。视图是查询语句产生的结果，但它有自己的视图名，也有自己的列名。视图在很多方面都与基本表类似。

视图是从基本表中导出的逻辑表，它不像基本表一样物理地存储在数据库中，视图没有自己独立的数据实体。视图作为一种基本的数据库对象，是查询一个或多个表的另一种方法，通过将预先定义好的查询作为一个视图对象存储在数据库中，就可以像使用表一样在查询语句中调用它。

11.1.1　视图的概念

视图是一种在一个或多个表上观察数据的途径，可以把视图看作一个能把焦点定在用户感兴趣的数据上的监视器。

视图是一个虚拟表，是从数据库中一个或多个表中导出来的表。视图还可以在已存在的视图的基础上定义。视图一经定义便存储在数据库中，但与其相对应的数据并没有像表那样在数据库中再存储一份，通过视图看到的数据只是存放在基本表中的数据。对视图的操作与对表的

操作一样，可以对其进行查询、修改和删除。当对通过视图看到的数据进行修改时，相应的基本表中的数据也要发生变化。同样地，如果基本表的数据发生变化，则这种变化也可以自动反映到视图中。

11.1.2 视图的分类

在 SQL Server 2014 系统中，视图分为 3 种：标准视图、索引视图和分区视图。

1. 标准视图

通常情况下的视图都是标准视图，标准视图选取了来自一个或多个数据库中一个或多个表以及视图中的数据，在数据库中仅保存其定义，在使用视图时系统才会根据视图的定义生成记录。

2. 索引视图

如果希望提高聚集多行数据的视图性能，可以创建索引视图。索引视图是被物理化的视图，它包含经过计算的物理数据。索引视图在数据库中不仅保存其定义，而且生成的记录也被保存，还可以创建唯一聚集索引。使用索引视图可以加快查询速度，从而提高查询性能。

3. 分区视图

分区视图将一个或多个数据库中的一组表中的记录抽取且合并。通过使用分区视图，可以连接一台或者多台服务器成员表中的分区数据，使得这些数据看起来就像来自同一个表。分区视图的作用是将大量的记录按地域分开存储，使数据更安全和处理性能得到提高。

11.1.3 视图的优点和作用

使用视图不仅可以简化数据操作，而且可以提高数据库的安全性，使用视图具有如下优点。

1. 视图能够简化用户的操作

视图可以简化用户操作数据的方式。视图机制可以使用户将注意力集中在其所关心的数据上。如果这些数据不是直接来自基本表，则可以通过定义视图，使用户眼中的数据库结构更简单、清晰，并且可以简化用户的数据查询操作。例如，可以将常用的连接、投影、联合查询和选择查询定义为视图，这样，当用户对特定的数据执行进一步操作时，不必指定所有条件和限定。

2. 视图能够对机密数据提供安全保护

通过视图机制，可以在设计数据库应用系统时，对不同的用户定义不同的视图，使机密数据不出现在不应看到这些数据的用户视图中。可以将复杂查询编写为视图，并授予用户访问视图的权限。限制用户只能访问视图，这样，就可以阻止用户直接查询基本表。限制某个视图只能访问基本表中的某些行，从而可以对最终用户屏蔽部分行。这样，具有视图的机制自动提供了对数据的安全保护功能。

3. 视图对重构数据库提供了一定程度的逻辑独立性

数据的物理独立性是指用户和用户程序不依赖于数据库的物理结构。数据的逻辑独立性是指当数据库重新构造时，如果增加新的关系或对原有关系增加新的字段等，用户和用户程序都不会受到影响。

4. 适当利用视图可以更清晰地表达查询

例如，经常要执行诸如“对每个同学找出他获得最高成绩的课程号”这样的查询，可以先定义一个视图，再求出每个同学获得的最高成绩：

```
CREATE VIEW VMGRADE
AS
SELECT Sno,MAX(Grade) Mgrade
FROM SC
GROUP BY Sno;
```

11.2 创建视图

在 SQL Server 2014 系统中，只能在当前数据库中创建视图。创建视图时，SQL Server 首先验证视图定义中所引用的对象是否存在。视图的名称必须符合命名规则，因为视图的外形和表的外形是一样的，所以在给视图命名时，建议使用一种能与表区分开的命名机制，使用户容易分辨，如在视图名称之前使用“V_”作为前缀。

创建视图时应该注意以下情况：必须是 sysadmin、db_owner、db_ddladmin 角色的成员，或拥有创建视图权限的用户；只能在当前数据库中创建视图，在视图中最多只能引用 1024 列；如果视图引用的基本表或者视图被删除，则该视图将不能再被使用；如果视图中的某一列是函数、数学表达式、常量或者来自多个表的列名相同，则必须为列定义名称；不能在规则、默认、触发器的定义中引用视图；当通过视图查询数据时，SQL Server 要检查以确保语句中涉及的所有数据库对象都存在；视图的名称必须遵循标识符的命名规则，是唯一的。

创建视图有两种途径：一种是在“对象资源管理器”中通过菜单创建视图；另一种是在查询编辑器中输入创建视图的 Transact-SQL 语句并执行，完成创建视图的操作。

11.2.1 使用视图设计器创建视图

使用视图设计器创建视图的步骤如下：

(1) 在“开始”菜单中选择“程序”| Microsoft SQL Server 2014 | SQL Server Management Studio 命令，打开 SQL Server Management Studio，并使用 Windows 或 SQL Server 身份建立连接。

(2) 在“对象资源管理器”中展开服务器，然后展开“数据库”节点，双击“教学管理”数据库将其展开。

(3) 右击“视图”节点，从弹出的快捷菜单中选择“新建视图”命令，如图 11-1 所示。

(4) 打开“视图设计器”窗口，并弹出 Add Table 对话框，如图 11-2 所示。

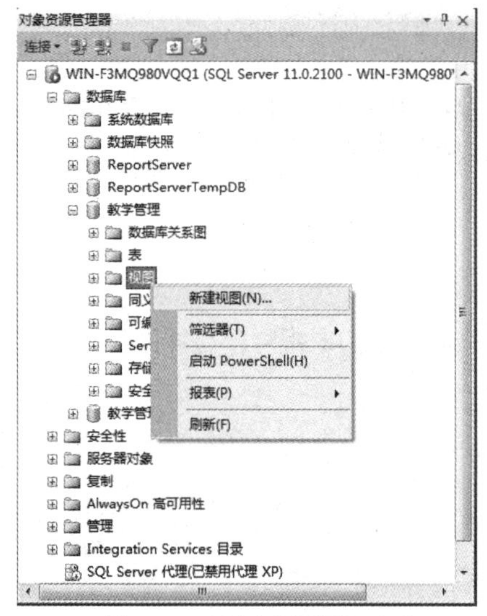

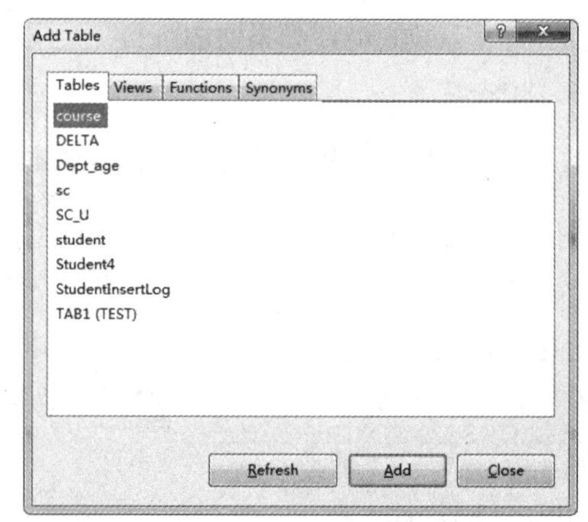

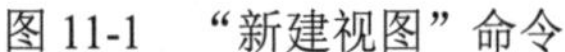
图 11-1 “新建视图”命令

图 11-2 Add Table 对话框

(5) 选择要定义的视图所需的表、视图或函数后，通过单击字段左边的复选框选择需要的字段，如图 11-3 所示。

图 11-3 视图设计窗口

(6) 单击工具栏中的“保存”按钮，或者选择“文件”|“保存”命令保存视图，输入视图名，即可完成视图的创建。

11.2.2 使用 Transact-SQL 命令创建视图

视图可以使用 CREATE VIEW 语句创建，其简化的语法格式如下：

```
CREATE VIEW [ schema_name.] view_name [ (column [,…n] ) ]
```

```
[WITH [ENCRYPTION] [SCHEMABINDING] [VIEW_METADATA] ]
AS subquery [ ; ]
[ WITH CHECK OPTION ]
```

其中各选项的含义如下：

- view_name：指定视图名。
- subquery：指定一个子查询，它对基本表进行检索。如果已经提供了别名，则可以在 SELECT 子句之后的列表中使用别名。
- WITH CHECK OPTION：说明只有子查询检索的行才能被插入、修改或删除。默认情况下，在插入、更新或删除行之前并不会检查这些行是否能被子查询检索。

在视图定义中，SELECT 子句中不能包含下列内容：COMPUTE 或 COMPUTE BY 子句；INTO 关键字；ORDER BY 子句，除非 SELECT 语句中的选择列表中有 TOP 子句、OPTION 子句或引用临时表或表变量。

1. 创建简单视图

创建简单视图，也就是创建基于一个表的视图。

【例 11-1】 创建一个包含学生简明信息的视图。

Transact-SQL 代码如下：

```
CREATE VIEW 学生简明信息
AS
SELECT 学号,姓名,性别,系部编号
FROM 学生
GO
```

视图创建成功后，通过刷新“视图”节点，新建的视图会出现在“视图”节点下面。创建后，可以使用 SELECT-FROM 子句查询该视图的内容，请读者自行练习。

2. 创建带有检查约束的视图

【例 11-2】 创建一个包含所有女生的视图，要求通过该视图进行的更新操作只涉及女生。

Transact-SQL 代码如下：

```
CREATE VIEW  v_学生_女
AS
SELECT *
FROM  学生
WHERE 性别='女'
WITH CHECK OPTION
GO
```

3. 创建基于多表的视图

一般基于多表创建的视图应用得更广泛，这样的视图能充分体现它的优点。下面介绍如何创建基于多表的视图。

【例 11-3】创建一个“计算机科学”系学生的视图。

Transact-SQL 代码如下：

```
CREATE VIEW   v_计科
AS
SELECT  学生.*
FROM  学生,系部
WHERE  学生.系部编号=系部.系部编号  AND  系部名称='计算机科学'
GO
```

4. 创建基于视图的视图

【例 11-4】创建一个“计算机科学”系的女生的视图。

Transact-SQL 代码如下：

```
CREATE VIEW   v_计科_女
AS
SELECT *
FROM   v_计科
WHERE  性别='女'
GO
```

5. 创建带表达式的视图

【例 11-5】创建学生平均成绩的视图。

Transact-SQL 代码如下：

```
CREATE VIEW v_平均成绩  (学号,平均成绩)
AS
SELECT  学号,AVG(成绩)
FROM  选课
GROUP BY  学号
GO
```

注意：

创建该视图时，由于输出的列 AVG(成绩)是没有列名的，故需要在视图名的后面指定列名。

11.3 修改视图

SQL Server 提供了两种修改视图的方法：

(1) 在 SQL Server 管理平台中，右击需要修改的视图，从弹出的快捷菜单中选择“设计”命令，出现视图修改对话框。该对话框与创建视图的对话框相同，可以按照创建视图的方法修改视图。

(2) 使用 ALTER VIEW 语句修改视图，但首先必须拥有使用视图的权限，然后才能使用 ALTER VIEW 语句。ALTER VIEW 语句的语法格式与 CREATE VIEW 语句的语法格式基本相同，除了关键字不同。该语句的语法格式如下：

```
ALTER VIEW [ schema_name.]view_name [ (column [ ,…n ] ) ]
[WITH [ENCRYPTION] [SCHEMABINDING] [VIEW_METADATA] ]
AS select_statement [ ; ]
[ WITH CHECK OPTION ]
```

【例 11-6】 修改例 11-3 创建的视图，对视图的定义文本进行加密。

Transact-SQL 代码如下：

```
ALTER VIEW   v_计科
WITH ENCRYPTION     --对视图的定义文本进行加密
AS
SELECT 学生.*
FROM 学生,系部
WHERE 学生.系部编号=系部.系部编号 AND 系部名称='计算机科学'
GO
```

需要注意的是，修改视图的时候不能自引用该视图本身。

11.4 查看视图

11.4.1 使用 SSMS 图形化工具查看视图的定义信息

在 SSMS 中，右击某个视图的名称，从弹出的快捷菜单中选择“选择前 1000 行”或“编辑前 200 行”命令，如图 11-4 所示，在 SQL Server 图形化界面中就会显示该视图输出的相应数据。

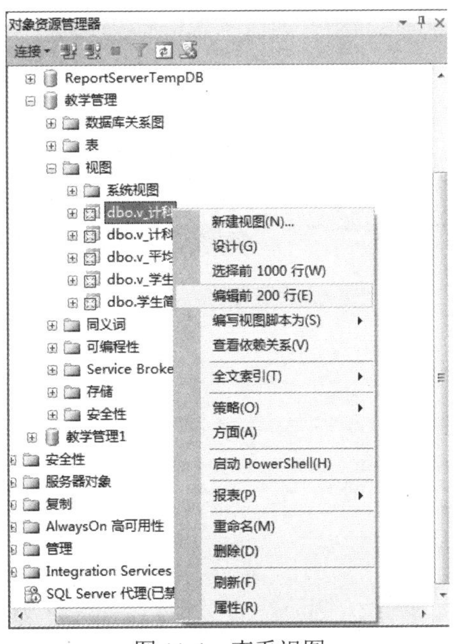

图 11-4　查看视图

在 sys.views 视图中，每个视图对象在该视图中对应一行数据。可以使用 sys.views 查看当前数据库中的所有视图信息，还可以通过 sys.all_sql_modules 查看视图具体的定义信息。在“查询编辑器”中输入相应语句即可获得相应信息。

例如，在教学管理数据库中查看所有视图信息，可以输入如下 Transact-SQL 语句：

```
USE 教学管理
GO
SELECT * FROM sys.views
```

执行结果如图 11-5 所示。

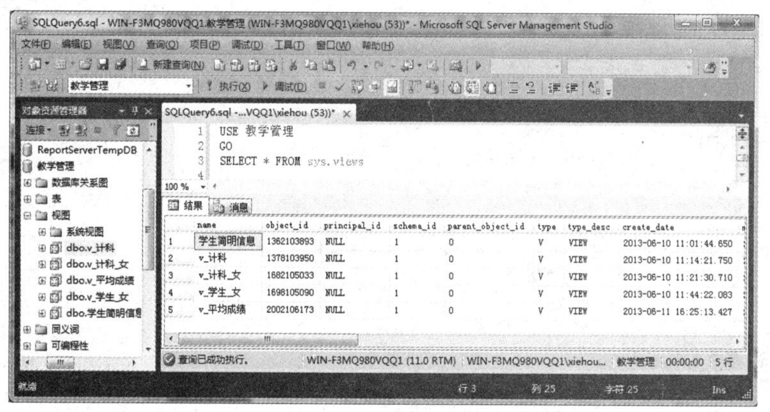

图 11-5　查看所有视图信息

如果要在教学管理数据库中查看所有视图的定义信息，可以输入如下 Transact-SQL 语句：

```
USE 教学管理
GO
SELECT * FROM sys.all_sql_modules
```

执行结果如图 11-6 所示。

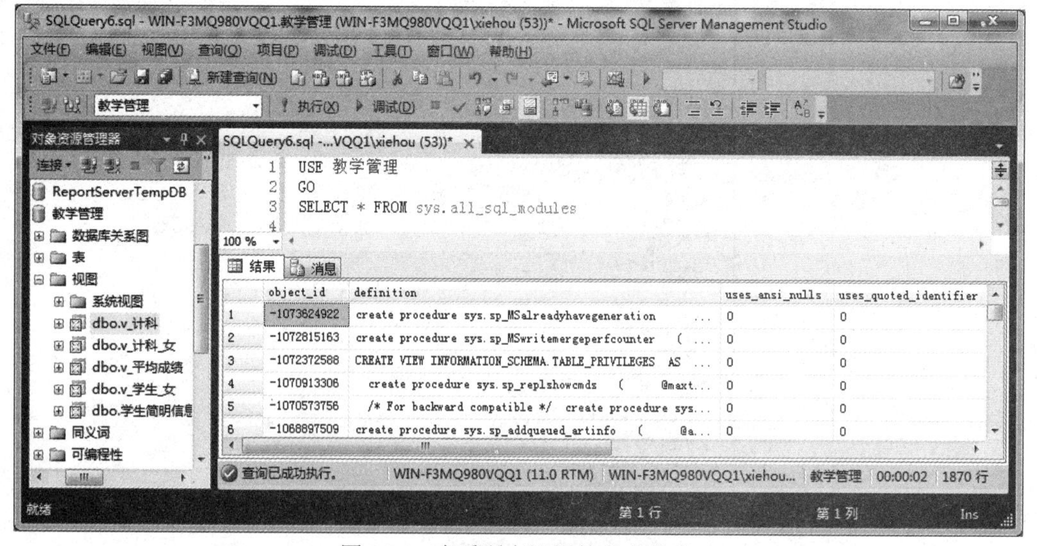

图 11-6　查看所有视图的定义信息

11.4.2 使用系统存储过程查看视图的定义信息

用户可以通过执行系统存储过程来查看视图的基本信息、文本信息和依赖对象信息。

1. 查看视图的基本信息

使用系统存储过程查看视图基本信息的语法格式如下：

```
EXEC sp_help objname
```

其中，objname 为用户需要查看的视图的名称。

【例 11-7】查看视图“v_计科”的基本信息。

Transact-SQL 代码如下，执行结果如图 11-7 所示。

```
EXEC sp_help v_计科
```

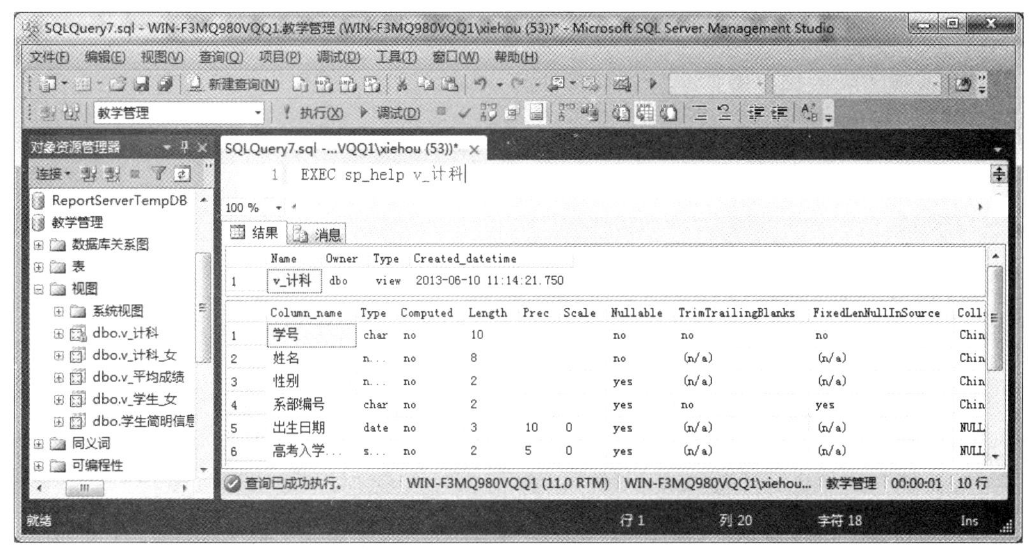

图 11-7 查看指定视图的基本信息

2. 查看视图的文本信息

使用系统存储过程查看视图文本信息的语法格式如下：

```
EXEC sp_helptext objname
```

其中，objname 为用户需要查看的视图的名称。

【例 11-8】查看视图“v_计科”和“v_计科_女”的文本信息。

Transact-SQL 代码如下，执行结果如图 11-8 所示。

```
EXEC sp_helptext v_计科
EXEC sp_helptext v_计科_女
```

根据执行结果可知，由于在例 11-6 中视图“v_计科”添加了保密属性，故查看其文本定义时告知文本已加密。而视图“v_计科_女”并未加密，所以可以查看其定义内容。

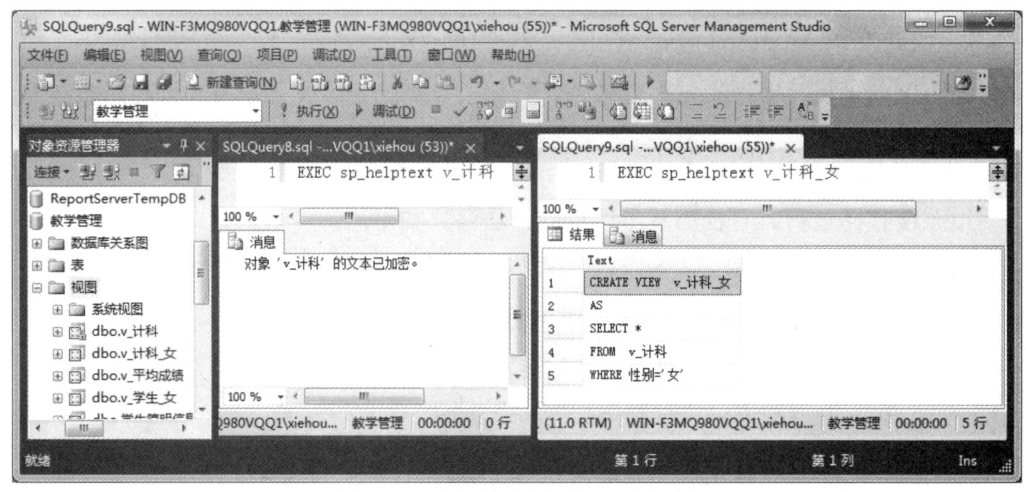

图 11-8　查看指定视图的文本信息

3. 查看视图的依赖对象信息

使用系统存储过程查看视图依赖对象信息的语法格式如下：

```
EXEC sp_depends objname
```

其中，objname 为用户需要查看的视图的名称。

【例 11-9】查看视图“v_计科”的依赖对象信息。

Transact-SQL 代码如下，执行结果如图 11-9 所示。

```
EXEC sp_depends v_计科
```

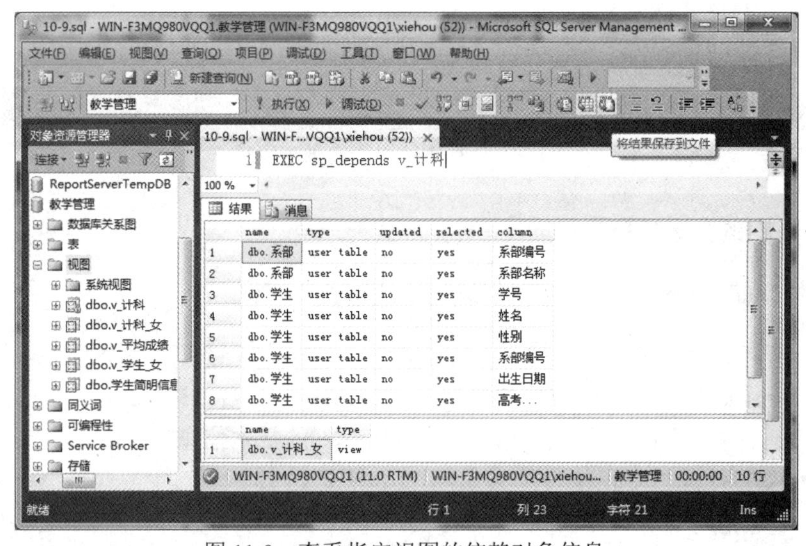

图 11-9　查看指定视图的依赖对象信息

4. 对视图重命名

通过右击需要重命名的视图，从弹出的快捷菜单中选择“重命名”命令，可以轻松地对视图重命名，也可以使用系统存储过程进行重命名，语法格式如下：

```
EXEC sp_rename   old_name,new_name
```

其中，old_name 为用户需要修改的视图名称，new_name 为新名称。

【例 11-10】 为视图重命名，将“学生简明信息”更名为“v_学生简明信息”。

Transact-SQL 代码如下，执行结果如图 11-10 所示。

```
EXEC sp_rename 学生简明信息,v_学生简明信息
```

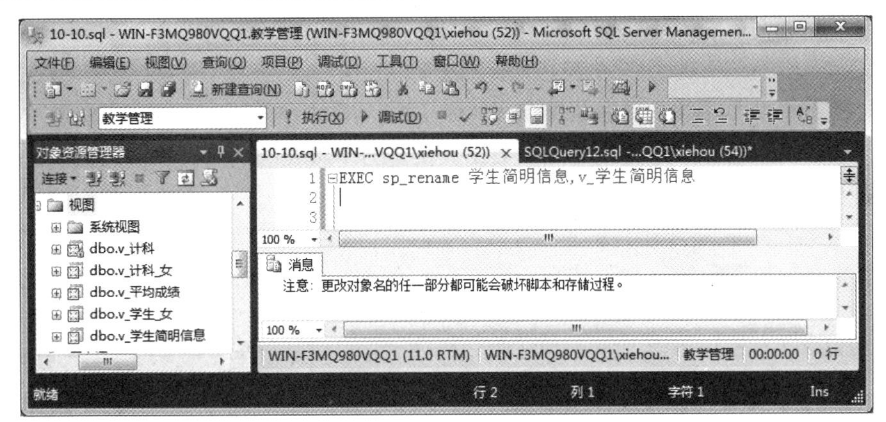

图 11-10　重命名视图

如图 11-10 所示，更名后，对视图进行刷新即可看到新的名称。

11.5 更新视图

更新视图是指通过视图来插入(INSERT)、删除(DELETE)和修改(UPDATE)数据。

由于视图是不实际存储数据的虚拟表，因此对视图的更新最终要转换为对基本表的更新。像查询视图那样，对视图的更新操作也是通过视图消解，转换为对基本表的更新操作。

为了防止用户在通过视图对数据进行添加、删除和修改操作时，有意无意地对不属于视图范围内的基本表数据进行操作，可以在定义视图时加上 WITH CHECK OPTION 子句。这样，在视图上增删数据时，RDBMS 会检查视图定义中的条件，若不满足条件，则拒绝执行该操作。

使用视图修改数据时，需要注意以下几点：修改视图中的数据时，不能同时修改两个或者多个基本表；不能修改那些通过计算得到的字段；如果在创建视图时指定了 WITH CHECK OPTION 选项，那么使用视图修改数据库信息时，必须保证修改后的数据满足视图定义的范围；执行 UPDATE 或 DELETE 命令时，所删除或更新的数据必须包含在视图的结果集中；当视图引用多个表时，无法使用 DELETE 命令删除数据，如果使用 UPDATE 命令则应与 INSERT 操作一样，被更新的列必须属于同一个表。

通过视图插入、更新与删除数据的步骤如下：

在“开始”菜单中选择“程序”| Microsoft SQL Server 2014 | SQL Server Management Studio 命令，打开 SQL Server Management Studio 窗口，并使用 Windows 或 SQL Server 身份建立连接。

单击“新建查询”按钮，新建一个查询窗口，可以在该查询窗口中输入相应的语句进行操作。

11.5.1　通过视图向基本表中插入数据

【例 11-11】通过视图“v_学生简明信息”添加一条新的数据行，各列的值分别为“2013056101”“测试 1”“男”和“01”。

Transact-SQL 代码如下，执行结果如图 11-11 所示。

```
INSERT   INTO   v_学生简明信息
VALUES('2013056101','测试 1','男','01')
--插入完查询学生表，观察该条数据是否插入成功
SELECT * FROM  学生
```

从图 11-11 可以看出，通过视图插入数据其实是对基本表的插入，测试插入的数据在基本表中可以找到。

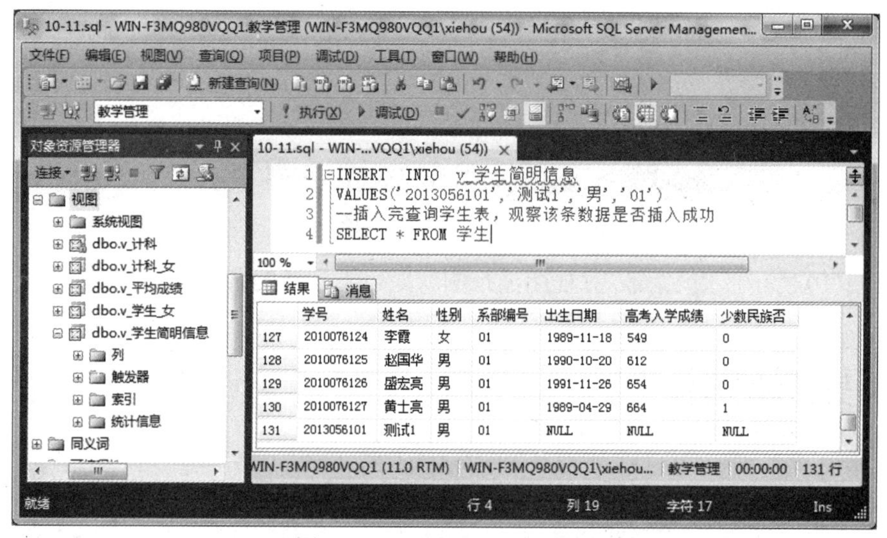

图 11-11　通过视图插入数据

11.5.2　通过视图修改基本表中的数据

【例 11-12】通过视图“v_学生_女”修改学生表中的记录，将“邵小亮”同学的性别修改为“男”。

Transact-SQL 代码如下，执行结果如图 11-12 所示。

```
--查看视图 v_学生_女
SELECT * FROM v_学生_女  WHERE  姓名='邵小亮'
--更新视图
UPDATE v_学生_女
SET  性别='男'
WHERE  姓名='邵小亮'
--更新后查看视图 v_学生_女
SELECT * FROM v_学生_女  WHERE  姓名='邵小亮'
```

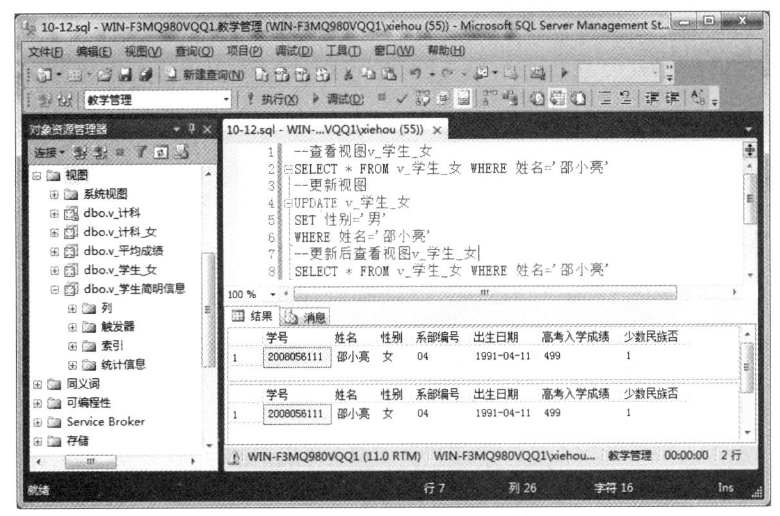

图 11-12 通过视图更新数据

从执行结果可以看到，更新前后邵晓亮同学的性别都是“女”，也就是说没有更新成功。并且在消息栏上会提示：“消息 550，级别 16，状态 1，第 4 行。试图进行的插入或更新已失败，原因是目标视图或者目标视图所跨越的某一视图指定了 WITH CHECK OPTION，而该操作的一个或多个结果行又不符合 CHECK OPTION 约束。”分析原因，视图“v_学生_女”在创建时指定了“WITH CHECK OPTION”属性，也就要求通过该视图进行的更新操作只涉及女生。而本例中要求将“邵小亮”同学的性别更新为“男”，这违背了条件，所以更新没有成功。请读者自行练习更新数据成功的例子。

11.5.3 通过视图删除基本表中的数据

【例 11-13】利用视图“v_学生简明信息”删除学生表中姓名为“测试 1”的记录。

Transact-SQL 代码如下，执行结果如图 11-13 所示。

```
DELETE FROM v_学生简明信息 WHERE 姓名='测试 1'
--插入完查询学生表，观察该条数据是否删除成功
SELECT * FROM 学生
```

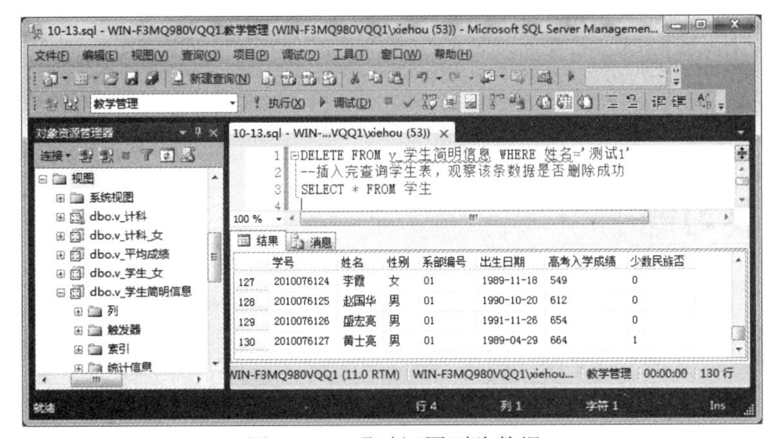

图 11-13 通过视图删除数据

11.6 删除视图

11.6.1 使用对象资源管理器删除视图

对于不再需要的视图，在 SSMS 中，右击该视图的名称，从弹出的快捷菜单中选择“删除”命令，即可删除该视图，如图 11-14 所示。

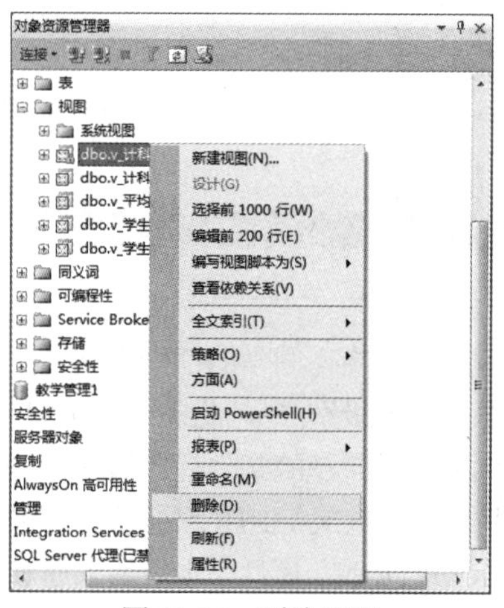

图 11-14 删除视图

11.6.2 使用 Transact-SQL 命令删除视图

对于不再需要的视图，可以通过 DROP VIEW 语句把视图的定义从数据库中删除。删除视图，就是删除其定义和赋予它的全部权限。在 DROP VIEW 语句中，可以同时删除多个不再需要的视图。

DROP VIEW 语句的基本语法格式如下：

```
DROP VIEW view_name
```

【例 11-14】同时删除视图“ v_学生简明信息”和“v_学生_女”。

Transact-SQL 语句如下：

```
DROP   VIEW v_学生简明信息, v_学生_女
```

11.7 经典习题

1. 填空题

(1) 视图是一个__________，除索引视图外，视图在数据库中仅保存其__________，其中的记录在使用视图时动态生成。

(2) 视图分为3种：__________、____________和____________。

(3) 创建视图使用的Transact-SQL语句是_________________；修改视图使用的Transact-SQL语句是____________；删除视图使用的Transact-SQL语句是____________。

2. 简答题

(1) 视图的作用是什么？

(2) 视图和基本表的主要区别和联系是什么？

3. 在教学管理数据库中完成如下操作：

(1) 创建“市场营销”系的学生视图。

(2) 创建选修“操作系统”课程的学生视图。

(3) 在上述视图的基础上尝试是否能插入、删除和更新记录。如若不能，请思考原因是什么？

第12章
数据库安全机制

随着越来越多的网络相互连接，安全性也变得日益重要。公司的资产必须受到保护，尤其是存储着重要信息的数据库。数据库是电子商务、金融以及ERP系统的基础，通常都保存着重要的商业数据和客户信息，例如，交易记录、工程数据和个人资料等。数据完整性和合法存取会遭到很多方面的威胁，包括密码策略、系统后门、数据库操作以及本身的安全方案。另外，数据库系统中存在的安全漏洞和不恰当的配置通常也会造成严重的后果，而且都难以发现。安全保护措施是否有效是数据库系统的主要指标之一。

本章主要内容：

- SQL Server 的身份验证模式
- SQL Server 登录账户的管理
- 用户的管理
- 角色管理和权限管理

12.1 SQL Server 2014 安全性概述

数据库的安全性是指防止不合法的使用而造成数据库中数据的泄露、更改或破坏。SQL Server 2014 的整个安全体系结构从顺序上可以分为认证和授权两个部分，其安全机制可以分为如下5个层级。

(1) 客户机安全机制

(2) 网络传输的安全机制

(3) 实例级别安全机制

(4) 数据库级别安全机制

(5) 对象级别安全机制

这些层级由高到低，所有的层级之间相互联系，用户只有通过了高一层的安全验证，才能继续访问数据库中低一层的内容。

(1) 客户机安全机制——数据库管理系统需要运行在某一特定的操作系统平台下，客户机操作系统的安全性直接影响到 SQL Server2014 的安全性。当用户使用客户机通过网络访问 SQL Server 2014 服务器时，首先要获得客户机操作系统的使用权限。保护操作系统的安全性是操作系统管理员或网络管理员的职责。

(2) 网络传输的安全机制——SQL Server 2014 对关键数据进行了加密，即使攻击者通过了防火墙和服务器上的操作系统到达了数据库，还要对数据进行破解。SQL Server 2014 有两种对数据进行加密的方式：数据加密和备份加密。

- 数据加密：数据加密执行所有数据库级别的加密操作，消除了应用程序开发人员创建定制的代码来加密和解密数据的过程，数据在写到磁盘时进行加密，从磁盘读出时进行解密。使用 SQL Server 来管理加密和解密，可以保护数据库中的业务数据而不必对现有的应用程序做任何更改。
- 备份加密：对备份进行加密可以防止数据泄露和被篡改。

(3) 实例级别安全机制——SQL Server 2014 采用了标准 SQL Server 登录和集成 Windows 登录两种。无论使用哪种登录方式，用户在登录时必须提供密码和账号。管理和设计合理的登录方式是 SQL Server 数据库管理员的重要任务，也是 SQL Server 安全体系中重要的组成部分。SQL Server 2014 服务器中预设了很多固定的服务器角色，用来为具有服务器管理员资格的用户分配使用权限，固定服务器角色的成员可以用于服务器级别的管理权限。

(4) 数据库级别安全机制——在建立用户的登录账号信息时，SQL Server 提示用户选择默认的数据库，并给用户分配权限，以后每次用户登录服务器后，会自动转到默认数据库上。SQL Server 2014 允许用户在数据库上建立新的角色，然后为该用户授予多个权限，最后通过角色将权限赋给 SQL Server 2014 的用户，使其他用户获取具体数据的操作权限。

(5) 对象级别安全机制——对象安全性检查是数据库管理系统的最后一个安全等级。创建数据库对象时，SQL Server 2014 将自动把该数据库对象的用户权限赋予该对象的所有者，对象的所有者可以实现对该对象的安全控制。

12.1.1　SQL Server 网络安全基础

SQL Server 2005 是第一个基于 Microsoft Trustworthy Computing Initiative(可信赖计算计划)开发的 SQL Server 版本。关于 Microsoft 首创的 Trustworthy Computing 技术，已经有很多文献进行了讨论，这些文献可以指导公司的所有软件开发。有关更多信息，可参阅 Trustworthy Computing 网站 http://www.microsoft.com/mscorp/twc/default.mspx。该项首创技术的 4 个核心部分如下：

- Secure by Design：作为抵御黑客及保护数据的基础，软件需要进行安全设计。
- Secure by Default：系统管理员不必操心新安装的安全，默认设置即可保证。
- Secure in Deployment：软件自身应能更新最新的安全补丁，并能协助维护。
- Communications：交流最佳实践和不断发展的威胁信息，以使管理员能够主动地保护系统。

这些指导准则在 SQL Server 2014 中均得到了进一步的体现，它们提供了保护数据库所需的所有工具。Trustworthy Computing Initiative 的宗旨之一就是 Secure by Default(默认安全)。在实现这一原则的过程中，SQL Server 2014 禁用了一些网络选项，以尽量保证 SQL Server 环境的安全性。

SQL Server 是一款用于在服务器上运行，能够接受远程用户和应用程序访问的数据库管理系统。在运行 SQL Server 的本地计算机上也可以对 SQL Server 进行本地访问。但在实际应用中一般不这样做。因此，正确配置 SQL Server，使其能够接受远程计算机的安全访问是非常重要的。

为了可以远程访问 SQL Server 实例，需要一种网络协议来建立到 SQL Server 服务器的连接。为了避免系统资源的浪费，只需要激活自己需要的网络连接协议即可。

在默认安装中，SQL Server 禁用了许多功能特性，以减少数据库系统被攻击的可能性。例如，SQL Server 2014 在默认情况下并不允许远程访问(企业版除外)，所以要用“SQL Server 外围应用配置器”工具来启用远程访问。

可以通过如下操作来配置远程访问，启用远程访问连接。

(1) 从“开始”菜单中选择“所有程序”|Microsoft SQL Server 2014|SQL Server Management Studio 命令，启动 SSMS，如图 12-1 所示。

(2) 在“连接到服务器”对话框中，选择服务器名称和身份验证方式，单击“连接”按钮，如图 12-2 所示。

(3) 连接成功后，在“对象资源管理器”窗口中右击服务器节点，从弹出的快捷菜单中选择“方面”命令，如图 12-3 所示。

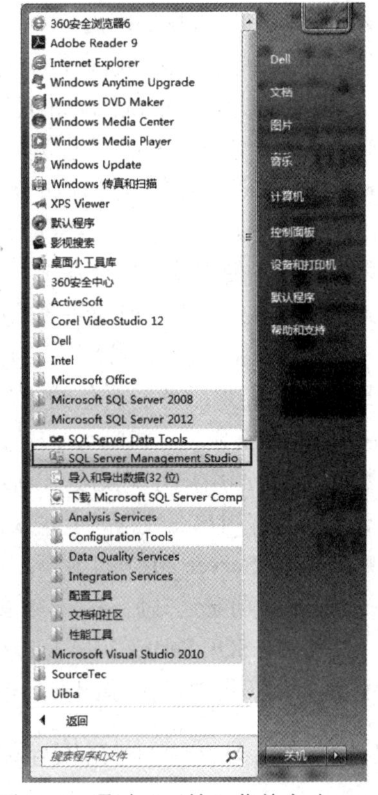

图 12-1 通过“开始”菜单启动 SSMS

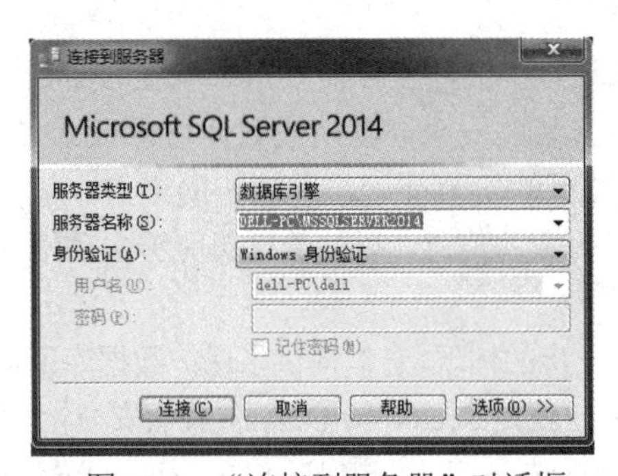

图 12-2 “连接到服务器”对话框

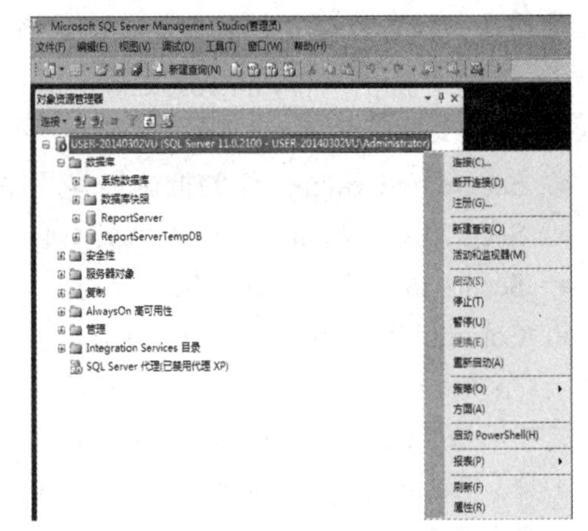

图 12-3 选择“方面”命令

(4) 在打开的“查看方面”对话框中，选择“外围应用配置器”选项，如图 12-4 所示。

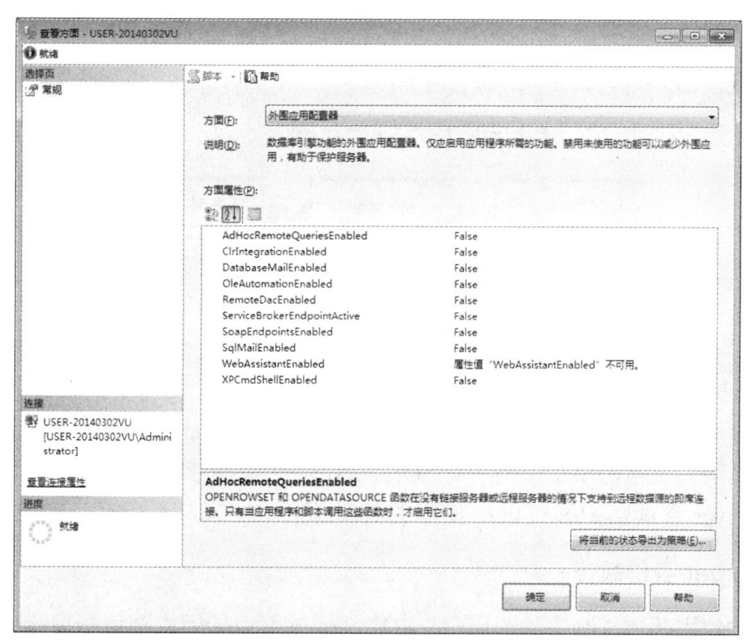

图 12-4 “查看方面”对话框

(5) 在该对话框中，可以设置“外围应用配置器”相关的选项，设置完成后，单击“确定”按钮即可。

数据库中存储的是一些重要的信息，因此应当对数据库服务器进行很好的网络安全保护，以防止未授权的外部访问。当需要 SQL Server 能够通过 Internet 供用户或者应用程序访问时，应该保证网络环境提供了某种安全保护机制，例如，防火墙或者 IDS(入侵检测系统)。

除了通过 SSMS 进行设置外，还可以通过存储过程 sp_config 进行设置。

在“查询分析器”中执行命令：exec sp_config 'remote admin connections 1'。

此处已将提示从 0 修改为 1。即从本地连接修改为允许远程连接。

12.1.2 SQL Server 2014 的安全性体系结构

要设计一个良好的安全模式，就必须理解模型的组织方式，并且能够标识它的结构特征。然后可以使用这些信息来定义和实现一个安全模式，在便利性和保护性之间做出正确的权衡，这是任何灵活的安全模式的特征。SQL Server 2014 的安全性体系结构非常类似于其他 Microsoft 平台和产品使用的安全模式。

SQL Server 的安全结构包括身份验证、有效性验证和权限管理。其功能结构基于如下 3 个基本实体：

(1) 主体：安全账户。

(2) 安全对象：要保护的对象。

(3) 权限：为主体访问安全对象所提供的权限。

在软件领域，对权限通俗的解释就是哪些人可以对哪些资源做哪些操作。在 SQL Server 中，“哪些人”“哪些资源”和“哪些操作”则分别对应于 SQL Server 中的三个对象，即主体(Principal)、安全对象(Securable)和权限(Permission)，而权利和限制则对应于 SQL Server 中的

GRENT和DENY。对于主体、安全对象和权限的初步理解，可以用一句话表示：“给予<主体>对于<安全对象>的<权限>”，如图12-5所示。

给予<主体>对于<安全对象>的<权限>

图12-5　简单理解主体、安全对象和权限的关系

对于图12-5中的描述来说，并没有主语，也就是并没有说谁给予的权限。可以理解为SA账户在最开始时给予了其他主体对于安全对象的权限。

主体、安全对象和权限，这三个实体提供了所有SQL Server身份验证和权限结构的基础。这些安全实体之间的交互提供了控制所有SQL Server访问的框架。本节首先讨论验证过程，然后讨论SQL Server管理账户和权限所使用的各种组件。

1. SQL Server身份验证

SQL Server使用两种机制来验证用户。SQL Server可以使用内部机制来验证登录，或者依靠Windows来验证登录。每种方法都有其优缺点。

(1) SQL Server身份验证模式

这是SQL Server早期版本身份验证登录的标准机制。使用这种方法，SQL Server在其主目录中存储一个登录名和加密密码。它不考虑用户是如何验证到操作系统的，用户需要完成SQL Server身份验证才允许访问服务器资源。

使用这种身份验证的主要好处是：SQL Server可以验证任何登录者而不管它们是如何登录到Windows网络的。当没有身份验证这个选项时，如与非Windows客户端工作时，这种验证是较好的方法。但这种方法的安全性没有另一种方法好，因为它给予任何拥有SQL Server密码的用户访问权，而不考虑其Windows身份。

(2) Windows身份验证模式

这种验证方法依赖Windows来完成所有的工作。Windows完成验证，SQL Server信任这个验证并且向Windows账户提供配置的访问。Windows用户和组账户可以映射到SQL Server，允许在Windows层管理所有的验证。这一技术也称为集成安全性或信任安全性。

一般来说，这种方法比SQL Server身份验证要更安全，因为DBA可以将SQL Server配置为不识别任何未经Windows身份验证的映射的账户。因此，SQL Server访问与Windows登录验证不是独立的。它也提供单一登录(Single Sign On，SSO)支持并与所有Windows验证模式集成，包括通过活动目录的Kerberos身份验证。

DBA可以通过以下两种方式来配置验证模式：

(1) 混合安全：既可以是SQL Server登录，也可以是Windows集成身份登录。

(2) 仅Windows：SQL Server不允许非Windows身份验证。

2. 理解架构

SQL Server架构是数据库中的逻辑名称空间。DBA可以使用架构来组织数据库存储的大量对象和赋予这些对象的权限。架构是安全对象的集合，其本身也是一个安全对象。

当数据库开发人员创建一个对象(如表或过程)时，这个对象就会关联到一个数据库架构。默认情况下，每个数据库包含一个 dbo 架构。必要时，DBA 可以创建其他架构。在数据库应用程序中，架构提供了三种功能。

(1) 组织

架构提供了一个组织上下文，以便更容易地理解更大的对象集。例如，多个对某应用程序或部门提供支持的实体可以组织成一个单独的架构。将对象组织成架构并不会改变对象本身的行为，但它可以提供一个逻辑层来使大型服务器应用程序更容易理解。

(2) 分解

架构为数据库的用户账户提供上下文。每一个用户与一个默认的架构相关联。如果 DBA 没有提供其他架构，那么 SQL Server 将默认使用 dbo 架构。数据引擎使用架构来分解对象引用。

例如，假设某数据库包含两个架构：production 和 sales。假设每个架构包含一个 contracts 表。这两个表的名字相同，却代表不同的实体。表 sales.contracts 可能表示销售人员与客户的合同，而 production.contracts 可能表示产品与原材料供应商的合同。

如果用户执行 SELECT * FROM contracts 查询，那么 SQL Server 要查询的是哪个 contracts 表？答案取决于用户与哪个架构相关联。如果用户的默认架构是 sales，那么查询将返回 sales.contracts 表中的数据。同样，production 架构也是这样。如果用户的默认架构是 dbo，就会得到一个错误信息，提示找不到 contracts 表，因为 dbo 架构中没有 contracts 表。

因此，对象分解是分层执行的。首先，数据引擎为引用对象检查用户的默认架构，如果对象不在用户的架构中，就检查 dbo 架构。如果对象也不在 dbo 架构中，就会产生错误。当然，可以使用两部分名称来完全限定对象，这将消除潜在的歧义。例如，执行 SELECT * FROM sales.contracts 查询，数据从哪里来就没有疑问了，与用户的默认架构无关。

注意，将用户与默认架构关联并不能为该用户提供任何明确的权限。例如，即使用户与 sales 架构默认关联，也必须根据需要为用户提供与对象交互的权限。关联架构只是为了分解的目的，而不是为了安全的目的。

(3) 权限层次

也可以使用架构来分层定义权限。例如，如果想赋予某用户从架构中查询任何表的权限，一种方法是针对每个表为用户分别赋予权限。如果架构中有 10 个表，就需要赋予 10 次权限。

如果是对整个架构为用户授权。结果是只有一条 grant 语句，而不是 10 条。另外，如果以后向架构中添加更多的表，就不需要应用其他的权限。向架构中添加的新表将自动为用户赋予权限，因为权限已经定义在架构级。

必须首先在数据库中创建架构，然后才能向这些架构分配用户或对象。为此，可以使用两种不同的方法：通过 SSMS 和使用 Transact-SQL。要在 SSMS 中创建架构，执行下列步骤：

a) 打开 SSMS 并连接到服务器实例。

b) 打开“数据库”文件夹，然后展开要新建架构的数据库节点。

c) 展开“安全性”|“架构”节点，以显示架构列表。列表中应该有 dbo 和 sys 等架构。

d) 右击“架构”，从弹出的快捷菜单中选择“新建架构”命令。弹出的对话框会提供一个文本框，可以在这个文本框中命名架构和提供架构的所有者。

e) 单击“确定”按钮即可创建架构。

也可以使用Transact-SQL代码来创建架构。例如，要创建一个demo架构，由dbo用户所有，可以使用下面的语句。

```
CREATE SCHEMA demo AUTHORIZATION dbo;
```

3. 主体

“主体(Principal)”是可以请求SQL Server资源的实体。与SQL Server授权模型的其他组件一样，主体也可以按层次结构排列。主体的影响范围取决于主体的定义范围(Windows、服务器或数据库)以及主体是否不可分或是一个集合。例如，Windows登录名就是一个不可分的主体，而Windows组则是一个集合主体。每个主体都具有一个安全标识符(SID)。

(1) Windows级的主体

最高层的主体是Windows主体。该级别的实体是Windows实体而不是SQL Server实体，它包括：

- Windows域登录名/组
- Windows本地登录名/组

例如，若将一个Windows本地组配置为一个SQL Server主体，这就为组里的任何Windows账户提供了对SQL Server的访问，包括Windows登录名、Windows域组和其他Windows本地组。

(2) SQL Server级的主体

这一级别的主体包括：

- SQL Server登录名
- 服务器角色

它们不是Windows实体，而是由SQL Server定义和验证的SQL Server登录名。它们不映射任何Windows账户，其Windows用户的身份不影响用户使用SQL Server登录名访问服务器的能力。

SQL Server登录名最常见的用途是，在Windows主体不可选择时，为非Windows客户端应用程序提供一个连接到SQL Server的选项。它们也经常用于向后兼容那些依赖SQL Server登录的旧系统。

(3) 数据库级的主体

实体访问数据库的请求一旦得到验证，就通过数据库主体获得了对数据库的访问权。这些实体存在于独立的数据库上，代表Windows或SQL Server登录账户到这些独立数据库的映射。数据库级的主体包括以下几种：

- 数据库用户

数据库用户是一个独立的Windows登录名或组，或一个SQL Server登录账户到数据库的映射。因为用户可以表示一个验证集合，如Windows组，所以数据库用户可以为整个集合或一个单独的登录名提供一个统一的行为。数据库用户主要用作为登录账户赋予数据库访问权的载体。

- 数据库角色

数据库角色表示数据库中要求特定权限的功能集或任务集。数据库管理员将权限聚合到角色，并将数据库用户与角色关联起来，也可以直接将权限赋予用户，不过角色为管理权限过程提供了一种更明确的方法。

- 应用程序角色

类似于数据库角色，应用程序角色聚合权限。不能将用户分配给应用程序角色。应用程序调用角色，为应用程序提供一组权限。它们覆盖除管理员用户之外的所有用户权限。

(4) 特殊主体

每种主体中的一些主体都有一些独一无二的特征。在此，有必要提一下这些特殊情况，因为在安全性设计中要涉及它们。

- sa 登录名

sa 代表 system administrator，是服务器级的主体。这种特殊的 SQL Server 主体对于服务器实例有完全的管理权限。全新安装 SQL Server 时，该登录名会被自动创建。sa 登录名仅在将服务器配置为允许 SQL Server 标准身份验证时才会用到。SQL Server 2014 允许在安装过程中重命名 sa 账户并提供密码。这就解决了 SQL Server 早期版本中的管理员账户安全问题，即黑客可能会利用这个众所周知的账户名来危害系统。

- public 数据库角色

每个数据库都有一个 public 角色。每一个数据库用户，包括来宾用户都自动地成为这个角色的成员，从而都属于 public 数据库角色。可以使用这个角色定义一个基础级别的权限，它将应用到服务器上的所有用户。当尚未对某个用户授予或拒绝对安全对象的特定权限时，该用户将继承对该安全对象 public 角色所授予的权限。该数据库角色是固定的，并且不能删除。

- INFORMATION_SCHEMA 和 sys

每个数据库都包含这两个实体，并且这些实体都作为用户显示在目录视图中。这两个实体是 SQL Server 所必需的。它们不是主体，不能修改或删除它们。

- 基于证书的 SQL Server 登录名

名称由双井号(##)括起来的服务器主体仅供内部系统使用。下列主体是在安装 SQL Server 时通过证书创建的，不应删除。

- ##MS_SQLResourceSigningCertificate##
- ##MS_SQLReplicationSigningCertificate##
- ##MS_SQLAuthenticatorCertificate##
- ##MS_AgentSigningCertificate##
- ##MS_PolicyEventProcessingLogin##
- ##MS_PolicySigningCertificate##
- ##MS_PolicyTsqlExecutionLogin##
- guest 用户

每个数据库都包括一个 guest 用户。授予 guest 用户的权限可以由对数据库具有访问权限但在数据库中没有用户账户的用户继承。不能删除 guest 用户，但可通过撤销该用户的 CONNECT 权限将其禁用。可以通过在 master 或 tempdb 以外的任何数据库中执行 REVOKE CONNECT FROM GUEST 命令来撤销 CONNECT 权限。

- 客户端和数据库服务器

根据定义，客户端和数据库服务器是安全主体，可以得到保护。在建立安全的网络连接前，这些实体之间可以互相进行身份验证。SQL Server 支持 Kerberos 身份验证协议，该协议定义了客户端与网络身份验证服务交互的方式。

4. SQL Server 安全对象

安全对象(Securable)是 SQL Server 实体，它向经过验证的用户提供一些功能。安全对象存在于不同的级别，即作用范围有服务器、数据库和架构。因为安全对象也组织成层次结构，所以数据库和架构作用范围本身也是安全对象。

(1) 服务器(Server)作用范围安全对象

一些安全对象存在于服务器作用范围。这些安全对象的权限只能赋予服务器级主体。这一安全对象作用范围包含以下几个对象。

- 端点(Endpoint)
- 登录名(Login)
- 服务器角色(Server Role)
- 数据库(Database)

(2) 数据库(Database)作用范围安全对象

数据库作用范围的安全对象是应用到数据库总体安全性的对象，它包括以下几个对象。

- 用户(User)
- 数据库角色(Database Role)
- 应用程序角色(Application Role)
- 程序集(Assembly)
- 消息类型(Message Type)
- 路由(Route)
- 服务(Service)
- 远程服务绑定(Remote Service Binding)
- 全文目录(Fulltext Catalog)
- 证书(Certificate)
- 非对称密钥(Asymmetric Key)
- 对称密钥(Symmetric Key)
- 约定(Contract)
- 架构(Schema)

这个作用范围内还有几个对象没有列出，它们主要处理 Service Broker 行为。

(3) 架构作用范围安全对象

架构作用范围安全对象表示服务器应用程序的基本构件块，它包含以下几个安全对象。

- 类型(Type)
- XML 架构集合(XML Schema Collection)
- 对象(Object) - 对象类包含以下成员：聚合(Aggregate)、函数(Function)、过程(Procedure)、队列(Queue)、统计信息、同义词(Synonym)、表(Table)和视图(View)

SQL Server 安全对象的层次如图 12-6 所示。

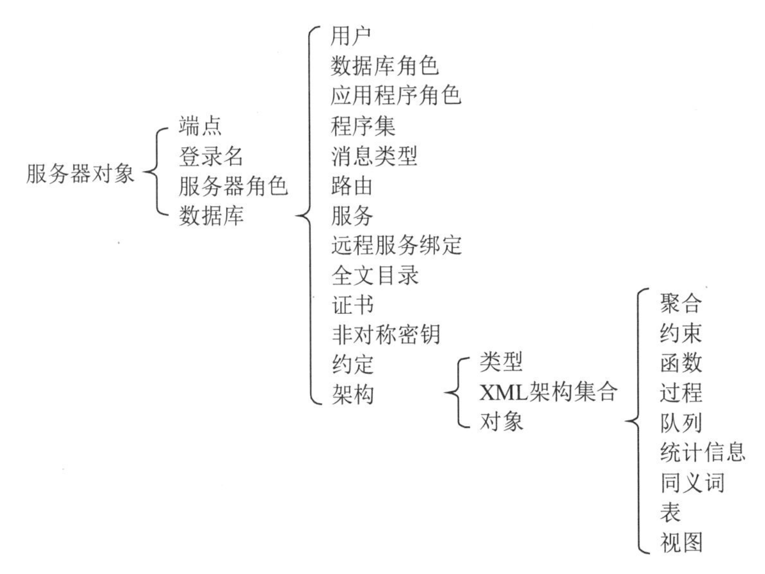

图 12-6　安全对象与架构的关系

5. 权限

权限表示主体和安全对象之间的关系。MSDN 关于“权限”的英文解释是：Permissions (Database Engine) provides information about the permissions that can be assigned to principals on securables，这有助于我们更好地理解权限的定义。

要为主体提供与安全对象交互的能力，主体必须要有访问安全对象的权限。有些安全对象支持多种权限，所以每一种赋予的权限表示主体经过身份验证在安全对象上能够执行的一种行为。如表 12-1 所示是架构作用范围安全对象的常用权限。随着每个 SQL Server 版本的发布，Microsoft 都添加了新的安全对象和权限选项。掌握它们的最好办法是查阅 SQL Server 联机丛书。搜索“权限(数据库引擎)”，就会得到安全对象及其相关权限的一个完整列表。表 12-1 只是一个精简版的列表。

表 12-1　SQL Server 架构对象权限列表

权　　限	描　　述	应用的安全对象
SELECT	对安全对象执行 SELECT 查询	同义词、表、视图、表值函数
INSERT	对安全对象执行 INSERT 查询	同义词、表、视图
UPDATE	对安全对象执行 UPDATE 查询	同义词、表、视图
DELETE	对安全对象执行 DELETE 查询	同义词、表、视图
EXECUTE	执行程序对象	过程、标量和聚合函数、同义词
CONTROL	提供对象的所有可用权限	过程、所有函数、表、视图、同义词
TAKE OWNERSHIP	如果需要则获取所有对象的所有权	过程、所有函数、表、视图、同义词
CREATE	创建对象	过程、所有函数、表、视图、同义词
ALTER	修改对象	过程、所有函数、表、视图、同义词

6. 权限层次结构(数据库引擎)

数据库引擎管理着可以通过权限进行保护的实体的分层集合。这些实体称为“安全对象”。在安全对象中，最突出的是服务器和数据库，但可以在更细的级别上设置离散权限。SQL Server 通过验证主体是否已获得适当的权限来控制主体对安全对象执行的操作。

数据库引擎权限层次结构之间的关系，如图 12-7 所示。

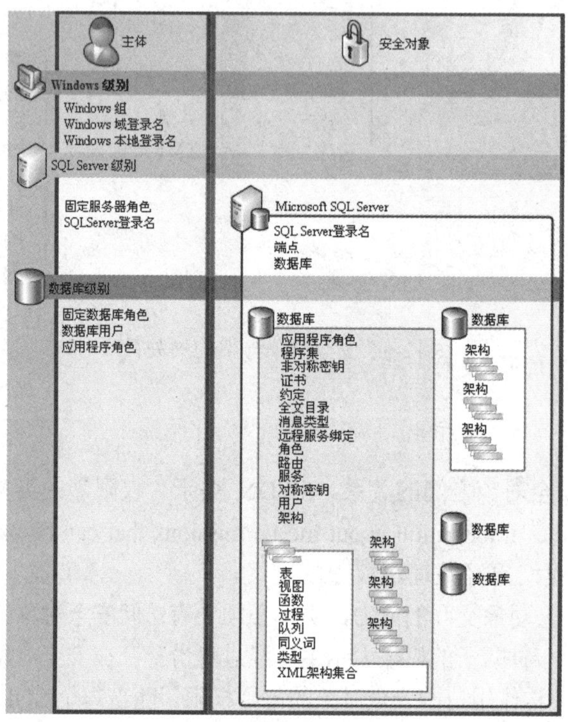

图 12-7　数据库引擎权限层次结构之间的关系

12.1.3　SQL Server 2014 安全机制的总体策略

在 SQL Server 2014 中，数据的安全保护由 4 个层次构成，如图 12-8 所示。SQL Server 2014 主要对其中的 3 个层次提供安全控制。下面分别对每个层次进行介绍。

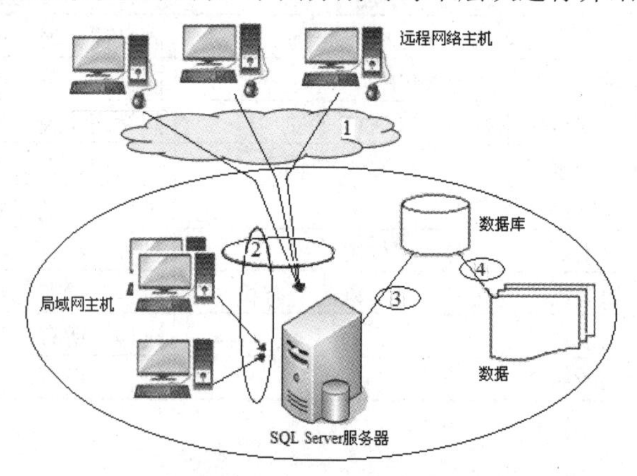

图 12-8　SQL Server 2014 的安全层次结构示意图

(1) 远程网络主机通过 Internet 访问 SQL Server 2014 服务器所在的网络，这一层次由网络环境提供某种保护机制。

(2) 网络中的主机若要访问 SQL Server 2014 服务器，首先需要对 SQL Server 进行正确的配置，其内容将在下一节介绍；其次是需要拥有对 SQL Server 2014 实例的访问权(登录名)，其内容将在 12.2.1 小节介绍。

(3) 若要访问 SQL Server 2014 数据库，这需要拥有对 SQL Server 2014 数据库的访问权(数据库用户)，其内容将在 12.2.2 小节介绍。

(4) 若要访问 SQL Server 2014 数据库中的表和列，需要拥有对表和列的访问权(权限)，其内容将在 12.5 节介绍。

为了对登录和数据库用户进行管理，SQL Server 提供了角色的概念，12.3 节将介绍对固定服务器角色、数据库角色和应用程序角色的管理。

SQL Server 2014 实现了 ANSI 中有关架构的概念，一个数据库对象通过由 4 个命名部分组成的结构来引用：<服务器>.<数据库>.<架构>.<对象>，其内容将在 12.4 节介绍。

权限的管理不仅涉及数据库中的表和列，还涉及对 SQL Server 实例和数据库的访问、对可编程对象的访问。

12.2 管理用户

连接到 SQL Server 实例时，必须提供有效的认证信息。数据库引擎会执行两步有效性验证过程：第一步，数据库引擎会检查用户是否提供了有效的、具备连接到 SQL Server 实例权限的登录名；第二步，数据库引擎会检查登录名是否具备连接数据库的访问许可。

SQL Server 2014 定义了人员、组或进程作为请求访问数据库资源的实体。实体可以在操作系统、服务器和数据库级进行指定，并且实体可以是单个实体或是集合实体。例如，一个 SQL 登录名是在 SQL Server 实例级的实体，一个 Windows 组则是在 Windows 级的集合实体。

12.2.1 管理对 SQL Server 实例的访问

针对 SQL Server 实例访问，SQL Server 2014 支持两种身份验证模式：Windows 身份验证模式和混合身份验证模式。

- 在 Windows 身份验证模式下，SQL Server 依靠操作系统来认证请求 SQL Server 实例的用户。由于已经通过了 Windows 的认证，因此用户不需要在连接字符串中提供任何认证信息。
- 在混合身份验证模式下，用户既可以使用 Windows 身份验证模式，也可以使用 SQL Server 身份验证模式来连接 SQL Server。在后一种情况下，SQL Server 根据现有的 SQL Server 登录名来验证用户。使用 SQL Server 身份验证需要用户在连接字符串中提供连接 SQL Server 的用户名和密码。

1. 设置 SQL Server 服务器身份验证模式

可以通过如下步骤在 SQL Server Management Studio 中设置身份验证模式。

(1) 在“开始”菜单中选择“所有程序”| Microsoft SQL Server 2014 | SQL Server Management Studio 命令，打开“连接到服务器”对话框，如图 12-9 所示。

(2) 在“连接到服务器”对话框中，将“身份验证”设置为“Windows 身份验证”，单击“连接”按钮，即可连接到服务器，如图 12-10 所示。

图 12-9 “连接到服务器”对话框

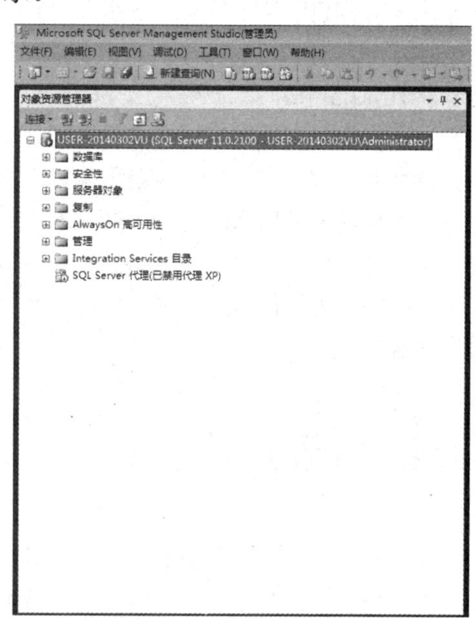

图 12-10 连接到服务器

(3) 在“对象资源管理器”中，右击 SQL Server 实例名，从弹出的快捷菜单中选择“属性”命令，打开“服务器属性”对话框，如图 12-11 所示。

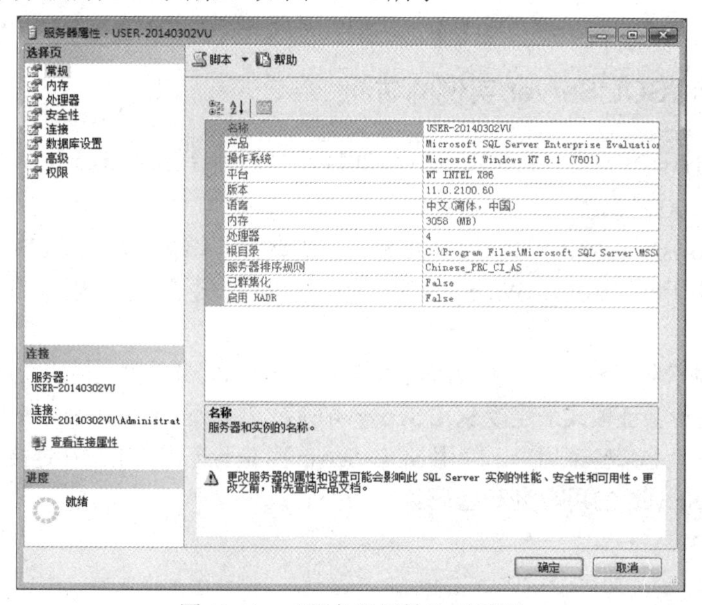

图 12-11 “服务器属性”对话框

(4) 在左边的“选择页”列表中，选择“安全性”选项，打开“安全性”选项页，如图 12-12 所示。

(5) 在“服务器身份验证”选项区域中设置身份验证模式，如图 12-12 所示。更改身份验证模式后，需要重新启动 SQL Server 实例才能使其生效。

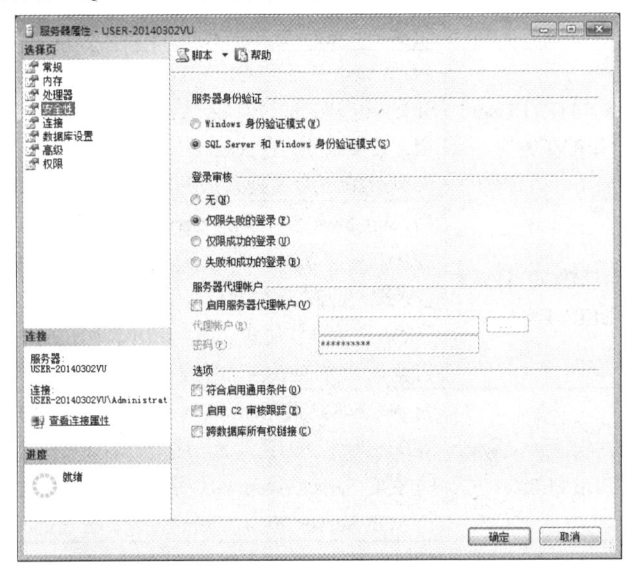

图 12-12　在“服务器身份验证”选项区域中设置身份验证模式

一般情况下，“Windows 身份验证模式”是推荐的身份验证模式。在 Windows 身份验证模式下，连接链路中没有密码信息，并且可以在集中的企业存储方案(例如 Active Directory)中管理用户账户信息，使用操作系统已有的所有安全特性。然而，Windows 身份验证模式在某些情况下并不是最好的选择。例如，在需要为不属于当前操作系统环境的用户(例如外部供应商)，或者所用操作系统与 Windows 安全体系不兼容的用户，提供访问授权时，则需要采用混合身份验证模式，并使用 SQL Server 登录名以便使这些用户可以连接到 SQL Server。

2. 授权 Windows 用户及组连接到 SQL Server 实例

为 Windows 用户或者 Windows 组创建登录名，以允许这些用户连接到 SQL Server。默认情况下，只有本地 Windows 系统管理员组的成员和启动 SQL 服务的账户才能访问 SQL Server。

注意：

可以删除本地系统管理员组对 SQL Server 的访问权限。

可以通过指令或者 SQL Server Management Studio 来创建登录名，以便授权用户访问 SQL Server 实例。下面的代码将授权 Windows 域用户 ADMINMAIN\MaryLogin 访问 SQL Server 实例：

```
CREATE LOGIN [ADMINMAIN\MaryLogin] FROM WINDOWS;
```

使用 SQL Server Management Studio 创建登录名时，将执行与上面类似的 Transact-SQL 语句。

在安装 SQL Server 2014 实例时，安装程序会创建如表 12-2 所示的 Windows 登录名。

表 12-2　默认的 Windows 登录名

Windows 登录名	描　述
BUILTIN\Administrators	为已安装 SQL Server 实例的计算机的本地系统管理员组建立的登录名，这个登录名对于运行 SQL Server 不是必需的
<Servername>\SQL ServerMSFTEUser$<Servername>$MSSQL SERVER	为 Windows 组 SQL ServerMSFTEUser$<Servername>$MSSQL SERVER 建立的登录名，这个组的成员具有作为 SQL Server 实例全文搜索服务的登录账户应有的必要特权，该账户对于运行 SQL Server 2005 全文搜索服务是必需的
<Servername>\SQL ServerMSSQLUser$<Servername>$MSSQL SERVER	为 Windows 组 SQL ServerMSSQLUser$<Servername>$MSSQL SERVER 建立的登录名，这个组的成员具有作为 SQL Server 实例登录账户应有的必要特权，该账户对于运行 SQL Server 2014 是必需的，因为在实例建立后，使用本地服务账户作为其服务账户时，它就是 SQL Server 的服务账户
<Servername>\SQL ServerSQLAgentUser$<Servername>$MSSQL SERVER	为 Windows 组 SQL ServerSQLAgentUser$<Servername>$MSSQL SERVER 建立的登录名，这个组的成员具有作为 SQL Server 实例的 SQL Server Agent 的登录账户应有的必要特权，该账户对于运行 SQL Server 2014 Agent 服务是必需的

注意：

可以在不通知 SQL Server 的情况下，从操作系统中删除一个映射到 Windows 登录名的 Windows 用户或组。SQL Server 2014 不检查这种情况，因此需要定期检查 SQL Server 实例以便找出这种孤立的登录名。可以使用系统存储过程 sp_validatelogins 来执行检查。

3. 授权 SQL Server 登录名

在混合身份验证模式下，可以创建并管理 SQL Server 登录名。

创建 SQL Server 登录名时，要为登录名设置一个密码。当用户连接到 SQL Server 实例时必须提供密码。创建 SQL Server 登录名时，可以为其指定一个默认的数据库和一种默认语言。当应用程序连接到 SQL Server 但没有指定连接到哪个数据库时，SQL Server 将为这个连接使用登录名的默认属性。

SQL Server 2014 使用自签名的认证方式来加密登录时的网络通信包，以避免对登录信息的非授权访问。然而，一旦登录过程结束，并且登录被确认，SQL Server 就将以明文的形式发送后续的所有信息。可以通过 Secure Sockets Layer(SSL)和 Internet Pro 两种途径来实现安全而机密的网络通信。

可以通过指令或者 SQL Server Management Studio 来创建 SQL Server 登录名，以便授权用户访问 SQL Server 实例。具体操作如下：

(1) 创建本地用户账户。启动计算机，以 Administrator 身份登录到 Windows 系统，然后右击“计算机”，从弹出的快捷菜单中选择“管理”命令，将出现“计算机管理”控制台，如图 12-13 所示。

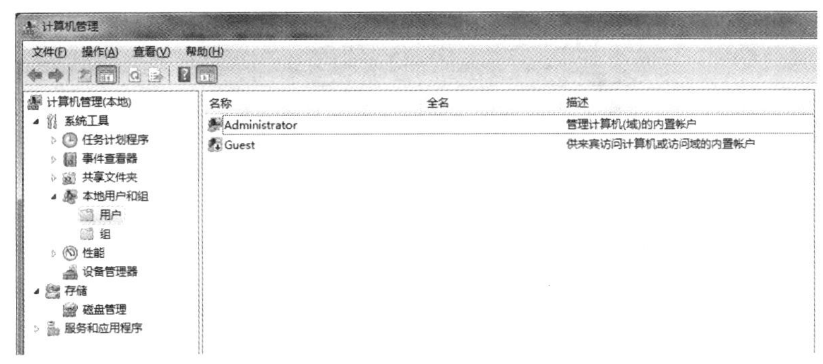

图 12-13　“计算机管理”控制台

(2) 在“计算机管理”控制台中，展开“本地用户和组”，并选择“用户”节点，将出现系统中现有的用户信息。右击“用户”或在右侧的用户信息窗口的空白位置右击，从弹出的快捷菜单中选择“新用户”命令，将弹出“创建新用户”对话框。

可根据实际情况在该对话框中设置创建新用户的选项。

- 用户名：用户登录时使用的账户名，例如“tom”。
- 全名：用户的全名，属于辅助性的描述信息，不影响系统的功能。
- 描述：对于所建用户账户的描述，方便管理员识别用户，不影响系统的功能。
- 密码和确认密码：用户账户登录时需要使用的密码。
- 用户下次登录时须更改密码：如果选中该复选框，用户在使用新账户首次登录时，将被提示更改密码；如果采用默认设置，则选中此复选框；如果不选中该复选框，“用户不能更改密码”和“密码永不过期”这两个选项将被激活。

(3) 单击“创建”按钮，成功创建后又将返回创建新用户的对话框。单击“关闭”按钮，关闭该对话框，然后在“计算机管理”控制台中将能够看到新创建的用户账户，如图 12-14 所示。

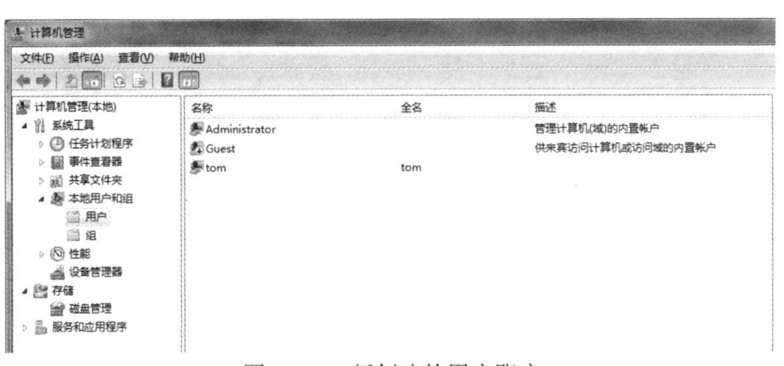

图 12-14　新创建的用户账户

(4) 打开 SQL Server Management Studio 并连接到目标服务器，在“对象资源管理器”窗口中展开“安全性”节点，右击“登录名”，从弹出的快捷菜单中选择“新建登录名”命令，如图 12-15 所示。

(5) 在“登录名 - 新建”对话框的“常规”选项卡中，在“登录名”文本框中输入用户的名称(已在“计算机管理”中创建的用户或组)，也可以单击“搜索”按钮打开“选择用户或组”对话框。

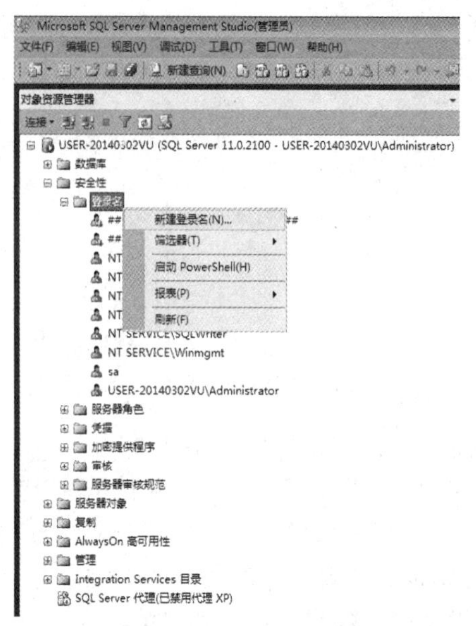

图 12-15　利用“对象资源管理器”创建登录名

- 在“选择此对象类型”区域，单击“对象类型”按钮，打开“对象类型”对话框，并选择以下的任意或全部选项：“内置安全主体”“组”和“用户”。默认情况下，将选中“内置安全主体”和“用户”。完成后单击“确定”按钮。
- 在“从此位置”区域，单击“位置”按钮，打开“位置”对话框，并选择一个可用的服务器位置。完成后单击“确定”按钮。
- 在“输入要选择的对象名称(示例)”文本框中输入要查找的用户或组名。
- 单击“高级”按钮，可以显示更多高级搜索选项。单击“立即查找”按钮，查找想要的用户或组名，找到后单击“确定”按钮，会返回图 12-16。

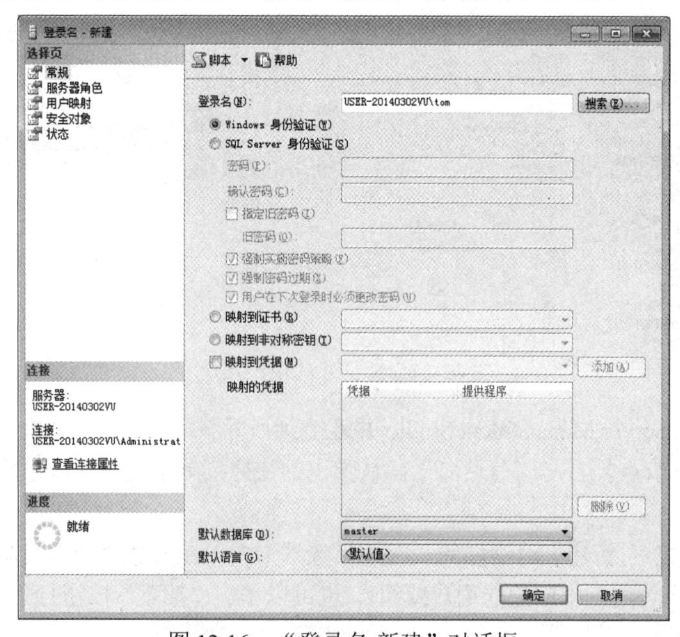

图 12-16　“登录名-新建”对话框

(6) 单击“确定”按钮，完成登录名的创建，如图 12-17 所示。

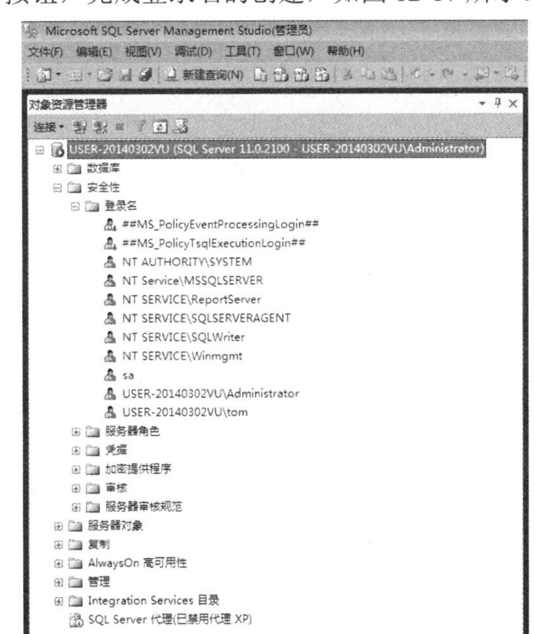

图 12-17　创建的登录名

也可以使用 Transact-SQL 语句创建 SQL Server 登录名。

- 创建 SQL Server 登录名

【例 12-1】创建一个名为 jack 的 SQL Server 登录名，并指定该登录名的默认数据库为“教学管理”。

```
CREATE LOGIN jack
WITH PASSWORD = '56wer$',
DEFAULT_DATABASE =教学管理
```

- 修改登录账号

【例 12-2】修改登录账号的名称。

```
ALTER LOGIN jack
WITH NAME=jacky
```

- 删除登录账号

【例 12-3】删除 SQL Server 登录账号“jack”。

```
DROP LOGIN jack
```

SQL Server 2014 在安装过程中创建了一个 SQL Server 登录名 sa。sa 登录名始终都会创建，即使安装时选择的是 Windows 身份验证模式。虽然不能删除 sa 登录名，但可以通过改名或者禁用的方式避免用户通过该账户对 SQL Server 进行非授权访问。

【例 12-4】运行如下 Transact-SQL 语句，通过 sql_logins 目录视图来获取有关 SQL Server 登录名的信息。

```
SELECT *
FROM sys.sql_logins;
```

【例 12-5】创建登录名 Marylogin，并授予其创建和执行 SQL Server Profiler 跟踪的权限。

Transact-SQL 代码如下：

```
CREATE LOGIN Marylogin--创建一个名为 Marylogin 的 SQL Server 登录名
WITH PASSWORD = '674an7$52',
DEFAULT_DATABASE =教学管理;
--授予登录名 Marylogin 创建和执行 SQL Server Profiler 跟踪的权限
GRANT ALTER TRACE TO Marylogin;
```

用户可以通过 fn_my_permissions 函数来了解自己的权限。

【例 12-6】使用 fn_my_permissions 函数显示用户的权限。

代码如下：

```
SELECT * FROM fn_my_permissions(NULL, 'SERVER');
```

4. 连接到 SQL Server

(1) 通过 Windows 身份验证进行连接

当用户通过 Windows 身份验证连接时，SQL Server 使用操作系统中的 Windows 主体标记来验证账户名和密码。也就是说，用户身份由 Windows 进行确认。SQL Server 不要求提供密码，也不执行身份验证。Windows 身份验证是默认的身份验证模式，并且比 SQL Server 身份验证更安全。Windows 身份验证使用 Kerberos 安全协议，提供有关强密码复杂性验证的密码策略，还提供账户锁定支持，并且支持密码过期。通过 Windows 身份验证完成的连接有时也称为可信连接，这是因为 SQL Server 信任由 Windows 提供的凭据。因此，建议尽可能使用 Windows 身份验证。

(2) 通过 SQL Server 身份验证进行连接

当使用 SQL Server 身份验证时，在 SQL Server 中创建的登录名并不基于 Windows 用户账户。用户名和密码均通过 SQL Server 创建并存储在 SQL Server 中。通过 SQL Server 身份验证进行连接的用户每次连接时必须提供其凭据(登录名和密码)。当使用 SQL Server 身份验证时，必须为所有 SQL Server 账户设置强密码。

可供 SQL Server 登录名选择使用的密码策略有以下 3 种。

● 用户在下次登录时必须更改密码

要求用户在下次连接时更改密码。更改密码的功能由 SQL Server Management Studio 提供。如果使用该选项，则第三方软件开发人员应提供此功能。

● 强制密码过期

对 SQL Server 登录名强制实施计算机的密码最长使用期限策略。

● 强制实施密码策略

对 SQL Server 登录名强制实施计算机的 Windows 密码策略，包括密码长度和密码复杂性。此功能需要通过 NetValidatePasswordPolicy API 实现，该 API 只在 Windows Server 2003 和更高版本中提供。

5. 确定本地计算机的密码策略

确定本地计算机的密码策略的操作步骤如下：

(1) 在“开始”菜单上，单击“运行”命令。

(2) 在“运行”对话框中，输入 secpol.msc，然后单击“确定”按钮。

(3) 在打开的“本地安全策略”窗口中，依次展开“安全设置”|“账户策略”，然后单击“密码策略”。

(4) 在此，可以设置密码策略，如图 12-18 所示。

图 12-18　密码策略

6. SQL Server 身份验证模式的优缺点

(1) SQL Server 身份验证的缺点

- 如果用户是具有 Windows 登录名和密码的 Windows 域用户，还必须提供另一个用于连接的(SQL Server)登录名和密码。用户不得不记住多个登录名和密码。每次连接到数据库时都必须提供 SQL Server 凭据也十分烦人。
- SQL Server 身份验证无法使用 Kerberos 安全协议。
- SQL Server 登录名不能使用 Windows 提供的其他密码策略。

(2) SQL Server 身份验证的优点

- 允许 SQL Server 支持那些需要进行 SQL Server 身份验证的旧版应用程序和由第三方提供的应用程序。
- 允许 SQL Server 支持具有混合操作系统的环境，在这种环境中，并不是所有用户都由 Windows 域进行验证。
- 允许用户从未知的或不可信的域进行连接。例如，客户使用指定的 SQL Server 登录名进行连接以接收其订单状态的应用程序。
- 允许 SQL Server 支持基于 Web 的应用程序，在这些应用程序中，用户可以创建自己的标识。

- 允许软件开发人员使用基于已知的预设 SQL Server 登录名的复杂权限层次结构来分发应用程序。

注意：
使用 SQL Server 身份验证不会限制安装 SQL Server 的计算机上的本地管理员权限。

7. 实施密码策略

SQL Server 2014 能够对 SQL Server 登录名执行操作系统的密码实施策略。如果在 Windows 2003 服务器版上运行 SQL Server，SQL Server 将使用 NetValidatePasswordPolicy API(应用程序接口)来控制如下 3 点：

- 密码的复杂性
- 密码的生存周期
- 账户锁定

如果在 Windows 2000 服务器版上运行 SQL Server，SQL Server 会使用 Microsoft Baseline Security Analyzer(MBSA)提供的本地密码复杂性规则来执行如下密码规则：

- 密码不能为空或者 NULL
- 密码不能为登录名
- 密码不能为机器名
- 密码不能为 Password、Admin 或者 Administrator

【例 12-7】可以使用如下 Transact-SQL 语句打开密码实施策略。

```
CREATE LOGIN Marylogin
WITH PASSWORD = '674an7$52' MUST_CHANGE,
CHECK_EXPIRATION = ON,
CHECK_POLICY = ON;
```

8. 拒绝用户访问

在某些情况下，例如，某用户离开了组织，此时可能需要拒绝一个特定的登录名对数据库的访问。如果这个拒绝是临时的，可以通过禁用该登录名来完成，并不需要将该登录名从实例中删除。通过禁用访问，为数据库用户保留了登录名属性及其与数据库用户之间的映射关系。重新启用登录名时，可以像以前一样使用同样的登录名属性。

【例 12-8】执行如下 ALTER 语句可以启用或禁用登录名 Marylogin。

```
-- 禁用登录名
ALTER LOGIN Marylogin DISABLE;
-- 启用登录名
ALTER LOGIN Marylogin ENABLE;
```

可以通过查询 sql_logins 目录视图来检查被禁用的登录名，Transact-SQL 语句如下：

```
-- 查询系统目录视图
SELECT * FROM sys.sql_logins
WHERE is_disabled=1;
```

在 SQL Server Management Studio 中，被禁用的登录名有一个红色的箭头作为标记。该箭头显示在登录名的图标中。用户可以在“对象资源管理器”窗口中的“安全性”|“登录名”中看到。

如果需要从实例中删除一个登录名，可以使用 DROP LOGIN 语句。

【例 12-9】如下语句将删除登录名 Marylogin。

```
DROP LOGIN Marylogin;
```

注意：删除登录名时，SQL Server 2014 不会删除与其映射的数据库用户。另外，删除与 Windows 用户或组映射的登录名并不能保证该用户或者该组的成员不能访问 SQL Server，该用户可能仍然属于有合法登录名的其他 Windows 组。

12.2.2　管理对 SQL Server 数据库的访问

对于需要进行数据访问的应用程序来说，仅仅授权其访问 SQL Server 实例是不够的。在授权访问 SQL Server 实例之后，还需要对特定的数据库进行访问授权。

可以通过创建数据库用户，并且将数据库登录名与数据库用户进行映射来授权对数据库的访问。为了访问数据库，除了服务器角色 sysadmin 的成员，所有数据库登录名都要在自己要访问的数据库中与一个数据库用户建立映射。sysadmin 角色的成员与所有服务器数据库上的 dbo 用户建立有映射。

1. 创建数据库用户

使用 CREATE USER 语句创建数据库用户。

【例 12-10】使用 Transact-SQL 语句创建一个名为 JohnLogin 的登录名，并将它与“教学管理”中的 JohnUser 用户进行映射。

Transact-SQL 代码如下：

```
-- 创建登录名 JohnLogin
CREATE LOGIN JohnLogin WITH PASSWORD='234$7hf8';   --创建一个名为 JohnLogin 的登录名
-- Change the connection context to the database  教学管理
USE  教学管理;
GO
-- 创建数据库用户 JohnUser
-- mapped to the login JohnLogin in the database  教学管理
CREATE USER JohnUser FOR LOGIN JohnLogin;   --创建映射到登录名 JohnLogin  的用户 JohnUser
```

2. 管理数据库用户

可以通过如下语句来检查当前的登录名是否可以登录到指定的数据库：

```
SELECT HAS_DBACCESS('教学管理');
```

可以通过查询目录视图 sys.database_principals 来获取数据库用户的信息。

如果要临时禁止某个数据库用户对数据库的访问，可以通过取消该用户的 CONNECT 授权来实现。

【例 12-11】撤销用户 JohnUser 的 CONNECT 授权。

Transact-SQL 代码如下：

```
-- Change the connection context to the database 教学管理
USE 教学管理;
GO
-- Revoke connect permission from JohnUser
-- on the database 教学管理
REVOKE CONNECT TO JohnUser;   --撤销用户 JohnUser 的 CONNECT 授权
```

可以使用 DROP USER 语句来删除一个数据库用户。

注意：

SQL Server 2014 不允许删除一个拥有数据库架构的用户。本章稍后将详细介绍架构的知识。

【例 12-12】为数据库用户 JohnUser 授予 BACKUP DATABASE(备份数据库)的权限。

Transact-SQL 代码如下：

```
-- Change the connection context to the database 教学管理
USE 教学管理;
GO
-- Grant permissions to the database user JohnUser to backup the database 教学管理
GRANT BACKUP DATABASE TO JohnUser;
```

3. 管理孤立用户

孤立用户是指当前 SQL Server 实例中没有映射到登录名的数据库用户。在 SQL Server 2014 中，用户所映射的登录名被删除后，它就变成了孤立用户。

【例 12-13】为了获取孤立用户的信息，可以执行如下语句。

```
-- Change the connection context to the database 教学管理
USE 教学管理;
GO
-- Report all orphaned database users
EXECUTE sp_change_users_login @Action='Report';
```

SQL Server 2014 允许用户使用 WITHOUT LOGIN 子句来创建一个没有映射到登录名的用户。用 WITHOUT LOGIN 子句创建的用户不会被当作孤立用户，这一特性在需要改变一个模块的执行上下文时非常有用。本章后面将详细介绍执行上下文。

【例 12-14】创建一个没有映射到登录名的用户 JohnUser。

Transact-SQL 代码如下：

```
-- Change the connection context to the database 教学管理
USE 教学管理;
GO
-- Creates the database user JohnUser in the 教学管理 database
-- without mapping it to any login in this SQL Server instance
CREATE USER JohnUser WITHOUT LOGIN;
```

4. 启用 Guest 用户

当一个没有映射到用户的登录名试图登录到数据库时，SQL Server 将尝试使用 Guest 用户进行连接。Guest 用户是一个默认创建的没有任何权限的用户。

【例 12-15】可以通过为 Guest 用户授予 CONNECT 权限来启用 Guest 用户。

Transact-SQL 代码如下：

```
-- Change the connection context to the database 教学管理
USE 教学管理;
GO
-- Grant Guest access to the 教学管理 database
GRANT CONNECT TO Guest;
```

在启用 Guest 用户时一定要谨慎，因为这会给数据库系统的安全带来隐患。

12.3 角色管理

角色是 SQL Server 方便对主体进行管理的一种方式。SQL Server 中的角色和 Windows 中的用户组是一个概念，角色就是主体组。属于某个角色的用户或登录名拥有相应的权限，这就好比你在公司当经理，你就可以报销多少钱的手机费用。而比你低一个层级的开发人员则没有这个待遇。用户或登录名可以属于多个角色，这就好比你在公司中可以是项目经理，也同时兼任高级工程师一样。

当几个用户需要在某个特定的数据库中执行类似的动作时(这里没有相应的 Windows 用户组)，就可以向该数据库中添加一个角色(role)。数据库管理员将操作数据库的权限赋予该角色。然后，再将角色赋予数据库用户或者登录账户，从而使数据库用户或者登录账户拥有了相应的权限。

角色在 SQL Server 中被分为三类，分别是服务器级角色、数据库级角色和应用程序角色。

12.3.1 服务器级角色

为了帮助用户管理服务器上的权限，SQL Server 提供了若干角色。这些角色是用于对其他主体进行分组的安全主体。服务器级角色的权限作用域为服务器范围(“角色”类似于 Windows 操作系统中的“组”)。

提供固定服务器角色是为了方便使用和向后兼容，应尽可能地分配更具体的权限。

SQL Server 提供了 9 种固定服务器角色。无法更改授予固定服务器角色的权限。从 SQL Server 2014 开始，可以创建用户定义的服务器角色，并将服务器级权限添加到用户定义的服务器级角色。

用户可以将服务器级主体(SQL Server 登录名、Windows 账户和 Windows 组)添加到服务器级角色。固定服务器角色的每个成员都可以将其他登录名添加到该角色。用户定义的服务器级角色的成员则无法将其他服务器主体添加到本角色。

如表 12-3 所示为服务器级的固定角色及其权限。

表 12-3　服务器级的固定角色及其权限

服务器级的固定角色	说　明
sysadmin	sysadmin(系统管理员)固定服务器角色的成员拥有操作 SQL Server 的所有权限，可以在服务器中执行任何操作
serveradmin	serveradmin(服务器管理员)固定服务器角色的成员可以更改服务器范围内的配置选项并关闭服务器。已授予的权限包括：ALTER ANY ENDPOINT、ALTER RESOURCES、ALTER SERVER STATE、ALTER SETTINGS、SHUTDOWN 和 VIEW SERVER STATE
securityadmin	securityadmin(安全管理员)固定服务器角色的成员可以管理登录名及其属性。他们可以GRANT、DENY 和 REVOKE 服务器级权限。还可以 GRANT、DENY 和 REVOKE 数据库级权限(如果他们具有数据库的访问权限)。此外，还可以重置 SQLServer 登录名的密码，即拥有 ALTER ANY LOGIN 权限 说明：能够授予数据库引擎的访问权限和配置用户权限的能力使得安全管理员可以分配大多数服务器权限。securityadmin 角色应视为与 sysadmin 角色等效
processadmin	processadmin(进程管理员)固定服务器角色的成员拥有管理服务器连接和状态的权限，即拥有 ALTER ANY CONNECTION 和 ALTER SERVER STATE 权限，可以终止在 SQL Server 实例中运行的进程
setupadmin	setupadmin(安装程序管理员)固定服务器角色的成员可以添加和删除链接服务器，即拥有 ALTER ANY LINKED SERVER 权限
bulkadmin	bulkadmin(块数据操作管理员)固定服务器角色的成员可以运行 BULK INSERT 语句
diskadmin	diskadmin(磁盘管理员)固定服务器角色用于管理磁盘文件，即拥有 ALTER RESOURCE 权限
dbcreator	dbcreator(数据库创建者)固定服务器角色的成员可以创建、更改、删除和还原任何数据库
public (公共角色)	每个 SQL Server 登录名均属于 public 服务器角色。如果未向某个服务器主体授予或拒绝对某个安全对象的特定权限，该用户将继承授予该对象的 public 角色的权限。当希望该对象对所有用户可用时，只需对任何对象分配 public 权限即可。无法更改 public 中的成员关系。public 的实现方式与其他角色不同，但可以从 public 授予、拒绝或撤销权限

通过为用户分配固定服务器角色，可以使用户具有执行管理任务的角色权限。固定服务器角色的维护比单个权限的维护更容易，但是固定服务器角色不能修改。

在 SQL Server Management Studio 中，可以按以下步骤为用户分配固定服务器角色，从而使该用户获得相应的权限。

(1) 在“对象资源管理器”中，展开服务器节点。然后展开“安全性”节点。在此节点下面可以看到固定服务器角色，如图 12-19 所示，在要给用户添加的目标角色上右击，从弹出的快捷菜单中选择“属性”命令。

(2) 在弹出的服务器角色属性对话框中单击“添加”按钮，如图 12-20 所示。

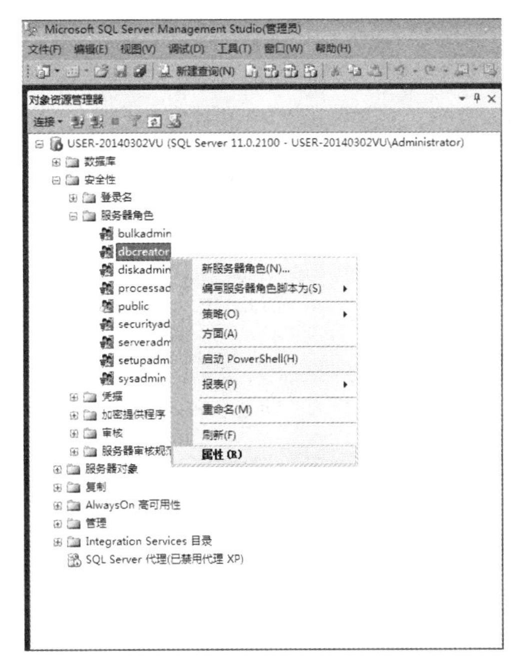

图 12-19　利用“对象资源管理器”为用户分配固定服务器角色

图 12-20　服务器角色属性对话框

(3) 弹出“选择服务器登录名或角色”对话框，如图 12-21 所示，单击“浏览”按钮。

(4) 弹出“查找对象”对话框，选中目标用户前的复选框，即选中该用户，如图 12-22 所示，最后单击“确定”按钮。

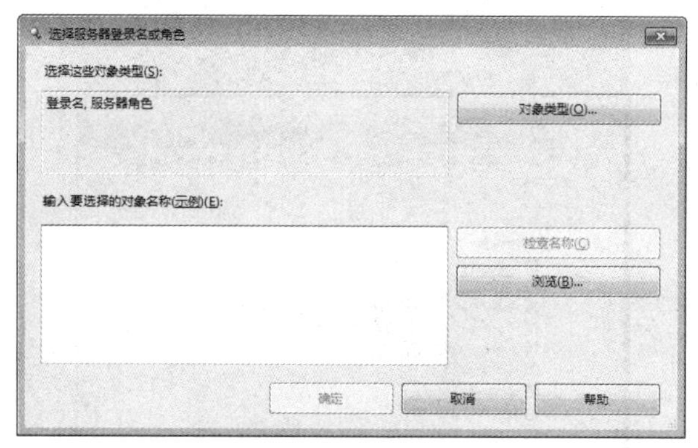

图 12-21 “选择服务器登录名或角色”对话框

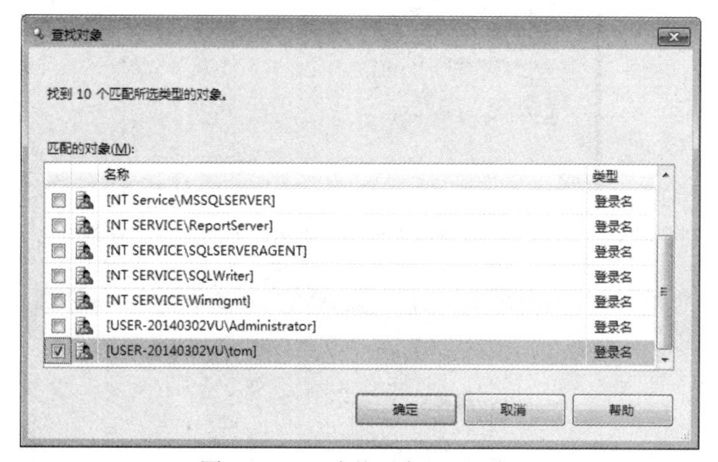

图 12-22 “查找对象”对话框

(5) 返回“选择服务器登录名或角色”对话框，可以看到选中的目标用户已包含在该对话框中，如图 12-23 所示，确认无误后单击“确定”按钮。

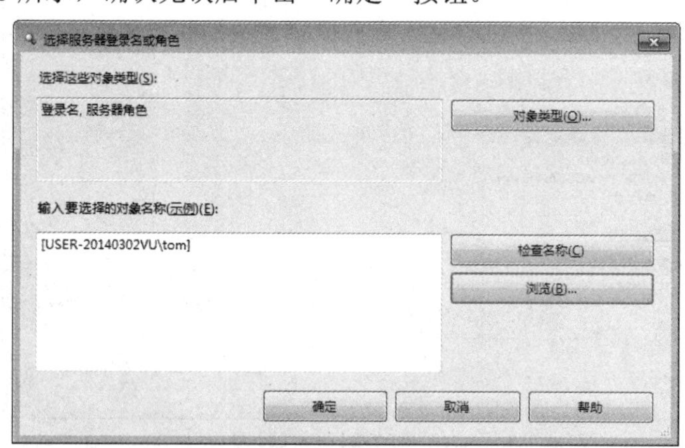

图 12-23 “选择服务器登录名或角色”对话框

(6) 返回服务器角色属性对话框，如图 12-24 所示。确认添加的用户无误后，单击“确定”按钮，完成为用户分配角色的操作。

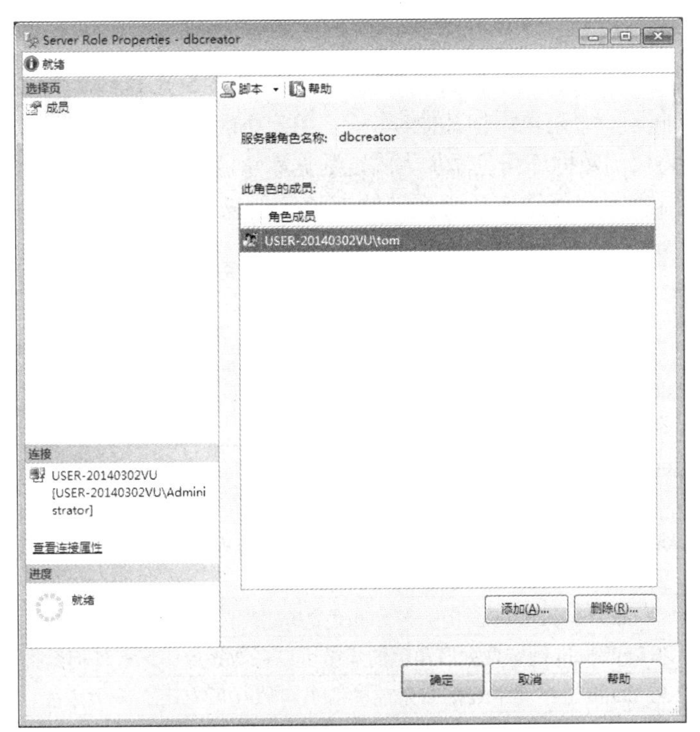

图 12-24　“服务器角色属性”对话框

通过查询系统函数 IS_SRVROLEMEMBER，可以查看当前用户是否属于一个服务器角色。如果实际登录名属于 sysadmin 服务器角色，那么如下 Transact-SQL 语句将返回 1，否则返回 0：

```
SELECT IS_SRVROLEMEMBER('sysadmin');
```

可以使用系统存储过程 sp_addsrvrolemember 为现有的服务器角色添加一个登录名。如下 Transact-SQL 语句将在 sysadmin 服务器角色中添加登录名 USER-20140302VU\tom：

```
EXECUTE sp_addsrvrolemember ' USER-20140302VU\tom', 'sysadmin';
```

可以使用存储过程 sp_dropsrvrolemember 将一个登录名从服务器角色中删除。如下 Transact-SQL 语句将删除 sysadmin 服务器角色中的登录名 USER-20140302VU\tom：

```
EXECUTE sp_dropsrvrolemember ' USER-20140302VU\tom', 'sysadmin';
```

12.3.2　数据库级角色

为了便于管理数据库中的权限，SQL Server 提供了若干“角色”，数据库级角色的权限作用域为数据库范围。

SQL Server 中有两种类型的数据库级角色：数据库中预定义的“固定数据库角色”和用户创建的“灵活数据库角色”。

固定数据库角色是在数据库级别定义的，并且存在于每个数据库中。db_owner 和 db_securityadmin 数据库角色的成员可以管理固定数据库角色成员身份。但是，只有 db_owner 数据库角色的成员能够向 db_owner 固定数据库角色中添加成员。msdb 数据库中还有一些特殊用途的固定数据库角色。

用户可以向数据库级角色中添加任何数据库账户和其他 SQL Server 角色。固定数据库角色的每个成员都可以向同一个角色添加其他登录名。用户不能添加、修改和删除固定数据库角色。

注意，请不要将灵活数据库角色添加为固定数据库角色的成员，这会导致意外的权限升级。如表 12-4 所示列出了固定数据库角色及其能够执行的操作。所有数据库中都有这些角色。

表 12-4　固定数据库角色

数据库级的角色名称	说　明
db_owner	db_owner 固定数据库角色的成员可以执行数据库的所有配置和维护活动，还可以删除数据库
db_securityadmin	db_securityadmin 固定数据库角色的成员可以修改角色成员身份和管理权限。向此角色中添加主体可能会导致意外的权限升级
db_accessadmin	db_accessadmin 固定数据库角色的成员可以为 Windows 登录名、Windows 组和 SQL Server 登录名添加或删除数据库访问权限
db_backupoperator	db_backupoperator 固定数据库角色的成员可以备份数据库
db_ddladmin	db_ddladmin 固定数据库角色的成员可以在数据库中运行任何数据定义语言(DDL)命令
db_datawriter	db_datawriter 固定数据库角色的成员可以在所有用户表中添加、删除或更改数据
db_datareader	db_datareader 固定数据库角色的成员可以从所有用户表中读取所有数据
db_denydatawriter	db_denydatawriter 固定数据库角色的成员不能添加、修改或删除数据库内用户表中的任何数据
db_denydatareader	db_denydatareader 固定数据库角色的成员不能读取数据库内用户表中的任何数据

msdb 数据库中还包含如表 12-5 所示的特殊用途的角色。

表 12-5　msdb 数据库级角色

msdb 数据库级角色名称	说　明
db_ssisadmin db_ssisoperator db_ssisltduser	这些数据库角色的成员可以管理和使用 SSIS。从早期版本升级的 SQL Server 实例可能包含使用 Data Transformation Services(DTS)(而不是 SSIS)命名的旧版本角色
dc_admin dc_operator dc_proxy	这些数据库角色的成员可以管理和使用数据收集器
PolicyAdministratorRole	db_PolicyAdministratorRole 数据库角色的成员可以对基于策略的管理策略和条件执行所有配置和维护活动
ServerGroupAdministratorRole ServerGroupReaderRole	这些数据库角色的成员可以管理和使用已注册的服务器组
dbm_monitor	在数据库镜像监视器中注册第一个数据库时，会在 msdb 数据库中创建该角色。在系统管理员为 dbm_monitor 角色分配用户之前，该角色没有任何成员

需要注意的是，db_ssisadmin 角色和 dc_admin 角色的成员可以将其特权提升为 sysadmin。由于这些角色可以修改 Integration Services 包，而 SQL Server 使用 SQL Server 代理的 sysadmin

安全上下文可以执行 Integration Services 包，因此，可以实现特权提升。如果要防止在运行维护计划、数据收集组和其他 Integration Services 包时提升特权，需要将运行包的 SQL Server 代理作业配置为具有有限特权的代理账户，或仅将 sysadmin 成员添加到 db_ssisadmin 和 dc_admin 角色。

如表 12-6 所示列出了用于数据库级角色的命令、视图和函数。

表 12-6　用于数据库级角色的命令、视图和函数

功　能	类　型	说　　明
sp_helpdbfixedrole(Transact-SQL)	元数据	返回固定数据库角色的列表
sp_dbfixedrolepermission(Transact-SQL)	元数据	显示固定数据库角色的权限
sp_helprole(Transact-SQL)	元数据	返回当前数据库中有关角色的信息
sp_helprolemember(Transact-SQL)	元数据	返回有关当前数据库中某个角色的成员信息
sys.database_role_members(Transact-SQL)	元数据	为每个数据库角色的每个成员返回一行
IS_MEMBER(Transact-SQL)	元数据	指示当前用户是否为指定 Microsoft Windows 组或 Microsoft SQL Server 数据库角色的成员
CREATE ROLE(Transact-SQL)	命令	在当前数据库中创建新的数据库角色
ALTER ROLE(Transact-SQL)	命令	更改数据库角色的名称
DROP ROLE(Transact-SQL)	命令	从数据库中删除角色
sp_addrole(Transact-SQL)	命令	在当前数据库中创建新的数据库角色
sp_droprole(Transact-SQL)	命令	从当前数据库中删除数据库角色
sp_addrolemember(Transact-SQL)	命令	为当前数据库中的数据库角色添加数据库用户、数据库角色、Windows 登录名或 Windows 组
sp_droprolemember(Transact-SQL)	命令	从当前数据库的 SQL Server 角色中删除安全账户

public 数据库角色：每个数据库用户都属于 public 数据库角色。如果未向某个用户授予或拒绝对安全对象的特定权限，该用户将继承授予该对象的 public 角色的权限。

1. 创建数据库角色

数据库角色是数据库级的主体，可以使用数据库角色为一组数据库用户指定数据库权限。可以根据特定的权限需求在数据库中添加角色来对数据库用户进行分组。

【例 12-16】使用 Transact-SQL 语句创建名称为 Auditorsrole 的数据库角色，并在这个新角色中添加数据库用户 JohnUser。

Transact-SQL 代码如下：

```
-- Change the connection context to the database 教学管理
USE 教学管理;
GO
-- Create the role Auditorsrole in the database 教学管理
CREATE ROLE Auditorsrole;
GO
-- Add the user JohnUser to the role Auditorsrole
EXECUTE sp_addrolemember 'Auditorsrole', 'JohnUser';
```

2. 管理数据库角色

可以通过查询系统函数IS_MEMBER来判断当前数据库用户是否属于某个数据库角色。

【例 12-17】判断当前用户是否属于 db_owner 角色。

Transact-SQL 代码如下：

```
-- Change the connection context to the database 教学管理
USE 教学管理;
GO
--检查当前用户是否属于 db_owner 角色
SELECT IS_MEMBER('db_owner');
```

也可以使用IS_MEMBER函数来判断当前数据库用户是否属于某个特定的Windows组。

【例12-18】使用IS_MEMBER函数判断当前数据库用户是否属于某个特定的Windows组。

```
-- Change the connection context to the database 教学管理
USE 教学管理;
GO
--检查当前用户是否属于 ADVWORKS 域中的 Managers 组
SELECT IS_MEMBER('[ADMINMAIN\MaryLogin]');
```

使用系统存储过程 sp_droprolemember 可以从一个数据库角色中删除某个数据库用户。如果要删除一个数据库角色，可以使用 DROP ROLE 语句。

【例 12-19】从数据库角色 Auditorsrole 中删除数据库用户 JohnUser，然后删除 Auditorsrole 角色。

```
-- Change the connection context to the database 教学管理
USE 教学管理;
GO
-- Drop the user JohnUser from the Auditorsrole
-- 从数据库角色 Auditorsrole 中移除数据库用户 JohnUser
EXECUTE sp_droprolemember 'Auditorsrole', 'JohnUser';
-- 从当前数据库中删除 Auditorsrole 角色
DROP ROLE Auditorsrole; --删除了 Auditorsrole 角色
```

注意：

SQL Server 2014 不允许删除含有成员的角色，在删除一个数据库角色之前，必须先删除该角色下的所有用户。

12.3.3 自定义数据库角色

如果固定数据库角色不能满足用户特定的需求，还可以创建一个自定义的数据库角色。

创建数据库角色时，需要先给该角色指派权限，然后将用户指派给该角色，用户将继承该角色指派的任何权限。

SQL Server 2014创建自定义数据库角色的方法有两种：第一种是在SQL Server Management studio中创建，第二种是使用Transact-SQL语句创建。

【例12-20】使用 Transact-SQL 语句在“教学管理”数据库中创建名为“teacher”的角色。Transact-SQL 代码如下：

```
USE 教学管理
GO
CREATE ROLE teacher
```

12.3.4　应用程序角色

应用程序角色是一个数据库主体，它使应用程序能够用其自身的、类似用户的特权来运行。使用应用程序角色可以只允许通过特定应用程序连接的用户访问特定的数据。与数据库角色不同的是，应用程序角色默认情况下不包含任何成员，而且是非活动的。

应用程序角色使用两种身份验证模式。可以使用 sp_setapprole 启用应用程序角色，该过程需要密码。因为应用程序角色是数据库级主体，所以它们只能通过其他数据库中为 guest 授予的权限来访问这些数据库。因此，其他数据库中的应用程序角色将无法访问任何已禁用 guest 的数据库。

在 SQL Server 中，应用程序角色无法访问服务器级元数据，因为它们不与服务器级主体关联。若要禁用此限制，从而允许应用程序角色访问服务器级元数据，就需要设置全局跟踪标志 4616。全局跟踪标志 4616 使应用程序角色可以看到服务器级元数据。在 SQL Server 中，应用程序角色无法访问自身数据库以外的元数据，因为应用程序角色与服务器级主体不相关。这是对早期版本的 SQL Server 行为的更改。设置此全局标志将禁用新的限制，并允许应用程序角色访问服务器级元数据。以下示例将以全局方式打开跟踪标志 4616。

Transact-SQL 代码如下：

```
DBCC TRACEON(4616, -1);
GO
```

连接应用程序角色时，应用程序角色切换安全上下文的过程包括如下步骤：

(1) 用户执行客户端应用程序。

(2) 客户端应用程序作为用户连接到 SQL Server。

(3) 应用程序用一个只有它才知道的密码执行 sp_setapprole 存储过程。

(4) 如果应用程序角色名称和密码都有效，则启用应用程序角色。

(5) 此时，连接将失去用户权限，而获得应用程序角色权限。

通过应用程序角色获得的权限在连接期间始终有效。

在 SQL Server 的早期版本中，用户若想在启动应用程序角色后重新获取其原始安全上下文，唯一的方法就是断开 SQL Server 连接，然后再重新连接。从 SQL Server 2005 开始，sp_setapprole 有了一个可创建 cookie 的选项。cookie 中包含启用应用程序角色之前的上下文信息。sp_unsetapprole 可以使用此 cookie 将会话恢复到其原始上下文。

1. 创建应用程序角色

- 使用 SQL Server Management Studio 创建应用程序角色

(1) 在“对象资源管理器”中，展开要创建应用程序角色的数据库。

(2) 展开“安全性”|“角色”节点。

(3) 右击“应用程序角色”文件夹，从弹出的快捷菜单中选择“新建应用程序角色”命令。

(4) 打开“应用程序角色－新建”对话框，在“常规”选项卡的“角色名称”文本框中输入新的应用程序角色名称“arole”。

(5) 在“默认架构”文本框中，通过输入对象名称指定将拥有此角色创建的对象的架构。或者单击省略号(…)按钮打开“定位架构”对话框。

(6) 在“密码”文本框中，输入新角色的密码“2z3w4”。在“确认密码”文本框中再次输入该密码。

(7) 在“此角色拥有的架构”中选择或查看此角色将拥有的架构。架构只能由一个架构或角色拥有。

(8) 单击“确定”按钮，完成创建。

- 使用 Transact-SQL 语句创建应用程序角色

使用下列方法可以创建应用程序角色：

```
CREATE APPLICATION ROLE 语句
```

【例 12-21】在“教学管理”数据库中创建一个应用程序角色 arole。

具体如下：

(1) 在“对象资源管理器”中，连接到数据库引擎实例。

(2) 单击工具栏中的“新建查询”按钮。

(3) 将以下示例复制并粘贴到查询窗口中，然后单击“执行”按钮。

```
-- Change the connection context to the database 教学管理
USE 教学管理
GO
--创建一个名为 arole 的角色，密码为 2z3w4
-- 且将 "Sales" 作为其默认架构
CREATE APPLICATION ROLE arole--在当前数据库中创建一个应用程序角色 arole
      WITH PASSWORD ='2z3w4'
      , DEFAULT_SCHEMA = Sales;
GO
```

2. 激活应用程序角色

应用程序角色在使用之前必须先激活。当启动连接以后，必须执行 sp_setapprole 存储过程来激活与应用程序角色有关的权限。该过程的语法格式如下：

```
sp_setapprole[@rolename =] 'role', [@password =] 'password'
[,[@encrypt =] 'encrypt_style']
```

其中，role 是在当前数据库中定义的应用程序角色的名称；password 为相应的密码，而 encrypt_style 则定义了密码的加密样式。

【例 12-22】激活“arole”应用程序角色。

```
exec sp_setapprole 'arole','2z3w4'
```

当应用程序角色使用的密码被应用程序的会话激活以后，会话就失去了适用于登录、用户账户或所有数据库中的角色的权限，从而转变为应用程序角色的权限。

3. 使用应用程序角色

在连接关闭或执行存储过程 sp_unsetapprole 之前，被激活的应用程序角色将一直保持为激活状态。应用程序角色旨在由客户端的应用程序使用，但也可以在 Transact-SQL 批处理中使用它们。

【例 12-23】调用存储过程激活应用程序角色 arole，然后再解除该操作。

Transact-SQL 代码如下：

```
-- Change the connection context to the database  教学管理
USE  教学管理;
GO
-- Declare a variable to hold the connection context.
-- We will use the connection context later
-- so that when the application role is deactivated
-- the connection recovers its original context.
DECLARE @context varbinary(8000);
-- Activate the application role and store the current connection context
EXECUTE sp_setapprole 'Arole',
'09$9ik985',
@fCreateCookie = true,
@cookie = @context OUTPUT;
-- Verify that the user's context has been replaced by the application role context.
SELECT CURRENT_USER;
-- Deactivate the application role,
-- recovering the previous connection context.
EXECUTE sp_unsetapprole @context;
GO
-- Verify that the user's original connection context has been recovered.
SELECT CURRENT_USER;
GO
```

4. 删除应用程序角色

要删除应用程序角色，可以使用 DROP APPLICATION ROLE 语句。

【例 12-24】删除应用程序角色 arole。

Transact-SQL 代码如下：

```
-- Change the connection context to the database  教学管理
USE  教学管理;
GO
--  从当前数据库中删除应用程序角色 arole
DROP APPLICATION ROLE arole ;--删除应用程序角色 arole
```

12.4 管理架构

SQL Server 2014 实现了 ANSI 中有关架构的概念。架构是一种允许用户对数据库对象进行分组的容器对象。架构对如何引用数据库对象有很大的影响。在 SQL Server 2014 中，一个数据库对象可以通过 4 个命名部分组成的结构来引用，如下所示：

```
<服务器>.<数据库>.<架构>.<对象>
```

使用架构的一个好处是，它可以将数据库对象与数据库用户分离，可以快速地从数据库中删除数据库用户。在 SQL Server 2014 中，所有的数据库对象都隶属于架构，在对数据库对象或者对其存在于数据库应用程序中的相应引用没有任何影响的情况下，可以更改并删除数据库用户。这种抽象的方法允许用户创建一个由数据库角色拥有的架构，以使多个数据库用户拥有相同的对象。

12.4.1 认识架构

可以使用 CREATE SCHEMA 语句来创建数据库架构。在创建数据库架构时，可以在调用 CREATE SCHEMA 语句的事务中创建数据库对象并指定权限。

【例 12-25】创建一个名称为 Adminschema 的架构，并将数据库用户 JohnUser 指定为该架构的所有者。然后在这个架构下创建了一个名为 Student 的表。同时为数据库角色 public 授予 select 权限。

Transact-SQL 代码如下：

```
-- Change the connection context to the database 教学管理
USE 教学管理;
GO
-- Create the schema Adminschema with JohnUser as owner.
CREATE SCHEMA Adminschema AUTHORIZATION JohnUser;
GO
-- Create the table Student in the Adminschema.
CREATE TABLE Adminschema.Student(
StudentID int,
StudentDate smalldatetime,
ClientID int);
GO
-- Grant SELECT permission on the new table to the public role.
GRANT SELECT ON Adminschema.Student TO public;
GO
```

可以使用 DROP SCHEMA 语句删除一个架构。SQL Server 2014 不允许删除其中仍含有对象的架构。可以通过目录视图 sys.schemas 来获取架构的信息。

【例 12-26】查询 sys.schemas 目录视图以获取架构信息。

Transact-SQL 代码如下：

```
SELECT *
```

```
FROM sys.schemas;
```

【例 12-27】查询现有架构所拥有的数据库对象，删除数据库对象，然后删除架构。

Transact-SQL 代码如下：

```
-- Change the connection context to the database 教学管理
USE 教学管理
GO
-- Retrieve information about the Adminschema.
SELECT s.name AS 'Schema',
o.name AS 'Object'
FROM sys.schemas s
INNER JOIN sys.objects o
ON s.schema_id=o.schema_id
WHERE s.name='Adminschema';
GO
-- Drop the table Student from the Adminschema.
DROP TABLE Adminschema.Student;
GO
-- Drop the Adminschema.
DROP SCHEMA Adminschema;
```

12.4.2　使用默认架构

当一个应用程序引用一个没有限定架构的数据库对象时，SQL Server 将尝试在用户的默认架构中找到该对象。如果对象没有在默认架构中，SQL Server 将尝试在 dbo 架构中查找这个对象。

【例 12-28】创建一个架构并将其指定为某个数据库用户的默认架构。

Transact-SQL 代码如下：

```
-- Create a SQL Server login in this SQL Server instance.
CREATE LOGIN Marylogin WITH PASSWORD=' 674an7$52 ';--创建登录名 Marylogin
GO
-- Change the connection context to the database 教学管理
USE 教学管理;
GO
-- Create the user JohnUser in the 教学管理 database and map the user to the login Marylogin
CREATE USER JohnUser FOR LOGIN Marylogin; --创建映射到登录名 Marylogin 的用户 JohnUser
GO
-- Create the schema Adminschema, owned by JohnUser.
CREATE SCHEMA Adminschema
AUTHORIZATION JohnUser;
GO
-- Create the table Student in the newly created schema.
CREATE TABLE Adminschema.Student(
StudentID int,
StudentDate smalldatetime,
```

```
ClientID int);
GO
-- Grant SELECT permission to JohnUser on the new table.
GRANT SELECT ON Adminschema.Student TO JohnUser;
GO
-- Declare the Adminschema as the default schema for JohnUser
ALTER USER JohnUser WITH DEFAULT_SCHEMA= Adminschema;
-- 指定架构 Adminschema 为数据库用户 JohnUser 的默认架构
```

12.5 权限管理

为了防止数据的泄露与破坏，SQL Server 2014 进一步使用权限认证来控制用户对数据库的操作。权限分为 3 种状态：授予、拒绝和撤销。

12.5.1 授予权限

授予权限：执行相关的操作。添加角色成员的方法，可以使所有该角色的成员继承此权限。

语法格式如下：

```
Grant {ALL [privileges]}
  [permission [(column [,…,n])][ ,…,n]
  [on [class::] securable] to principal [,…,n]
  [with grant option ] [as principal]
```

使用 ALL 参数相当于授予以下权限：

(1) 如果安全对象为数据库，则 ALL 表示 backup database、backup log、create database、create default、create function、create procedure、create rule、create table 和 create view。

(2) 如果安全对象为标量函数，则 ALL 表示 execute 和 references。

(3) 如果安全对象为表值函数，则 ALL 表示 select、insert、update、delete 和 references。

(4) 如果安全对象为存储过程，则 ALL 表示 execute。

(5) 如果安全对象为表，则 ALL 表示 select、insert、update、delete 和 references。

(6) 如果安全对象为视图，则 ALL 表示 select、insert、update、delete 和 references。

其他参数的含义解释如下：

- privileges：包含该参数是为了符合 ISO 标准。
- permission：权限的名称。
- column：指定表中将授予权限的列名称。
- class：指定将授予权限的安全对象的类。
- securable：指定将授予权限的安全对象。
- to principal：主体名称，可为其授予安全对象权限的主体，随安全对象而异。
- grant option：指示被授权者在获得指定权限的同时还可以将指定权限授予其他主体。
- as principal：指定一个主体，执行该查询的主体从该主体获得授予该权限的权利。

【例 12-29】授予角色“teacher”对“教学管理”数据库中“学生”表的 select、insert、update 和 delete 权限。

```
Use 教学管理
Go
Grant select,insert,update,delete
On 学生
To teacher
```

12.5.2 撤销权限

撤销权限(revoke): 撤销授予的权限，但不会显式地阻止用户或角色执行操作。用户或角色仍然能继承其他角色的 grant 权限。

基本语法格式如下：

```
Revoke [grant option for]
  {
    [ALL [privileges]]
    [permission [(column [,…n])][ ,…n]
  }
  [on [class::] securable]
  {to | from} principal [,…n]
  [cascade] [as principal ]
```

cascade 表示当前正在撤销的权限也将从其他被该主体授权的主体中撤销。使用 cascade 参数时，还必须同时指定 grant option for 参数。revoke 语句与 grant 语句中的其他参数相同。

【例 12-30】撤销 teacher 角色对“教学管理”数据库中“学生”表的 delete 权限。

```
Use 教学管理
Go
Revoke delete
On 学生
From teacher
```

12.5.3 拒绝权限

拒绝权限(deny)：拒绝执行操作的权限，并阻止用户或角色继承权限，该语句优先于其他授予的权限。

基本语法格式如下：

```
Deny { ALL [privileges]}
  [permission [(column [,…n])][ ,…n]
  [on [class::] securable] to principal [,…n]
  [cascade] [as principal ]
```

各参数的含义与 revoke 语句和 grant 语句中参数的含义相同。

【例 12-31】拒绝 tom 用户(teacher 角色成员)对“教学管理”数据库中“学生”表的 insert 权限。

```
Use 教学管理
Go
Deny insert
On 学生
To tom
go
```

12.6 经典习题

1. 假如 jack 晋升为本部门的主管，想要授予 jack 查询“商品销售”数据库的 sales 表的权限，如何完成？

2. 假如 jack 调离本岗位，想要回收 jack 对 sales 表的查询权限，如何完成？

3. 假如 jack 晋升为本公司的总经理，如何使数据库用户 jack 拥有该数据库的全部操作权限？

4. 假如用户已经在 SQL Server 服务器内为 Windows 组创建了登录账户，为便于组内成员能够访问某数据库下的某些对象，用户还需要做些什么操作？

5. 如何使应用程序角色有效？

第 13 章 数据库的备份与恢复

SQL Server 备份与还原组件为保护存储在 SQL Server 数据库中的关键数据提供了基本的安全保障。为了最大限度地降低灾难性数据丢失的风险，需要定期备份数据库以保留对数据所做的修改。规划良好的备份和还原策略有助于防止数据库因各种故障而造成数据丢失。通过还原一组备份，然后恢复数据库可以测试备份策略，以便为有效地应对灾难做好准备。

本章主要介绍备份 SQL Server 数据库的优点、基本的备份与还原术语，还将介绍 SQL Server 的备份和还原策略以及 SQL Server 备份和还原的安全注意事项。

本章主要内容：

- 数据库数据的备份与恢复
- 备份前的准备工作和备份特点
- 执行备份操作
- 备份方法和备份策略
- 还原前的准备工作和还原特点
- 执行还原操作

13.1 备份与恢复

备份是指数据库管理员定期或不定期地将数据库的部分或全部内容复制到磁带或磁盘上进行保存的过程。当遇到介质故障、用户错误(例如，误删了某个表)、硬件故障(例如，磁盘驱动器损坏或服务器报废)、自然灾害等造成灾难性数据丢失时，可以利用备份进行数据库的恢复。数据库的备份与恢复是数据库文件管理中最常见的操作，也是最简单的数据恢复方式。备份数据库是可靠地保护 SQL Server 数据的唯一方法。

数据库备份可以在线环境中运行，所以根本不需要数据库离线。使用数据库备份能够将数据恢复到备份时的那一时刻，但是对备份以后的更改，在数据库文件和日志损坏的情况下将无法找回，这是数据库备份的主要缺点。

SQL Server 2014 提供了 4 种备份类型：完整备份、差异备份、事务日志备份、文件和文件组备份。

13.1.1 备份类型

1. 完整备份

完整数据库备份是指备份数据库中的所有数据，包括事务日志。与差异备份和事务日志备份相比，完整数据库备份占用的存储空间多，备份时间长。所以完整数据库备份的创建频率通常比差异备份或事务日志备份低。完整备份适用于备份容量较小或数据库中数据的修改较少的数据库。完整备份是差异备份和事务日志备份的基准。

2. 差异备份

差异备份是完整备份的补充，只备份上次完整备份之后更改的数据。相对于完整备份来说，差异备份的数据量比完整数据备份小，备份的速度也比完整备份要快。因此，差异备份通常作为常用的备份方式。差异备份适合于修改频繁的数据库。在还原数据时，要先还原前一次做的完整备份，然后还原最后一次所做的差异备份，这样才能让数据库中的数据恢复到与最后一次差异备份时的内容相同。

3. 事务日志备份

事务日志备份只备份事务日志中的内容。事务日志记录了上一次完整备份、差异备份或事务日志备份后数据库的所有变动过程。每个事务日志备份都包括创建备份时处于活动状态的部分事务日志，以及先前事务日志备份中未备份的所有日志记录。可以使用事务日志备份将数据库恢复到特定的即时点。与差异备份类似，事务日志备份生成的文件较小、占用时间较短，创建频率较频繁。

4. 文件和文件组备份

如果在创建数据库时，为数据库创建了多个数据库文件或文件组，可以使用该备份方式。使用文件和文件组备份方式可以只备份数据库中的某些文件，该备份方式在数据库文件非常庞大时十分有效，由于每次只备份一个或几个文件或文件组，所以可以分多次来备份数据库，这可以避免大型数据库备份的时间过长的问题。另外，由于文件和文件组备份只备份其中一个或多个数据文件，因此当数据库中的某个或某些文件损坏时，只需还原损坏的文件或文件组备份即可。

13.1.2 恢复模式

恢复模式是数据库属性中的选项，用于控制数据库备份和还原的基本行为。备份和还原都是在“恢复模式”下进行的。恢复模式不仅简化了恢复计划，而且还简化了备份和还原的过程，同时明确了系统要求之间的平衡，也明确了可用性和恢复要求之间的平衡。

SQL Server 2014 数据库恢复模式分为 3 种：完整恢复模式、大容量日志恢复模式和简单恢复模式。

1. 简单恢复模式

对于简单恢复模式，数据库会自动把不活动的日志删除，因此减少了事务日志的管理开销，在此模式下不能进行事务日志备份，因此，使用简单恢复模式只能将数据库恢复到最后一次备份时的状态，不能恢复到故障点或特定的即时点。通常，此模式只用于对数据库数据安全要求不太高的数据库，并且在该模式下，数据库只能做完整和差异备份。

2. 完整恢复模式

完整恢复模式是默认的恢复模式。 它会完整地记录操作数据库的每一个步骤。使用完整恢复模式可以将整个数据库恢复到一个特定的时间点，这个时间点可以是最近一次可用的备份、一个特定的日期和时间或者是标记的事务。

3. 大容量日志恢复模式

简单地说就是要对大容量操作(如导入数据、批量更新、SELECT INTO 等操作) 进行最小日志记录，以节省日志文件的空间。例如，一次在数据库中插入数十万条记录时，在完整恢复模式下每一个插入记录的动作都会记录到日志中，使日志文件变得非常大，而在大容量日志恢复模式下，只需记录必要的操作，不必记录所有日志，这样就可以大大提高数据库的性能。但是由于日志不完整，一旦出现问题，数据将可能无法恢复。因此，一般只有在需要进行大量数据操作时才将恢复模式设置为大容量日志恢复模式，当数据处理完毕后，应马上将恢复模式改回完整恢复模式。

13.1.3　设置恢复模式

操作步骤如下：

打开 SQL Server Management Studio 图形化管理界面，右击将要备份的数据库，从弹出的快捷菜单中选择“属性”命令，打开“数据库属性”对话框。在选择页中选择“选项”，在“恢复模式”中选择所需的设置，如图 13-1 所示。

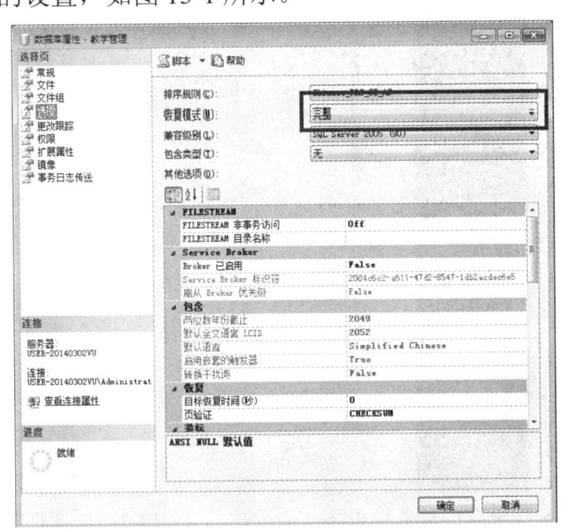

图 13-1　“数据库属性”对话框

13.2 备份设备

备份设备是指备份或还原数据时的存储介质。通常是指磁带机或磁盘驱动器或逻辑备份设备。

磁盘备份设备是指硬盘或其他磁盘存储介质上的文件，与常规操作系统文件一样。引用磁盘备份设备与引用任何其他操作系统文件一样。可以在服务器的本地磁盘上或共享网络资源的远程磁盘上定义磁盘备份设备。备份磁盘设备的最大大小由磁盘设备上的可用空间决定。

SQL Server 数据库引擎使用物理设备名称或逻辑设备名称来标识备份设备：物理备份设备主要提供操作系统对备份设备的引用与管理，如 E:\Backups\test\Full.bak；逻辑备份设备是物理备份设备的别名。逻辑设备名称永久性地存储在 SQL Server 内的系统表中。

使用逻辑备份设备的优点是引用时比引用物理设备名称更简单；当改变备份位置时，不需要修改备份脚本语句，只需要修改逻辑备份设备的定义即可。

13.2.1 创建备份设备

创建备份设备可以有两种方法：使用 SQL Server 图形化管理界面或执行系统存储过程 sp_addumpdevice。

1. 使用 SQL Server 图形化管理界面创建备份设备

具体操作步骤如下：

(1) 在 SQL Server 管理平台中，选择需要创建备份设备的服务器，展开“服务器对象”节点，在“备份设备”图标上右击，从弹出的快捷菜单中选择“新建备份设备”命令，如图 13-2 所示。

(2) 打开“备份设备”对话框，如图 13-3 所示。在“设备名称”文本框中输入备份设备的逻辑名称。单击“确定”按钮即可创建备份设备。

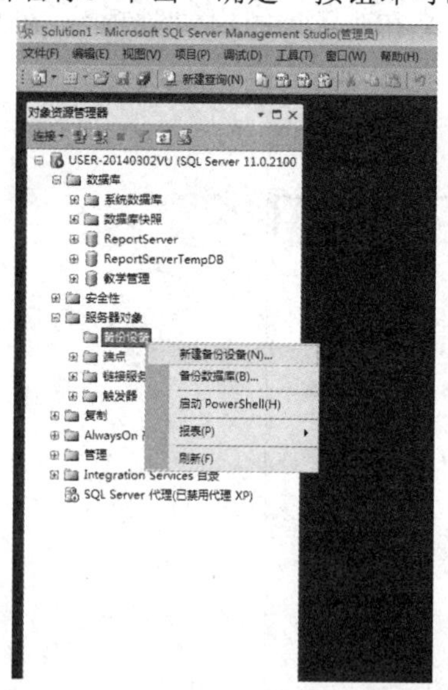

图 13-2　使用 SQL Server 管理平台创建备份设备

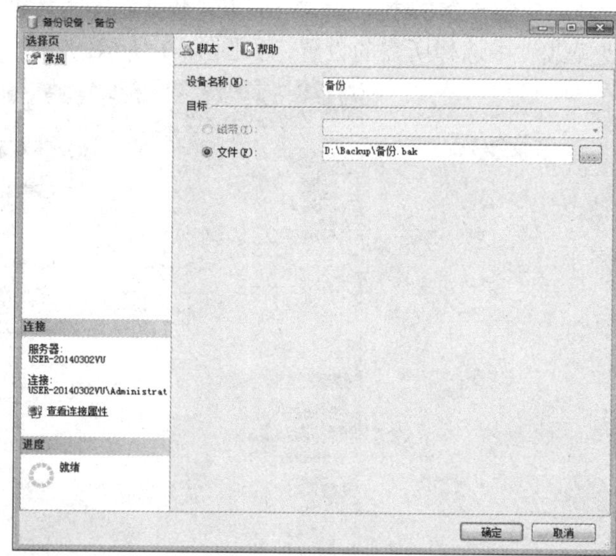

图 13-3　“备份设备”对话框

2. 使用系统存储过程创建备份设备

在 SQL Server 中，可以使用存储过程 sp_addumpdevice 创建备份设备，其语法格式如下：

```
sp_addumpdevice {'device_type'}
[,'logical_name'][,'physical_name'][,{{controller_type|'device_status'}}]
```

其中，device_type 表示设备类型，其值可以是 disk 或 tape；logical_name 表示设备的逻辑名称；physical_name 表示设备的实际名称；controller_type 和 device_status 可以不必输入。

【例 13-1】创建一个名称为 jxgldisk 的磁盘备份设备，其物理名称为“e:\jxgldisk”。

Transact-SQL 代码如下：

```
Exec sp_addumpdevice 'disk','jxgldisk',' e:\jxgldisk.bak'
```

13.2.2　删除备份设备

如果不再需要使用备份设备，可以将其删除。删除备份设备之后，设备上的数据将全部丢失。删除备份设备有两种方式：一种是使用 SQL Server Management Studio 图形化工具，另一种是使用系统存储过程 sp_dropdevice。

1. 使用 SQL Server Management Studio 图形化工具删除备份设备

操作步骤如下：

(1) 在“对象资源管理器”中，单击服务器名称，展开服务器树。

(2) 展开“服务器对象”|“备份设备”节点，右击要删除的备份设备，从弹出的快捷菜单中选择“删除”命令，打开“删除对象”窗口。

(3) 在“删除对象”窗口中单击“确定”按钮即可完成。

2. 使用存储过程 sp_dropdevice 删除备份设备

其语法格式如下：

```
sp_dropdevice['logical_name'][, 'delfile']
```

其中，logical_name 表示设备的逻辑名称；delfile 用于指定是否删除物理备份文件。如果指定了 delfile，则删除物理备份文件。

【例 13-2】使用存储过程 sp_dropdevice 删除名称为 jxgldisk 的备份设备，同时删除物理文件。

Transact-SQL 代码如下：

```
exec sp_dropdevice jxgldisk,delfile
```

13.3　备份数据库

备份数据库的方法也有两种：可以在 SQL Server Management Studio 图形化工具中进行，也可以使用 BACKUP DATABASE 语句来进行备份。

13.3.1 完整备份

1. 使用 Management Studio 图形化工具执行备份操作

(1) 在“对象资源管理器”窗口中，展开服务器名称，找到“数据库”节点并单击展开，然后选中要备份的数据库。

(2) 右击选中的数据库，从弹出的快捷菜单中选择“任务”|“备份”命令，如图 13-4 所示，将弹出“备份数据库”对话框，如图 13-5 所示。

(3) 在“备份类型”下拉列表框中，选择“完整”选项。创建完整数据库备份之后，就可以创建差异数据库备份。如果要创建差异备份，则类型选择为“差异”。对于“备份组件”，选择“数据库”，也可以根据需要选择“文件和文件组”。在“目标”部分，可以选择添加或删除其他备份设备。最后单击“确定”按钮即可。

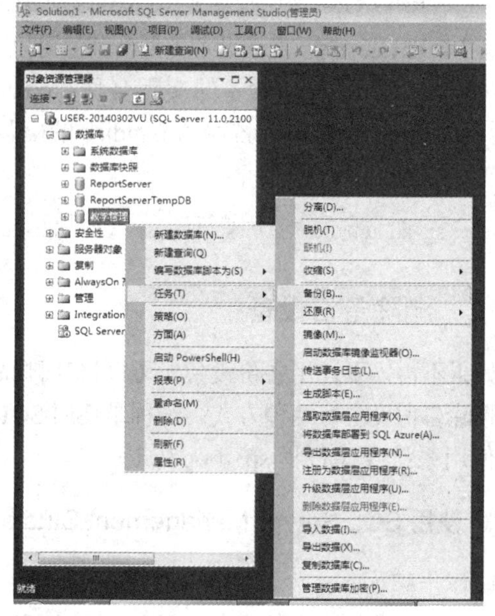

图 13-4　选择“备份”命令

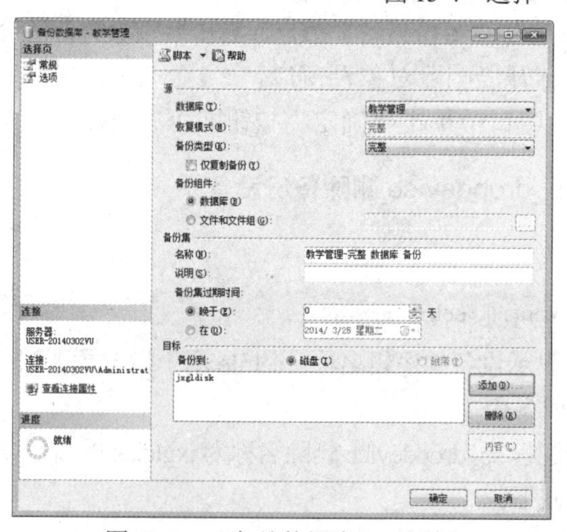

图 13-5　“备份数据库”对话框

2. 使用 BACKUP DATABASE 语句创建完整备份

基本语法格式如下：

```
BACKUP DATABASE database_name
TO <backup_device>[,…n]
WITH
  [[,] NAME=backup_set_name]
```

```
[[,] DESCRIPITION='TEXT']
[[,]{INIT|NOINIT}]
[[,]{COMPRESSION|NO_COMRESSION}
]
```

各参数的含义说明如下：

- database_name：指定要备份的数据库的名称。
- backup_device：备份的目标设备。
- with：指定备份选项，如果省略则为完整备份。
- name：指定备份名称。
- DESCRIPITION：指定备份的描述。
- INIT|NOINIT: 表示覆盖|追加方式。
- COMPRESSION|NO_COMRESSION：表示启用/不启用备份压缩功能。

【例 13-3】 将“教学管理”数据库完整备份到 jxgldisk 设备上。

Transact-SQL 代码如下：

```
Backup  database 教学管理  to  jxgldisk
```

执行结果如图 13-6 所示。

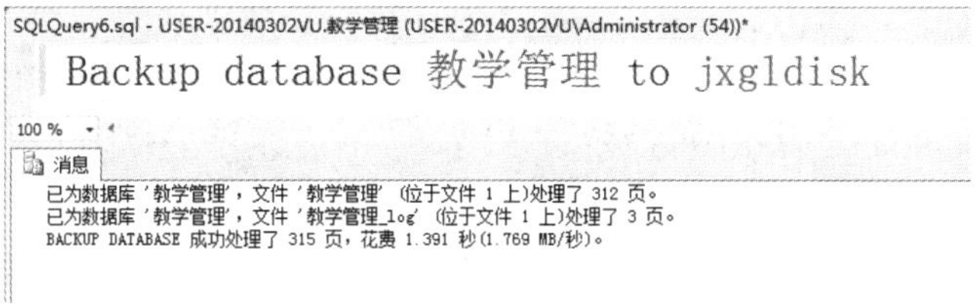

```
SQLQuery6.sql - USER-20140302VU.教学管理 (USER-20140302VU\Administrator (54))*
Backup database 教学管理 to jxgldisk
100 %
消息
已为数据库 '教学管理'，文件 '教学管理' (位于文件 1 上)处理了 312 页。
已为数据库 '教学管理'，文件 '教学管理_log' (位于文件 1 上)处理了 3 页。
BACKUP DATABASE 成功处理了 315 页，花费 1.391 秒(1.769 MB/秒)。
```

图 13-6　完整备份

13.3.2　差异备份

差异备份的语法格式如下：

```
BACKUP DATABASE database_name
TO <backup_device>[,…n]
WITH
DIFFERENTIAL
[[,] NAME=backup_set_name]
[[,] DESCRIPITION='TEXT']
[[,]{INIT|NOINIT}]
[[,]{COMPRESSION|NO_COMRESSION}
]
```

其中，WITH DIFFERENTIAL 子句指定是差异备份。其他参数的含义与完整备份参数的一样，在这里不重复介绍。

【例 13-4】 将“教学管理”数据库差异备份到 jxgldisk 设备上。

Transact-SQL 代码如下：

```
Backup  database 教学管理  to  jxgldisk
```

```
With differential
```

执行结果如图 13-7 所示。

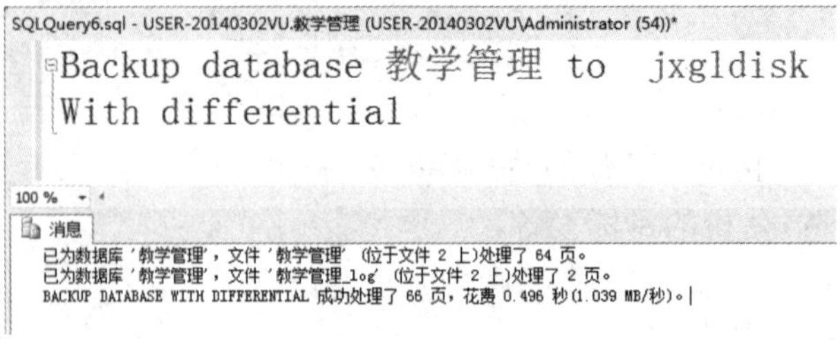

```
SQLQuery6.sql - USER-20140302VU.教学管理 (USER-20140302VU\Administrator (54))*
Backup database 教学管理 to  jxgldisk
With differential

100 %
消息
已为数据库 '教学管理'，文件 '教学管理' (位于文件 2 上)处理了 64 页。
已为数据库 '教学管理'，文件 '教学管理_log' (位于文件 2 上)处理了 2 页。
BACKUP DATABASE WITH DIFFERENTIAL 成功处理了 66 页，花费 0.496 秒(1.039 MB/秒)。
```

图 13-7　差异备份

13.3.3　事务日志备份

备份事务日志的语法格式如下：

```
BACKUP LOG database_name
TO <backup_device>[      n]
WITH
[[,] NAME=backup_set_name]
[[,] DESCRIPITION='TEXT']
[[,]{INIT|NOINIT}]
[[,]{COMPRESSION|NO_COMRESSION}
]
```

LOG 指定仅仅备份事务日志。必须创建完整备份后，才能创建第一个事务日志备份。其他各参数的含义与完整备份语法中参数的完全相似，这里不再重复。

【例 13-5】 备份“教学管理”数据库的日志到备份设备 jxgldisk。

Transact-SQL 代码如下：

```
Backup   log   教学管理   to   jxgldisk
```

执行结果如图 13-8 所示。

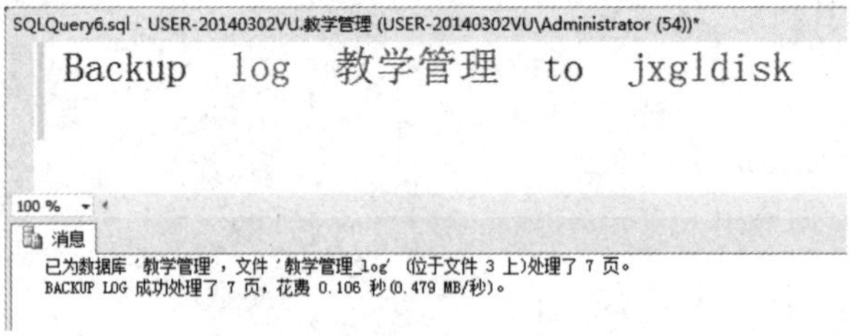

```
SQLQuery6.sql - USER-20140302VU.教学管理 (USER-20140302VU\Administrator (54))*
Backup   log   教学管理   to   jxgldisk

100 %
消息
已为数据库 '教学管理'，文件 '教学管理_log' (位于文件 3 上)处理了 7 页。
BACKUP LOG 成功处理了 7 页，花费 0.106 秒(0.479 MB/秒)。
```

图 13-8　事务日志备份

13.4　在 SQL Server Management Studio 中还原数据库

还原是备份的逆向操作，可以通过 SQL Server Management Studio 图形化工具和使用 Transact-SQL 语句两种方法来进行还原。此处仅介绍使用工具还原数据库。

具体操作步骤如下：

(1) 在“对象资源管理器”窗口中，单击服务器名称，展开服务器，展开“数据库”节点，然后选中要还原的数据库。

(2) 右击选中的数据库，从弹出的快捷菜单中选择“任务”|“还原”|“数据库”命令，如图 13-9 所示，将弹出“还原数据库”对话框，如图 13-10 所示。

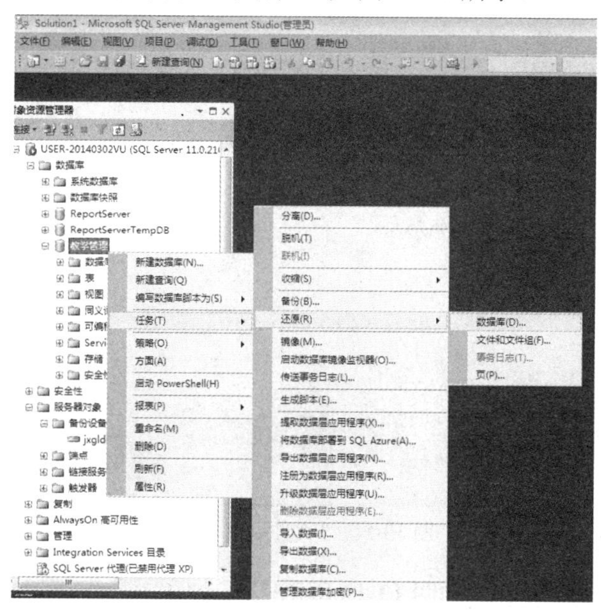

图 13-9　选择命令

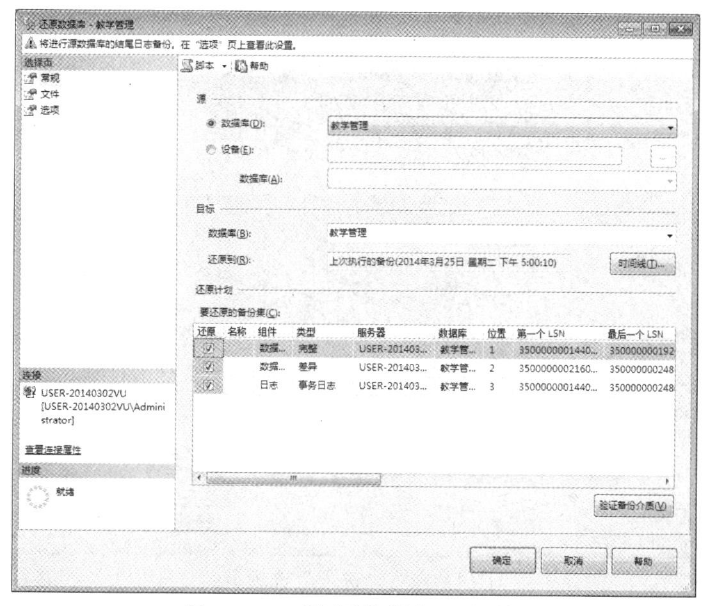

图 13-10　“还原数据库”对话框

(3) 在“目标”区域的“数据库”下拉列表框中选择要还原的数据库的名称。在“还原计划”中选中要还原的备份集。

(4) 选择“文件”选项卡，可以将数据库文件重新定位，也可以还原到原位置，如图13-11所示。

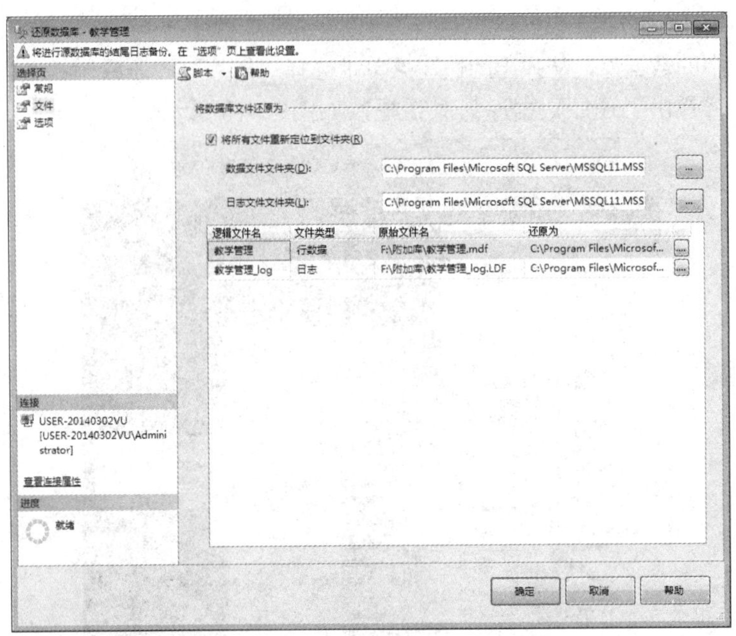

图13-11 “文件”选项页

(5) 选择“选项”选项卡，如图13-12所示。

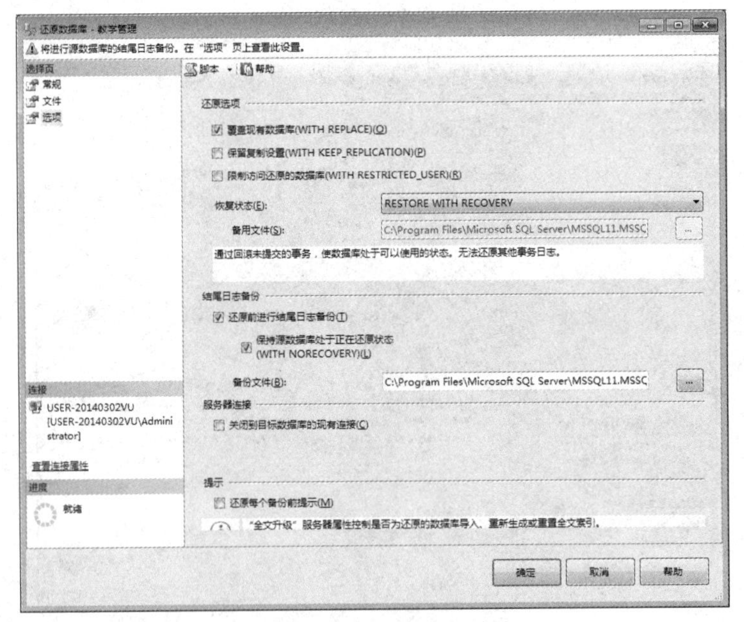

图13-12 “选项”选项页

(6) 如果还原数据库时想覆盖现有数据库，则选中“覆盖现有数据库”复选框。

(7) 如果要修改恢复状态，可以选择相应的选项。

(8) 设置完成后，单击“确定”按钮。

13.5 用 Transact-SQL 语句还原数据库

13.5.1 完整备份还原

语法格式如下：

```
RESTORE DATABASE database_name
  [FROM <backup_device> [,…n]]
  [WITH
  [FILE=file_number]
  ,[[, ] MOVE 'logical_file_name' TO
  'operating_system_file_name' ]
     [,…n]
  [[, ] {RECOVERY |NORECOVERY |STANDBY =
  {standby_file_name}}]
  [[, ] REPLACE]
  ]
```

其中：

```
<backup_device> ::=
{
   {logical_backup_device_name}
   |
   {DISK|TYPE}={'physical_backup_device_name'}
}
```

13.5.2 差异备份还原

差异备份还原与完整备份还原的语法基本一样，必须先还原完整备份，之后才能进行差异备份还原。

13.5.3 事务日志还原

语法格式如下：

```
RESTORE LOG database_name
  [FROM <backup_device> [,…n]]
  [WITH
  [FILE=file_number]
  ,[[, ] MOVE 'logical_file_name' TO
  'operating_system_file_name' ]
     [,…n]
  [[, ] {RECOVERY |NORECOVERY |STANDBY =
  {standby_file_name}}]
  [[, ] REPLACE]
  ]
```

其中：

```
<backup_device> ::=
{
  {logical_backup_device_name}
  |
  {DISK|TYPE}={'physical_backup_device_name'} }
<file_or_filegroup>: :=
{FILE =logical_file_name |FILEGROUP = logical_filegroup_name}
```

【例 13-6】对“教学管理”数据库进行完整、差异和事务日志还原。

Transact-SQL 代码如下：

```
Restore database 教学管理 from jxgldisk
With file=1,norecovery
Restore database 教学管理 from jxgldisk
With file=2,norecovery
Restore log 教学管理 from jxgldisk
With file=3,recovery
```

13.6 建立自动备份的维护计划

创建数据库维护计划可以让 SQL Server 自动而有效地维护数据库，从而为系统管理员节省大量时间，也可以防止延误数据库的维护工作。在 SQL Server 数据库引擎中，维护计划可以创建一个作业，以按预定间隔自动执行这些维护任务。

维护计划向导可以用于设置核心维护任务，从而确保数据库执行良好，做到定期备份数据库以防止系统出现故障，对数据库实施不一致性检查。维护计划向导可以创建一个或多个 SQL Server 代理作业，代理作业将按计划间隔自动执行这些维护计划。

SQL Server 2014 和 SQL Server 2008 一样，都可以做维护计划，对数据库进行自动备份。

假设我们现在有一个学生管理系统的数据库需要进行备份，由于数据库中的数据很多，数据文件很大，如果每次都进行完整备份那么硬盘会占用很大空间，而且备份时间很长，维护起来也很麻烦。因此，我们可以采用完整备份和差异备份的方式，每周日进行一次完整备份，每天晚上进行一次差异备份。使用差异备份可以减小备份文件的大小，同时还可以提高备份的速度，但其缺点是必须使用上一次完整备份的文件和差异备份的文件才能还原差异备份时刻的数据库，单独只有差异备份文件是没有意义的。

下面介绍如何通过维护计划来实现完整备份和差异备份：

(1) 在做计划之前，需要先启用 SQL Server 代理，并将启动模式设为自动。

(2) 接下来，打开 SQL Server Management Studio，展开服务器下面的“管理”节点，右击“维护计划”，从弹出的快捷菜单中选择“维护计划向导”命令，如图 13-13 所示，启动“维护计划向导”，如图 13-14 所示。

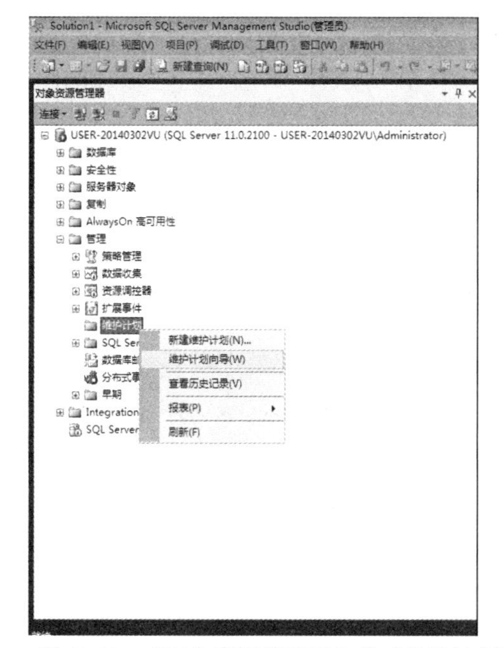

图 13-13　“对象资源管理器”的“维护计划”

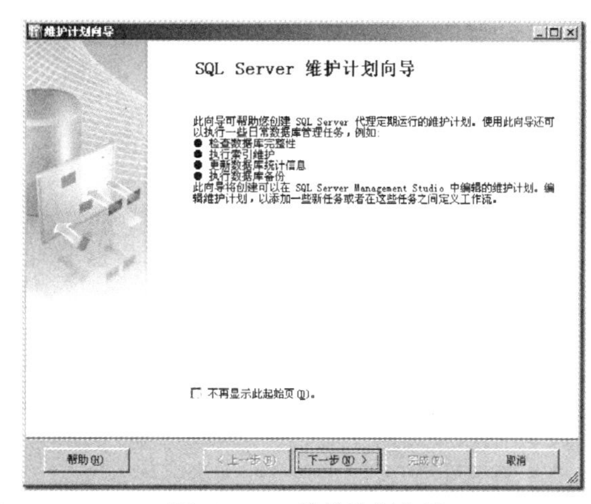

图 13-14　维护计划向导

这里向导已告诉我们维护计划到底有哪些功能，其中最后一项“执行数据库备份”正是我们所需要的功能。

(3) 单击“下一步”按钮，进入“选择计划属性”界面，输入计划的名称，由于我们的计划包括完整备份和差异备份，这两部分的执行计划是不一样的，一个是一周执行一次，另一个是一天执行一次，因此要选中“每项任务单独计划”单选按钮，如图 13-15 所示。

(4) 单击“下一步”按钮，选择维护任务，这里列出了可以在维护计划中执行的任务，如果要执行的任务在这里没有列出，那就不能用维护计划来做，需要自己写 SSIS 包或者 SQL 语句。本例中要执行的任务都已列出，所以在此选中了这两个任务，如图 13-16 所示。

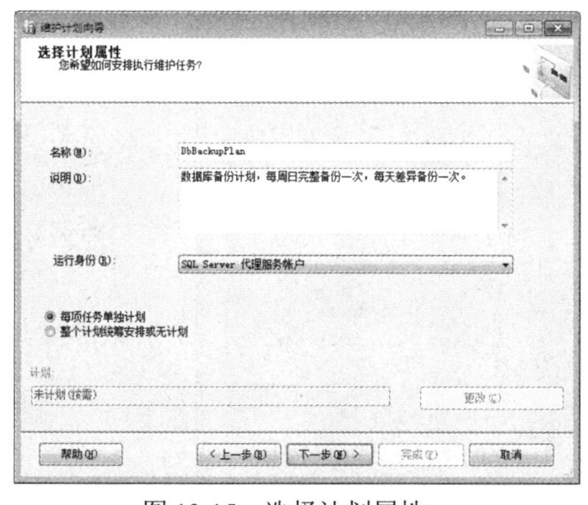
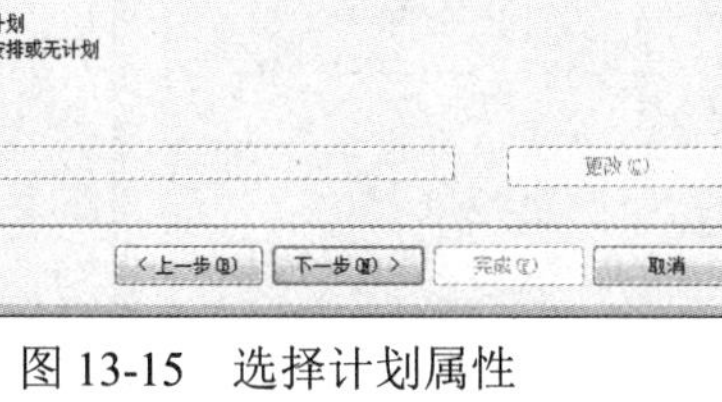

图 13-15　选择计划属性

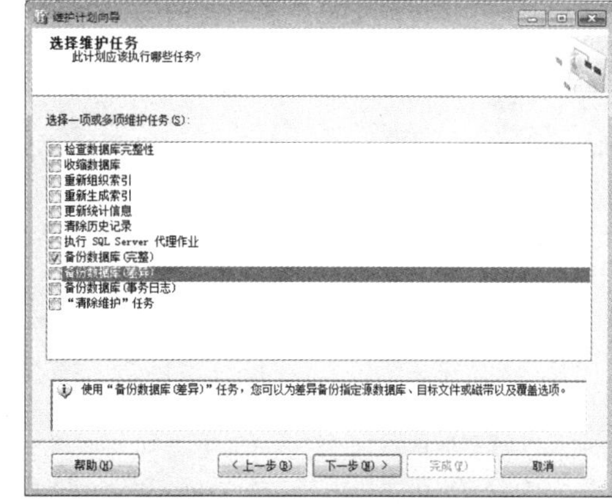

图 13-16　选择计划执行的任务

(5) 单击“下一步”按钮，进入“选择维护任务顺序”界面，在该界面中可以看到我们选中的任务出现在列表中，但是我们并不能调整其顺序，这是因为在步骤(3)中我们选中的是“每项任务单独计划”单选按钮，所以这两个任务是独立的，没有先后顺序可言。如果当时选择的是另一个选项，那么在此就可以调整顺序了，如图 13-17 所示。

(6) 选中“备份数据库(完整)”选项，然后单击“下一步”按钮，系统将转到如图 13-18 所示的界面。

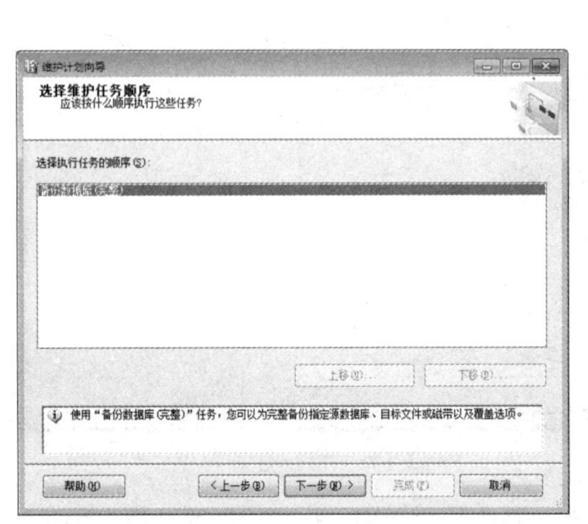

图 13-17　选择维护任务顺序

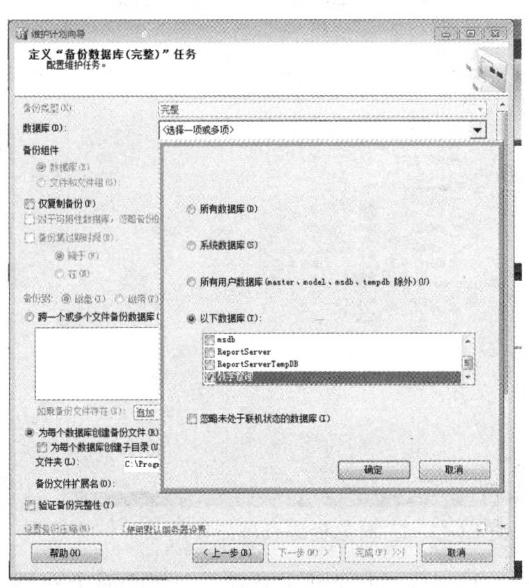

图 13-18　定义完整备份数据库任务

(7) 这个界面实在太长了，无法完整显示任务栏，出现了滚动条。在该界面中我们选择要进行备份的数据库，选择为每个数据库创建备份文件，文件保存在 D 盘的 Backup 目录下，扩展名为 bak。出于安全起见，可以选中“验证备份完整性”复选框，当然也可以不选。在 SQL Server 2014 中提供了压缩备份的新特性，使得备份文件更小，备份速度更快，这里我们选择的就是压缩备份。最后是选择执行计划，单击“更改”按钮，打开“新建作业计划”对话框，如图 13-19 所示，这里选择的是在每周日晚上的 0 点执行备份，单击“确定”按钮。

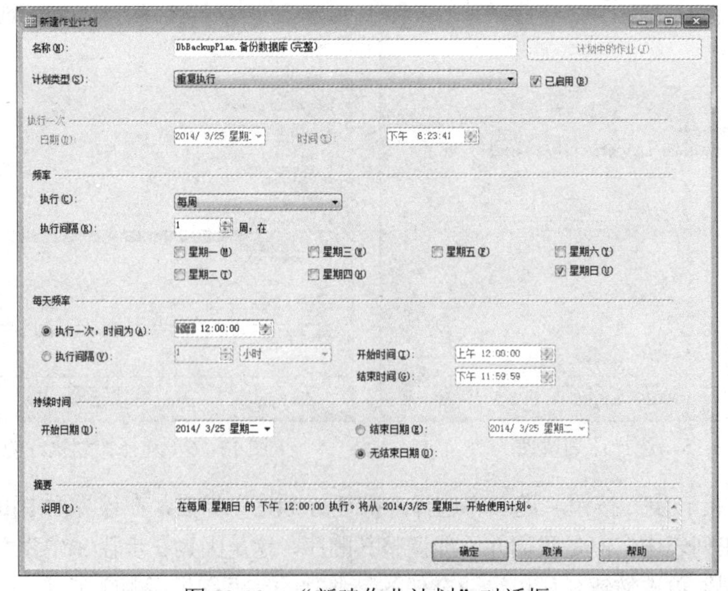

图 13-19　“新建作业计划”对话框

(8) 单击“下一步”按钮，进入差异备份任务的设置界面，该界面与上一步的界面一样，其操作也是一样的，在此选择每天晚上 0 点进行差异备份，如图 13-20 所示。

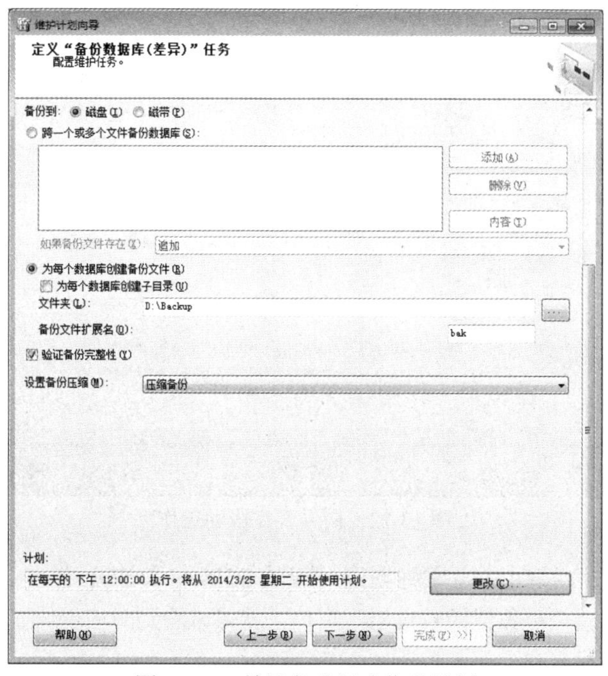

图 13-20　差异备份新建作业计划

(9) 单击“下一步”按钮，进入“选择报告选项”界面，通过该界面可以将这个维护计划的执行报告写入文本文件中，也可以将报告通过电子邮件发送给管理员，如图 13-21 所示。如果要发送邮件，那么需要配置 SQL Server 的数据库邮件，还需要设置 SQL Server 代理中的操作员，关于邮件通知操作员的配置在此就不详述了。

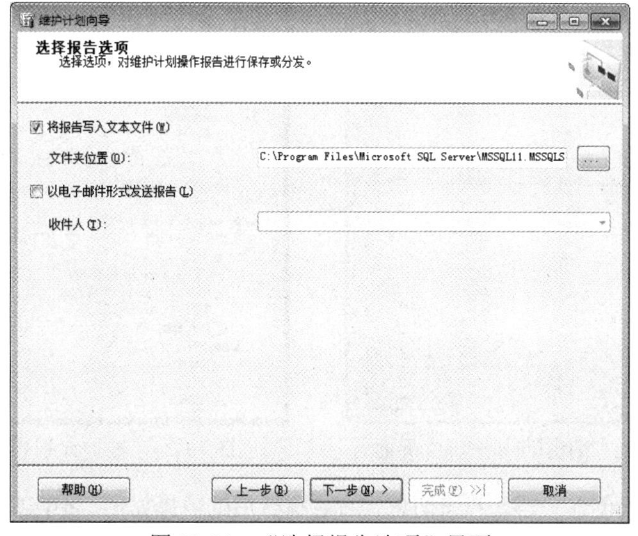

图 13-21　“选择报告选项”界面

(10) 单击“下一步”按钮，进入“完成该向导”界面，系统列出了向导要完成的工作，如

图 13-22 所示。

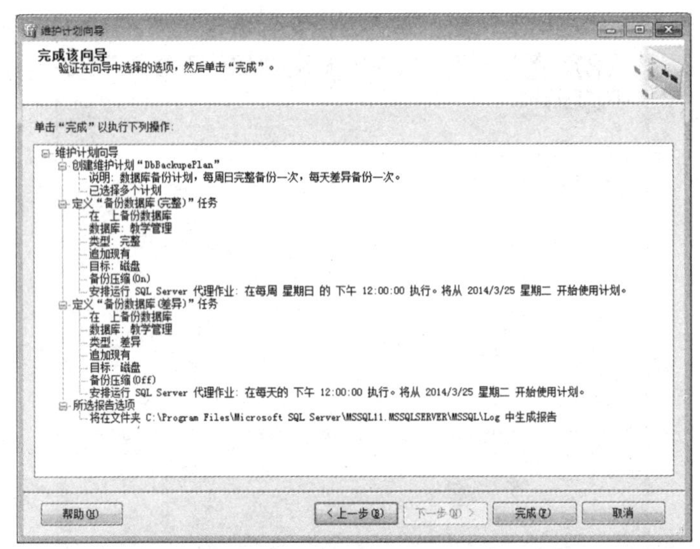

图 13-22　向导要完成的工作

(11) 单击“完成”按钮，向导将创建对应的 SSIS 包和 SQL 作业，如图 13 -23 所示。

(12) 完成后，刷新“对象资源管理器”窗口，就可以看到对应的维护计划和该计划对应的作业，如图 13-24 所示。

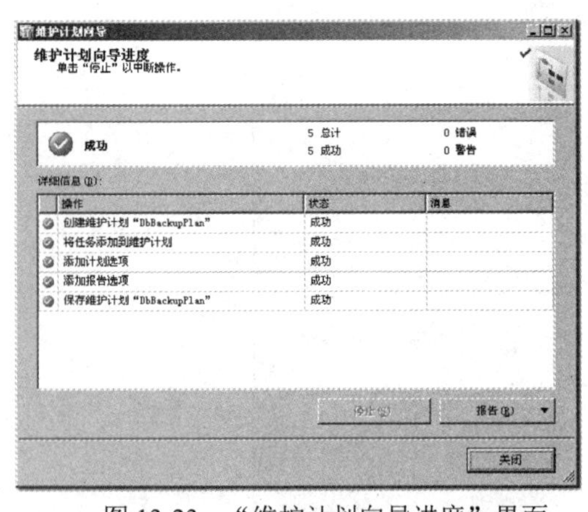

图 13-23　“维护计划向导进度”界面

图 13-24　维护计划和该计划对应的作业

现在维护计划已创建完毕，若迫切想要看看执行后的效果如何，不需要等到晚上 12 点。在“作业”下面，右击 DbBackupPlan.Subplan_1，从弹出的快捷菜单中选择“作业开始步骤”命令，系统便立即执行该作业，系统运行完毕后，便可以在 D:\Backup 文件夹下看到我们做的完整备份的备份文件。

这里需要注意的是：如果不是周日制订的该维护计划，那么制订该维护计划前一定要做个完整备份，而且该备份至少要保留到下周，否则一旦数据库发生故障，就会发现只有这几个工作日的差异备份，而上一次的完整备份被删除了，这样就无法恢复数据库了。

除了使用维护计划向导外，还可以直接新建维护计划，也可以修改已经创建的维护计划。下面介绍修改维护计划的一般操作。对于前面创建好的完整备份与差异备份维护计划，现在我们需要每周对数据库备份进行一次清理，在完整备份完成后，要将 1 个月前的备份删除。那么我们只需要修改一下维护计划即可，具体操作如下：

(1) 右击维护计划，从弹出的快捷菜单中选择“修改”命令，系统将新建一个选项卡来显示当前的维护计划，如图 13-25 所示。

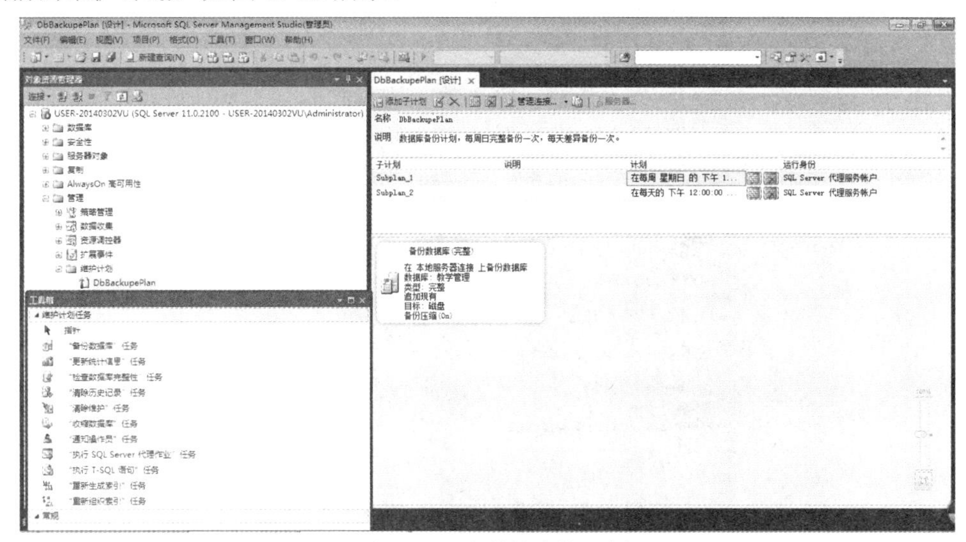

图 13-25　当前的维护计划

左下角是可用的维护计划组件，右侧下面是维护计划的流程设置面板，上面是该计划的子计划列表。

(2) 选中 Subplan_1 子计划，也就是每周完整备份的子计划，将“清除历史记录”任务从工具箱中拖到计划面板中，然后在面板中单击“备份数据库(完整)”组件，系统将显示一个绿色的箭头，将绿色箭头拖到“清除历史记录”组件上，如图 13-26 所示。

也就是说，在成功完整备份了数据库之后，才执行清除历史记录任务。

(3) 右击“清除历史记录”任务，从弹出的快捷菜单中选择“编辑”命令，系统将弹出清除历史记录任务设置对话框，如图 13-27 所示。

在此既可以清除历史记录日志，也可以删除硬盘上的历史数据。因为我们要删除 4 周前的历史备份数据，因此单击“确定”按钮返回计划面板，可以看到原本“清除历史记录”任务上的小红叉不见了。单击“保存”按钮，将该计划保存起来。

修改后就不用手动去删除那些很久以前的数据库备份了，系统在执行完备份后就会删除那些满足条件的备份数据。

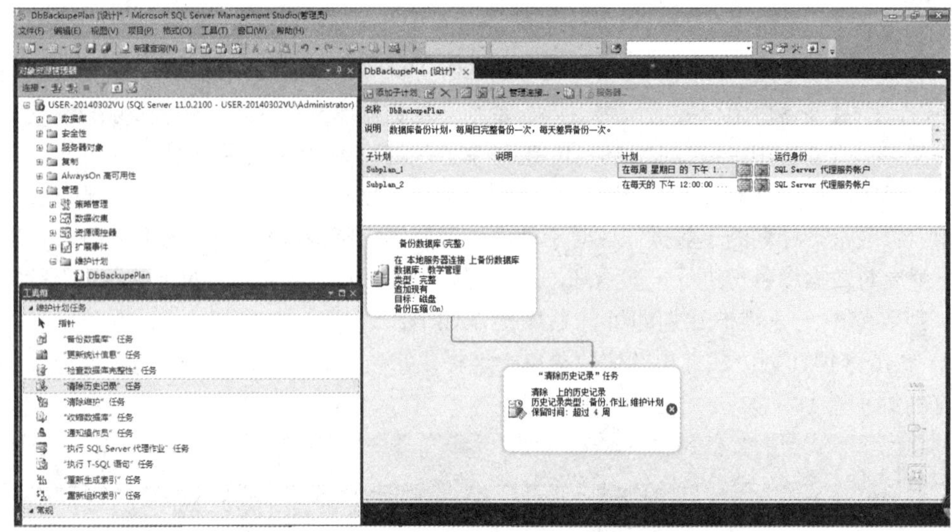

图 13-26　添加“清除历史记录”任务

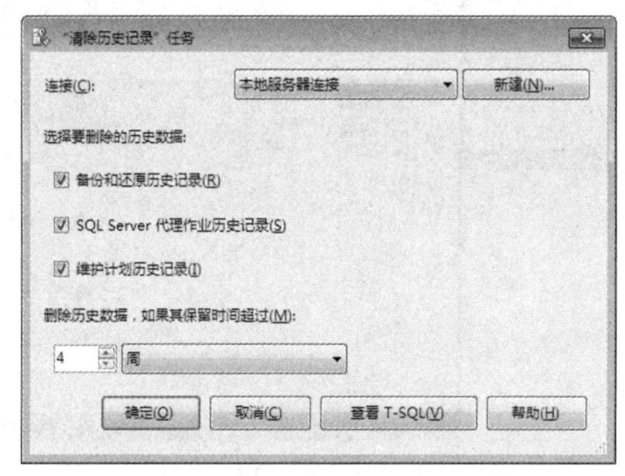

图 13-27　编辑“清除历史记录”任务

另外，用过 SSIS 的人应该知道，如果一个任务成功完成，则为绿色箭头；如果任务未成功完成，则为红色箭头。在此，我们也可以进行一些设置：如果上一步骤失败，那么将执行什么操作？对于这种情况，只需双击红色箭头，在弹出的对话框中选择约束选项中的值为“失败”即可，如图 13-28 所示。

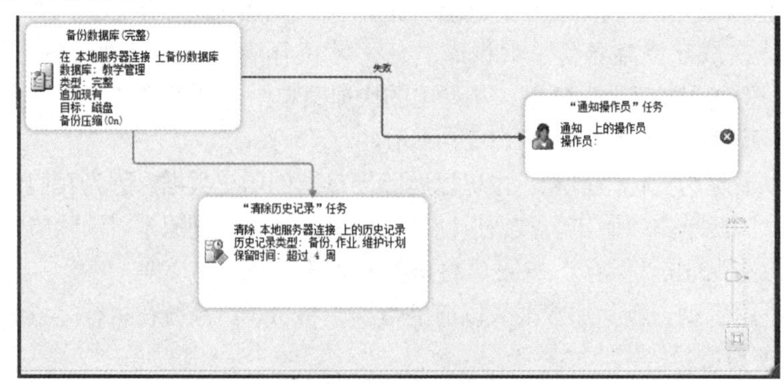

图 13-28　编辑完整备份失败执行的操作

在维护计划中也可以设置很复杂的逻辑运算和执行流程，如同 SSIS 设计一样，毕竟本质上它们都是在设计 SSIS 包。

13.7　经典习题

1．物理备份设备与逻辑备份设备有什么区别？
2．简述数据库备份与还原的过程。
3．SQL Server 2014 数据库恢复模式分为几种？
4．如何制订备份与恢复计划？
5. 如何减少备份与恢复操作的执行时间？
6. 差异备份作为备份策略的一部分，其优缺点是什么？

第14章
自动化SQL Server

本章主要内容：

- 使用维护计划自动化常见的维护活动
- 通过使用 SQL Server 代理计划作业来执行维护活动
- 使用 SQL Server 代理安全性保护所创建作业的安全性
- 配置 SQL Server 代理来满足自己的需求
- 使用多服务器管理功能计划多台服务器上的作业

DBA 所做的大部分工作都是重复性的：备份数据库、重建索引、检查文件大小以及磁盘空间可用性。对于像事务日志已满或磁盘空间不足这样的情况采取措施也是一些 DBA 日常工作的一部分。随着需要管理的服务器数量的增加，问题也迅速增多。自动化地完成这些工作不仅可以提供便利，也是企业系统的需求。

SQL Server 2014 中的两个功能给 DBA 提供了帮助——维护计划和 SQL Server 代理。维护计划可以自动化数据库的例行维护活动，备份、数据库完整性检查和索引维护任务可以随维护计划一起自动化。维护计划向导使你可以很容易地创建维护计划。SQL Server 代理可用于手动创建在 SQL Server 上运行的作业计划，这进一步增强了 DBA 自动化例行活动的能力。

14.1 维护计划

维护计划是在 SQL Server 中快速而轻松地自动化例行维护任务的方法。它们只是常规 SQL Server 代理作业之上的用户界面。但是，计划中的任务不等同于作业步骤，因为维护计划是使用 SQL Server Integration Services(SSIS)创建的，所以它是作为映射到维护计划名的某个作业中的单个 SSIS 作业步骤运行的。对于例行维护任务来说，它是在许多 SQL Server 上实现自动化所需的一切。

有两种方法可以创建维护计划。快速而简单的方法是使用维护计划向导，手动方法是使用维护计划设计器。

注意：

如果使用默认配置全新安装 SQL Server 2014，那么代理 XP 默认是禁用的。这就阻止了我们启动 SQL 代理服务。如果 SQL 代理没有运行，那么试图启动维护计划向导时会发生错误。

为了防止出现这种错误，需要使用下面的脚本启用代理 XP，然后启动 SQL 代理服务：

```
sp_configure 'show advanced options', 1;
GO
RECONFIGURE;
GO
sp_configure 'Agent XPs', 1;
GO
RECONFIGURE
GO
```

14.1.1　维护计划向导

本节介绍使用维护计划向导创建备份的步骤：

(1) 第一步是启动该向导，它位于 SQL Server Management Studio 的“对象资源管理器”中“管理”节点下的“维护计划”节点的上下文菜单中。选择“维护计划向导”命令将启动该向导的第一个页面，如图 14-1 所示。

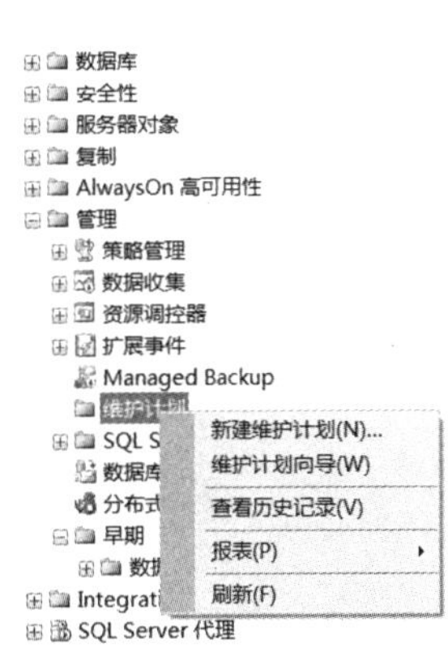

图 14-1　选择“维护计划向导”命令

(2) 可以选择不再显示这个页面，然后单击“下一步”按钮。这将打开“选择计划属性”页面，在其中可设置一些维护计划选项。在该页面上，如图 14-2 所示，指定计划的名称和说明，并选择计划选项。

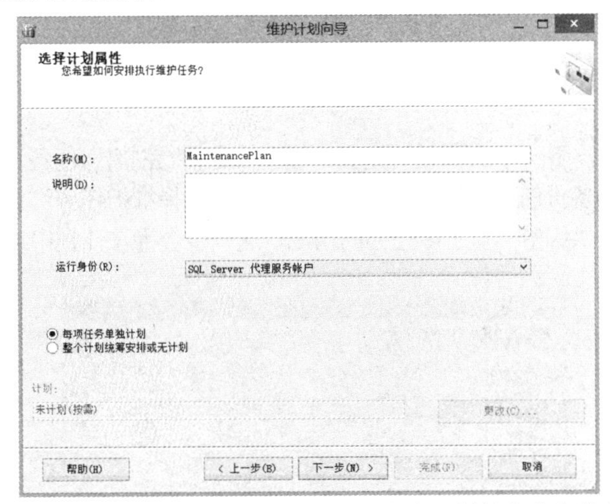

图 14-2　在“维护计划向导”页面中指定计划的名称和说明

(3) 单击“下一步”按钮进入“选择维护任务”页面，从中选择要计划执行的任务。本例中选择“备份数据库(完整)”选项，如图 14-3 所示。

(4) 单击“下一步”按钮进入如图 14-4 所示的“选择维护任务顺序”页面。如果在前一页面中选择了多个任务，那么在这里可以按自己希望的顺序重新排列它们以运行这些任务。本例中只有一个任务，因此单击“下一步”按钮。

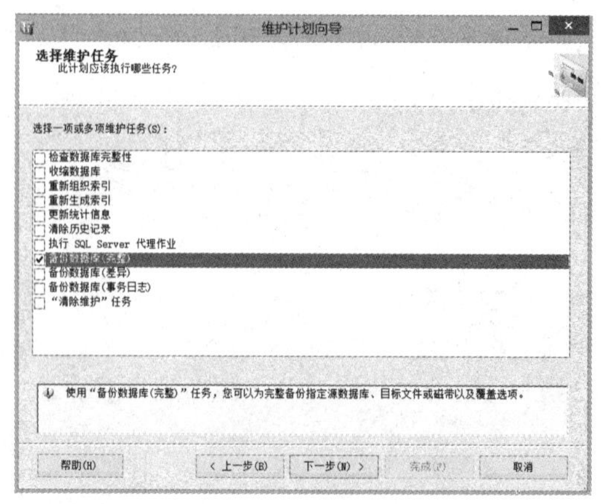

图 14-3　选择“备份数据库(完整)”选项

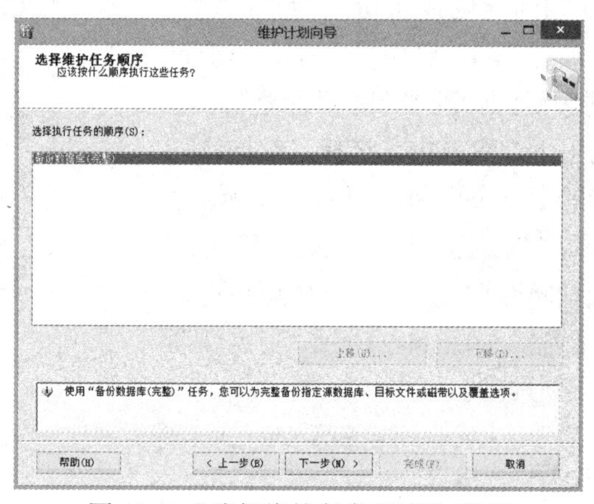

图 14-4　“选择维护任务顺序”页面

(5) 在这个示例中，下一个页面是“定义‘备份数据库(完整)’任务”页面，如图 14-5 所示。在这个页面上，为备份任务选择细节内容。如果在“选择维护任务”页面上选择了不同的任务，就必须为该任务提供细节。对于多任务的情况，这一步会为在计划中选择的每个任务显示单独的页面。

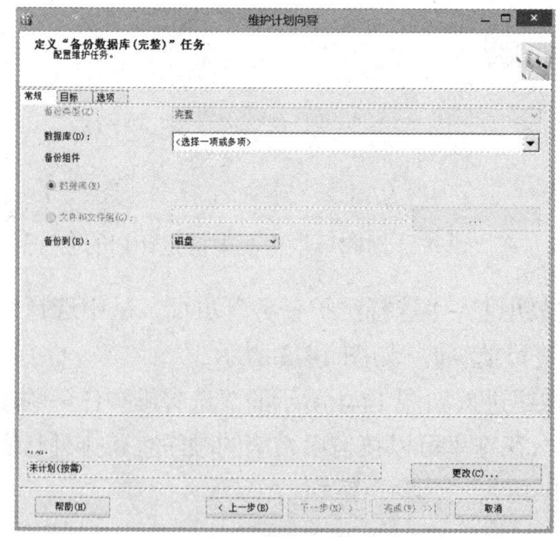

图 14-5　“定义‘备份数据库(完整)’任务”页面

(6) 图 14-6 显示了可以从中选择要备份的数据库的对话框。在这个示例中，只选择一个数据库进行备份。在 SQL Server 2012 中，该对话框只有一个页面。但是，如图 14-5 所示，现在它包含三个选项卡：“常规”“目标”和“选项”。

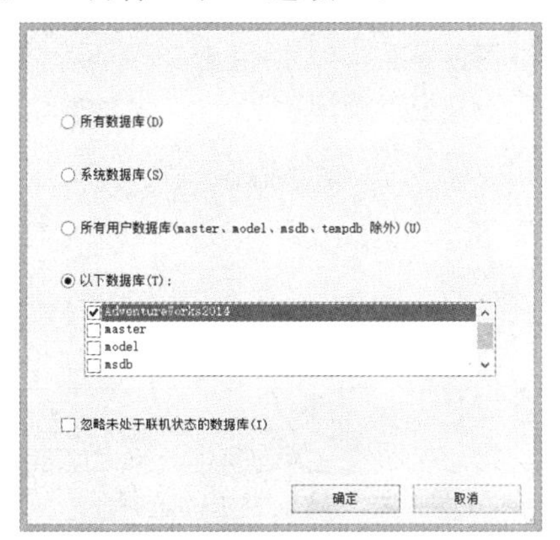

图 14-6　可以从中选择要备份的数据库的对话框

(7) 在下一页面(如图 14-7 所示)上，为计划选择报告选项：“将报告写入文本文件”“以电子邮件形式发送报告”或两者都选择。

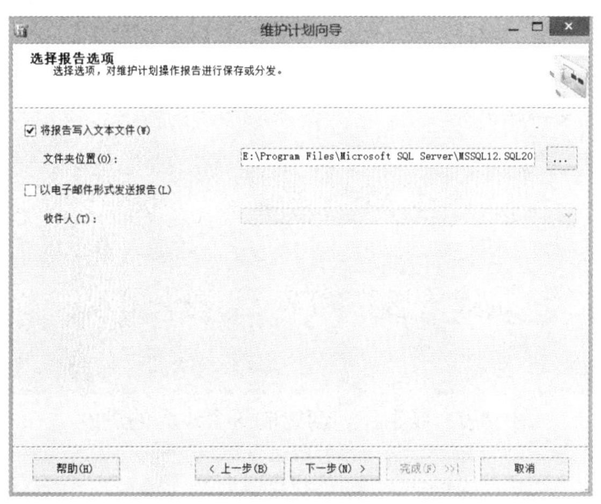

图 14-7　为计划选择报告选项

(8) 单击“下一步”按钮进入向导的最后一个页面，在其中可以确认做出的选择(见图 14-8)。

(9) 单击“完成”按钮来创建计划。在创建好计划后，状态页面将显示计划创建的每个步骤的进度，如图 14-9 所示。

现在，新计划将显示在“对象资源管理器”的“维护计划”节点中，可以使用该节点中的菜单手动运行。

你可能已注意到，“维护计划向导”只能执行有限的任务，但它是服务器上最重要的例行维护任务。利用这一向导，可以自动化 SQL Server 上需要的许多基本任务。

如果想浏览刚刚创建的计划的更详细内容，可在“SQL Server 代理”节点的“作业”节点下查看为该计划创建的作业。将作业命名为<计划名>.Subplan_1 的形式，因此本例中的作业名为 MaintenancePlan.Subplan_1。

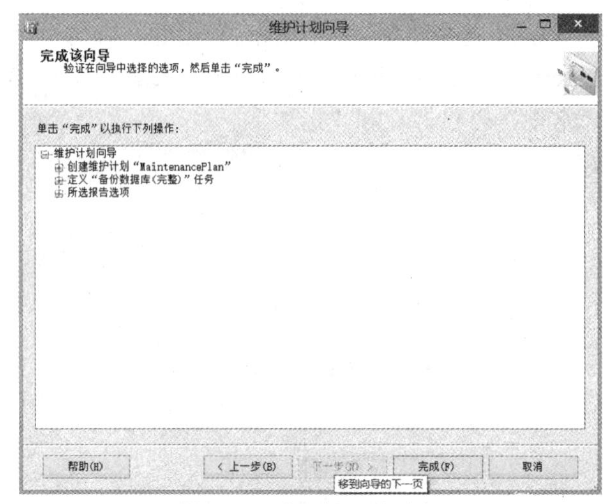

图 14-8　确认做出的选择

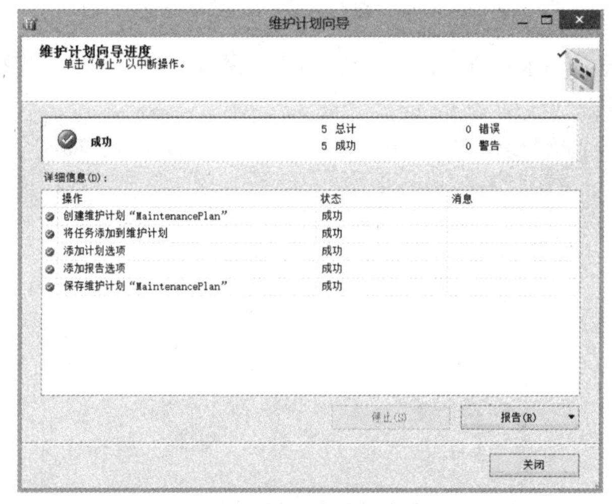

图 14-9　显示计划创建的每个步骤的进度

14.1.2　维护计划设计器

现在，已经使用维护计划向导创建了基本的备份作业，接下来将学习如何使用维护计划设计器完成同样的任务。

(1) 右击“对象资源管理器”中“管理”节点下的“维护计划”节点，这次选择“新建维护计划”选项，打开“新建维护计划”对话框，如图 14-10 所示。输入新的计划名 Basic Backup 2，这样就不会与维护计划向导创建的计划相冲突，单击“确定”按钮。

图 14-10　“新建维护计划”对话框

图 14-11 显示了“计划设计器”窗口。可以看到，在 Management Studio 中有两个新窗口。“计划设计器”窗口出现在屏幕中央，“属性”窗口出现在屏幕右侧。如果“属性”窗口没有自动显示，可以右击“计划设计器”窗口，从弹出来的快捷菜单中选择“属性”选项，打开“属性”窗口。

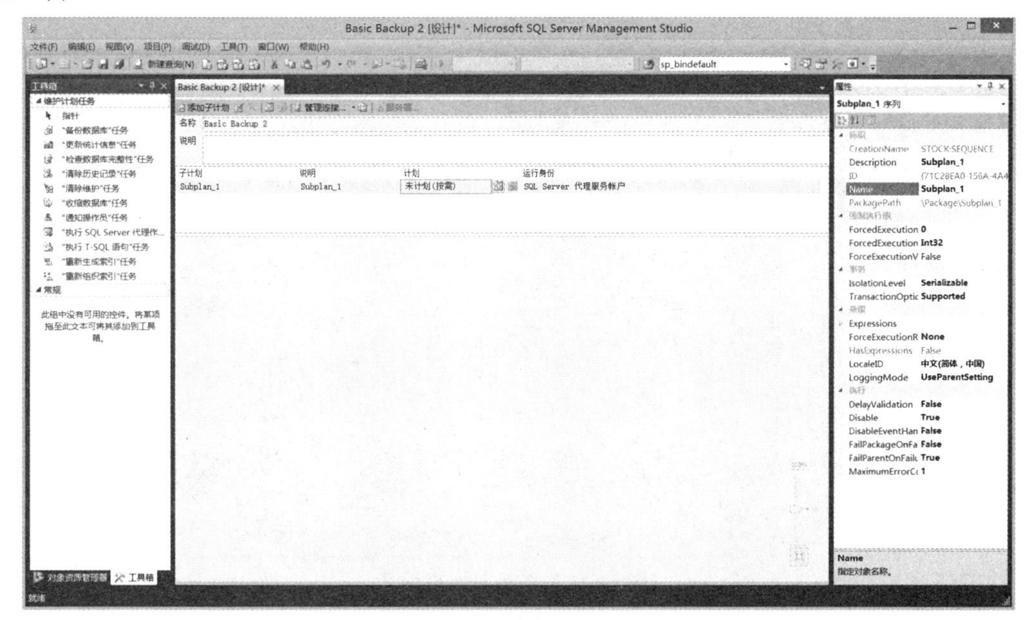

图 14-11　“计划设计器”窗口

“维护计划任务”工具箱被添加到了屏幕的左侧。要展开该工具箱，只需单击位于屏幕左边缘的“工具箱”选项卡即可。

(2) 要创建基本的备份任务，单击工具箱中的“‘备份数据库’任务”并拖至设计器上。之后的设计器如图 14-12 所示。

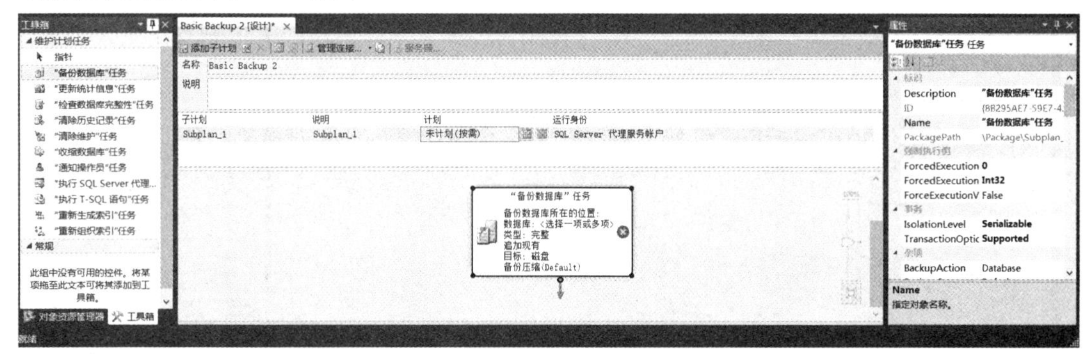

图 14-12　创建基本的备份任务

(3) 此时，你已经创建了基本的备份任务，但还没有定义备份任务需要做什么。要指定与使用向导时采用的同样的参数，就需要编辑“‘备份数据库’任务”的属性。其方法是双击设计器上的任务，打开任务属性界面，如图 14-13 所示。

(4) 这与使用向导时出现的对话框一样，因此选择相同的数据库进行备份，并选择同样的选项。完成这些更改后，单击“确定”按钮回到设计器。这次将看到“备份数据库”任务不再显示红色警告符号，如图 14-14 所示。

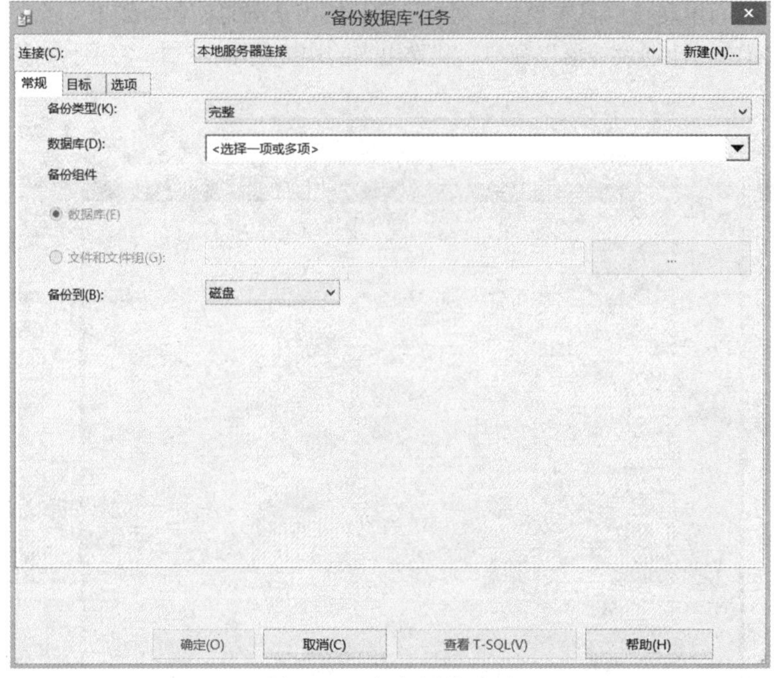

图 14-13　任务属性界面

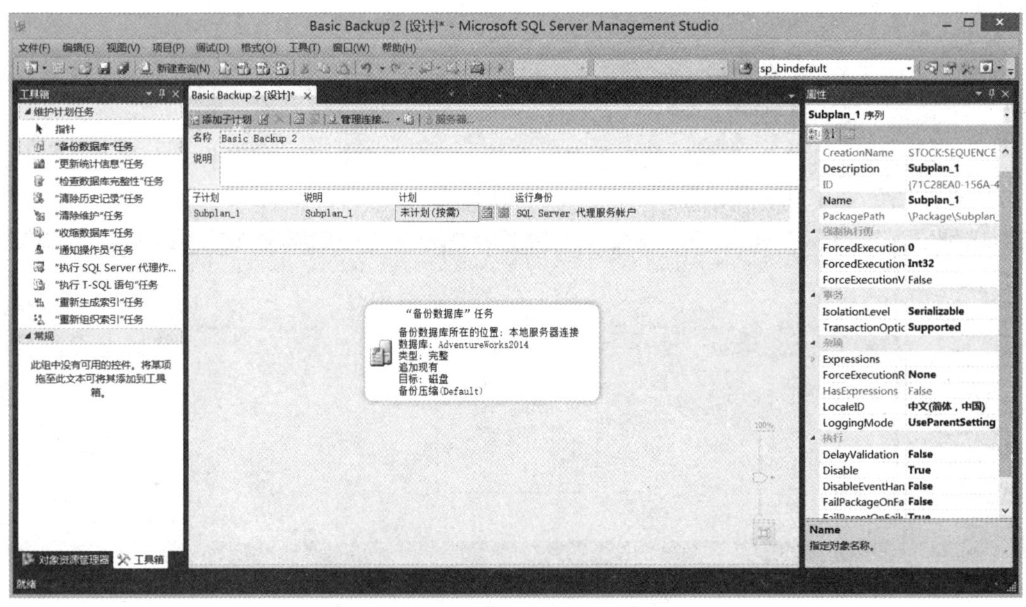

图 14-14　“备份数据库”任务

(5) 要创建刚才设计的计划，只要保存它即可。这样就完成了计划的创建。可随时使用“计划设计器”编辑计划属性。

14.2 使用 SQL Server 代理自动化 SQL Server

如果维护计划并未包括 SQL Server 上所需的所有自动化工作，或要比维护计划做更多的工作，就直接使用 SQL Server 代理。

SQL Server 代理包含 4 个基本组件，将在本章后续内容中介绍它们：

- **作业**：定义要做的工作。
- **计划**：定义何时执行作业。
- **操作员**：通知作业状态和警报的人员。
- **警报**：可让用户设置在事件发生时进行自动响应或通知。

14.2.1 作业

使用 SQL Server 代理的原因之一是可以计划工作，使其自动完成，如备份数据库。SQL Server 代理作业包含要执行的工作的定义。作业本身并不执行工作，而是作业步骤的容器(执行工作的地方)。作业有名称、说明、所有者以及类别，并且作业可以被启用或禁用。可以用以下几种方式来运行作业：

- 将作业附加到一个或多个计划中。
- 响应一个或多个警报。
- 执行 sp_start_job。
- 通过 SQL Server Management Studio 手动运行。

作业步骤

作业由一个或多个作业步骤组成。作业步骤是实际执行工作的地方，每个作业步骤都有名称和类型。一定要为作业和步骤提供适当的描述性名称，当它们出现在错误和日志消息中时这就会很有用。可以创建大量不同类型的作业步骤：

- **ActiveX 脚本**：允许执行 VBScript、JScript 或任何其他可安装的脚本语言。
- **操作系统命令(CmdExec)**：允许执行命令提示符选项。可执行.bat 文件或包含在.bat 或.cmd 文件中的任何命令。
- **PowerShell 作业**：允许将 Windows PowerShell 脚本作为作业的一部分执行。
- **SQL Server Analysis Services 命令**：允许执行 XML for Analysis(XMLA)命令。必须使用 Execute 方法，该方法用于选择数据以及管理和处理 Analysis Services 对象。
- **SQL Server Analysis Services 查询**：允许对多维数据集执行 Multidimensional Expression(MDX，多维表达式)查询。MDX 查询可用于从多维数据集中选择数据。
- **SQL Server Integration Services (SSIS)包执行**：允许执行 SSIS 包。可以指派变量值、配置或任何需要的内容来执行包。如果已经创建了复杂的 SSIS 包，那么当想要从 SQL 代理作业步骤执行它们时，这个作业步骤可以节省大量的时间。
- **Transact-SQL 脚本(T-SQL)**：允许执行 Transact-SQL 脚本。Transact-SQL 脚本不使用本章后面将介绍的 SQL Server 代理的代理账户。如果不是 sysadmin 固定服务器角色的成员，Transact-SQL 步骤将使用你在数据库中的用户凭据运行。当 sysadmin 固定服务器角色的成员创建 Transact-SQL 作业步骤时，可指定该作业步骤应在特定数据库用户的安全上下文中运行。如果指定数据库用户，该步骤就以指定的用户执行；否则，该步骤将在 SQL Server 代理的服务账户的安全上下文中执行。

注意：

Transact-SQL 安全性的 GUI(图形用户界面)可能有些令人迷惑。虽然在设置作业步骤的“作业步骤属性”对话框的第一个页面上有“运行身份”下拉列表，但并不是在此为 Transact-SQL 步骤设置安全性。“运行身份”下拉列表用于为其他步骤类型指定安全上下文。要为 Transact-SQL 步骤设置安全性，可单击“高级”选项卡。在对话框的底部有“作为以下用户运行”下拉列表，在其中可设置 Transact-SQL 用户的安全上下文。

还有一些通常不是由自己创建的作业步骤类型，当然也可以自己创建。这些作业及其相关步骤通常在设置复制时创建。每个作业步骤都在安全上下文中运行。其他类型的作业步骤的安全上下文将在本章后面介绍。设置复制的过程将定义使用这些步骤类型的作业：

- 复制分发器
- 复制合并
- 复制队列读取器
- 复制快照
- 复制事务日志读取器

还有一些与作业步骤相关的流控制。可以指定步骤执行成功和步骤执行失败时的动作，这些动作可以是下列几种中的一种：

- 退出报告成功的作业
- 退出报告失败的作业
- 转到下一步

还可以要求作业步骤在失败之前重试，可以指定重试次数和重试间隔(以分钟为单位)。作业步骤在执行 On Failure 控制流前，将重试在“重试次数”字段中指定的次数。如果设置了“重试间隔(分钟)”，作业步骤将在重试前等待指定的时间。如果作业之间存在依赖性，这将很有用。例如，有一个作业步骤，从文本文件执行大容量插入，这个文本文件由其他进程放入适当的目录中，该进程可能稍后运行。

在创建作业时，可将之归入作业类别，每个作业只属于一个作业类别。有一些预定义的作业类别，如“[未分类(本地)]”和“数据库引擎优化顾问”。还可以创建自己的作业类别，步骤如下：

(1) 在 SQL Server Management Studio 的“对象资源管理器”窗口中，打开树形视图中的“SQL Server 代理”节点并右击“作业”节点。

(2) 从快捷菜单中选择“管理作业类别”选项，将打开如图 14-15 所示的对话框。

(3) 单击“添加”按钮，打开如图 14-16 所示的对话框。

(4) 在“名称”文本框中输入新的作业类别名，然后单击“确定”按钮。

虽然这些看起来有些微不足道，但在创建类别前还是要花些心思来组织作业。否则你可能会惊讶于服务器中作业数量的增长速度，发现很难找到正确的作业。

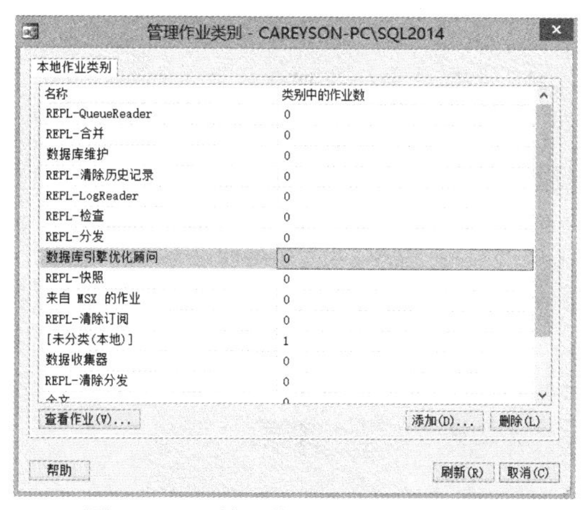

图 14-15 “管理作业类别”对话框

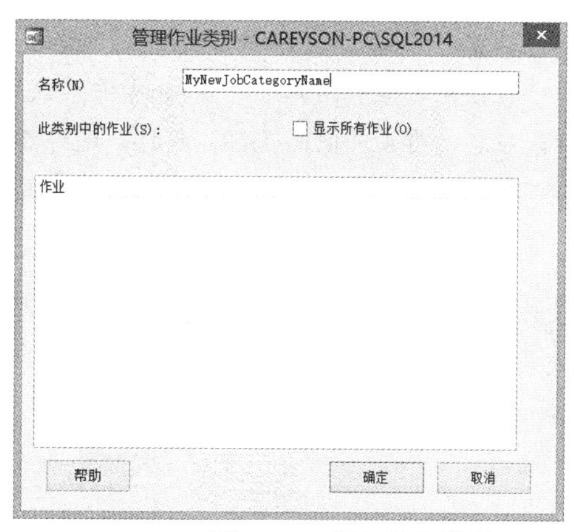

图 14-16 添加作业类别

作业步骤日志

每次作业运行时，都将创建作业历史记录。作业历史记录说明了作业何时开始、何时结束以及是否成功。可以配置每个作业步骤的日志记录和历史记录。作业步骤的所有日志记录设置都位于“作业步骤属性”对话框的“高级”选项卡中，如图 14-17 所示。

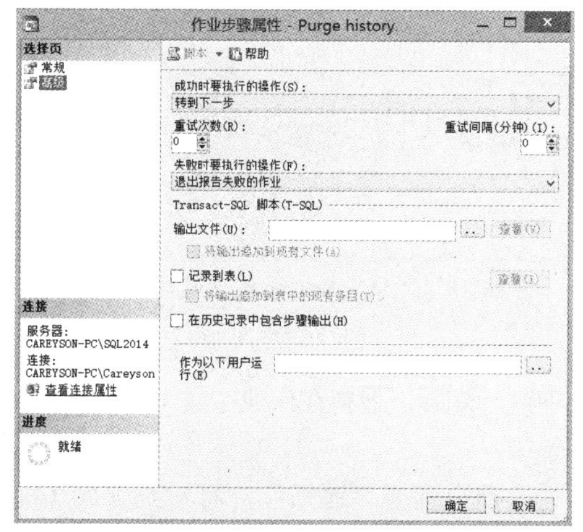

图 14-17 “作业步骤属性”对话框中的“高级”选项卡

下面讨论影响日志的关键选项。

- **输出文件：**由 sysadmin 角色成员执行的作业步骤还可以在文件中写入作业历史记录。为此，在“输出文件”文本框中输入文件名。如果不希望覆盖该文件，可选中“将输出追加到现有文件”复选框。由其他角色执行的作业步骤只能将历史记录写到 msdb 的 dbo.sysjobstepslogs 表中。
- **记录到表：**也可以选择将信息记录到 msdb 的 dbo.sysjobstepslogs 表中。为此，选中“记录到表”复选框。为了包含多次作业运行的步骤历史记录，还需要选中“将输出追加到表中的现有条目”复选框。否则，你只能看到最近的历史记录。
- **在历史记录中包含步骤输出：**为了将作业步骤历史记录追加到作业历史记录，需要选中“在历史记录中包含步骤输出”复选框。

注意：

在任何时候引用网络资源(如操作系统文件)，都要确保适当的代理账户有正确的权限。另外，应总是对文件使用 UNC 名称，这样作业或作业步骤就不会依赖于目录映射。如果不够小心，那么在测试和生产环境之间很容易出现问题。

在默认情况下，SQL Server 在其作业历史记录中只存储 1000 行，并且对于任何作业来说，最多为 100 行。作业历史记录是个滚动日志，因此会删除较旧的记录以为更新的作业历史记录提供空间。如果有大量作业或有频繁运行的作业，作业历史记录很快就会填满并开始删除旧记录。如果需要改变日志的大小，可在“SQL Server 代理属性”对话框中进行，如图 14-18 所示。

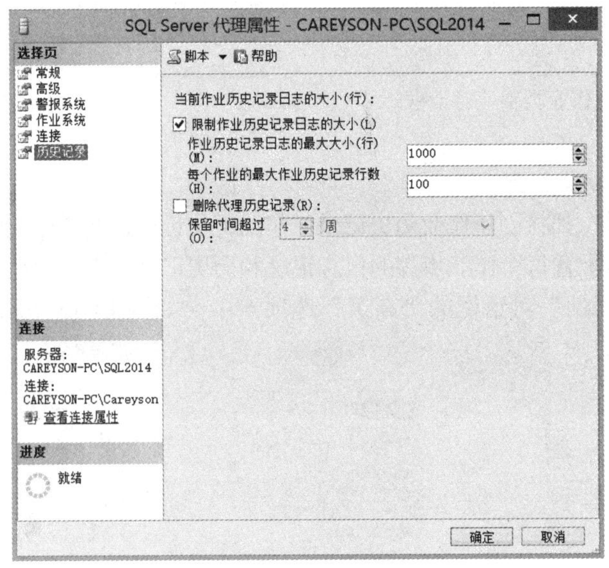

图 14-18　“SQL Server 代理属性”对话框

作业通知

可以对 SQL Server 代理进行配置，使得在作业完成、成功或失败时可以进行通知。为此，需要执行以下步骤：

(1) 在“作业属性”对话框中选择“通知”，将看到如图 14-19 所示的对话框。

(2) 作业可以通过电子邮件、寻呼以及 Net 发送通知。作业也可以写入 Windows 应用程序事件日志。如图 14-19 所示，在对话框中对于每种发送方法都有一行记录。选中要采用的发送方法旁边的复选框，可以同时选择多种方法。

(3) 单击每个选项的下拉菜单，选择要通知的操作员。操作员可定义发送电子邮件地址(操作员设置将在本章后面介绍)。

(4) 选择应触发通知的事件。该事件可以是当作业结束时、当作业失败时或当作业成功时。对于有些作业，例如索引维护这样的例行维护，你可能根本不希望被通知。但对于关键任务作业，你可能希望在作业完成时得到电子邮件通知，并在作业失败时被呼叫或通过 Net 得到通知，这样就能够立即知道所发生的情况。比较关键的作业的例子包括备份和 DBCC CHECKDB，对于这些作业，你需要收到它们的通知。

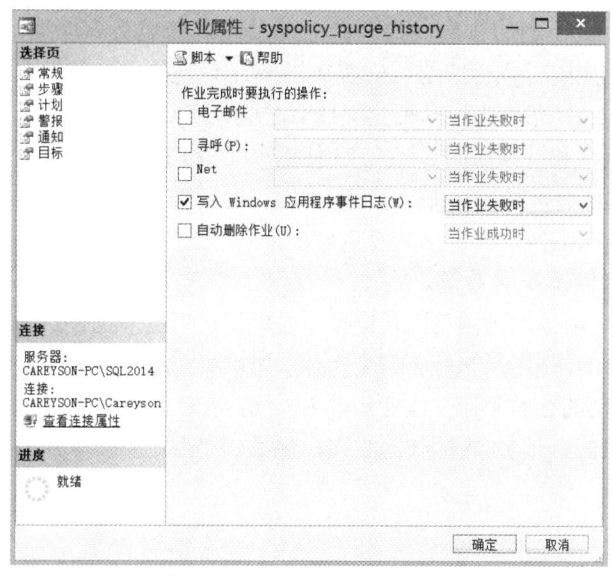

图 14-19　将作业写入 Windows 应用程序事件日志

注意：

必须在 SQL Server 代理运行的服务器上运行 Windows Messenger Service，只有这样才能通过 Net 发送通知。可以向 SQL Server 代理服务器能看到的任何工作站或用户发送消息。目标工作站也必须运行 Windows Messenger Service 才能收到通知。

14.2.2　计划

SQL Server 代理的优点之一是可以计划作业。对作业进行计划，使它们可在下面任何一种情况下运行：

- 在 SQL Server 代理启动时
- 在指定的日期和时间执行一次
- 重复执行
- 在服务器 CPU 空闲时执行

要在 Management Studio 中创建计划，选择“SQL Server 代理”并右击“作业”节点，然后从快捷菜单中选择“管理计划”选项。可以很容易地创建在每月的最后一个工作日运行的计划，而不必自己判断哪天是每月的最后一个工作日。既可以在创建作业时就创建计划，也可以单独创建计划，在以后把它与作业关联起来。

在创建计划后，可将其与一个或多个作业相关联。一个作业也可以有多个计划。你可能希望创建一个计划用于晚间批处理，另一个计划用于月末处理。一个作业可以同时与这两个计划相关联。

在为计划命名时应多加考虑，否则可能导致出现困惑。计划名是应反映运行时间还是其包含的工作类型？实际上，同一个计划名可以同时反映时间和类型，例如 Daily Backup Schedule 或 Daily Index Maintenance Schedule。对于业务相关的计划，应创建 End of Month Accounts Payable 或 Biweekly Payroll Cycle 之类的名称。包括业务名称便于快速找出与特定操作或进程相关的计划。如果想改变计划的频率，包含计划的发生时间也会有帮助。

有时需要在CPU空闲时执行作业。在SQL Server代理的“属性”对话框的“高级”选项卡中可以设置“空闲CPU条件”，从而定义什么时候认为CPU是空闲的。在该选项卡中还可以定义最小CPU使用率和持续时间。当CPU使用率在指定的持续时间内低于指定的最小使用率时，CPU空闲计划就会被触发。如果CPU不忙，就可执行一些批处理相关的工作，不过要非常小心。如果有许多作业在CPU空闲时执行，它们将很快开始运行，并可能过度使用系统，因此需要谨慎计划这种作业的数量。

SQL Server代理中缺少的一项功能是链接作业以使它们逐个执行。通过使用sp_start_job，在作业中添加最后一个步骤用于执行下一个作业，可以实现该功能，但这会将作业导航功能置于作业步骤内。作业间的导航不应在作业步骤内，而应在作业步骤外部的作业内。一些第三方工具在这方面做得很好，但如果要自己实现，那么可能比较难以维护。

14.2.3 操作员

操作员是包含用户友好的名称和一些联系信息的SQL Server代理对象。可以在SQL Server代理作业完成或发生警报时通知操作员(14.2.4节将介绍警报)。你可能希望通知将修复作业相关问题和警报的操作员，这样他们可提供支持工作。你可能还希望在关键任务事件(如工资支付失败)发生时能够自动得到通知。

应在开始定义警报前定义操作员。这样就可以在定义警报时选择要通知的操作员，从而节省一定的时间。要创建新的操作员，需要执行以下步骤：

(1) 展开SQL Server Management Studio的“对象资源管理器”中的“SQL Server代理”节点。

(2) 右击“操作员”并从弹出的快捷菜单中选择“新建操作员”选项。打开的“新建操作员”对话框如图14-20所示，从中可以创建新的操作员。操作员的名称必须唯一且少于128个字符。

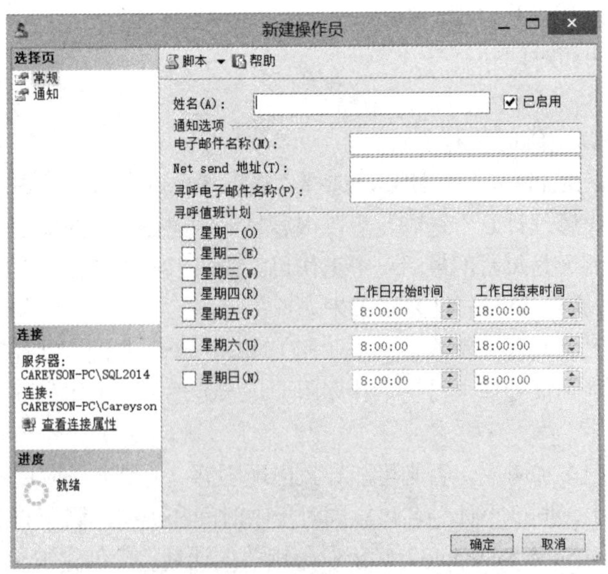

图14-20 “新建操作员”对话框

操作员通知

作业允许你使用以下 3 种方法来通知单个操作员：

- **电子邮件**：要使用电子邮件，必须设置并启用“数据库邮件”并将 SQL Server 代理配置为使用“数据库邮件”。对于电子邮件通知，可以提供一个电子邮件地址，也可以提供由分号分隔的多个电子邮件地址，还可以是电子邮件系统中定义的电子邮件组。如果希望通知许多人，那么最好在电子邮件系统中定义电子邮件组，这样可以更改要通知的人员列表，而不必更改每个作业。
- **寻呼**：对于寻呼通知，也可以提供电子邮件地址。SQL Server 代理本身没有配备寻呼功能。必须从第三方提供商那里购买通过电子邮件寻呼的功能。SQL Server 代理只将电子邮件发送到寻呼地址，而由寻呼软件完成其余的工作。有些寻呼系统要求通过电子邮件的主题、抄送和收件人栏发送额外的配置字符。这可以通过在 SQL Server 代理中进行设置来实现，本章最后将介绍这一内容。

  注意，“寻呼值班计划”与“寻呼电子邮件名称”相关联，这只适用于寻呼。可以为呼叫操作员设置值班计划，然后设置操作员以接收有关警报或作业完成的通知。当作业完成或警报发生时，操作员只在值班期间收到寻呼。
- **Net Send**：还可以使用 Net Send 来通知操作员。使用 Net Send 时，Windows Messaging Service 必须与 SQL 代理运行在同一台服务器上。另外，必须提供操作员的工作站名称，这时在工作站上将弹出消息框。在这 3 种方法中，这是一种最不安全的通知方式，因为消息只在短时间内可用。如果 Net Send 到达时操作员不在座位上，或者目标服务器由于某种原因脱机或不可用，消息将无法送达。

警报产生的通知可以通知给多个操作员。这样你就可以做一些很有用的事情。例如，为每次轮换分别创建操作员(第一轮换操作员、第二轮换操作员和第三轮换操作员)、为每次轮换设置群组电子邮件和群组寻呼地址、设置寻呼值班计划使其与每次轮换的工作计划匹配、在每个警报中添加所有 3 个操作员。如果这样设置的警报在凌晨 2:00 发生，将只呼叫第三轮换操作员；如果警报在上午 10:00 发生，将只呼叫第一轮换操作员。

注意，工作日计划必须每天都相同，但可以为周六和周日指定不同的计划。另外，无法指定公司的节假日。可以禁用操作员，因为他们可能在休假，但不能提前计划这种禁用。

防故障操作员

如果发生警报且根据寻呼值班计划没有操作员值班，会发生什么情况呢？除非指定防故障操作员，否则不会通知任何人。防故障操作员是一种安全措施，使得未成功发送寻呼通知(而不是电子邮件或 Net Send)时，可将警报通知(不是作业通知)发送给防故障操作员。发送寻呼通知失败的情况如下所示：

- 没有指定操作员值班。
- SQL Server 代理无法访问 msdb 中的相应表。

注意：

如果没有定义操作员，那么防故障操作员选项是禁用的。

为了将操作员指定为防故障操作员，可以执行如下步骤：

(1) 选择 SQL Server 代理的属性。

(2) 选择“警报系统”选项卡，如图 14-21 所示。

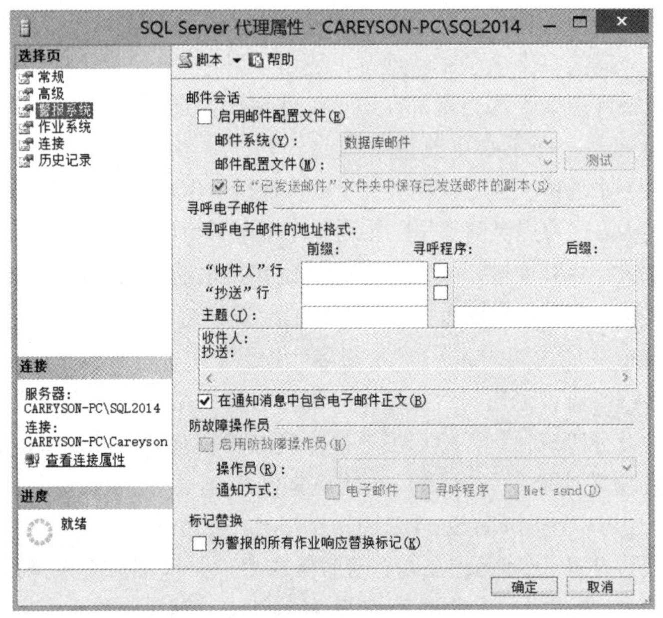

图 14-21　选择“警报系统”选项卡

(3) 在“防故障操作员”部分，选中“启用防故障操作员”复选框。

只有当不能生成任何指定寻呼通知或 msdb 不可用时才使用防故障操作员。如果有 3 个寻呼操作员与特定警报相关联，只通知了其中一个，未通知到另外两个，那么将不会通知防故障操作员。

可指定是否使用三种方法中的一种或全部来通知防故障操作员。防故障操作员只在寻呼通知不能成功发送时才被通知。但在这种情况下，可通过电子邮件、寻呼、Net Send 或这些方法的组合来向防故障操作员发送通知。

由于防故障操作员是一种安全机制，因此不能删除被标识为防故障的操作员。首先，必须禁用 SQL 代理的防故障设置或是选择其他防故障操作员，然后才能够删除该操作员。禁用作为防故障操作员的操作员将阻止向其发送任何正常的警报和作业通知，但不会对发送给该操作员的防故障通知进行限制。

14.2.4　警报

警报是对事件的自动响应，事件可为下面所示的任何事件：

- SQL Server 事件
- SQL Server 性能条件
- WMI(Windows Management Instrumentation)事件

可以作为对上述任何事件的响应而创建警报，可以触发下列响应作为事件警报的结果：

- 启动 SQL Server 代理作业
- 通知一个或多个操作员

注意：

对于作业完成的每种通知类型，只能通知一个操作员；但对于警报来说，可以通知多个操作员。

要创建警报，可以执行如下步骤：

(1) 通过从 SQL Server Management Studio 中的“SQL Server 代理”节点下的“警报”节点的上下文菜单中选择“新建警报”选项，打开“新建警报”对话框，如图 14-22 所示。

(2) 创建警报时，要提供名称。确保名称说明了有关当前情况的信息，名称将包含在所有消息中。比如 Log Full Alert 或 Severity 18 Alert on Production，这些名称都很有用。

(3) 接着，选择警报基于的事件类型，如图 14-22 所示。本节将介绍 SQL Server 事件和 SQL Server 性能条件，由于 WMI 事件超出了本书的讨论范围，因此这里不作说明。

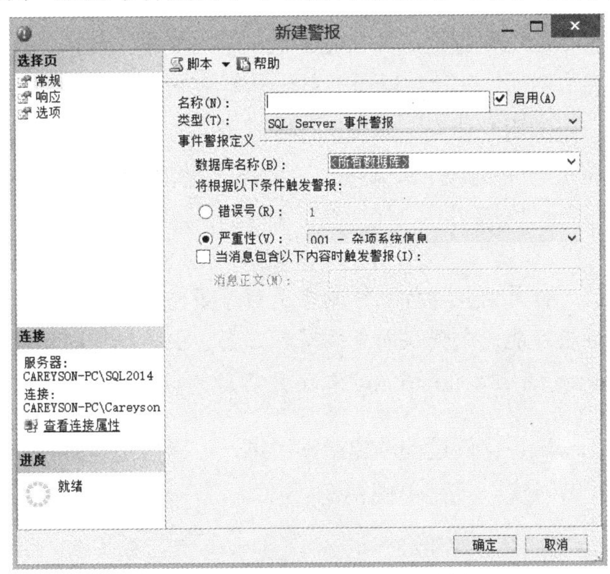

图 14-22 “新建警报”对话框

SQL Server 事件警报

SQL Server 事件警报主要基于错误消息。可创建基于特定错误消息号或错误严重性的警报。

对于基于特定错误消息号的警报，可创建基于错误消息号 9002(日志文件已满)或 1105(磁盘空间不足)消息的警报。可为任何特定数据库或所有数据库触发警报。还可指定只有 Production 数据库事务日志满时触发警报，而在其他测试和开发数据库日志空间不足时不触发警报。在这种情况下，应从“数据库名称”下拉列表中选择 Production 数据库。如果要让两个数据库而不是所有数据库触发警报，那么需要创建两个单独的警报。SQL Server 目前还不支持多数据库警报。

每条错误消息都有错误严重性级别，还可选择创建基于特定错误严重性级别的警报。级别

19 及以上是致命服务器错误。你可能希望在发生任何致命的 SQL 错误时收到警报。因此，为19 和 25 之间的每种错误严重性级别创建警报。

当结合使用错误消息号和严重性级别警报时，需要记住错误消息号警报会覆盖错误严重性级别警报。例如，如果基于特定错误消息号创建严重性级别为 16 的警报，然后再为所有严重性级别为 16 的错误消息创建另一个警报，那么只有错误消息号警报会被触发。可将严重性警报视为备份。当错误消息发生时，将触发针对特定错误消息号定义的警报。对于严重性级别的所有其他错误消息，将根据情况触发严重性级别警报。

如果在同一个数据库内创建了两个相同错误消息号或严重性级别的警报，那么只有一个会被触发。例如，假定为名为 Production 的数据库创建基于消息号 50001 的警报，为<所有数据库>创建基于消息号 50001 的另一个警报。在这种情况下，当 Production 中发生错误消息时，将触发 Production 的警报，而不会触发<所有数据库>的警报。当除 Production 外的所有其他数据库发生错误消息 50001 时，将触发<所有数据库>的警报。从这里获得的经验是，事件的本地处理将覆盖更通用的处理。

还可以创建对消息文本有额外限制的警报。可以像前面一样创建警报，但要选中“当消息包含以下内容时触发警报：”复选框，并在文本框中输入文本字符串。这样，警报仅在消息包含指定文本时才被触发。例如，创建在错误消息包含文本 Page Bob 时触发的事件。这样，应用程序可能产生触发该警报的用户错误，并发送寻呼到 Bob。前面的原则同样适用：如果发送一条包含匹配文本的消息，就将触发相关警报；如果没有匹配文本，就将触发更通用的警报。

注意：

SQL Server 警报的工作是监视操作系统的应用程序事件日志。如果没有日志事件，就不会触发警报。应用程序日志可能满或错误而未被写入日志。但是，可以使用 sp_altermessage 系统存储过程并指定@parameter ='write_to_log'来改变其行为，使事件写入日志。

可以使用 sp_addmessage 存储过程创建错误消息，可以指定是否将消息写入日志。例如，可以使用下列 SQL 语句创建一条简单的消息：

```
sp_addmessage 50001,16 ,'MESSAGE', @with_log = 'TRUE'
```

上述消息的消息号为 50001，严重性级别为 16。可以创建警报来测试系统，设置这些警报使用电子邮件作为响应。要测试警报，可以使用下列代码：

```
Raiserror(50001,16,1)with log Select * from msdb.dbo.sysmail_allitems
```

Raiserror 发送错误消息。如果有适当的权限，可以使用 Raiserror 命令将错误消息写入日志。Select 语句显示所有邮件条目。滚动到列表底部，检查是否有作为警报响应的相关邮件通知。

SQL Server 性能条件警报

在安装 SQL Server 时，也将安装一组 Windows Performance Monitor(性能监视器)计数器。Windows 性能监视器工具可以让管理人员监控服务器的性能，包括监控 CPU 使用率、内存使用率等。当安装 SQL Server 时，还将添加额外的一组监控器计数器，使 DBA 可以监控 SQL Server 实例的性能和状态。可以基于任何 SQL Server 计数器条件创建警报。SQL Server 性能条件警报如图 14-23 所示。

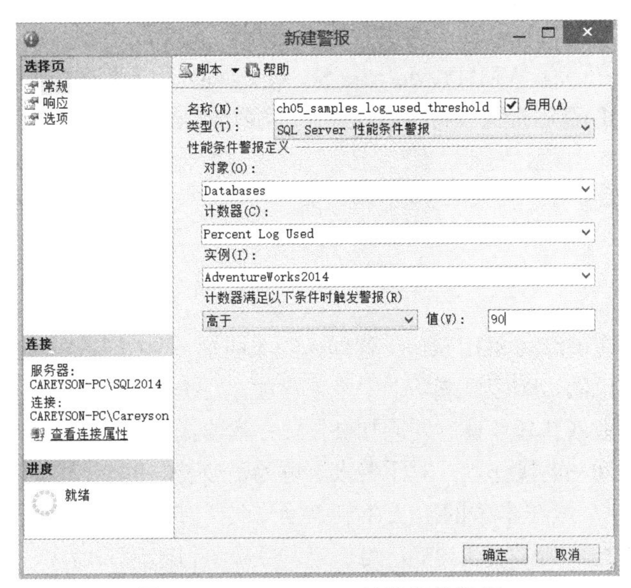

图 14-23　SQL Server 性能条件警报

注意：

不能创建多计数器警报，例如，不能创建在 Percent Log Used 大于 80 且 Transactions/sec 大于 100 时触发的警报。必须选择基于单个计数器的警报。

性能计数器按其对象进行分组。例如，Databases 对象包含与特定数据库相关的计数器，如 Percent Log Used 和 Transactions/sec。Buffer Manager 对象包含与缓冲区管理相关的计数器。为创建警报，可以执行下面的步骤：

(1) 选择对象，然后选择要为其创建警报的计数器。

注意：

不能基于非 SQL Server 专用的计数器(如 CPU 使用率)创建 SQL Server 警报。但是，性能监视器工具可用于为这些非 SQL Server 计数器设置警报。

(2) 接着在“实例”文本框中进行选择。当选择 Databases 对象时，“实例”文本框将包含数据库列表。选择要针对其创建警报的数据库。

(3) 接下来是“计数器满足以下条件时触发警报”文本框。可在计数器低于指定值、等于指定值或大于指定值时触发警报。在“值”文本框中指定值。

虽然可以在事务日志满时创建警报来发送通知，但是这么做并不理想，因为实际上这已经为时已晚。在日志快要满，但还没有满时发送通知将更好。为此，可利用 Percent Log Used 计数器为你感兴趣的数据库中的 Databases 对象创建性能条件警报。

(1) 选择在该计数器超过某个安全限值(如 80%～95%)时发出警报。这样，将在日志满之前得到通知。

(2) 调整这个实际值，以免过于快速地得到通知。如果你已将日志设置为自认为足够大的值，那么可能会希望在其自动增长时得到通知。

WMI 事件通知

WMI 是一种极为强大的机制，但也是所有警报技术中最不容易理解的一种。

SQL Server 2005 引入了 WMI Provider for Server Events，用于将事件的 WMI 查询语言(WMI Query Language，WQL)查询转换为特定数据库中的事件通知。关于事件通知的更多信息，请参阅第 12 章。

要创建 WMI 事件警报，选择 WMI 警报作为警报的类型，验证名称空间的正确性，然后输入 WQL 查询。

警报响应

如前所述，可以通过启动 SQL Server 代理作业或通知一个或多个操作员来响应警报。可以在“新建警报”对话框的“响应”选项卡中设置该项。要执行作业，需要做的就是选中合适的复选框并选择现有作业或新建作业。要通知操作员，就选择相应复选框，并通过选择一种或多种通知方法来选择要通知的操作员。对于警报，可为要涉及的每个轮换时间段指定操作员并适当设置寻呼值班计划，这在本章的 14.2.3 节“操作员”中已经介绍过。

如果要在企业中充分利用这项功能，可假定发生事务日志满的情况。可以设置性能警报，在日志满时通知操作员并运行作业来增长日志。可以创建警报，在日志占用率达到 80%时再次备份日志。

这一场景可能是这样的：你正在吃午饭，这时寻呼响了，通知日志占用率达到了 70%。一个作业将自动运行，尝试备份日志并释放空间。几分钟后，又收到一个寻呼，通知该作业已成功。在你吃了一些薯片后，寻呼再次响起——日志占用率达到了 80%。前一次的日志备份没有释放任何空间。服务器上肯定有长时间运行的事务。日志备份作业再次运行，并在完成时发出通知。你之后再也没有收到其他寻呼并结束了午餐。这意味着后一次日志备份释放了一些空间，而且现在系统处于良好状态。

你的寻呼也可能再次响起，通知日志已接近占满，并且已经被自动增长，或者用于扩展日志的作业已经运行并将事务日志扩展到了紧急日志磁盘上。这时，你可能需要回去工作，在系统中设置的自动化试图解决问题，并通知每个步骤。在仔细考虑后，你将可以解决许多类似的预期响应，这会使生活变得更轻松。

在“新建警报”对话框的“选项”页面中，可完成下列工作：

- **指定何时在通知中包括更详细的信息。**有时，消息的错误文本可能很长。另外，寻呼机可以显示的数据量有限。有些寻呼机只能显示 32 个字符。对于那些不能处理额外文本的消息类型，不应包括错误文本，而大多数寻呼机都是这样的。
- **在通知中添加信息。**“新建警报”对话框中还有一个名为“要发送的其他通知消息”的大文本框，在此可以输入任何文本，这些文本将包含在通知消息中。输入“Get Up,Come In ,And Fix This Problem Immediately”这样的内容比较合适。
- **指定响应之间的延迟时间。**在对话框的底部，可以设置响应之间的延迟时间，默认值为 0。假定有这样一种情形：警报在非常短的时间内报警多次。原因可能是程序反复执行 Raiserror 或性能条件警报失控。由于资源有限而导致的性能条件警报很容易引起这种情况。如果运行时内存不足，就会导致警报或作业运行，而这又需要内存，必然导致再次触发警报，占用更多内存，从而不断反复。你将不断收到寻呼通知。

右击任何 SQL Server 代理对象并创建脚本来创建或删除对象。如果要在许多服务器上放置相同的对象，就可以脚本化对象，然后更改服务器名称并加载到其他服务器上。这将意味着需要确保操作员、作业、警报或代理在多台服务器之间同步，这非常复杂也容易出错。管理多台服务器时，通过事件转发可简化工作。

14.3　SQL Server 代理安全性

与以前相比，SQL Server 代理安全性的粒度更细。本节不仅介绍服务账户，还将介绍有关谁可以创建、查看和运行 SQL Server 代理作业的安全问题。SQL Server 2014 允许多个单独的代理账户与每个作业步骤相关联。这些代理账户与 SQL 登录名相关联，为每种作业步骤提供了良好的安全控制。

14.3.1　服务账户

如果要利用数据库邮件或要求网络连接，SQL Server 代理服务账户就应为域账户。该账户应映射到也是固定服务器角色 sysadmin 的成员的登录名。

14.3.2　访问 SQL Server 代理

安装 SQL Server 代理后，只有固定服务器角色 sysadmin 的成员才可以访问它们。其他成员将不能在 Management Studio 的对象资源管理器中看到 SQL Server 代理对象。要让其他用户访问 SQL Server 代理，就必须将它们添加到 msdb 数据库的如下 3 个固定数据库角色之一中：

- SQLAgentUserRole
- SQLAgentReaderRole
- SQLAgentOperatorRole

在此角色是按能力增加的顺序列出的，角色 SQLAgentOperatorRole 的能力最高。高角色包括低角色的所有权限。因此，给用户分配多个角色没有意义。

注意：

固定服务器角色 sysadmin 的成员可以访问 SQL Server 代理的所有功能，因此不必在上述 3 个角色中添加。

SQLAgentUserRole

SQLAgentUserRole 角色的成员对 SQL Server 代理的访问最受限制。只能看到“SQL Server 代理”下的“作业”节点，并且只能访问拥有的本地作业和计划。它们不能使用本章后面将讨论的多服务器作业，但可以创建、修改、删除、执行、启动和停止自己的作业和作业计划；可以查看但不能删除自己作业的历史记录；可以查看和选择在作业完成时要通知的操作员以及为作业步骤选择代理。

SQLAgentReaderRole

SQLAgentReaderRole 角色具有 SQLAgentUserRole 角色的所有权限，可以创建并运行与SQLAgentUserRole 角色相同的东西，但是可以看到多服务器作业列表，包括属性和历史记录。还可以查看本地服务器中的所有作业和计划，而不仅仅是自己的作业和计划。它们也只能看到“SQL Server 代理”下的“作业”节点。

SQLAgentOperatorRole

SQLAgentOperatorRole 角色是受限制最少的角色，具有 SQLAgentReaderRole 角色和SQLAgentUserRole 角色的所有权限。该角色还有额外的读取和执行权限，其成员可以查看代理和操作员的属性，还可以列出服务器中可用的所有代理和警报。该角色的成员可以执行、启动或停止本地作业；可以启用或禁用任何作业或操作员，但必须使用 sp_update_job 和 sp_update_schedule 存储过程来完成；可以删除任何作业的历史记录；还可以看到“SQL Server 代理”中的“作业”“警报”“操作员”以及“代理”节点，但“错误日志”节点被隐藏了起来。

14.3.3 SQL Server 代理的代理

SQL Server 代理的代理定义不同作业步骤运行的安全上下文。如果创建 SQL Server 代理作业的用户没有访问作业所需资源的权限，那么作业创建者可指定一个代理。该代理包含可访问作业所需资源的 Windows 账户的凭据。对于已指定代理的作业步骤，SQL Server 代理将模拟该代理账户并在模拟时运行作业步骤。

SQL Server 代理子系统

SQL Server 代理子系统是一些对象，它们将 SQL Server 代理的代理可以使用的功能按相似性组织在一起。这些子系统提供了安全性边界，为 SQL Server 代理的代理启用了更加复杂的安全性模型。

可以对 12 个 SQL Server 代理子系统设置安全性。添加作业步骤时，它们的顺序如下所示：

- ActiveX 脚本
- 操作系统(CmdExec)
- PowerShell
- 复制分发服务器
- 复制合并
- 复制队列读取器
- 复制快照
- 复制事务日志读取器
- Analysis Services 命令
- Analysis Services 查询
- SSIS 包执行
- Transact-SQL

Transact-SQL 的权限不受代理控制。每个用户都在自己的账户下执行 Transact-SQL。如果你是 sysadmin 组的成员，可以选择任何 SQL Server 登录名作为运行账户。所有其他子系统都使用一个或多个代理来确定其权限。

子系统权限

每个子系统都有自己的权限，但代理组合了 CmdExec 步骤以及在代理下运行的用户的权限。图 14-24 显示了各部分之间的基本关系。

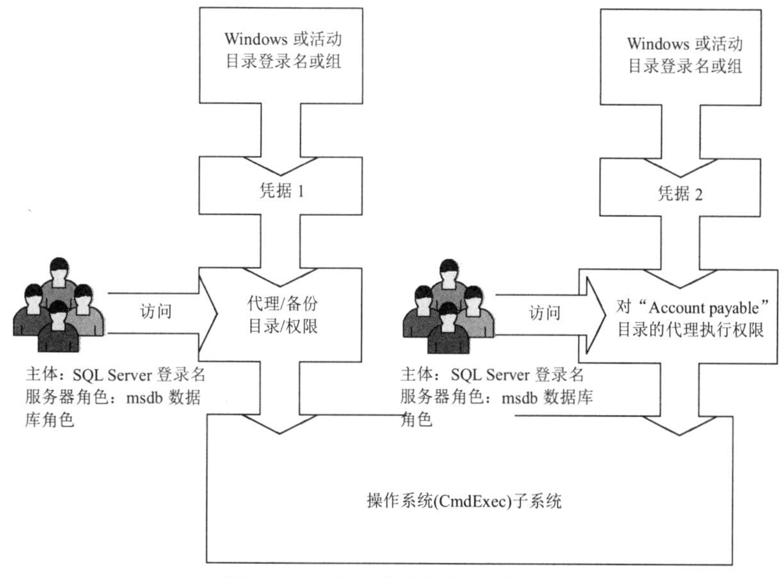

图 14-24　各部分之间的基本关系

因为代理组合了这些权限，所以当有人执行 CmdExec 作业步骤时，将很难确定使用了哪些操作系统权限。为代理设置权限时，可能会出现一些问题，因此在一开始就正确地进行设置是非常重要的。下面的步骤显示了如何为操作系统(CmdExec)子系统设置权限。

(1) 首先要创建凭据。创建凭据最容易的方法是在 Management Studio 中展开“安全性”节点，右击“凭据”选项并从快捷菜单中选择“新建凭据”选项，将出现如图 14-25 所示的对话框。

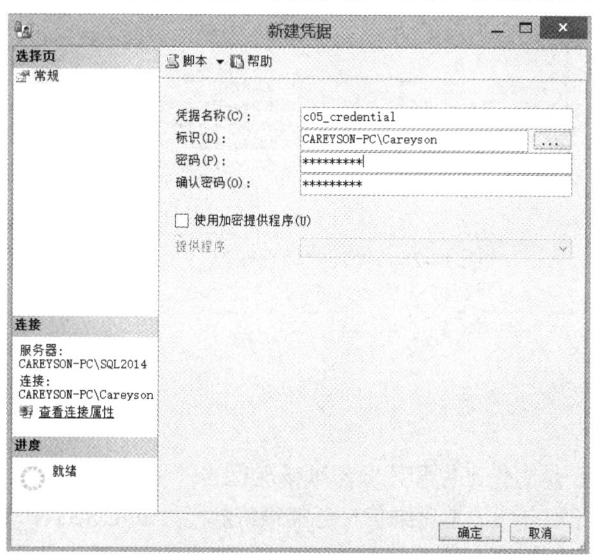

图 14-25　“新建凭据”对话框

(2) 为凭据提供用户友好的名称并将其与 Windows 登录名或组相关联，还必须提供密码以完成创建过程。与登录名或组相关的权限将是应用于 CmdExec 作业步骤的权限。

注意：

如果 SMTP 服务器要求登录名，你可能希望设置有最低权限的本地账户专门用于发送 SMTP 邮件。该账户将遵循最低权限的原则且不用于其他用途。

(3) 现在可以创建代理。在 Management Studio 中，展开"SQL Server 代理"并右击"代理"，从快捷菜单中选择"新建代理"选项，这将打开"新建代理账户"对话框，如图 14-26 所示。

(4) 为代理提供能够表明其安全级别或目的的名称，然后将凭据与代理相关联。使用时，代理将提供与其凭据相关的权限，提供有关代理允许什么操作以及如何使用和何时使用的更详细描述。

(5) 然后选择可使用代理的子系统。一个代理可以与许多子系统相关联。

(6) 创建可使用代理的用户(主体)列表，这在"主体"选项卡中完成。主体可以是服务器角色、SQL 登录名或 msdb 角色。

(7) 现在假定为 CmdExec 子系统创建了两个代理。SQL Server 登录名与这两个代理相关联。你希望创建包含 CmdExec 作业步骤的作业。添加这一作业步骤时，打开"运行身份"下拉列表，其中包含了可用于这一作业步骤的所有代理，每个代理都有自己的权限，选择具有该作业步骤所需权限的代理即可。

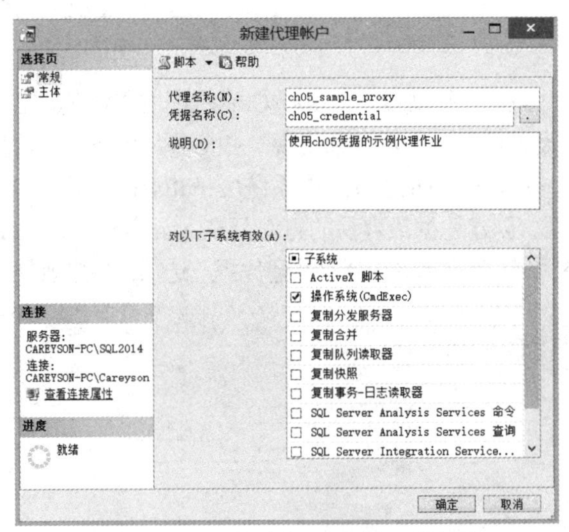

图 14-26　"新建代理账户"对话框

14.4 小结

自动化 SQL Server 是简化工作和让业务顺畅运行的一种重要方法。维护计划可以减少许多例行的维护活动，是开始自动化常见维护任务的很好起点。SQL Server 代理提供了很多简化工作的功能和服务。只要创建几个简单的备份作业(它们可以通知操作员)，就可以自动化很多日常任务。如果希望更完美，可先进行规划，特别是考虑多服务器作业。

使用警报是在数据库系统上发生重要活动时自动进行通知的一种好方法。寻呼通知和相关的值班计划可用于常规电子邮件或寻呼。这是确保正确人员得到通知的很好方式。如果对许多操作员进行警报通知，就考虑创建电子邮件组，将一些通知工作交给电子邮件服务器来处理。从简单的开始并花些时间研究，在熟悉了维护计划和 SQL Server 代理后，你便可以熟练操作了。

14.5　经典习题

1. 简答题

(1) SQL Server 的维护计划和作业的区别是什么？

(2) SQLServer 2014 为数据文件创建维护计划的步骤是怎样的？

(3) 使用 SQL Server 代理的原因是什么？

2. 上机操作题

(1) 使用维护计划向导创建备份。

(2) 完成配置 SQL Server 代理。

第15章 监控SQL Server

本章主要内容：

- 使用动态管理对象监控 SQL Server 的行为
- 监控 SQL Server 错误日志和 Windows 事件日志
- 使用 System Center Advisor 监控 SQL Server

适时地对 SQL Server 进行监控能够从被动处理事件转变为主动诊断问题，并在用户发现问题之前修复它们。本章将介绍如何主动监控 SQL Server 系统，以便在用户对服务器的性能感到不满意之前阻止或主动应对事件。

下面是一个简单示例。假设你最近接手了一个数据库管理系统，因为它的 DBA 调到了其他小组。这个系统运行得很好，但每隔几天就需要修复一些问题——事务日志填写、tempdb 没有空间、锁太多、文件组已满等。虽然没有什么大问题，但总有一些小问题需要修复。这就是让 DBA 最头疼的地方。他们的时间都用在了完成这些基本的维护任务上，没有时间做其他事情。

实际上，可以考虑在适当的位置进行一些监控，并做一些预先变更，以便在出现问题之前就解决它们。这些变更并不复杂，它们只是一些简单的操作，比如将数据移动到新文件组、打开一些文件的自动增长功能、允许它们有已知数量的增长、重构严重碎片化的索引(因为它们占用了不必要的空间)。执行所有这些操作比处理大量故障所需的时间要少得多，并且这些操作还为该系统的用户提供了功能上的改善。

那么，怎样监控系统呢？只需要一些简单的步骤，主要是使用一些 Transact-SQL 来监控表、数据库和文件组的可用空间、索引使用率和碎片化程度。可以进行一些修改来监控资源使用率，并帮助查找主要痛点。了解痛点之后，就能够采取一些步骤来预先修复这些问题。

在理解监控 SQL Server 的优点后，下面开始介绍如何进行监控。

15.1 选择合适的监控工具

在确定监控目标后，应选择合适的监控工具。下面列出了一些基本的监控工具：

- **性能监视器**：性能监视器是一种非常好的工具，能够跟踪 Microsoft 操作系统上的资源使用情况；能够监控服务器的资源使用率，在本地或为远程服务器提供 SQL Server 的专有信息；能够用来捕捉服务器资源使用率的基准，或者监控更长时间段以确定趋势；还对即席监控特别有用，能够帮助标识引起性能问题的所有资源瓶颈；还能够将性能监视器配置为在超过预定义的阈值时生成警报。

- **扩展事件：**扩展事件提供了高度可扩展、可配置的体系结构，允许通过收集信息来对 SQL Server 进行故障排除。这是一种轻量级的系统，具有图形界面，使得创建新会话很简单。

  扩展事件提供了 system_health 会话。这是默认的系统健康状况会话，运行时开销最小，可以不断地收集系统数据，帮助排除性能问题，而不需要创建自己的自定义扩展事件会话。

  当在 SSMS 中探索扩展事件节点时，你可能会注意到另一个默认会话 AlwaysOn_health。这是一个没有被记录到文档中的会话，用于监控可用性组的健康状况。

- **SQL Profiler：**这个工具是一个图形格式的应用程序，让用户能够捕捉 SQL Server 中发生的事件的跟踪。所有 SQL Server 事件都可以用这个工具捕捉到跟踪中。跟踪可以存储在文件中或者被写入 SQL Server 表中。

  SQL Profiler 也可以重播捕捉的事件，因此，SQL Profiler 是工作负载分析、测试和性能优化的良好工具。可以在本地或远程监控 SQL Server 实例，还可以通过 Profiler 系统存储过程在自定义应用程序内使用 SQL Profiler 的功能。

  SQL Server 2012 中弃用了 SQL Profiler，因此请逐渐放弃这个工具，转而使用扩展事件来捕捉跟踪，使用分布式重播(本章稍后讨论)来重播事件。

- **SQL 跟踪：**SQL 跟踪是调用 SQL Server 跟踪的同时又无须启动 SQL Profiler 应用程序的 Transact-SQL 存储过程方式。建立 SQL 跟踪需要做更多的工作，但却是捕捉跟踪的轻量级方法。因为是可脚本化的，所以 SQL 跟踪允许自动跟踪捕捉，从而让重复捕捉相同的事件变得更容易。

  因为 SQL Profiler 已被弃用，所以也应该转为使用扩展事件进行所有基于跟踪的监控。

- **默认跟踪：**默认跟踪是在 SQL Server 2005 中引入的，是在连续循环中运行的轻量级跟踪，捕捉小部分主要数据库和服务器事件。默认跟踪对于诊断没有监控时发生的其他事件非常有效。
- **SQL Server Management Studio 中的活动监视器：**这个工具以图形方式显示下列信息。
  - ◆ 在 SQL Server 实例上运行的进程
  - ◆ 资源等待
  - ◆ 数据文件 I/O 活动
  - ◆ 最近耗费大量资源的查询
- **动态管理视图和函数：**动态管理视图和函数返回服务器的状态信息，用户可以使用这些信息来监控服务器实例的状态、诊断问题和调整性能。它们是 SQL Server 为即席监控而添加的最好工具。这些视图提供了当查询它们时 SQL Server 确切状态的快照。这非常有用，但需要做更多的工作来解释某些返回的数据的含义，因为它们通常只提供某个内部计数器的运行总数。这就有必要添加其他一些代码来提供有用的趋势信息。本章后面的“使用动态管理视图和函数进行监控”一节中将详细讨论这方面的内容。

- **系统存储过程**：有些系统存储过程为 SQL Server 监控提供了有用的信息，如 sp_who、sp_who2 和 sp_lock 等。这些存储过程最适合用于即席监控，但不太适用于趋势分析。
- **标准报表**：SQL Server 自带的标准报表是查看 SQL Server 内部运行情况的一种好方法，因为不需要深入研究 DMV、扩展事件和默认跟踪。
- **System Center Advisor**：这是基于云的一款实用工具，扩展了 SQL Server Best Practice Analyzer。它根据已被业界接受的一组配置和操作 SQL Server 的最佳实践，来分析 SQL Server 并提供关于它们的配置和运行情况的反馈。

本章剩余部分将详细讨论这些工具。

15.2 性能监视器

性能监视器(也称为 Perfmon 或系统监视器)是大多数用户在进行性能监控时使用的用户界面。性能监视器是 Windows 中的工具，在任何安装了 Windows 操作系统的 PC 或服务器的“管理工具”文件夹中都可以找到性能监视器。性能监视器能够以图形化方式显示性能计数器数据，例如，显示为图形(默认设置)或直方图，还可以文本报表格式显示。

性能监视器是一款重要的工具，因为不仅可以使用户了解 SQL Server 的性能，还能显示 Windows 的性能。性能监视器提供了许多计数器，不过读者也不必担心自己不能全部掌握它们，本节仅介绍了其中的一部分计数器。

本节并不介绍如何使用性能监视器(但本节后面将介绍两个非常有价值的工具：Logman 和 Relog，在生产环境中它们让使用性能监视器变得更容易)。本节的重点是如何使用这个工具的各种功能来诊断系统中的性能问题。有关如何使用性能监视器的一般信息，请参阅 Windows 8 或 Windows Server 2012 文档。

如前面所述，需要监控 3 种服务器资源：

- CPU
- 内存
- I/O (主要是磁盘 I/O)

请在典型的业务时间段内监控这些主要计数器，以收集正常行为的基准。根据业务使用周期，这个时间段可能是某一天，也可能是当系统使用达到峰值时的某几天。不要在周末或假期收集数据，因为你想精确地了解业务使用期间而不是系统空闲期间发生了什么。还需要考虑特定的情况，监控发生在周末、月末或其他特殊活动的使用峰值。在得到了一个好的基准后，就应该连续捕捉性能数据，并将其存储起来，以便在发生异常性能问题后进行分析。这些数据也对辅助规划容量很有价值。

确定采样时间

选择什么样的采样时间段是个问题(采样时间段在性能监视器图形的属性对话框的“常规”选项卡中显示为“采样间隔”)。

根据经验，整体监控时间越短，采样时间越短。如果要捕捉数据 5~10 分钟，那么可能使用 1 秒的采样间隔。如果要捕捉多天的数据，那么 15 秒、30 秒或 1~5 分钟可能是更好的采样时间段。

真正的决策点在于能够管理整体的捕捉文件的大小，并确保捕捉到的数据有足够小的分辨率，以便区分感兴趣的事件。如果要了解的事件发生在很短的时间内，就需要更短的采样时间才能看到。对于你认为至少会持续 10~15 秒钟的事件，选择的采样率应该能够在这一时间段内得到 3~5 个样本。对于 15 秒事件，应该选择 3 秒作为采样时间段，这样可以得到 5 个样本。

要考虑的最后一点是，如果对维护活动的性能感兴趣，例如备份、索引维护和数据归档等，就应该在夜间、周末和正常的宕机时间进行监控，因为维护活动通常被调度为在这些时间段运行。

15.2.1 CPU 资源计数器

有些计数器能够显示可用的 CPU 资源的状态。有些问题通常会导致 CPU 资源短缺，进而造成瓶颈，这些问题包括用户比预期的多，一个或多个用户运行开销很大的查询或例行操作活动，如索引重构。

要查找导致瓶颈的原因，首先要确定瓶颈是 CPU 资源问题。下面列出的计数器将有助于解决该问题：

- **针对对象 Processor 的计数器% Processor Time**：这个计数器确定每个进程忙碌时间的百分比。该计数器有个_Total 实例，对于多处理器系统而言，该实例测量系统中所有处理器的总处理器利用率。在多处理器机器中，_Total 实例不能显示处理器瓶颈(如果存在的话)。当在单个线程或比处理器少的线程上运行查询时，就会出现这种情况，在 OLTP 系统中经常会出现这种情况，因为其中的 MAXDOP 被设置为少于可用的处理器数。

  在这种情况下，查询可能是 CPU 上的瓶颈，因为查询使用单个 CPU 完全占用在并行查询的情况下是使用多个 CPU(也是完全占用)。但在这两种情况下，有其他空闲 CPU 可用，但查询没有使用它们。

  如果该计数器的_Total 实例经常超过 80%，就说明服务器达到了当前硬件的极限。这时可以选择购买更多或更快的处理器，或者优化查询以便使用更少的 CPU。关于硬件的详细介绍请参阅第 11 章。
- **针对对象 System 的计数器 Processor Queue Length**：处理器队列长度这种测量标准表示有多少线程处于准备就绪状态，等待处理器变得可用之后开始运行。解释和使用这个计数器是非常高级的操作系统性能优化方法，只有在研究复杂的多线程代码问题时才需要用到这种方法。对于 SQL Server 系统来说，与试图解释该处理器相比，处理器利用率将更容易确定 CPU 瓶颈。
- **针对对象 Processor 的计数器% Privileged Time**：这个计数器确定处理器以内核模式执行时采样间隔的百分比。在 SQL Server 系统中，内核模式时间是花费在执行系统服务(如内存管理器或是 I/O 管理器)上的时间。在大多数情况下，授权时间等于花费在从磁盘或网络读写的时间。

当发现高 CPU 使用率的迹象时，监控这个计数器非常有用。如果计数器显示超过15%～20%的处理器时间花费在执行特权代码上，可能就存在问题，这个问题可能与某个 I/O 驱动程序有关，或者可能与由扫描 SQL Server 数据文件或日志文件的防病毒软件安装的筛选器驱动程序有关。

- **针对对象 Process(实例 sqlservr)的计数器% Processor Time**：这个计数器显示 SQL Server 进程在使用可用处理器过程中采样间隔的百分比。当% Processor Time 计数器很高，或者怀疑出现 CPU 瓶颈时，查看这个计数器可以确定是 SQL Server 在使用 CPU，而不是其他进程在使用 CPU。
- **针对对象 Process(实例 sqlservr)的计数器% Privileged Time**：这个计数器显示 SQL Server 进程以内核模式运行时样本的百分比。这是前一个计数器显示的总% ProcessorTime 的内核模式部分。与前一个计数器一样，当通过研究服务器上的高 CPU 使用率来确定就是 SQL Server 而不是其他进程在使用处理器资源时，这个计数器非常有用。
- **针对对象 Process(实例 sqlservr)的计数器% User Time**：这个计数器显示 SQL Server 进程以用户模式运行时样本的百分比。这是前面的计数器中显示的总% Processor Time 的用户模式部分。再加上%Privileged，就是% Processor Time。

注意：

在确定出现处理器瓶颈后，下一步就是查找根本原因。可能是一个查询、一组查询、一组用户、应用程序或操作任务导致出现瓶颈。要进一步找出根本原因，需要进一步了解 SQL Server 内的运行状态。本章的“性能监控工具”一节介绍的一些工具将有助于完成这项任务。标识处理器瓶颈之后，请参考相关章节以详细了解如何解决。

15.2.2 磁盘活动

SQL Server 依赖于 Windows 操作系统来执行 I/O 操作。磁盘子系统处理系统中数据的存储和移动，因此对系统的整体响应性能有很大影响。在系统中，磁盘 I/O 通常是导致瓶颈的根源。需要观察很多因素才能确定磁盘系统的性能，包括磁盘使用率、吞吐量、可用磁盘空间及磁盘系统是否出现队列。

除非数据库能够适应物理内存，否则 SQL Server 需要经常将数据库页面交换到缓冲池中或从中交换出来，这将导致大量的 I/O 流量。同样，在事务提交前，还需要将日志记录写入磁盘。SQL Server 2005 中开始大量使用 tempdb，SQL Server 2014 也是这样，因此从 SQL Server 2005 开始，tempdb I/O 活动也可能导致性能瓶颈。

很多磁盘 I/O 因素都相互关联，例如，如果磁盘利用率很高，磁盘吞吐量将达到峰值，每个 I/O 启动的延时增加，最终开始形成队列。这些情况可能导致响应时间增加，从而降低性能。

还有其他一些因素会影响 I/O 性能，如碎片化和磁盘空间不足。请务必监控空闲磁盘空间，当它低于给定的阈值时，必须采取措施。通常，当空闲磁盘空间低于 15%～20%时，就会引发警报。在这个空闲空间级别以上，许多磁盘系统会变得缓慢，因为它们不得不花更多的时间来搜索碎片化程度越来越高的空闲空间。

在监控 I/O 性能时，应该注意下面几个关键指标：

- 吞吐量：存储子系统每秒能够提供多少次 I/O(IOPS)？
- 吞吐量：I/O 子系统每秒能够提供多少 MB(MB/s)？
- 延时：每个 I/O 请求占用多长时间？
- 队列长度：队列中有多少 I/O 请求在等待？

如上所述的每个指标还应该区分读和写活动之间的区别。

1. 逻辑磁盘计数器和物理磁盘计数器

逻辑磁盘计数器和物理磁盘计数器之间的区别很容易造成混淆。下面介绍两者的相同和相异之处，提供不同磁盘配置的具体示例，并解释如何理解在不同磁盘配置中看到的结果。

理解二者区别的方式之一是逻辑磁盘计数器监控 I/O 请求离开应用层时(或者在请求进入内核模式时)的 I/O，而物理磁盘计数器监控离开内核存储驱动器栈底部时的 I/O。图 15-1 显示了 I/O 软件堆栈，并说明物理磁盘计数器和逻辑磁盘计数器监控 I/O 的位置。

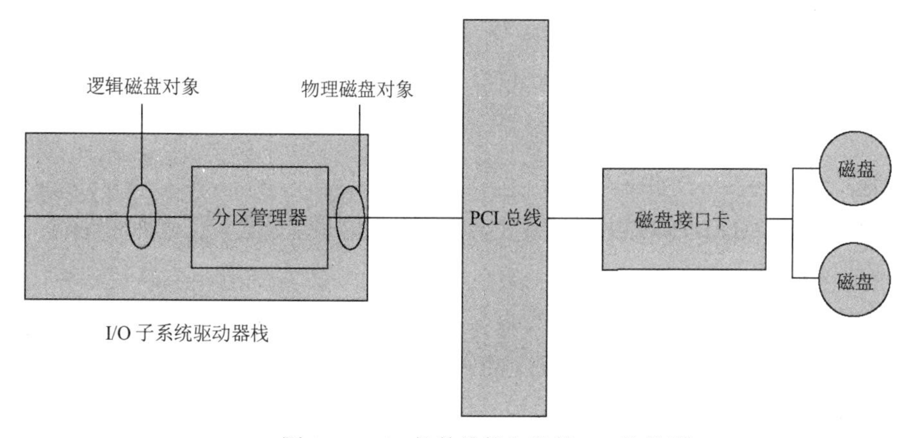

图 15-1　I/O 软件堆栈和监控 I/O 的位置

在有些情况下，逻辑和物理磁盘计数器会产生相同的结果；但在有些情况下，它们会产生不同的结果。

下面将介绍不同的 I/O 子系统配置，这些配置影响逻辑和物理磁盘计数器显示的值。

一个磁盘，一个分区

图 15-2 显示的磁盘只有一个分区。在这种情况下，只有一组逻辑磁盘计数器和一组物理磁盘计数器。这种配置很适合只有少数磁盘的小型 SQL Server 配置，在这种配置中，SQL Server 数据文件和日志文件分布在多组“一个磁盘，一个分区”磁盘上。

一个磁盘，多个分区

图 15-3 显示了被划分为多个分区的磁盘。在这种情况下，有多个逻辑磁盘计数器的实例，每个分区一个，但只有一组物理磁盘计数器。这种类型的配置没有任何性能优势，但却能够更精确地监控到不同分区的 I/O。如果将不同的数据组分配给不同的分区，通过监控逻辑磁盘计数器，就可以知道每组进入了多少 I/O。

图 15-2　一个分区的磁盘

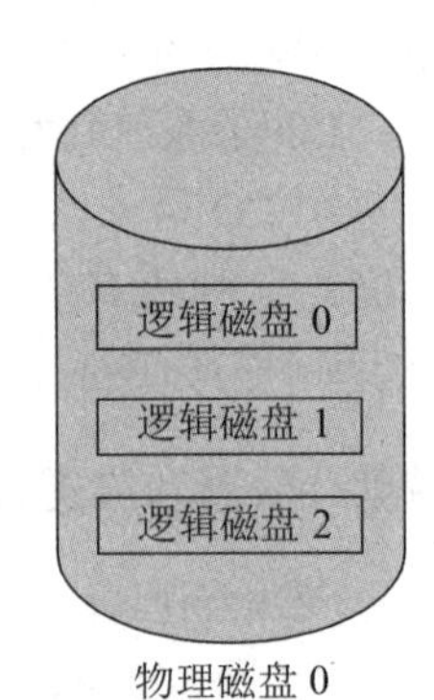

图 15-3　多个分区的磁盘

这种配置的危险之处是可能导致用户认为存在多个物理磁盘，从而认为自己将数据 I/O、日志 I/O 和 tempdb I/O 放到了不同的“驱动器”上，使它们相互隔离。但事实上，所有的 I/O 仍然进入同一物理磁盘。

这种配置的典型示例就是将 SQL Server 日志文件、tempdb 数据文件、数据的文件组、索引文件组以及备份分别放在不同的分区上。

多个磁盘，一个卷——软件 RAID

图 15-4 显示在软件 RAID 阵列中配置并安装为一个卷的多个磁盘。在这种配置中，有一组逻辑磁盘计数器和多组物理磁盘计数器。

这种配置在小型 SQL Server 环境中运行良好，在这种环境中硬件预算没有包含 RAID 阵列控制器，但有多个磁盘可用，用户可以创建 RAID 卷来包含它们。

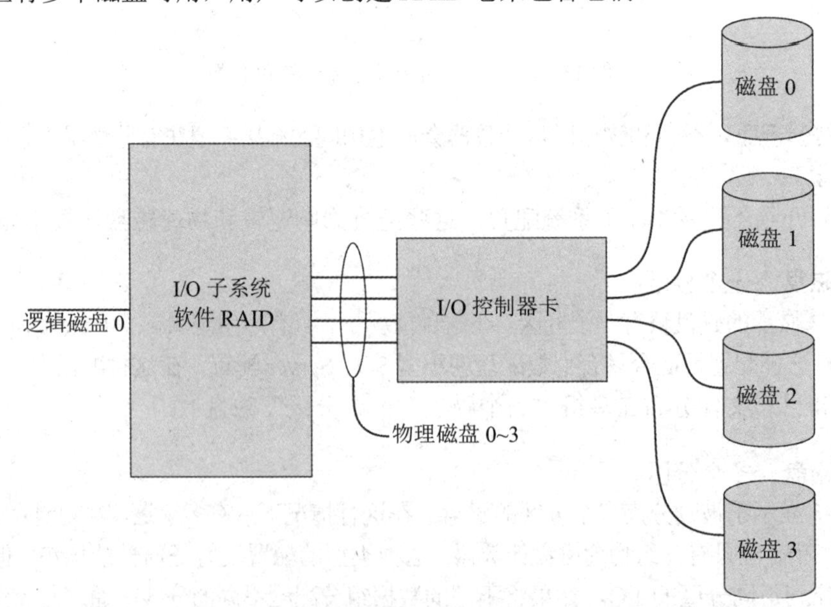

图 15-4　在软件 RAID 阵列中配置并安装为一个卷的多个磁盘

多个磁盘，一个卷——硬件 RAID

图 15-5 显示了硬件 RAID 阵列。在这种配置中，硬件 RAID 控制器管理多个磁盘。操作系统只能看见阵列控制器卡为之提供的一个物理磁盘。磁盘计数器看上去与“一个磁盘、一个分区”的配置相同——也就是说，只有一组物理磁盘计数器和对应的一组逻辑磁盘计数器。

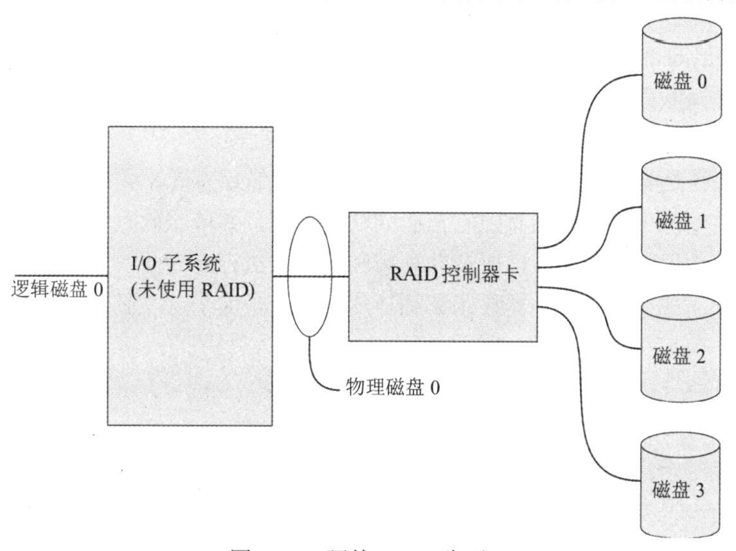

图 15-5 硬件 RAID 阵列

监控 I/O 吞吐量——IOPS

针对对象 Physical Disk 的 Disk Writes/Sec 和 Disk Reads/Sec 计数器显示在采样间隔中每秒执行多少次 I/O 操作。该信息对于确定 I/O 子系统是否接近性能限制很有帮助。可以单独使用，依据 I/O 子系统中磁盘的数量和类型来与 I/O 子系统的理论理想值进行比较。当与 I/O 子系统基准进行比较以确定接近最大性能的程度时，这些信息也很有帮助。

2. 监控 I/O 吞吐量

针对对象 Physical Disk 的 Disk Write Bytes/Sec 和 Disk Read Bytes/Sec 计数器显示在采样周期内每秒读写多少个字节。这是采样时间段内的平均值，因此对于长的采样时间段，会平均吞吐量中的峰值和谷值。对于短的采样周期，这可能剧烈波动，因为只看到一到两个较大的 I/O 溢出 I/O 子系统。该信息对于确定 I/O 子系统是否接近性能极限很有帮助。

与磁盘 I/O 计数器类似，可以单独使用这两个计数器来与 I/O 子系统中磁盘数量和类型的理论吞吐量相比较，但当与 I/O 子系统中可用的最大吞吐量的基准进行比较时，它们更有用。

3. 监控 I/O 延时

针对对象 Physical Disk 的 Avg. Disk Sec/Write 和 Avg. Disk Sec/Read 计数器显示每个 I/O 占用多长时间的信息。它们显示的是平均延时，是采样周期内执行每个 I/O 的平均值。

该信息非常有用，可以单独用来确定 I/O 子系统处理当前 I/O 负载的性能。在理想情况下，这些计数器应该低于 5～10ms。在大数据仓库或决策支持系统中，这些值在 10～20ms 的范围内也是可以接受的。如果值持续超过 50ms，就说明 I/O 子系统压力过大，应该对 I/O 进行更详细的研究。

这些计数器会在排队开始之前显示性能下降，它们还可以与下面的磁盘队列长度计数器一起使用，以帮助诊断I/O子系统瓶颈。

4. 监控I/O队列深度

针对对象Physical Disk的Avg. Disk Write Queue Length和Avg. Disk Read Queue Length计数器提供关于读写队列深度的信息。它们显示采样周期内的平均队列深度。只要单个物理磁盘的磁盘队列长度大于2，就说明可能存在I/O子系统瓶颈。

当I/O子系统是RAID阵列，或者磁盘控制器有内置缓存时，正确解释这些计数器就更具挑战性。在这些情况下，控制器按照它自己的队列排序，并依照此顺序安排吸收和缓冲，并且有效地躲过了计数器的功能计数，所有队列都在磁盘级执行。为此，监控延时计数器比监控这些计数器更有用。如果这些计数器显示队列长度，但总是大于2，那么可能说明存在I/O子系统瓶颈。

5. 监控单个实例与_Total实例

在多磁盘系统中，要为所有可用磁盘监控前面的所有计数器，就需要监控大量不断变化的计数器。在有些情况下，监控_Total实例(并结合所有实例的值)可能是检测I/O瓶颈的有效方法。如果针对不同磁盘的I/O功能完全不同，该方法就不可行。在这种情况下，尽管有些磁盘空闲，有些磁盘处理服务数量极大的I/O请求，但是_Total实例却可能显示合理的平均数。

6. 监控传输与读写

从计数器列表中可以看出其中遗漏了传输计数器。这是因为传输计数器平均读写活动过高造成的。因此，对于严重依赖一种I/O而完全不顾及另一种I/O(读与写)的系统来说，传输计数器不能精确地显示正在发生的情况。

另外，读I/O和写I/O的功能完全不同，与基本存储相比，性能也不相同。监控两个可能完全不同的值的组合不会提供有意义的指标。

7. 监控%Disk计数器

列表中遗漏的另一组磁盘计数器是%Disk计数器。虽然这些计数器能够提供有意义的信息，但它们的结果存在很多问题(例如，总百分比可能超过100%)，因此这些计数器无法提供有用的详细指标。

如果能够监控前面详细介绍的所有计数器，就能更完整地了解系统的运行状态。

如果只想获取说明整个I/O子系统活动大致情况的简单指标，%Disk Time、%Disk Read Time和%Disk Write Time计数器就能提供这些信息。

8. 隔离SQL Server导致的磁盘活动

前面已经介绍了查找磁盘瓶颈时应该监控的所有计数器。然而，在服务器中可能运行多个应用程序，它们很有可能导致大量的磁盘I/O。为了确认磁盘瓶颈是由SQL Server导致的，应该隔离SQL Server导致的磁盘活动。监控下列计数器可以确定磁盘活动是不是由SQL Server

导致的：

- SQL Server: Buffer Manager: Page reads/sec
- SQL Server: Buffer Manager: Page writes/sec

有时应用程序对硬件来说太大，因此看似与磁盘 I/O 相关的问题其实可以通过添加更多的 RAM 来解决。确保在决策之前进行适当分析，这对进行趋势分析非常有帮助，因为从中可以看出性能问题是如何演变的。

9. 磁盘性能是不是瓶颈

借助于磁盘计数器，可以确定系统是否存在磁盘瓶颈。若系统存在磁盘瓶颈，必须满足几个条件：磁盘活动率远高于性能基准、持续磁盘队列长度大于 2、不存在大量页面置换。如果未同时满足这些条件，系统就不太可能存在磁盘瓶颈。

有时磁盘硬件可能会发生故障，进而导致大量 CPU 中断。另一种可能性是磁盘子系统导致处理器瓶颈，这可能会对系统级性能产生影响。分析性能数据时请务必要考虑这一点。

注意：

如果在监控系统之后发现确实存在磁盘瓶颈，那么需要解决这个问题。关于配置 SQL Server 以实现最优性能的详细介绍，请参考第 10 章。关于优化 SQL Server 的详细介绍，请参考第 11 章。关于调整 SQL 查询的详细介绍，请参考第 13 章。

15.2.3　内存使用率

内存是影响 SQL Server 性能的最重要资源。如果没有足够的内存，SQL Server 就会被迫读写磁盘上的数据来完成查询。磁盘访问比内存访问慢 1 000 到 100 000 倍(这取决于内存的运行速度)。

为此，要保持 SQL Server 尽可能快地运行，最重要的步骤之一是确保 SQL Server 有足够内存。因此，监控内存使用率、有多少内存可用以及 SQL Server 使用可用内存的情况也是非常重要的步骤。

在理想环境中，SQL Server 在专用机器上运行，并且只与操作系统和其他基本应用程序共享内存。然而在许多环境中，预算或其他约束意味着 SQL Server 将与其他应用程序共享服务器。在这种情况下，监控每个应用程序使用多少内存并且验证每个应用程序都相互协调是非常重要的。

低内存条件会放缓系统中应用程序和服务的运行。应该定期监控 SQL Server 的实例以确保内存使用率在常规范围内。当服务器内存偏低时，页面转换(在物理内存和磁盘之间来回移动虚拟内存的过程)可能会延长，从而导致磁盘需要完成更多工作。页面转换操作可能会与被执行的其他事务产生竞争，从而导致磁盘瓶颈。

SQL Server 是可用的性能最好的服务器应用程序之一。当操作系统触发低内存通知事件时，SQL Server 将释放内存供其他应用程序使用。如果另一个需要大量内存的应用程序正在机器上运行，那么 SQL Server 本身的内存将会不够用。

幸运的是，SQL Server 每次只释放一小部分内存，因此在数小时甚至数天之后 SQL Server

才会变得内存不足。但如果另一个应用程序也需要更多内存，那么需要在数小时之后，SQL Server才能释放足够的内存供另一个应用程序运行。因为类似这样的情况可能导致严重的问题，所以应该监视下面将要介绍的计数器来帮助识别内存瓶颈。

1. 监控可用内存

针对对象Memory的计数器Available Mbytes报告程序当前还有多少兆字节的内存可用，它是服务器上可能存在内存瓶颈的最好指示器。

依据监控的系统规模可确定该计数器相应的值。如果该计数器总是显示值小于128MB，那么可能存在严重的内存短缺。

在具有4GB或更多物理内存(RAM)的服务器上，当可用内存达到128MB时，操作系统将发送低内存通知。此时，SQL Server将释放一些内存供其他进程使用。

在理想情况下，Available Mbytes至少为256MB~500MB。在具有超过16GB内存的更大系统中，这个数字将增加为500MB~1GB。如果服务器的内存超过64GB，将增加到1GB~2GB。

2. 监控SQL Server进程的内存使用率

在使用Memory-Counter:Available Mbytes计数器来确定可能存在内存短缺后，下一步就是确定哪些进程在使用可用内存。因为关注的是SQL Server，所以希望正在使用内存的是SQL Server。

查找进程的内存使用率的通常位置是在进程实例下的Process对象中。 对于SQL Server，下面将详细介绍这些计数器：

- **针对对象Process(实例sqlservr)的计数器Virtual Bytes**：这个计数器显示进程分配的虚拟地址空间的大小。许多进程都在使用虚拟地址空间，这些进程与内存性能无关。当查找SQL Server出现“内存不足”错误的根本原因时，这个计数器就非常有用。
- **针对对象Process(实例sqlservr)的计数器Working Set**：该计数器显示SQL Server进程工作集的大小。工作集是当前保存在内存中的页面的总集。当它严重低于进程的Private Bytes时，表示存在内存压力。
- **针对对象Process(实例sqlservr)的计数器Private Bytes**：Private Bytes计数器指出进程分配了多少不能与其他进程共享的内存——进程的私有内存。要理解该计数器与Virtual Bytes之间的差别，就需要知道加载到进程内存空间中的某些文件——EXE、所有DLL和内存映射文件——将自动由操作系统共享。因此，Private Bytes显示进程为其堆栈、堆和其他使用的虚拟分配内存所使用的内存量。可以比较这个值与系统使用的总内存，当这个值占据系统总内存的一大部分时，就能够很好地表明SQL Server的内存使用率是导致整体服务器内存短缺的根源。

3. 其他SQL Server内存计数器

下面是其他一些SQL Server内存计数器。考虑内存问题时，这些计数器可提供的信息比前面介绍的计数器提供的信息更详细。

- Buffer Cache Hit Ratio：该计数器显示缓冲池中有多少个页面请求。这个计数器有些粗略，因为98%及以上表示性能良好，但97.9%可能就表示存在内存问题。

- Free Pages：该计数器说明 SQL Server 为新的页面请求提供了多少个空闲页面。该计数器可接受的值取决于有多少内存可用以及应用程序内存使用率的基本信息。建立一个合适的基准非常有用，因为该计数器的值可以与该基准进行比较，以确定当前是否存在内存问题，或者该值是不是系统预期行为的一部分。
  该计数器可以与 Page Life Expectancy 计数器结合使用。
- Page Life Expectancy：该计数器显示在将页面刷新到磁盘之前，希望将页面保存在缓冲池中的时间(以秒为单位)。当前，Microsoft 提议的最佳实践是值在 300 以上才算正常。若值接近 300 就需要引起注意。值低于 300 则说明存在内存不足。但这些最佳实践有些过时了因为在建立它们时，大型系统可能有 4 个双核或 4 核处理器，以及 16GB 的 RAM。现在的商用硬件则有双处理器系统，包含 10、12 或 16 个以上的核心，并且有 256GB 或更高的内存。因此，这些最佳实践建议的数字已经不再合适，应该结合这个计数器和其他计数器来理解是否真的存在内存压力。
  这个计数器可以与 Free Pages 计数器结合使用。随着 Page Life Expectancy 下降到 300 以下，Free Pages 也会显著下降。结合使用时，这两个计数器能够说明存在可能导致瓶颈的内存压力。

4. 使用 Logman 脚本化内存计数器

程序清单 15-1 所示的 Logman 脚本(代码文件为 logman_create_memory.cmd)用于创建前面介绍的内存计数器的计数器日志(更多信息，请参阅稍后的“Logman”部分)。

程序清单 15-1　logman_create_memory.cmd

```
Logman create counter "Memory Counters" -si 05 -v nnnnnn -o
"c:\perflogs\Memory Counters" -c "\Memory\Available MBytes"
"\Process(sqlservr)\Virtual Bytes" "\Process(sqlservr)\Working Set"
"\Process(sqlservr)\Private Bytes" "\SQLServer:Buffer Manager\Database
pages" "\SQLServer:Buffer Manager\Target pages" "\SQLServer:Buffer
Manager\Total pages" "\SQLServer:Memory Manager\Target Server Memory (KB)"
"\SQLServer:Memory Manager\Total Server Memory (KB)"
```

5. 解决内存瓶颈

解决内存瓶颈最简单的解决方案就是添加更多内存，但如前所述，应该首先优化应用程序。找出使用大量内存的查询，如针对大型工作表的查询(如哈希连接和排序)，看看能否优化它们。第 13 章将详细介绍如何优化 Transact-SQL 查询。

另外，请参考第 10 章，确保已经正确配置了服务器。

15.2.4　性能监控工具

有一些工具隐藏在命令行工具中，它们位于 Windows 操作系统中，其中在使用性能监视器时最有价值的两个工具是 Logman 和 Relog。

1. Logman

Logman是脚本化性能监控计数器日志的命令行方法，可以使用Logman创建、更改、启动和停止计数器日志。

本章前面有一个示例使用Logman创建了一个计数器日志。程序清单15-2是启动和停止计数器集合的简略命令行脚本文件(代码文件为logman_start_memory.cmd)：

程序清单 15-2　logman_start_memory.cmd

```
REM start counter collection
logman start "Memory Counters"
timeout /t 5
REM add a timeout for some short period
REM to allow the collection to start
REM do something interesting here
REM stop the counter collection
logman stop "Memory Counters"
timeout /t 5
REM make sure to wait 5 to ensure its stopped
```

以前，通过Windows帮助系统可以获得Logman的完整文档，但是在Windows 8中，情况发生了变化。现在，只能联机获得Logman的文档。查看其文档的方法有下面几种：执行命令logman /?，在Bing搜索引擎中搜索“Logman”，或者访问此网址http://technet.microsoft.com/en-us/library/cc753820.aspx。

2. I/O计数器的Logman脚本

程序清单15-3中的脚本(代码文件为logman_create_io.cmd)将创建新的计数器日志IO Counters，并为所有实例使用5秒采样周期来收集前面介绍的每个计数器的样本，然后将该日志写入c:\perflogs\IO Counters，并给每条日志附加6位的递增序号。

程序清单 15-3　logman_create_io.cmd

```
Logman create counter "IO Counters" -si 05 -v nnnnnn -o "c:\perflogs\IO
Counters" -c "\PhysicalDisk(*)\Avg. Disk Bytes/Read" " \PhysicalDisk(*)\Avg.
Disk Bytes/Write" "\PhysicalDisk(*)\Avg. Disk Read Queue Length"
"\PhysicalDisk(*)\Avg. Disk sec/Read" "\PhysicalDisk(*)\Avg. Disk sec/Write"
"\PhysicalDisk(*)\Avg. Disk Write Queue Length" "\PhysicalDisk(*)\Disk Read
Bytes/sec" "\PhysicalDisk(*)\Disk Reads/sec" "\PhysicalDisk(*)\Disk Write
Bytes/sec" "\PhysicalDisk(*)\Disk Writes/sec"
```

运行上述脚本后，可运行以下命令来确认设置正是我们所期望的：

```
logman query "IO Counters"
```

3. Relog

Relog是命令行实用工具，可用于读取日志文件，并将选中的部分写入新的日志文件。

可以使用Relog工具将文件格式从blg改为csv。还可以使用它重新采样数据，并将采样周期短的大文件转换为采样周期长的小文件。还可以使用它从大文件中提取计数器子集的短周期数据。

以前，通过 Windows 帮助系统可以获得 Relog 的完整文档，但是在 Windows 8 中，情况发生了变化。现在，只能联机获得 Relog 的文档。查看其文档的方法有下面几种：执行命令 relog /?，在 Bing 搜索引擎中搜索“relog”，或者访问此网址 http://technet.microsoft.com/en-us/library/cc771669.aspx。

15.3 监控事件

当 SQL Server 内出现某些重要情况时可以激活事件。使用事件让用户能够在行为发生时及时反应，而不需要等待。SQL Server 生成许多不同的事件，并且有一些工具能够监控其中的一些事件。

下面介绍各种功能，通过它们可以监控数据库引擎中发生的事件。

- **扩展事件**：它扩展了事件通知的机制，但建立在 Windows 事件跟踪(Event Tracing for Windows，ETW)框架之上。扩展事件与事件通知使用的事件不同，它可用来诊断问题，如内存条件低、CPU 使用率高和死锁等。使用 SQL Server 扩展事件创建的日志也可以与使用 tracerpt.exe 的其他 ETW 日志关联。

注意：

关于使用 ETW 和 tracerpt.exe 的更多信息，请参考 SQL Server 联机丛书的“扩展事件”主题。

- **system_health 会话**：SQL Server 默认包含 system_health 会话，它在 SQL Server 启动时自动启动，并且在运行过程中对性能不会产生明显的影响。它会收集极少的系统信息，帮助解决性能问题。
- **默认跟踪**：它是 SQL Server 2005 中新增的功能，这是 SQL Server 中最秘密的部分。实际上不可能找到关于该功能的任何文档。默认跟踪基本上相当于 SQL Server 的飞行数据记录器，它记录最近 5MB 的主要事件。记录的事件是轻量级的，但在对重要 SQL 事件进行故障排除时，它们非常有价值。
- **SQL 跟踪**：记录指定的事件，并将它们存储在文件中，以后可以使用这些文件分析数据。在定义跟踪时，必须指定要跟踪哪些数据库引擎事件。访问跟踪数据有两种方式：
    - 使用 SQL Server Profiler，这是一种图形用户界面。
    - 通过 Transact-SQL 系统存储过程。
- **SQL Server Profiler**：所有 SQL Server 事件都可以通过这个工具捕捉到跟踪中。跟踪可以存储在文件中或者被写入 SQL Server 表中，将跟踪定义保存为模板，提取查询计划和死锁事件作为单独的 XML 文件，重播跟踪结果以便进行诊断和优化。另一个选项(最难理解)是使用数据库表来存储跟踪。在数据库表中存储跟踪文件后，就能够使用 Transact-SQL 查询来分析跟踪文件中的事件。

- **事件通知**：这些事件通知将 SQL Server 生成的许多事件相关的信息发送给 Service Broker 服务。与跟踪不同，事件通知可以在 SQL Server 实例中采取措施来响应事件。由于事件通知是异步执行的，因此这些操作不会占用即时事务的任何资源。例如，如果数据库中的表在发生改变时要通知用户，那么 ALTER TABLE 语句不会占用更多资源或者被延时，因为已经定义了事件通知。

用户需要监控 SQL Server 内发生的事件，这样做有很多原因，包括：

- **找出性能最差的查询或存储过程**：这可以通过使用扩展事件或 SQL Profiler/SQL 跟踪来实现。Web 站点 www.wrox.com 上提供了一个跟踪模板，读者可将它导入 SQL Server Profiler 中来捕捉这种情况。该模板包含事件组 Performance 中的 Showplan Statistics Profile、Showplan XML 和 Showplan XML Statistics Profile。包含这些事件的原因是在用户确定性能最差的查询后，需要查看它们生成的查询计划。只查看 Transact-SQL 批处理或存储过程的持续时间并不能提供任何有帮助的信息。应该筛选跟踪数据，在 Duration 列中设置值，让它只检索时间长于指定值的事件，从而最小化需要分析的数据集。
- **审核用户活动**：可以使用扩展事件中的 SQL 审核功能创建 SQL 审核，或者创建包含 Audit Login 事件的跟踪。如果选择后者，那么应选择 EventClass(默认)、EventSubClass、LoginSID 和 LoginName 数据列，以便审核 SQL Server 中的用户活动。还可以根据需要添加更多 Security Audit 事件组中的事件或数据列。在将来的某一天，除了将这些信息用于技术用途外，还可能由于法律原因使用它们。
- **确定死锁原因**：这可以通过使用扩展事件来完成。所需的大部分信息都包含在每个 SQL Server 实例上都会默认运行的 system_health 会话中。本章后面将详细介绍具体做法。
- **为压力测试收集具有代表性的事件集**：为了进行性能测试，需要重播生成的跟踪。SQL Server 提供了标准模板 TSQL_Replay 来捕捉以后能够重播的跟踪。如果要在以后重播跟踪，一定要确保使用这个标准模板。因为如果要重播跟踪，那么 SQL Server 需要捕捉一些特定事件，而该模板正好能够做到这一点。稍后将介绍如何重播跟踪。
- **创建 Database Engine Tuning Advisor 使用的工作负载**：SQL Server Profiler 提供了预定义的 Tuning 模板，用于在跟踪输出中收集相应的 Transact-SQL 事件，以便将其用作 Database Engine Tuning Advisor 的工作负载。
- **建立性能基准**：前面介绍过，应该建立性能基准并定期更新，通过将它与以前的基准相比较，确定应用程序的性能。例如，假设有个批处理任务，负责每天加载一些数据一次并验证它们，执行一些转换，并在删除现有数据集后将其保存到数据仓库中。一段时间之后，数据量增加，但该进程突然开始变得很缓慢。用户可能认为是数据量增加才导致进程变慢，但这是唯一的原因吗？实际上，可能有多种原因。生成的查询计划可能不同——因为统计信息可能不正确、数据量增加等。如果有在正常基准期间记录的查询计划的统计信息配置文件，结合使用其他数据(如性能日志)就能很快确定导致这种情况的根本原因。

下面将详细介绍每种事件监控工具。

15.3.1　默认跟踪

在 SQL Server 2005 中新增了默认跟踪功能，默认跟踪功能总是可用，并捕捉最小的轻量级事件组。如果在了解默认跟踪之后不想让它继续运行，那么可以使用如程序清单 15-4 所示的 Transact-SQL 代码关闭它(代码文件为 default_trace_off.sql)：

程序清单 15-4　default_trace_off.sql

```
-- Turn ON advanced options
exec sp_configure 'show advanced options', '1'
reconfigure with override
go
-- Turn OFF default trace
exec sp_configure 'default trace enabled', '0'
reconfigure with override
go
-- Turn OFF advanced options
exec sp_configure 'show advanced options', '0'
reconfigure with override
go
```

注意：

如果在关闭默认跟踪后又意识到了它的价值，想要再次启用它，那么可以使用相同的代码来实现，只不过需要在 sp_configure 中将 default trace enabled 的值设为 1 而不是 0。

默认跟踪将 30 个事件记录到 5 个跟踪文件中，作为先进先出缓存，删除最旧的文件，以便为下一个 trc 文件中的新事件腾出空间。

默认跟踪文件通常保存在 SQL Server 日志文件夹中。在 SQL Server 错误日志文件中可以找到 5 个跟踪文件，它们只是正常的 SQL Server 跟踪文件，因此可在 SQL Profiler 中打开。

关键是要知道在默认跟踪中记录哪些事件，并记得在 SQL Server 出现问题时查看它们。默认跟踪中捕捉的事件可分为以下 6 个类别：

- **数据库：**这些事件用于检查数据和日志文件增长事件，以及数据库镜像状态的变化。
- **错误和警告：**这些事件捕捉关于错误日志和查询执行而导致的警告信息，主要围绕丢失列的统计信息、连接谓词、排序和哈希。
- **全文：**这些事件显示关于全文爬网的信息，爬网何时开始、停止或放弃。
- **对象：**这些事件捕捉关于用户对象活动(特别是创建、删除和修改用户对象)的信息。如果需要知道某个对象何时被创建、修改或删除，应该查看这类事件。
- **安全审核：**这些事件捕捉 SQL Server 内发生的主要安全事件。它们包含非常全面的子事件(这里没有列出来)。如果需要了解安全的相关信息，首先应该查看这类事件。
- **服务器：**这个类别只包含事件 Server Memory Change，该事件指出 SQL Server 内存使用何时增加或减少了 1MB 或最大服务器内存的 5%(以两者中的较大者为准)。

通过在 SQL Server Profiler 中打开默认跟踪文件并查看跟踪文件属性，可以看到这些类别。默认情况下是没有权限打开 Logs 文件夹中的跟踪文件的，所以需要把它们复制到另外一个位置，或者修改想要在 SQL Server Profiler 中打开的文件的权限。

打开跟踪文件属性后，可以看到对于默认跟踪中的所有事件，每个类别中的所有事件列都被选中了。

15.3.2 system_health 会话

system_health 会话是 SQL Server 创建的默认扩展事件会话，它是一个轻量级的会话，对性能的影响很小。对于以前的技术，如 SQL Server Profiler 和默认跟踪，客户很担心运行这些监控工具对性能造成的影响。扩展事件和 system_health 会话缓解了他们的忧虑。

system_health 会话包含大量的信息，可以帮助诊断 SQL Server 存在的问题。下面列出了该会话收集的一些信息。

- 对于符合以下条件的会话，收集它们的 SQL 文本和会话 ID：
  - 严重性级别≥20
  - 发生了内存相关错误
  - 等待闩锁的时间≥15 秒
  - 等待锁的时间≥30 秒
- 死锁
- 调度器在时间到了之后不让出 CPU 的问题

15.3.3 SQL 跟踪

如前所述，可以用两种方法定义 SQL 跟踪：使用 Transact-SQL 系统存储过程和 SQL Server Profiler。本节首先介绍 SQL 跟踪的体系结构，然后分析使用 Transact-SQL 系统存储过程创建服务器端跟踪的示例。

在开始之前，用户需要知道一些基本的跟踪术语，如下所示：

- **事件**：在 Microsoft SQL Server 数据库引擎或 SQL Server 数据库引擎实例中发生的操作，如 Audit：Logout 事件在用户登出 SQL Server 时发生。
- **数据列**：事件的属性，如 Audit：Logout 事件的 SPID 列，它指出登出用户的 SQL SPID。另一个示例是 ApplicationName 列，它提供事件的应用程序名称。

注意：

在 SQL Server 中，大于 1GB 的跟踪列值将返回错误，并在跟踪输出中被切断。

- **筛选器**：在跟踪中限制收集的事件的标准。例如，如果只对 SQL Server Management Studio 中查询应用程序生成的事件有兴趣，可以将 ApplicationName 列上的筛选器设置为 SQL Server Management Studio-Query，这样跟踪中将只包含该应用程序生成的事件。
- **模板**：在 SQL Server Profiler 中，它是一个文件，这个文件定义要在跟踪中收集的事件类和数据列。SQL Server 提供了很多默认模板，这些文件都位于目录\Program Files\Microsoft SQL Server\110\Tools\Profiler\Templates\Microsoft SQL Server\110 中。

注意：

与跟踪相关的更多术语，请参考联机丛书的“SQL 跟踪的术语”部分。

1. SQL 跟踪的体系结构

在介绍示例之前，应该先理解 SQL 跟踪的工作原理。图 15-6 显示的是其体系结构的基本形式。事件是跟踪活动的主要单元，定义跟踪时，应该指定要跟踪哪些事件。例如，如果指定跟踪 SP：Starting 事件，那么 SQL Server 将只跟踪该事件(以及 SQL Server 总是捕捉的其他默认事件)。事件源可以是产生跟踪事件的任何源，如 Transact-SQL 语句、死锁和其他事件等。

事件发生后，如果事件类包含在跟踪定义中，那么跟踪将收集事件信息。如果在跟踪定义中指定了针对该事件类别的筛选器，就使用筛选器并将跟踪事件信息传递到队列中。在队列中，跟踪信息将被写入文件或被应用程序(如 SQL Server Profiler)中的服务器管理对象(Server Management Object，SMO)使用。

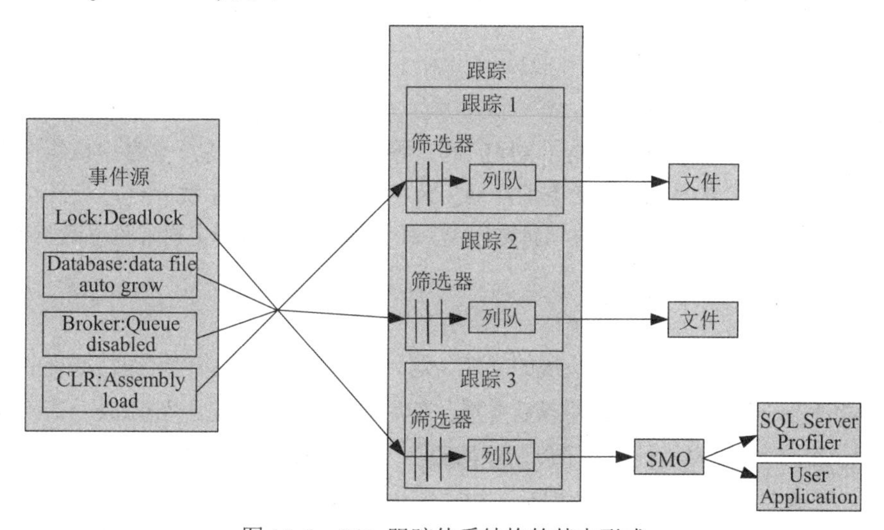

图 15-6　SQL 跟踪体系结构的基本形式

2. SQL Server Profiler

SQL Server Profiler 是多功能界面，用来创建和管理跟踪、分析并重播跟踪结果。SQL Server Profiler 显示 SQL Server 在内部如何解决查询问题，让用户能够准确知道给服务器提交了哪些 Transact-SQL 语句或多维表达式，以及服务器如何访问数据库或多维数据集并返回结果集。

注意：

在 SQL Server 2012 中，SQL Server Profiler 已被弃用。因此，应该改为使用基于扩展事件的新工具来完成原本使用 SQL Server Profiler 完成的监控工作。

可以使用SQL Profiler读取使用Transact-SQL存储过程创建的跟踪文件，要使用SQL Profiler读取跟踪文件，只需要进入“文件”菜单，打开感兴趣的跟踪文件即可。

注意：

在 SQL Server 2008 中，服务器以毫秒为单位报告事件的持续时间以及事件使用的 CPU 时间。在 SQL Server 2005 中，服务器以微秒(一百万分之一秒)为单位报告事件持续时间，以毫秒(千分之一秒)为单位报告事件使用的 CPU 时间。在 SQL Server 2000 中，服务器以毫秒为单位报告事件持续时间和 CPU 时间。在 SQL Server 2005 中，SQL Server Profiler 图形用户界面默认以毫秒为单位显示 Duration 列，但在将跟踪保存到文件或数据库表中时，Duration 列值将以微秒为单位写入。如果要在 SQL Profiler 中以微秒为单位显示 Duration 列，可选择菜单“工具”|“选项”，并选择“在‘持续时间’列中以微秒为单位显示值(仅限 SQL Server 2005)”选项。

能够捕捉和检查特定查询的 XML 计划在进行故障排除时很有帮助。SQL Server Profiler 通过 XML Show Plan 选项实现这种功能。另外，将 Profiler 跟踪与性能监视器图关联起来，能够让用户把 Profiler 跟踪中正在执行的查询与性能监视器中捕捉的性能计数器关联起来，从而帮助诊断性能问题。通过使用这种功能，就可以看到当在性能监视器图中观察到特定行为时，什么查询正在执行。

注意：

当在跟踪中包括事件类 Showplan XML 时，导致的系统开销将严重影响性能。Showplan XML 用于存储在优化查询时创建的查询计划。为了最小化额外的系统开销，应只在较短的时间段内，在跟踪中使用该事件类来监控特定问题，并根据要跟踪的特定内容设置数据列筛选器。

重播跟踪

重播是一种保存跟踪并在以后重现的功能，这种功能让用户能够再现跟踪捕捉的活动。创建或编辑跟踪时，可以保存跟踪以便以后重播。使用 SQL Profiler 创建跟踪时，请确保选择名为 TSQL_Replay 的预定义模板。为了以后重播跟踪，SQL Server 需要在跟踪中捕捉的特定事件和数据列。如果没有这些事件和数据列，SQL Server 就不能重播跟踪。

通过 SQL Server Profiler“重播”菜单中的“切换断点”和“运行至光标处”选项可以调试跟踪重播。这些选项尤其适合对长脚本进行分析，因为它们可将跟踪重播分解成多个较短的片段，进而逐步分析它们。

重播跟踪时将忽略下列事件类型：

- 跳过包含事务复制和其他事务日志活动的跟踪。其他类型的复制没有标记事务日志，因此它们不受影响。
- 跳过包含涉及全局唯一标识符(GUID)操作的跟踪。
- 包含对 text、ntext 和 image 列的操作且涉及 bcp 实用程序、BULK INSERT、READTEXT、WRITETEXT 和 UPDATETEXT 语句以及全文操作的跟踪。这些事件将被跳过。
- 跳过包含会话绑定(sp_getbindtoken 和 sp_bindsession 系统存储过程)的跟踪。
- SQL Server Profiler 不支持重播 Microsoft SQL Server 7.0 或以前版本收集的跟踪。

另外，要在目标服务器上重播跟踪，还必须满足下列要求：

- 必须已在目标服务器上创建跟踪中包含的所有登录名和用户，并且它们位于与源服务器相同的数据库中。
- 目标服务器中的所有登录名和用户都有与源服务器中相同的权限。
- 所有登录密码必须与执行重播的用户密码相同。可以使用 SSIS 中的 Transfer Login 任务将登录名传送到要在其中重播跟踪的目标服务器上。
- 目标服务器上的数据库 ID 最好与源服务器上的数据库 ID 相同。如果不同，可以依据数据库名称(如果在跟踪中存在)进行匹配，因此要确保在跟踪中选择 DatabaseName 数据列。
- 目标服务器上登录名的默认数据库应该与捕捉跟踪的源服务器上对应登录名的默认数据库相同。
- 与登录名缺失或不正确相关的重播事件将导致重播错误，但重播将继续进行。

3. 分布式重播

SQL Server 2012 中引入了“分布式重播”工具，用于重播来自多个机器的跟踪。SQL Server Profiler 虽然可以重播跟踪，但是只能重播来自单个机器的跟踪。与之相对，分布式重播可以重播来自机器池的跟踪，因此，它提供了比 SQL Server Profiler 可扩展性更好的解决方案，并且更适合模拟关键任务工作负载。

4. 对比 SQL Server Profiler 和分布式重播

现在有了两个可以重播跟踪的工具，这样什么时候使用哪个工具就成了一个问题。一般来说，应该使用 SQL Server Profiler 进行所有跟踪重播，并且总是使用它来重播对 Analysis Services 的跟踪。只有当捕捉的跟踪中的并发性较高，导致单个服务器不足以模拟想要放到目标服务器上的负载时，才应该求助于分布式重播。

大量不同的服务器、管理工具、控制器、大量客户端和目标 SQL Server 构成了称为“分布式重播实用工具”的分布式重播系统。

因为分布式重播可以重播来自多个服务器的跟踪，所以还需要对跟踪文件做一些额外的工作，然后才能在分布式重播中使用该文件。具体来说，需要预先处理跟踪文件，并将其加入从分布式重播实用工具的不同客户端服务器重播的多个命令流中。

5. 使用跟踪时需要考虑的性能问题

SQL Server 跟踪在捕捉事件之前不会产生系统开销，并且大多数事件都只需要很少的资源。随着事件的添加，以及为每个事件捕捉的事件数据量的增加，Profiler 的开销会越来越大。一般来说，最多会看到 10%~20%的开销。如果看到的开销高于这个范围，甚至是这个范围的开销对生产系统造成了影响，就需要减少事件数、减少数据量或者使用另外一种方法。大多数性能开销都是由更长的代码路径导致的，而跟踪为了捕捉事件数据而占用的实际资源并不多。另外，为了最大限度地降低性能开销，可以将所有跟踪都定义为服务器端跟踪，从而避免生成行集，同时也可以避免因将其发送给 Profiler 客户端而导致的系统开销。

15.4 监控日志

监控另一个经常被忽略的方面是监控各种可用的日志文件。SQL Server 会记录自己的错误日志，也会记录 Windows 事件日志，并且在应用程序、安全或系统事件日志中也记录了一些事件。

传统形式下，SQL Server 和 Windows 事件日志是通过单独的应用程序查看的：通过 Windows 事件查看器查看 Windows 日志，通过文本编辑器查看 SQL 日志。SQL Server Management Studio 日志文件查看器能够将这两组日志结合为组合视图，这是通过 SQL Server、SQL Server 代理、数据库邮件和 Windows NT 根级节点实现的。

15.4.1 监控 SQL Server 错误日志

SQL Server 将所有的错误信息都写入了 SQL Server 错误日志。另外，还会在其中写入许多有关自己的工作方式和正在执行的操作的额外信息。

错误日志是文本文件，位于 C:\Program Files\Microsoft SQL Server\MSSQL12.MSSQLSERVER\MSSQL\Log 文件夹中。每次启动 SQL Server 进程时，就会打开新的日志文件。SQL Server 保存了 7 个日志文件：当前的日志文件名为 errorlog，最老的日志文件名为 errorlog.6。

错误日志中包含大量有用的信息。每当发生重要事件问题时，首先应该在 SQL Server 错误日志中搜索额外信息。另外，如果需要额外的数据来辅助对特定的问题进行故障排除，还可以使用事件通知和扩展事件。

15.4.2 监控 Windows 事件日志

如下 3 种 Windows 事件日志可能会保存与 SQL Server 事件相关的条目：

- 应用程序事件日志
- 安全事件日志
- 系统事件日志

这些事件日志不仅包含关于服务器环境和运行在服务器上的其他进程/应用程序的额外事件信息，还包含可能不会记录到 SQL Server 错误日志的有关 SQL Server 进程的额外信息。如果 SQL Server 出现了问题，查找与问题相关信息的另一个地方就应该是这些事件日志。

15.5 经典习题

1. SQL Server 中的监控工具都包括哪些？
2. 在监控 I/O 性能时，应该注意哪些关键指标？
3. 用户需要监控 SQL Server 内发生的事件，这样做的最主要原因是什么？
4. 扩展事件的功能是什么？
5. SQL 跟踪的工作原理是什么？

参考文献

[1] 何玉洁. 数据库原理与应用教程[M]. 北京：机械工业出版社，2016.

[2] 王珊，萨师煊. 数据库系统概论(第 5 版) [M]. 北京：高等教育出版社，2014.

[3] 郑阿奇. SQL Server 教程(第 3 版) [M]. 清华大学出版社，2015.

[4] 闪四清. SQL Server 2008 基础教程[M]. 北京：清华大学出版社，2010

[5] Paul Atkinson，Robert Vieira. 王军等译. SQL Server 2012 编程入门经典(第 4 版) [M]. 北京：清华大学出版社，2013.

[6] 明日科技. SQL Server 从入门到精通(第 2 版)[M]. 北京：清华大学出版社，2017.

[7] 蒙祖强，许嘉. 数据库原理与应用——基于 SQL Server 2014[M]. 北京：清华大学出版社，2018.

[8] 武汉厚溥教育科技有限公司. SQL Server 数据库基础[M]. 北京：清华大学出版社，2014.

[9] 黄维通，刘艳民. SQL Server 数据库应用基础教程[M]. 北京：高等教育出版社，2008.

[10] Robin Dewson. 董明等译. SQL Server 2008 基础教程[M]. 北京：人民邮电出版社，2009.

[11] 康会光. SQL Server 2008 中文版标准教程[M]. 北京：清华大学出版社，2009.

[12] Leonard Lobel. 精通 SQL Server 2008 程序设计[M]. 北京：清华大学出版社，2009.

[13] 王征. SQL Server 2008 中文版关系数据库基础与实践教程[M]. 北京：清华大学出版社，2009.

[14] 卫琳. SQL Server 2012 数据库应用与开发教程(第三版) [M]. 北京：清华大学出版社，2014.